Rudolf Ďuďa / Luboš Rejl

# Der Kosmos Mineralienführer

Mineralien
Gesteine
Edelsteine

Aus dem Tschechischen übertragen
von Peter Zieschang

KOSMOS

Aus dem Tschechischen übertragen von Peter Zieschang.
Titel der Originalausgabe: „Kameny z celého světa“, erschienen bei Granit, unter ISBN 80-7296-008-3

Mit 598 Farbfotos, 3 Farbtafeln und 205 Schwarzweiß-Zeichnungen.

Unser Dank gilt allen Privatsammlern und Institutionen, die es uns ermöglichten, Fotografien von den Objekten ihrer Sammlungen zu veröffentlichen.

Vorsätze: Quarzgang mit Amethyst und Karneol, 80 mm, Erzgebirge, Tschechien
Farbfotos auf den einleitenden Seiten: Achat mit Feueropal, 50 mm, Mezezo, North Shewa, Äthiopien; Topas auf Albit, 147 mm, Virgem da Lapa, Minas Gerais, Brasilien; Malachitoazurit-Konkretionen, 30 mm, Poputnoje, Kasachstan

Umschlaggestaltung von Friedhelm Steinen-Broo, eStudio Calamar, Pau (Spanien), unter Verwendung von Fotografien von Jeff Scovil. Das Hauptmotiv zeigt Azurit.

Die Deutsche Bibliothek – CIP-Einheitsaufnahme
Ein Titelsatz für diese Publikation ist bei der Deutschen Bibliothek erhältlich.

Gedruckt auf chlorfrei gebleichtem Papier



KOSMOS Postfach 10 60 11
D-70049 Stuttgart
TELEFON +49 (0)711-2191-0
FAX +49 (0)711-2191-422
WEB www.kosmos.de
E-MAIL info@kosmos.de

Für die deutschsprachige Ausgabe:

ISBN 3-440-08471-X
Lektorat: Oliver Chr. Weber, Annegret Kuhn
Produktion: Lilo Pabel
Printed in Czech Republic / Imprimé en République tchèque
Satz: Grafoprint plus, Prag, Tschechische Republik
Druck und Bindung: Finidr, s.r.o., Český Těšín, Tschechische Republik

# Inhalt

**Mineralien** 8
Schema des Vorkommens der Minerale in der Erdrinde 13

**Elemente** (1-12) 14
**Sulfide** (13-50) 26
**Halogenide** (51-56) 64
**Oxide** (57-82) 70
**Carbonate** (83-96) 96
**Borate** (97-102) 110
**Sulfate** (103-116) 116
**Phosphate** (117-144) 130
**Silikate** (145-226) 158
**Organische Verbindungen** (227-230) 240

**Edelsteine** 244
Schema des Vorkommens der Edelsteine in der Erdrinde 249

**Edelsteine** (231-318) 250

**Gesteine** 286
Schema des Vorkommens der Gesteine in der Erdrinde 289

**Magmatische Gesteine** 290
Tiefengesteine 291
Ganggesteine 296
Ergussgesteine 297

**Sedimentgesteine** 300
Trümmergesteine 300
Chemisch-biogene Sedimentgesteine 303

**Metamorphe Gesteine** 308
**Meteorite und Tektite** 314

**Register** 316

# ERLÄUTERUNGEN DER ABKÜRZUNGEN UND SYMBOLE

## Mineralien

Seltenheit des Vorkommens in der Natur von allgemein verbreitet (1) bis selten (4).

Wird als Edelstein verwendet; die Zahl entspricht der Ordnungszahl im Kapitel Edelsteine.
Ist keine Zahl angegeben, handelt es sich um eine Edelsteinrarität.

| | |
|---|---|
| **E** | das Mineral ist elektrisch leitfähig |
| **L** | das Mineral weist Lumineszenz auf |
| **M** | das Mineral weist Magnetismus auf |
| **R** | das Mineral ist radioaktiv |
| * | Typenlokalität (bei Vorkommen) |
| x, xx | Kristall, Kristalle (in den Bildunterschriften) |

Im Kasten:

| | |
|---|---|
| **H** | Härte |
| **St** | Strichfarbe |
| **D** | Dichte |
| **F** | Farbe |
| **BM** | Besondere Merkmale |
| **T** | Transparenz |
| **G** | Glanz |
| **Sp** | Spaltbarkeit |
| **B** | Bruch |
| **AM** | Andere Kohäsionsmerkmale |
| **LBI** | Lichtbrechungsindex |
| **Db** | Doppelbrechung |
| **Di** | Dispersion |
| **Pl** | Pleochroismus |
| **A** | Ausbildung der Form |
| **Kf** | Kristallform |
| **Ch** | Chemische Zusammensetzung |
| **AE** | Andere Eigenschaften |
| **Lu** | Lumineszenz |

## Edelsteine

Die Zahl in der Klammer hinter dem Namen in der Überschrift entspricht der laufenden Nummer im Kapitel Mineralien.

Edelstein im eigentlichen Sinn

Edelstein im weiteren Sinn

Schmuckstein

Facettenschliff (Brillantschliff)

Cabochonschliff

Tafelschliff und Mosaik

plastischer Schliff und Glypten

Asterismus

Katzenauge

## Gesteine

Die Zahlen in den Klammern hinter den Namen der Minerale entsprechen den laufenden Nummern im Kapitel Mineralien.

*Sag, was geht nicht aus der Erde hervor?*

Diese alte Redewendung beinhaltet all das, womit wir täglich in Berührung kommen. Denn alles Lebendige und Nichtlebendige hat seinen Ursprung in der Erde, und in die Erde, die aus Mineralien und Gesteinen besteht, kehrt es wieder zurück. Die Mineralien und Gesteine sind die Grundbausteine der Erde, sie sind ein einzigartiger, unverwechselbarer Rohstoff, der für die lebendige Materie eine unentbehrliche Nährstoffquelle darstellt. Ohne Mineralien und Gesteine gäbe es auf der Erde kein Leben. Sie zu kennen, ist also nicht nur ein Anliegen der Naturwissenschaften, sondern betrifft uns alle. Einige der Mineralien und Gesteine wurden und werden wegen ihrer Schönheit, ihrer Farbenpracht oder ihres ungewöhnlichen Aussehens zu Dekorationszwecken oder zur Schmuckherstellung verwendet.

Auf den folgenden Seiten wollen wir Ihnen die grundlegenden Mineralien, aber auch Gesteine und Edelsteine vorstellen, denen Sie nicht nur in der Natur, in der Fachliteratur und in Museen begegnen, sondern auch und gerade dort, wo sie praktischen Zwecken dienen und dienten. Bei der Präsentation der Mineralien werden zusammenfassend die wichtigen physikalischen Eigenschaften beschrieben und die chemischen Formeln angeführt. Andere grundlegende Angaben betreffen zum Beispiel die Häufigkeit, die am weitesten verbreitete Form des Vorkommens und sonstige wichtige Eigenschaften wie Radioaktivität, Magnetismus, elektrische Leitfähigkeit und Lumineszenz. Ergänzt werden diese Beschreibungen durch die erforderlichen Angaben über die Entstehung, die Genese und Paragenese. Wir machen auch auf ähnliche Mineralien und die Art und Weise ihrer Unterscheidung aufmerksam. Kurz zusammengefasst werden dann die wichtigsten Vorkommen der einzelnen Mineralien, Gesteine und Edelsteine aufgeführt, die Art ihrer Verwendung und bei den Edelsteinen auch die Art ihrer Verarbeitung genannt.

Smaragd mit Calcit, 59 mm, Cosquez, Kolumbien

## Klassifikation, chemische Formeln und Auswahl der Mineralien

In der Natur gibt es Mineralien sowohl anorganischer als auch organischer Herkunft. Sie bestehen meistens aus Verbindungen, selten auch aus Elementen. Bei Normaltemperatur treten die meisten Mineralien in festem Aggregatzustand auf. Eine Ausnahme bilden Quecksilber und Wasser. Zu den Mineralien anorganischer Herkunft, die auf der Erde überwiegen, gehören die Elemente, die Sulfide, die Halogenide, die Oxide, die Carbonate, die Borate, die Sulfate, die Phosphate und die Silikate. Diese Klassifikation steht im Einklang mit dem mineralogischen System von Ramdohr und Strunz (1982). Die chemischen Formeln wurden in den meisten Fällen von Fleischer und Mandarin (1995) übernommen. Diese Angaben werden jedoch durch einige neuere Erkenntnisse ergänzt. Die Auswahl der einzelnen Mineralien erfolgte aufgrund ihrer natürlichen Verbreitung, ihrer Bedeutung und auch nach ästhetischen Gesichtspunkten. Im Bildteil des Buches werden die Mineralien in Form von Kristallen oder typischen Aggregaten präsentiert.

## Die Bezeichnung der Mineralien

Die hier verwendeten Bezeichnungen der Mineralien stimmen mit der internationalen Terminologie überein. Eine Ausnahme bilden nur einige im Deutschen eingebürgerte und feststehende Bezeichnungen wie Quarz, Eisen und dergleichen. Die älteren Namen sind in der Regel von der Farbe, der Form, der Zusammensetzung oder der Spaltbarkeit abgeleitet, in manchen Fällen bezeichnen sie eine Kombination mehrerer Eigenschaften oder weisen auf den Ort des Vorkommens hin. Die meisten Namen stammen aus dem Griechischen, Lateinischen, Arabischen, Türkischen, Deutschen oder auch aus einigen asiatischen Sprachen. Die neueren Bezeichnungen der Mineralien leiten sich häufig von geographischen Begriffen oder auch von den Namen bedeutender Personen ab. Soweit bekannt, wird auch der Autor angeführt, der das entsprechende Mineral als Erster benannt hat.

## Das Kristallsystem

Die meisten Mineralien kommen in der Natur als Kristalle vor. Die Formen der Kristalle sind ebenso wie die entscheidenden physikalischen und optischen Eigenschaften abhängig von der regelmäßigen und symmetrischen Anordnung der Atome – dem inneren Aufbau der Kristalle, dem Kristallgitter. Der Kristall wird von Flächen, Kanten und Ecken gebildet. Deren gegenseitiges Verhältnis und die Winkel sind immer konstant: Kristalle des gleichen Typs weisen somit immer eine übereinstimmende Symmetrie auf. Nach der Kombination der Symmetriekomponenten unterteilen wir die Kristalle in sieben größere Gruppen, die Kristallsysteme: das **trikline, monokline, rhombische (orthorhombische), tetragonale, trigonale (rhomboedrische), hexagonale** und **kubische** System.

Bei jedem beschriebenen Mineral wird die idealisierte Form des entsprechenden Kristalls dargestellt.

## Die Eigenschaften der Mineralien

Die Härte (**H**) kann im Wesentlichen als Grad des Widerstandes definiert werden, den der Stein dem Eindringen eines anderen Materials entgegensetzt. Sie hängt von einer ganzen Reihe von Eigenschaften ab, die auf der Kohäsion des Minerals beruhen. Der entscheidende Faktor ist dabei die Art des Kristallgitters. Von den Härteskalen, die bisher geschaffen wurden, ist die Mohssche Härteskala am bekanntesten. Hier kann jedes Mineral der Skala mit einem Mineral der nächsten Stufe geritzt werden. Diese Skala wurde nur aus Mineralien mit weißer Strichfarbe zusammengestellt. Die Intervalle zwischen den einzelnen Mineralien der Skala sind nicht konstant, mit steigender Härte nehmen sie deutlich zu. Bei der Härteprüfung muss man darauf achten, dass Kristallflächen, geschliffene Flächen oder Kanten und Ecken keine Schäden erleiden.

Die Strichfarbe (**St**) ist die Farbe des feinen Pulvers, das durch den Abrieb (den Strich) des Minerals auf einer unglasierten Porzellantafel oder durch das Ritzen mit einem harten Gegenstand entsteht. Die Strichfarbe kann mit der Farbe des Minerals übereinstimmen oder aber völlig abweichen.

Unter der Dichte (**D**) versteht man das Verhältnis des Gewichts eines Minerals zu seinem Volumen. Die Dichte der Mineralien schwankt zwischen 1 und 20. Innerhalb einer Mineralart treten dabei nur sehr geringe Schwankungen auf. Die Dichte kann schnell und verhältnismäßig genau mit Hilfe der so genannten Suspensationsmethode bestimmt werden, bei der die relative Dichte des Minerals im Verhältnis zur Dichte einer standardisierten Flüssigkeit festgestellt wird. Für die genaue Bestimmung der Dichte wird die Methode des zweifachen Wiegens (Wiegen an der Luft und im Wasser) verwendet.

Die Farbe (**F**) gehört zu den wesentlichen, schon mit dem bloßen Auge wahrnehmbaren Bestimmungsmerkmalen. Sie hängt in den meisten Fällen von der Absorption des Lichtes ab. Durch die Einwirkung von ultravioletter oder radioaktiver Strahlung, von Wärme, Verwitterung, Dehydratation, durch die Absorption von Fremdstoffen und dergleichen können Mineralien die Intensität ihrer Farbe verändern oder sogar ihre Farbe wechseln. In Bezug auf die Farbe unterscheiden wir:

**farblose** oder **achromatische** Mineralien, die der Lichtstrahl ohne Absorption durchdringt (z.B. Diamant);

**farbige** oder **idiochromatische**, deren Farbe auf dem Vorhandensein eines bestimmten Elements beruht, das Bestandteil des Minerals und in der chemischen Formel spezifiziert ist (z.B. Mn-Rhodochrosit, Cu-Azurit);

**gefärbte** oder **allochromatische**, deren Farbe durch die Beimengung von Spurenelementen bedingt ist, die nicht in der chemischen Formel angegeben werden, oder in manchen Fällen auch durch Störungen im Kristallgitter hervorgerufen wird; gefärbte Mineralien können bei Bestrahlung, unter Einwirkung von Wärme u.ä. häufig die Farbintensität oder die Farbe selbst ändern (z.B. Aquamarin, Heliodor). Eine weitere Variante sind **scheinbar gefärbte** oder **pseudochromatische** Mineralien (z.B. durch verschiedene optische Effekte u.ä.).

Die meisten scheinbar gefärbten Mineralien weisen als besondere Merkmale (**BM**) unterschiedliche Farbeffekte auf, die von optischen Erscheinungen hervorgerufen werden, wie zum Beispiel Irisieren, Tiger-, Falken- oder Katzenaugeneffekte, Asterismus, Opalisieren, Opaleszenz, Aventurisieren, Adularisieren und Labradorisieren. Auch andere, durch den inneren Aufbau der Kristalle verursachte optische Farbeffekte zählen hierzu, so die Bildung von Farbzonen und Streifen. Farbveränderungen treten auch bei der Verwitterung von Mineralien und ähnlichen Vorgängen ein.

Die Durchsichtigkeit oder Transparenz (**T**) ist die Fähigkeit der Mineralien, Licht hindurchzulassen. Sie hängt vor allem vom Aufbau der Kristalle ab. Eine Abschwächung der Transparenz wird vor allem durch die Intensität der Farbe, durch Inklusionen, Risse oder Verwitterungserscheinungen verursacht. Entsprechend der Transparenz unterscheiden wir **durchsichtige, halbdurchsichtige, durchscheinende** und **undurchsichtige (opake)** Mineralien.

Der Glanz (**G**) entsteht durch die Reflexion der Lichtstrahlen an der Oberfläche der Mineralien. Er ist abhängig vom Brechungsindex, der Absorption, der Transparenz und der Oberflächenbeschaffenheit; auch die Farbe hat einen Einfluss. Entsprechend der Intensität unterscheiden wir **Metallglanz** (z.B. bei Pyrit), **halbmetallischen Glanz** (z.B. bei Psilomelan), **Diamantglanz** (z.B. bei Zirkon), **Glasglanz** (z.B. bei Rauchquarz), **Fettglanz** (z.B. bei Opal), **Perlmuttglanz** (z.B. bei Heulandit), **Seidenglanz** (z.B. bei Karpholith), **Porzellanglanz** (z.B. bei Quarz) und **Mattigkeit**. Den Glanz bestimmt man an unverwitterten, ebenen und nicht verunreinigten

Flächen. Spaltflächen weisen einen höheren Glanz auf.

Die Spaltbarkeit (**Sp**) ist die Fähigkeit der Mineralien, in bestimmten gesetzmäßigen Richtungen zu zerfallen. Sie hängt vom inneren Aufbau der Kristalle ab und ist für ein bestimmtes Mineral immer konstant. Die Mineralien können sich in einer oder in mehreren Richtungen spalten. In der Praxis unterscheidet man eine **ausgezeichnete (höchst vollkommene), sehr gute (vollkommene), gute, deutliche (unvollkommene), undeutliche (sehr unvollkommene)** und **angedeutete (keine)** Spaltbarkeit. Gute Spaltbarkeit wird in der Regel von Perlmuttglanz charakterisiert, unvollkommene von Glasglanz. Steine mit vollkommener bis guter Spaltbarkeit müssen vor mechanischen Beschädigungen geschützt werden. Die Spaltbarkeit darf jedoch nicht mit der Teilbarkeit bzw. Absonderung verwechselt werden (Zwillingsverwachsungen, regelmäßig verteilte Inklusionen).

Der Bruch (**B**) ist ein Merkmal von Mineralien, denen die Spaltbarkeit fehlt. Die Bruchflächen sind meistens uneben. Man unterscheidet **muscheligen, unebenen, splittrigen** und **hakigen** Bruch.

Zu den anderen Kohäsionsmerkmalen (**AM**) gehören: die **Elastizität**, das ist die Eigenschaft, unter dem Einfluss von Deformationskräften die Form zu ändern (dabei unterscheidet man elastisch biegsame Mineralien, die in die Ausgangsform zurückkehren, z.B. die Glimmer, und biegsame Mineralien, die in der Deformation beharren, z.B. die Chlorite), die **Schmiedbarkeit**, die elastischen Mineralien mit großer Kohäsion eigen ist (sie können zu dünnen Blättchen geschmiedet werden), und die **Plastizität**, die einige biegsame Mineralien aufweisen.

Der Lichtbrechungsindex (**LBI**) ist ein weiteres gutes Bestimmungsmerkmal. Trifft ein Lichtstrahl unter einem bestimmten Winkel aus einem optisch weniger dichten (z.B. Luft) auf ein optisch dichteres Milieu (Mineral) und durchdringt dieses, kommt es zur Lichtbrechung. Fällt der Lichtstrahl senkrecht auf die entsprechende Fläche, tritt keine Lichtbrechung ein. Der Wert der Brechung, der Brechungsindex, ist für jedes gegebene physikalisch und chemisch definierte Mineral konstant.

Die in verschiedenen Richtungen wirkenden unterschiedlichen optischen Eigenschaften der Mineralien haben auch Unterschiede in der Brechung des Lichtes zur Folge. Durchdringt der Lichtstrahl isotrope oder amorphe Mineralien, wird er zwar gebrochen, aber er verhält sich in allen Richtungen gleich. Bei anisotropen Mineralien spaltet er sich dagegen in zwei unterschiedlich polarisierte Strahlen von unterschiedlicher Ausbreitungsgeschwindigkeit auf – es tritt Doppelbrechung (**Db**) ein. In Richtung der optischen Achsen kommt es nicht zur Doppelbrechung. Eine markante, auch makroskopisch sichtbare Doppelbrechung weist z.B. Calcit auf.

Durchdringt weißes, zusammengesetztes Licht (z.B. Tageslicht) transparente Mineralien, kommt es zur Zerlegung des Lichtstrahls in die einzelnen Spektralfarben, die durch verschiedene Brechungsindizes charakterisiert sind. Diese Erscheinung nennt man Dispersion (**Di**); sie kann z.B. bei Diamant und Zirkon beobachtet werden.

Der Pleochroismus (**Pl**) ist eine Erscheinung, die bei doppelt brechenden Mineralien auftritt. Dabei kommt es in Bezug auf die optischen Achsen zu einer unterschiedlichen Absorption des Lichtes, so dass man, betrachtet man das Mineral in Richtung der Achse oder senkrecht dazu, verschiedene Farbtöne feststellen kann. Bei einachsigen Mineralien beobachtet man Zweifarbigkeit (Dichroismus), z.B. bei Turmalin, bei zweiachsigen Mineralien ist es Dreifarbigkeit (Trichroismus), z.B. bei Cordierit. Man unterscheidet **starken, deutlichen** und **schwachen** Pleochroismus. Bei den meisten Mineralien ist der Pleochroismus jedoch makroskopisch undeutlich.

Die Mineralien treten in der Natur vor allem in Kristallform auf. Der innere Aufbau des Kristalls und die Genese sind bei der Ausbildung (**A**) einer bestimmten morphologischen Form des Minerals die entscheidenden Faktoren. Unter idealen Bedingungen bilden sich regelmäßige Kristalle. Meistens begegnet man jedoch nur unvollkommenen Exemplaren oder deren Aggregaten, die dann **körnig, kompakt, stängelig, blättrig, oolithisch, dendritisch, sinterkrustig** oder **kollomorph** sein können. Einige Mineralien haben keine regelmäßige innere Struktur, sie sind **amorph**.

Nach der äußeren Gestalt, dem Habitus, spricht man bei kristallinen Mineralien von folgenden Kristallformen (**Kf**): **isometrische** Formen, **in einer Richtung gestreckte**, d.h. säulige Formen, **in zwei Richtungen gestreckte**, also tafelige oder blättrige Formen, und **Übergangsformen**, z.B. fassähnliche. Zu den morphologischen Kennzeichen der Mineralien gehören zusätzlich die **Verwachsungen** von zwei oder mehreren Kristallen.

Die chemische Zusammensetzung (**Ch**) drückt das prozentuale Verhältnis der einzelnen Komponenten aus, die die entsprechende chemische Formel bilden. Gleichzeitig werden hier auch die wichtigsten Beimengungen der einzelnen Mineralien genannt, die nicht in der chemischen Formel ausgedrückt werden.

Zu den anderen Eigenschaften (**AE**) der Mineralien gehören beispielsweise die Löslichkeit oder auch Geschmacks- und Geruchseigenschaften wie salzig, bitter oder Knoblauchgeruch.

Die Lumineszenz (**Lu**) bezeichnet die Leuchteffekte der Mineralien, die durch die Umwandlung verschiedener Arten von Energie (z.B. Strahlung) entstehen. Sie wird von den Beimengungen bestimmter Spurenmetalle verursacht. Bei der Lumineszenz, die von ultraviolettem Licht hervorgerufen wird, unterscheiden wir die **Fluoreszenz**, bei der das Mineral nur so lange leuchtet, wie es bestrahlt wird, und die **Phosphoreszenz**, bei der es anhaltend leuchtet.

## Genese

Der Entstehungsprozess der Mineralien ist sehr kompliziert. Mineralien entstanden und entstehen im Verlauf einer ganzen Reihe von Vorgängen, die sich oft gegenseitig durchdringen, so dass die Art und Weise der Entstehung eines bestimmten Minerals nicht immer mit Sicherheit festgestellt werden kann. Wir unterscheiden primäre Mineralien, die den Schmelzflüssen entstammen oder durch Umwandlungen im festen Zustand bzw. durch die Ausscheidung aus Lösungen entstanden sind, von den sekundären, die aus der Umwandlung anderer Mineralien in Folge von Oxidation und Reduktion hervorgegangen sind.

Primärmineralien entstehen bei hypogenen, in der Tiefe stattfindenden Prozessen, also bei **magmatischen, sedimentären, metamorphen** und **hydrothermalen** Vorgängen.

Bei magmatischen Prozessen kristallisieren die Mineralien direkt in der glutflüssigen Silikatschmelze, dem Magma, aus. Das Magma stammt aus der Erdkruste oder dem oberen Erdmantel, von wo es allmählich in höhere Schichten gelangt und hier abkühlt und erstarrt. Dabei kommt es zur Differenziation und Kristallisation der einzelnen Mineralien. Die Mineralien, die als erste kristallisieren, sind in der Regel gut entwickelt, die anderen passen sich ihnen dann an. Durch die Erstarrung des Magmas und Kristallisation der einzelnen Mineralien entstehen magmatische Gesteine (Eruptivgesteine). Nach dem Ort der Erstarrung unterscheidet man Plutonite (Tiefen-, Intrusivgesteine), die direkt beim Eindringen in die Erdkruste erstarrt sind, Ganggesteine, die in Klüften und Spalten regelmäßige und unregelmäßige tafelige Körper bilden, und schließlich Vulkanite (Erguss-, Effusivgesteine), die unmittelbar unter der Erdoberfläche, auf dieser oder im Meer erstarren. An der Erdoberfläche sind die Gesteine den zahlreichen Einflüssen der Verwitterung ausgesetzt, hier wirken Luft, Wasser, Wind, Temperaturschwankungen, Organismen, die Gravitation und andere Kräfte auf sie ein. Dabei kommt es zu ihrem Zerfall. Sie lagern sich dann vor Ort ab oder werden abtransportiert und an anderer Stelle angehäuft. Bei diesem Prozess können die Mineralien, aus denen die Gesteine bestehen, erhalten bleiben, oft entstehen jedoch auch neue. Diese Gesteine nennt man Sedimentgesteine. Nach der Entstehungsart unterscheiden wir aus Gesteinstrümmern entstandene (klastische), chemische, biochemische und biogene (organogene) Sedimentgesteine.

Durch Veränderungen der physikalisch-chemischen Bedingungen, insbesondere von Druck und Temperatur kommt es vor allem bei den Sedimentgesteinen zu Störungen des bestehenden mineralischen Gleichgewichts und zur Ausbildung eines neuen Gleichgewichts. Es tritt eine Wandlung der Paragenese der Mineralien ein, die so genannte Metamorphose. Dabei entstehen metamorphe Gesteine (Umwandlungsgesteine). Man unterscheidet Regionalmetamorphosen, die ganze Gebiete erfassen, Kontaktmetamorphosen, die vor allem im Kontaktbereich mit Eruptivgesteinen auftreten, und so genannte Schockmetamorphosen, die zum Beispiel bei Flözbränden, an tektonischen Verwerfungen oder bei Meteoriteinschlägen entstehen.

Mineralien, die bei hohen, aber auch relativ niedrigen Temperaturen aus wässrigen Lösungen auskristallisieren, nennt man hydrothermale Mineralien. Auf diese Art sind auch die Mineralien der alpinen Klüfte entstanden.

Sekundärmineralien entstehen durch verschiedene Veränderungen aus Primärmineralien; unter den gegebenen neuen Bedingungen sind sie dann jedoch konstant. Man unterscheidet **sekundäre Oxidationsmineralien**, die durch die Verwitterung von Primärmineralien in den Oxidationszonen der Erzlager oder Gesteine, also bei hypogenen Prozessen entstehen, und **sekundäre Zementationsmineralien**, die sich unter den Bedingungen der Zementationszonen durch Reduktion aus Primärmineralien entwickeln.

## Paragenese

Bei den oben beschriebenen gesteinsbildenden Prozessen bilden sich charakteristische Mineraliengruppen, da durch die jeweiligen physikalisch-chemischen Bildungsbedingungen bestimmte Mineralien zusammen vorkommen. Diese Mineralienkomplexe werden Paragenesen genannt. In vielen Fällen ist das Auftreten eines Minerals nur an eine bestimmte Paragenese gebunden, so dass seine Anwesenheit in dieser ein gutes Identifikationsmerkmal sein kann.

## Vorkommen

Das Vorkommen entsprechender Gesteinstypen und der mit ihnen zusammenhängenden Mineralparagenesen an der Erdoberfläche bestimmt auch das wahrscheinliche Auftreten bestimmter Mineralien an den gegebenen Lokalitäten oder Gebieten. Wo bestimmte Mineralien nur in kleinen Mengen, also vereinzelt auftreten, spricht man von ihren Indizien, wo es zu bedeutenderen Akkumulationen, zu abbaubaren Konzentrationen kommt, spricht man von Lagern. Die Auswahl der hier angeführten Fundorte ist so getroffen, dass alle bedeutenderen, teils auch neuen Lokalitäten der Welt erfasst werden, die mineralogisch und auch für Sammler von Bedeutung sind. Die den Typ bestimmende Lokalität (*) ist meistens der ursprüngliche Fundort oder die Lokalität, von der die Probe stammt, auf deren Grundlage das entsprechende Mineral bestimmt und das erste Mal beschrieben wurde.

## Die Verwendung der Mineralien

Die meisten Mineralien sind unentbehrliche Rohstoffe. Sie haben große Bedeutung für die Industrie, das Bauwesen, die Landwirtschaft, die Nahrungsmittelherstellung, das Gesundheitswesen und vieles mehr. Einige von ihnen kommen als Edel- und Schmucksteine zur Geltung.

## Behandlung und Pflege der Mineralien

Mineralien, gleich ob in der Form von Kristallen oder Aggregaten, verlangen beim Transport, der Aufbereitung und der Lagerung oft eine bestimmte Behandlung und Pflege. Eine ganze Reihe von Mineralien ist spröde, spaltbar, hat eine geringe Härte, ist gegen Chemikalien nicht widerstandsfähig, ist löslich, verwittert an der Luft, verändert die Farbe, den Glanz u.ä. Deshalb müssen bei der Behandlung und Pflege der Mineralien bestimmte Regeln eingehalten werden, auf die wir im Text hinweisen. Auf einige Mineralien kann sogar gewöhnliches Wasser aggressiv wirken.

# SCHEMA DES VORKOMMENS DER MINERALE IN DER ERDRINDE

**AUSSERIRDISCHE HERKUNFT**
Meteorite, Tektite

**VERWITTERUNGSPROZESS**
Adamin, Anglesit, Annabergit, Aragonit, Auripigment, Autunit, Azurit, Baryt, Bornit, Calcit, Chalcedon, Chalkanthit, Chalkosin, Chrysokoll, Covellin, Cuprit, Delvauxit, Dioptas, Erythrin, Euchroit, Evansit, Gips, Goethit, Gold, Hämatit, Hanksit, Jarosit, Kermesit, Krokoit, Kupfer, Langit, Libethenit, Linarit, Malachit, Melanterit, Mimetesit, Olivenit, Opal, Palygorskit, Phenakit, Phosgenit, Purpurit, Pyromorphit, Quarz, Quecksilber, Realgar, Schwefel, Selen, Silber, Stichtit, Symplesit, Tirolit, Torbernit, Türkis, Valentinit, Vanadinit, Variscit, Wavellit, Wulfenit

**SEDIMENTGESTEINE**
Ägirin, Anatas, Andalusit, Baryt, Bernstein, Boracit, Calcit, Cerussit, Chalcedon, Chrysoberyll, Coelestin, Colemanit, Cordierit, Cyanit, Diamant, Diopsid, Euklas, Feldspat, Gips, Gold, Granat, Halit, Hämatit, Ilmenit, Jadeit, Kassiterit, Korund, Magnesit, Magnetit, Markasit, Millerit, Opal, Phenakit, Platin, Pyrit, Pyrolusit, Quarz, Rhodochrosit, Salmiak, Schwefel, Siderit, Sperrylith, Spinell, Staurolith, Titanit, Topas, Turmalin, Ulexit, Uraninit, Vivianit, Whewellit, Zirkon

**HEBUNG**

**VULKANITE**
Amphibole, Analcim, Antimonit, Apophyllit, Aragonit, Argentit, Arsen, Arsenopyrit, Augit, Auripigment, Baryt, Berzelianit, Bismuthin, Bornit, Boulangerit, Bournonit, Calcit, Chabasit, Chalcedon, Chalkopyrit, Chalkosin, Cinnabarit, Covellin, Dolomit, Fluorit, Galenit, Gersdorfit, Goethit, Gold, Hämatit, Hessit, Heulandit, Jamesonit, Kermesit, Klinoptilolith, Leucit, Löllingit, Magnetit, Manganit, Markasit, Mesolith, Molybdänit, Nephelin, Nickelin, Okenit, Olivin, Pektolith, Phillipsit, Pyrargyrit, Pyrit, Pyrolusit, Pyrrhotin, Quarz, Quecksilber, Salmiak, Schwefel, Silber, Skutterudit, Sphalerit, Stilbit, Tetradymit, Tetraedrit, Thomsonit, Tridymit, Uraninit

**EINSENKUNG**

**METAMORPHITE**
Ägirin, Aktinolith, Amphibole, Anatas, Andalusit, Apophyllit, Arsenopyrit, Axinit, Beryll, Boracit, Brookit, Calcit, Chabasit, Chalkopyrit, Chrysoberyll, Cordierit, Cyanit, Danburit, Diaspor, Diopsid, Dumortierit, Epidot, Feldspat, Glimmer, Granat, Hämatit, Hedenbergit, Heulandit, Ilmenit, Ilvait, Jadeit, Karpholith, Klinohumit, Klinochlor, Lasurit, Laumontit, Lazulith, Ludwigit, Magnesit, Magnetit, Molybdänit, Palygorskit, Phenakit, Phillipsit, Prehnit, Pyrit, Pyrophyllit, Pyrrhotin, Quarz, Rhodochrosit, Rhodonit, Scheelit, Skapolith, Sodalith, Spinell, Spodumen, Staurolith, Stilbit, Sugilith, Talk, Titanit, Tscharoit, Vesuvian, Wiluit, Willemit, Wollastonit, Zinkit, Zoisit

**MAGMATITE**
Ägirin, Aktinolith, Amphibole, Analcim, Anatas, Andalusit, Antimon, Apatit, Apophyllit, Arsenopyrit, Astrophyllit, Augit, Beryll, Bornit, Brasilianit, Brookit, Chalkopyrit, Chrysoberyll, Cordierit, Cyanit, Diopsid, Dumortierit, Eudialyt, Euklas, Feldspat, Fluorit, Glimmer, Goethit, Granat, Hämatit, Hambergit, Hübnerit, Ilmenit, Kassiterit, Korund, Kryolith, Lazulith, Leucit, Löllingit, Loparit, Magnetit, Millerit, Molybdänit, Neptunit, Nickelin, Olivin, Phenakit, Platin, Pyrit, Pyrochlor, Pyrrhotin, Quarz, Rhodisit, Rutil, Scheelit, Siderit, Skapolith, Sodalith, Sperrylith, Sphalerit, Spinell, Spodumen, Sugilith, Titanit, Topas, Tridymit, Uraninit, Villiaumit, Wismut, Zirkon, Zoisit

## 1 Kupfer

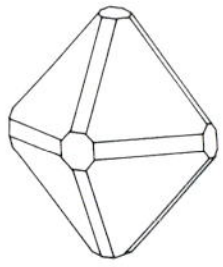

Benennung nach dem lateinischen *cuprum*, seit der Bronzezeit bekannt
Cu
kubisch

**Genese**: hypogen, meistens jedoch sekundär, im Reduktionsbereich an der Grenze zwischen Oxidations- und Zementationszone; **Paragenese**: Cuprit, Azurit, Malachit; **Vorkommen**: Die größten Lagerstätten gediegenen Kupfers befinden sich auf der Halbinsel Keweenaw am Oberen See in Michigan. Hier wurden Stücke gefunden, deren Gewicht mehrere Dutzend Tonnen betrug. Neben den prächtigen, bis einige Zentimeter großen Kristallen (Würfeln), Drähten und Blechen überwiegen die Aggregate und Massen. Weitere Fundorte sind Bisbee, Arizona (USA), Cananea (Mexiko), Chuquicamata (Chile), Corocoro (Bolivien). Interessant sind die Vorkommen der Lagerstätten Broken Hill, Burra-Burra und Kapunda (Australien). Häufiges Vorkommen an den Lagerstätten Tsumeb (Namibia) und Kipushi (Zaire). Supergenes Kupfer treffen wir an einer ganzen Reihe von Lokalitäten, z.B. in Rudabánya (Ungarn), Bogoslowsk (Russland), Dsheskasgan (Kasachstan), Cornwall (Großbritannien) und in Frankreich. In Deutschland in Zwickau, in der Grube Wolf bei Herdorf und in Virneberg, Rheinland-Pfalz. **Verwendung**: Elektrotechnik, Maschinenbau.

**H** 2,5-3; **St** kupferrot; **D** 8,3-9,9; **F** hellrot, wird schnell matt zu kupferrot bis braunrot; **T** opak, in sehr dünnen Schichten grün durchscheinend; **G** metallisch; **Sp** keine, **B** hakig, muschelig; **AM** schneidbar, hämmerbar, ziehbar; **A** selten Kristalle, Bleche, Drähte, Dendrite, manchmal Pseudomorphosen, massiv; **Kf** Hexaeder, Tetraeder, Dodekaeder, selten Oktaeder, oft einsinnig ausgebildete Kristalle, Zwillingsverwachsungen; **Ch** Cu 100%, Beimengungen von Ag, Fe, Bi, As

Kupfer, 42 mm, White Pine Mine, Michigan, USA

Kupfer, Pseudomorphose nach Aragonit, 20 mm, Corocoro, Bolivien

E

## 2 Silber

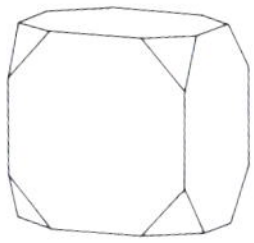

Benennung nach dem altgermanischen (gotischen) *silbur*

Ag

kubisch

**H** 2,5-3; **St** weiß, glänzend; **D** 9,2-12,0 (je nach Beimengungen); **F** silberweiß, wird mit der Zeit matt und schwarz; **T** opak; **G** metallisch, matt; **Sp** keine; **B** hakig; **AM** schmiedbar; **A** Kristalle, Dendrite, Drähte, Bleche, kompakte Stücke, Pseudomorphosen; **Kf** Hexaeder, Oktaeder, oft Zwillinge; **Ch** Ag 100%, Beimengungen von Au, Hg, Bi, Sb, Cu, As u.a.

**Genese**: hydrothermal, hypergen, sedimentär; **Paragenese**: Pyrargyrit, Akanthit, andere Ag-Sulfide, Ni-Co-Arsenide, Galenit; **Ähnliche Minerale**: Platin, Akanthit, Dyskrasit; **Unterscheidung**: Farbe, Dichte, Härte; **Vorkommen**: Die bedeutendsten Lagerstätten gediegenen Silbers befinden sich in Amerika. Stücke mit einem Gewicht bis zu 1350 kg sind aus Arizona, Nevada und Michigan (Oberer See) bekannt. Silber gibt es aber auch in Alaska und Kanada. Berühmt sind die Lagerstätten Guanajuato, El Oro und Batopilas (Mexiko), von wo das Silber schon seit dem 16. Jahrhundert nach Europa eingeführt wird. Silber fördert man in Bolivien, Chile, Peru – die bekannteste Lagerstätte ist Cerro de Pasco. Weitere Vorkommen sind in Australien, Japan, Russland, in Dsheskasgan (Kasachstan). In Europa lagert Silber in Kongsberg (Norwegen), wo Aggregate und Blöcke mit einem Gewicht bis 100 kg vorkamen, in Sala (Schweden) und Sainte-Marie-aux-Mines (Frankreich); bis zu Dutzende Zentimeter lange Silberdrähte wurden in Banská Štiavnica (Slowakei), Jáchymov, Příbram (Tschechien), Schneeberg, Freiberg, Mansfeld, St. Andreasberg, Wittichen und Wieden (Deutschland) gefunden. **Verwendung**: Münzwesen, Juwelierhandwerk, Medizin, Chemie, Foto- und Elektroindustrie; **Behandlung**: Reinigung elektrolytisch, schwarze Bezüge mit Ultraschall, im Dunkeln aufbewahren.

Silber, 50 mm, Příbram, Tschechien

Silber mit Kupfer, 44 mm, Houghton Co., Michigan, USA

# 3 Gold

Altdeutsch *Geld*,
angelsächsisch *Gold*,
schon 4000 v.Chr. bekannt
Au

kubisch

**H** 2,5-3, schmiedbar; **St** gelb, glänzend; **D** 19,28; **F** goldgelb, gelbweiß; **T** opak, in ganz dünner Schicht blaugrün durchscheinend; **G** metallisch; **Sp** keine; **B** hakig; **AM** schmiedbar; **A** Kristalle, Bleche, Dendrite, Drähte, Stücke (Nuggets), kavernös; **Kf** Oktaeder, Dodekaeder, Hexaeder, oft Zwillingsbildungen oder einsinnig entwickelte Kristalle; **Ch** Au 100%, Beimengungen von Ag, Hg, Cu, Pd, Rh

**Genese**: hydrothermal, in Seifen, hypergen; **Paragenese**: Quarz, Antimonit, Chalkopyrit, Arsenopyrit, Pyrit, Telluride; **Ähnliche Minerale**: Pyrit, Chalkopyrit; **Unterscheidung**: Härte, Strich, chemisch; **Vorkommen**: In den USA kommt Gold in Cripple Creek, Colorado, in der Umgebung der Stadt Sacramento, Kalifornien, vor, wo ein Nugget von 35 kg gefunden wurde, Gold gibt es in Nevada, auf Alaska, in Süd-Dakota. Es wurde in Ontario und in Quebec (Kanada) gefördert, kommt in Mexiko, in Salvador, in der Dominikanischen Republik, in Chile, Peru, Kolumbien und Brasilien vor. Große Lagerstätten sind in Ghana, in Simbabwe und vor allem in der Republik Südafrika. Zu den Weltproduzenten gehört auch Russland; in der Umgebung von Miass wurde ein 36 kg schweres Nugget gefunden. Bekannt sind auch Lagerstätten in Indien, auf den Philippinen, Neuguinea, in Japan, auf den Fidschis und in Neuseeland.

E

Gold, 21 mm, Roraina Shield, Venezuela

Gold, 65 mm, Roşia Montana, Rumänien

Große Nuggets stammen aus Australien, das größte Exemplar war 92 kg schwer. In Europa befinden sich bedeutende Goldlagerstätten in Rumänien, Frankreich, Schweden und Finnland. Andere Vorkommen sind aus Kremnica, Magurka (Slowakei) und aus Brandholz, Goldkronach, aus den Schwemmsanden der Flüsse Isar und Eder (Deutschland) bekannt. **Verwendung**: Juwelierhandwerk, Geldwesen, Elektrotechnik, Medizin.

# 4 Quecksilber

Hg trigonal

**H** bei Normaltemperatur flüssig; **D** bei Normaltemperatur 13,6; **F** zinnweiß, grauweiß; **T** opak; **G** stark metallisch; **A** Tropfen; **Ch** Hg 100%, Beimengungen von Ag, Au

**Genese**: hydrothermal, Oxidationszonen; **Paragenese**: Cinnabarit, Tetraedrit, andere Ag-Amalgame, Siderit; **Vorkommen**: Die bedeutendsten Quecksilberkonzentrationen befinden sich über Lagerstätten, die Minerale mit akzessorischen Hg-Beimengungen enthalten. Durch die Kondensation von Quecksilberdämpfen kommt es zum Beispiel zu ihrer Akkumulation über Strukturen mit Cinnabarit, einmal an Stellen so genannter Quecksilberaureolen, zum anderen dort, wo bedeutende, an Quecksilber reiche Tetraedritkonzentrationen auftreten. Zahlreiche Vorkommen gibt es in den USA, z.B. in New Almaden, New Idria, Mt. Diablo in Kalifornien, Terlingua in Texas, andere befinden sich in Huancavelica (Peru) und in Japan. In Europa sind seit alters her reiche Quecksilbervorkommen in Assoziation mit Cinnabarit und Amalgamen in Almadén (Spanien) oder in Idria (Slowenien) und am Avala (Serbien) bekannt, bis zu 1 cm große Tropfen mit Amalgamen gibt es in Rudňany und Nižná Slaná (Slowakei), weitere Vorkommen befinden sich in Sainte-Marie-aux-Mines (Frankreich), in Monte Amiata (Italien) und in Moschellandsburg (Deutschland). **Verwendung**: chemische Industrie, Elektrotechnik, Bergbau; **Behandlung**: verdampft bei Normaltemperatur (in geschlossenen Gefäßen schützen), die Dämpfe sind stark giftig!

Quecksilber, 30 mm, Almadén, Spanien

Quecksilberamalgam, 50 mm, Almadén, Spanien

E

# 5 Eisen

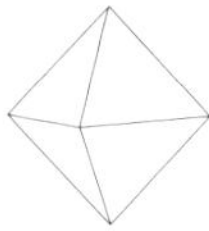

Historische Bezeichnung

Fe kubisch

**H** 4-5; **St** grau, glänzend; **D** 7,9; **F** stahlgrau, **T** opak; **G** metallisch; **Sp** vollkommen; **Br** hakig; **AM** schmiedbar; **A** Kristalle, schwammige und mikrokristalline Aggregate, Körnchen, Imprägnationen; man unterscheidet terrestrisches (irdisches) und meteoritisches Eisen; **Ch** Fe 100%, Beimengungen Ni, Co

**Genese**: magmatisch, Meteoriten; **Paragenese**: Pentlandit, Pyrrhotin, Olivin; **Ähnliche Minerale**: Platin; **Unterscheidung**: Magnetismus, Dichte, Härte; **Vorkommen**: Zu den bedeutendsten Fundorten terrestrischen Eisens gehören zweifellos die Vorkommen auf der Insel Disko – Lokalität Blaafjeld bei Ovifak*, oder Niakornak, Grönland (Dänemark). Hier kommt Eisen in Basalten vor, eine Seltenheit war ein Stück mit einem Gewicht von 20 t. Es tritt auch in Cameron, Missouri, in Dry River, New Hampshire (USA), Nipissing District, bzw. auf St.-Joseph-Island (Kanada) und auf Neuseeland auf. Weitere Fundorte befinden sich in Sibirien (Russland): auf dem Berg Osernaja im Stromgebiet des Flusses Kurejka, wo Eisenstücke mit Gewichten bis 75 kg gefunden wurden, im Hungtukunsker Massiv im Stromgebiet des Flusses Malaja Romanicha wurden sogar Eisenstücke mit 10 t Gewicht gefunden. Weitere Fundorte sind aus County Antrim, Nordirland oder Ben Bhreck, Schottland (Großbritannien) bekannt. Aus den Eisenvorkommen im Basalt von Bühl bei Kassel (Deutschland) stammen Zweige und Stücke mit einem Gewicht bis zu 5 kg. Meteoritisches Eisen ist von einer ganzen Reihe Eisen- oder Stein-Eisen-Meteoriten her bekannt. Dieses Eisen weist immer einen erhöhten Nickelgehalt auf und wird stets von Kamacit und Taenit begleitet. **Verwendung**: Eisen-Erz.

Eisen, 100 mm, Osernaja, Region Krasnojarsk, Russland

M E

# 6 Platin

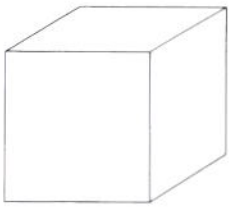

Erhielt die Bezeichnung *plata* – spanisch Silber – irrtümlicherweise, denn es wurde anfangs für Silber gehalten
de Ulloa, 1748
Pt kubisch

**H** 4-4,5; **St** stahlgrau, silberweiß; **D** 14,0-19,0 (gediegen 21,5); **F** silberweiß, stahlgrau; **T** opak; **G** metallisch; **Sp** keine; **B** hakig; **AM** schmiedbar; **A** selten Kristalle, Körner, Klumpen (Nuggets), unregelmäßige Massen; **Kf** sehr selten Würfel; **Ch** Pt 100%, enthält immer Beimischungen von Fe, Ir, Os, Pd, Rh, Ni, Ru, Cu, Au

**Genese**: ultrabasische Gesteine, Seifen; **Paragenese**: Ilmenit, Magnetit, Chromit; **Ähnliche Minerale**: Silber, Eisen; **Unterscheidung**: Dichte, Härte; **Vorkommen**: Langjährige Platinförderung in Russland im Ural bei Nishnij Tagil, Solowjew, Newjansk (hier wurde 1912 auch das bisher größte Nugget mit 12 kg Gewicht gefunden), Lagerstätten befinden sich auch in Sibirien – Norilsk, Kristalle bis 1,5 cm stammen aus Konder bei Nelkan im Gebiet von Chabarowsk. Größere Platinvorkommen auch auf dem afrikanischen Kontinent, wird im Komplex von Bushveld in Südafrika und Simbabwe gefördert. Bekannt sind auch die Fundorte Jubdo (Äthiopien) oder Abu Suwagel (Ägypten). Platin wurde auch in Shinkolobwe (Zaire) bzw. Burundi gefunden. Kleine Lagerstätten gibt es in den USA: in Alaska – Goodnews Bay, in Nevada, größere Nuggets wurden im Fluss Trinity in Kalifornien gefunden. Platin gibt es auch in der Provinz Ontario (Kanada), seit alters her wird es in Rio Pinto* in der Umgebung von Popayán (Kolumbien) gefördert. Weitere Fundorte befinden sich in Ecuador, kleine Vorkommen in Corrego Bom Sucesso (Brasilien), weitere in Australien, Neuseeland, Indonesien (Inseln Borneo und Sumatra). In Europa wurden kleine Platinmengen in Finnland, Portugal und Frankreich gefunden. **Verwendung**: Juwelierhandwerk, Elektrotechnik, Chemie.

Platin, 50 mm, Nishnij Tagil, Russland

Platin, xx 8 mm, Konder, Russland

E

# 7 Arsen

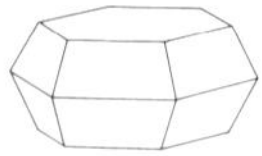

Benennung nach dem griechischen *arsenikon* – tapfer, männlich, schon 400 v.Chr. bekannt

As trigonal

**Genese**: hydrothermal; **Paragenese**: Silber, Proustit, Galenit, Sphalerit, Chloanthit; **Ähnliche Minerale**: Allemontit (siehe Foto), Antimon; **Unterscheidung**: chemisch und mit Röntgen; **Vorkommen**: Meist an hydrothermalen Lagerstätten in Assoziation mit Silber, Kobalt und Nickel, wo es vor allem massive Aggregate mit charakteristischer napfförmiger Separation bildet. Effektvolle Arsennieren mit an der Oberfläche verwachsenem Gold gab es in Royal Oak, Coromandel (Neuseeland). Des Weiteren kommen sie in Akatan, Fukui (Japan), Bidi auf Sarawak (Malaysia) und auf der Insel Altin, British Columbia (Kanada) vor. Metamorphen Ursprungs sind die schönen Kristalle von Sterling Hill, New Jersey; Arsen gibt es auch in Washington Camp, Arizona (USA), in Pasto Bueno (Peru) und Copiapó (Chile). Schöne Kristalle sind bekannt aus Sainte-Marie-aux-Mines (Frankreich). Häufig in Kongsberg (Norwegen), in Cavnic oder Săcărîmb (Rumänien), seltene Vorkommen in Zlatá Baňa (Slowakei); weltbekannt sind die Sinteraggregate aus Jáchymov (Tschechien). In Deutschland bei Schneeberg, Freiberg, Marienberg und Wittichen. **Verwendung**: Arsen-Erz; **Behandlung**: Achtung, ist giftig!

**H** 3-4 (spröde); **St** schwarz; **D** 3,4-5,9; **F** zinnweiß, dunkelt rasch; **T** opak; **G** am frischen Bruch metallisch, wird schnell matt; **Sp** ausgezeichnet nach (0001); **B** körnig oder muschelig; **A** Kristalle, napfförmige, nierenförmige, gesinterte (konzentrisch gebaute), körnige und erdige Aggregate; **Kf** rhomboedrisch, pseudokubisch, auch nadelig; **Ch** As 100%, Beimengungen von Sb, Fe, Ni

Arsen, 56 mm, Sainte-Marie-aux-Mines, Frankreich

Allemontit, natürliche Legierung von Arsen und Antimon, 35 mm, Příbram, Tschechien

# 8 Antimon

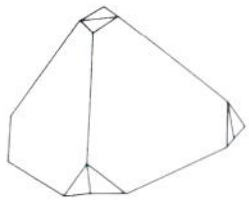

Historische Bezeichnung

Sb trigonal

**Genese**: hydrothermal; **Paragenese**: Antimonit, Berthierit, Allemontit; **Ähnliche Minerale**: Silber, Dyskrasit; **Unterscheidung**: Härte, Hämmerbarkeit, mit Röntgen und chemisch; **Vorkommen**: Selten, vor allem an hydrothermalen Antimonlagern. Große Antimonstücke stammen aus Broken

Antimon, 30 mm, Törnäva, Finland

Hill (Australien) oder Busan Hill auf Sarawak (Malaysia), auch aus Chang-Sha (China). Häufigere Vorkommen in Amerika, zum Beispiel am Fundort Lake George in New Brunswick (Kanada). Von hier stammen bis 1 cm große Kristalle und bis 30 kg schwere Aggregate. Berühmt sind auch die Vorkommen vom Erskin Creek, Kern Co., Kalifornien (USA), wo bis zu 1 kg schwere Massen auftreten. Bekannte Lokalitäten sind Huasco (Chile) und Arecuybo (Mexiko). Die offenbar prächtigsten Muster stammen von der Lagerstätte Seinäjoki (Finnland), wo spaltbare, bis 5 cm große

**H** 3-3,5; **St** bleigrau; **D** 6,6-6,7; **F** zinnweiß mit gelber Schattierung; **T** opak; **G** metallisch; **Sp** gut nach (0001); **B** uneben; **A** Kristalle, körnige und traubenförmige Aggregate, manchmal mit strahligem Bau, Imprägnationen; **Kf** rhomboedrisch, grobtafelig; **Ch** Sb 100%, Beimengungen von Fe, Ag, Bi, As

Antimontafeln vorkommen. Bekannt sind auch die Lokalitäten Sala* (Schweden), Allemont (Frankreich), Motril (Spanien) mit spaltbaren Stücken bis 5 cm; Mizarella (Portugal), Sarrabus, Sardinien (Italien), Pezinok (Slowakei), Příbram (Tschechien), St. Andreasberg, Brandholz, Bayern (Deutschland). **Verwendung**: Antimon-Erz.

Antimon, 37 mm, Lake George, New Brunswick, Kanada

**E**

# 9 Wismut

Bezeichnung abgeleitet vom arabischen *bi ismid* – Antimon-Eigenschaften habend
Agricola, 1555
Bi

trigonal

**Genese**: pegmatitisch, pneumatolytisch, hydrothermal; **Paragenese**: Molybdänit, Bismutin, Wolframit, Kassiterit; **Ähnliche Minerale**: Linnéit, Nickelin; **Unterscheidung**: ausgezeichnete Spaltbarkeit, geringe Härte; **Vorkommen**: Wismutvorkommen sind an Greisen gebunden und begleiten Quarzadern und Quarzstöcke. Bedeutende Vorkommen in der Grube Mt. Arthur, Queensland und bei Kingsgate, Neusüdwales (Australien), große Kristalle fand man in Natsuhidani (Japan), Wismut ist auch aus Cobalt, Gowganda, Ontario (Kanada) bekannt. Die größten Funde stammen vom Berg Tasna (Bolivien), wo sich ein Nest mit bis zu 10 kg Gewicht befand, es kommt auch an mehreren Lokalitäten in Mexiko, Peru und Chile vor. Interessant sind auch die Vorkommen in den Pegmatiten von Anjanabonoina (Madagaskar) oder Maniema (Zaire). In Europa kommt Wismut in Pozoblanco (Spanien), St. Just, Camborn, Cornwall (Großbritannien), Meymac, Salsigne (Frankreich) und Boliden (Schweden) vor. Die klassischen Fundorte liegen bei Altenberg, Schlema (Kristalle bis 2 cm), Freiberg, Wittichen und Annaberg (Deutschland). **Verwendung**: Wismut-Erz.

**H** 2-2,5; **St** bleigrau, glänzend; **D** 9,7-9,8; **F** am frischen Bruch silbrig weiß mit gelblicher oder blassrosa Tönung, später rot anlaufend; **T** opak; **G** metallisch; **Sp** vollkommen nach (0001); **B** uneben; **AM** schneidbar, mürbe; **A** Kristalle, oft skelettartig, körnig, blättrig; **Kf** Rhomboeder, pseudokubisch, polysynthetische Zwillinge; **Ch** Bi 100%, Beimengungen von Fe, Te, As, S, Sb – löslich in $HNO_3$, schwach in HCl

E

Wismut, 40 mm, Schneeberg, Deutschland

Wismut, 50 mm, Jáchymov, Tschechien

# 10 Diamant

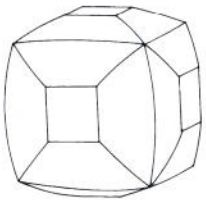

Benennung nach dem griechischen *adamas* – unüberwindbar
Plinius der Jüngere
C kubisch

**Genese**: magmatisch, Seifen, Meteorite; **Paragenese**: Gold, Platin, Magnetit, Pyrop, Zirkon; **Ähnliche Minerale**: Bergkristall, Goshenit, Leukosaphir, Zirkon; **Unterscheidung**: Härte, Dichte, Brechungsindex, Glanz; **Vorkommen**: Bis zum 18. Jahrhundert wurden Diamanten nur in Indien gefördert, wobei sich die Gewinnung auf die Umgebung von Hajdarabad konzentrierte, das als „Golkonda“ bekannt ist. Heute werden Diamanten lokal in Madhjapradesh gefördert. Sie werden auch in Indonesien und China gewonnen. Am Anfang des 18. Jahrhunderts wurden Diamanten auch in Brasilien, in den Staaten Minas Gerais und Bahia entdeckt. Kleinere Vorkommen befinden sich in Venezuela, Surinam, Französisch-Guayana und in den USA. Sie wurden auch in Australien gefunden. Zu den bedeutendsten Diamantenproduzenten der Welt gehört die Republik Südafrika. Hier werden Diamanten aus Seifen, aber auch aus Primärgesteinen, so genannten Kimberliten, gewonnen. In anderen afrikanischen Staaten gibt es ebenfalls Lagerstätten. Ein bedeutender Produzent von Diamanten ist auch Russland, insbesondere das Gebiet von Jakutsk. Hier sind über 120 Kimberlitstöcke bekannt. **Verwendung**: Juwelierhandwerk, für Schneide- und Schleifgeräte; **Behandlung**: vor Stoß schützen, ist spröde.

**H** 10 (spröde); **St** weiß; **D** 3,47-3,56; **F** farblos, grau, bläulich, schwach rosa, grünlich, gelb, braun bis schwarz; **T** durchsichtig bis undurchsichtig; **G** stark, Diamantglanz; **Sp** vollkommen nach (111); **B** muschelig; **LBI** $N$ = 2,417; **Di** 0,044 (nach einigen Angaben bis 0,0627); **A** Kristalle, Kristallverwachsungen, mikrokristalline Aggregate (am häufigsten vorkommende Varietät *Bort*), radialstrahlige, kugelförmige Aggregate (*Ballas*), körnige Aggregate, erinnern in ihrem Aussehen an Koks (*Carbonado*); **Kf** Oktaeder, Dodekaeder, Hexaeder; **Ch** C 100%, Beimengungen von N, Mn, manchmal auch Si, Al, Mg und Fe; **Lu** blau, grünlich



231



Diamant, x 8mm, Trubka Mir, Jakutsk, Russland

# 11 Schwefel

Lateinisch *sulphur*,
schon 2000 v.Chr.
bekannt

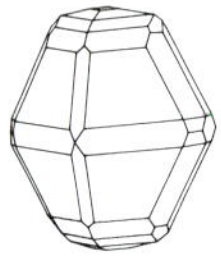

S rhombisch

**Genese**: sedimentär mit Beteiligung von Organismen, in Solfataren und Fumarolen, durch den Zerfall vulkanischer Gase, in den Oxidationszonen von Sulfidlagern; **Paragenese**: Gips, Calcit, Dolomit, Strontianit, Coelestin, Aragonit, Salmiak; **Ähnliche Minerale**: Greenockit, Auripigment; **Unterscheidung**: Härte, Sprödigkeit, niedriger Schmelzpunkt; **Vorkommen**: Durch Sublimation entstand Schwefel in Pozzuoli, am Vesuv, in Larderello (Italien), Keciborlu (Türkei), Schiretoko (Japan); ähnliche Vorkommen in Mexiko, Chile, den USA, auf Island und in Indonesien. Große sedimentär entstandene Schwefellager

Schwefel, x 30 mm, Sizilien, Italien

**H** 1,5-2 (spröde); **St** weiß, manchmal hellgelb; **D** 2,0-2,1; **F** schwefelgelb, kupfergelb, gelbbraun bis gelbgrün, Flugstaubablagerungen sind in der Regel weißlich; **T** durchscheinend; **G** an den Kristallflächen Diamantglanz, an Bruchflächen matt; **Sp** unvollkommen nach (001), (110) und (111); **B** muschelig, uneben; **Bi** $N_{p,m,g}$ = 1,96, 2,04, 2,25; **Db** 0,288; **Pl** schwach; **A** Kristalle, körnige, erdige, nierige und staubförmige Aggregate, Ausfüllungen, Beschläge, Tropfsteingebilde; **Kf** dipyramidal und grobtafelig; manchmal treten vielflächige Kristalle auf, auch Zwillingsverwachsungen; **Ch** S 100%, Beimengungen von Se, Te und Tl

Schwefel, 45 mm, Sizilien, Italien

befinden sich zum Beispiel in Lake Charles, Louisiana, wo Schwefel mit Gips und Halit auftritt, in Maybe, Michigan gemeinsam mit Coelestin, und in Texas (USA). Berühmt sind die Lagerstätten mit bis 10 cm großen Kristallen bei Agrigento Pericara oder die bei Cesena (Italien), wo gemeinsam mit Gips Schwefelkristalle bis 20 cm Größe auftreten, schöne Kristalle kommen insbesondere in der letzten Zeit von der Lagerstätte Machów bei Tarnobrzeg (Polen) und aus Malvési (Frankreich); große Kristalle gibt es auch an der Lagerstätte Conil bei Cádiz (Spanien), in Russland und Turkmenistan. **Verwendung**: chemische Industrie, Herstellung von Sprengstoffen, Leder-, Papier- und Gummiindustrie, Landwirtschaft; **Behandlung**: Achtung, ist sehr spröde, kommt leicht zu Schaden!

# 12 Selen

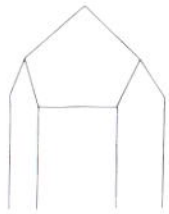

Benennung nach der griechischen Mondgöttin Selene
Berzelius, 1818
Se trigonal

**H** 2; **St** rot; **D** 4,8; **F** grau, purpurgrau; **T** fast opak, in dünnen Bruchstücken ins Rote durchscheinend; **G** halbmetallisch; **Sp** gut nach $(01\bar{1}2)$; **B** uneben; **AM** biegsam; **LBl** $N_{o,e}$ = 3,0, 4,04; **Pl** cremeweiß, braun; **A** Kristalle, isometrische Körner, faserige Aggregate, staubartige Beläge; **Kf** prismatisch; **Ch** Se 100%, Beimengungen von S

**Genese**: sekundär, entsteht auch durch Alteration aus Fumarol und als Produkt brennender Kohlehalden; **Paragenese:** Pyrit, Uranminerale, Selenide, Schwefel, Salmiak, verschiedene Sulfate; **Vorkommen**: Sehr selten. Zusammen mit Uran und Vanadium ist es vom Colorado Plateau und Thomson District, Grand Co., Utah bekannt, Nadeln und Bezüge vom Ambrosia Lake, 2 cm lange Nadeln entstanden bei der Oxidation von Pyrit in United Verde, Jerome, Arizona oder Mopung Hills, Churchill Co., Nevada, Black Hills, Süd-Dakota, Grant, Neu-Mexiko (USA) oder in der Grube Pacajaque, Colquechaca (Bolivien). Schöne Kristallaggregate gibt es in Kul' Jurt Tau-Tuwa (Russland), zusammen mit Schwefel entstanden auf der Insel Vulcano, Liparische Inseln (Italien) bei der Sublimation Rinden, ähnliche Vorkommen auch auf den Vulkanen in Japan und auf Hawaii. Bis zu 6 mm lange Nadeln bildeten sich beim Abbrennen der pyritreichen Kohle in Kladno (Tschechien). **Verwendung**: Selen-Erz.

Selen, 45 mm, Kladno, Tschechien

## 13 Domeykit

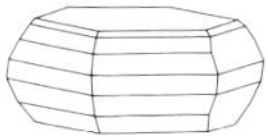

Benennung nach dem chilenischen Mineralogen I. Domeyk (1802-1889)
Zirkel, 1837
$Cu_3As$ kubisch

**H** 3-3,5; **St** schwarz; **D** 7,2-8,1; **F** zinnweiß, läuft gelb bis tombakbraun, manchmal auch regenbogenfarben an; **T** opak; **G** metallisch, wird an der Luft matt; **B** uneben bis muschelig; **AM** teilweise schmiedbar; **A** massiv, körnig, Sinterbildungen; **Ch** Cu 71,79%, As 28,21%, Beimengungen von Sb, S

**Genese**: hydrothermal mit Kupfer, Cuprit, Silber und Algodonit; **Paragenese**: Kupfer, Silber; **Ähnliche Minerale**: Silber, Wismut; **Unterscheidung**: Härte, Anlauffarben; **Vorkommen**: Die größten Akkumulationen von Domeykit befinden sich in den Polymetall-Lagern Mesaniki und Talmessi (Iran). Es begleitet oft die Silber-Erze an den Fundstätten Coquimbo, Copiapó, Algodones und in Chañarcillo und kommt mit Algodonit in Cerro de los Seguas in Rancagua (Chile) vor. Große Akkumulationen gab es in Cerro de Paracatas (Mexiko). Bekannt sind die Funde an den Lagerstätten von purem Kupfer am Oberen See, in der Grube Mohawk auf der Halbinsel Keweenaw, wo kiloschwere Stücke mit Algodonit gefunden wurden, und in der Grube Sheldon-Columbia, Houghton Co., Michigan (USA). Es kommt auf Michipicoten Island und in der Grube Silver Islet, Ontario (Kanada) vor. Zusammen mit Chalkosin, Kupfer und Coelestin kommt es an der Lagerstätte Corocoro (Bolivien) vor. In Europa ist es von den Lagern Rudabánya (Ungarn), Lautaret (Frankreich), Helsborne, Cornwall (Großbritannien), Långban (Schweden) sowie Zwickau und Siegen (Deutschland) bekannt. **Verwendung**: Bestandteil komplexer Kupfer-Erze.

Domeykit, 60 mm, Běloves bei Náchod, Tschechien

# 14 Dyskrasit

Benennung nach dem griechischen *dyskrasia* – schlechte Mischung
Bergman, 1782
$Ag_3Sb$

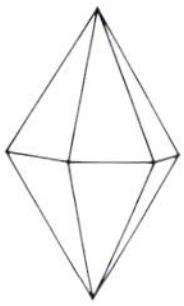

rhombisch

**H** 3,5; **St** silberweiß; **D** 9,4-10,0; **F** silberweiß mit grauen oder goldbraunen Anlauffarben; **G** stark, metallisch; **Sp** unvollkommen; **B** uneben; **AM** lässt sich leicht mit dem Messer schneiden; **A** kompakt, Kristalle, körnige und blättrige Aggregate; **Kf** pseudohexagonal; **Ch** Ag 72,66%, Sb 27,34%, Beimengungen von Hg

**Genese**: hydrothermal; **Paragenese**: Silber, Pyrargyrit, Galenit; **Ähnliche Minerale**: Silber, Antimon; **Unterscheidung**: Härte, Schmiedbarkeit, mit Röntgen und chemisch; **Vorkommen**: Große Massen und Kristalle kommen zusammen mit Stromeyerit, Tetraedrit und Galenit in der Grube Concols bei Broken Hill, Neusüdwales (Australien) vor, feine kristallinische Rinden sind aus Carrizal, Copiapó und Chañarcillo (Chile) bekannt. Es kommt auch in Cobalt, Ontario und in den Pegmatiten in Tanco, Manitoba (Kanada) sowie im Ilimaussaq, Grönland (Dänemark) vor. Mit verschiedenen Arseniden tritt es in Sainte-Marie-aux-Mines (Frankreich) und Guadalcanal (Spanien) auf. Weitere Fundorte sind: Juschnij, Akola und Perewalno (Russland), Almalyk (Kasachstan) – als Kristalle und große Aggregate in Långsjön (Schweden). Mit Tetraedrit kommt es in Trangoška (Slowakei) vor. Eines der schönsten, bis zu 5 cm großen Dyskrasitkristalle wurde in Příbram (Tschechien) entdeckt. Kristalle und Massen im Calcit wurden in den silberreichen Adern in der Grube Samson in St. Andreasberg, Kristalle bis 1 cm Größe in Rauenthal, Wolfach (Deutschland) gefunden. **Verwendung**: Silber-Erz.

Dyskrasit, 122 mm, Příbram, Tschechien

# 15 Chalkosin

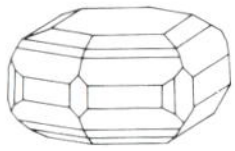

Benennung nach dem griechischen *chalkos* – Kupfer
Agricola, 1546
$Cu_2S$ rhombisch

**H** 2,5-3; **St** dunkelgrau metallisch glänzend; **D** 5,7-5,8; **F** bleifarben, dunkelt rasch nach, verläuft nach Blau oder Grün hin; **P** opak; **G** am frischen Bruch metallisch; **Sp** unvollkommen; **B** muschelig bis uneben; **A** Kristalle, massiv, körnige Aggregate, erdig, Beschläge, Pseudomorphosen; **Kf** grobtafelige, kurzprismatische, selten dipyramidale Kristalle, Verwachsungen, oft Zwillinge nach (110) **Ch** Cu 79,86%, S 20,14%

**Genese**: hydrothermal, sekundär; **Paragenese**: Kupfer, Chalkopyrit, Bornit, Cuprit u.a.; **Ähnliche Minerale**: Akanthit, Tetraedrit, Bornit; **Unterscheidung**: Strich, Farbe, Dichte, Kristallformen; **Vorkommen**: Verhältnismäßig häufig in der Verwitterungszone der Polymetall- und Kupferlagerstätten, z.B. Blöcke in Butte, Montana, Kristalle bis zu 6 cm in Flammbeau, Wisconsin, in Ely, Nevada, Bisbee, Arizona, Kennecott, Alaska (USA). Weitere Fundorte sind die Lagerstätten Chuquicamata (Chile) und Uncia (Bolivien). Häufig kommt es in Tsumeb (Namibia) vor, bis zu 5 cm große Kristalle gibt es in M'Pasa (Zaire), in Sambia, aber auch in Broken Hill, Burra-Burra (Australien), Kristalle bis zu 2 cm in Dsheskasgan (Kasachstan), in Europa dann in Rio Tinto (Spanien) und Bor (Serbien). Kristalle bis zu 7 cm sind aus der Grube Levant, St. Just, Cornwall (Großbritannien), Rammelsberg, Sangershausen, Frankenberg, Mansfeld (Deutschland) bekannt. **Verwendung**: Kupfer-Erz.

Chalkosin, 77 mm, Wisconsin, USA

Chalkosin, 70 mm, Vrančice, Tschechien

# 16 Berzelianit

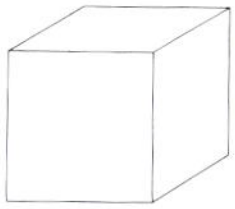

Benennung nach dem Entdecker J. J. Berzelia (1799-1848)
Beudant, 1832
$Cu_2Se$ kubisch

**H** 2; **St** glänzend; **D** 6,7; **F** silberweiß mit grauem oder bläulichem Ton, wird schnell matt und schwarz; **T** opak; **G** am frischen Bruch metallisch, matt; **B** uneben; **A** körnig, kompakte Aggregate, Dendrite, Imprägnationen; **Kf** sind nicht bekannt, **Ch** Cu 61,62%, Se 38,38%, Beimengungen von Ag, Tl

**Genese**: hydrothermal, mit anderen Seleniden an Lagerstätten von Uran, Eisen und Gold; **Paragenese**: Clausthalit, Tiemannit, Umangit und andere Selenide; **Ähnliche Minerale**: Selenide; **Unterscheidung**: chemisch; **Vorkommen**: Redjang-Lebong, Sumatra (Indonesien), El Sharana und Kalgoorlie (Australien), Cerro de Cacheuta, Mendoza und Sierra de Umango (Argentinien). Es ist das Hauptmineral der Selenidmineralisation in Pinky Fault am Athabasca-See, Saskatchewan (Kanada). Es ist bekannt aus Aurora, Mineral Co., Nevada (USA), Skrikerum* bei Kalmar (Schweden), Kysyl Almasaj (Usbekistan). Häufig tritt es in Form grünlich anlaufender, bis mehrere Dutzend Zentimeter großer Aggregate zusammen mit Calcit und anderen Seleniden an den Uranlagern in Dolní Rožínka (Tschechien) auf. Vorkommen auch in den Calcitadern bei Lehrbach, Clausthal, Zorge und Tilkerode (Deutschland). **Verwendung**: Selen-Erz; **Behandlung**: vor Lichteinwirkung schützen.

Berzelianit, 50 mm, Bukov, Tschechien

# 17 Bornit

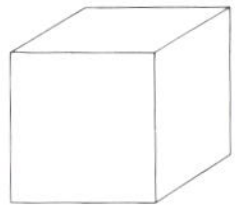

Benennung nach dem österreichischen Mineralogen I. von Born (1742-1791)
Werner, 1791
$Cu_5FeS_4$ rhombisch

**Genese**: hydrothermal, magmatisch, sekundär; **Paragenese**: Covellin, Chalkosin, Chalkopyrit; **Ähnliche Minerale**: Covellin, Germanit, Umangit, Pyrrhotin, Nickelin; **Unterscheidung**: Härte, Dichte, chemisch, mit Röntgen; **Vorkommen**: Bornitaggregate und -kristalle stammen vom Mt. Lyell (Australien), Bornitmassen von mehreren Tonnen Gewicht und bis 2 cm große Kristalle befinden sich an der Lagerstätte Bisbee, Arizona, Butte, Montana (USA), kompakte Massen traten auch in Aranillos (Chile) und San Marcos (Mexiko) auf. Kristalle bis 3 cm gibt es in Likasi, Shaba (Zaire), bis 5 cm in der Grube Mangula (Simbabwe), hübsche Proben mit bis 1 cm großen Kristallen stammen aus Bou Skour (Marokko), Dsheskasgan (Kasachstan), Guleman (Türkei). Schöne, bis 8 cm große Kristalle wurden in Tirol (Österreich) gefunden, sie kommen auch in Norberg (Schweden) vor, bis 1 cm große Kristalle gibt es in Redruth, Cornwall (Großbritannien), bekannt auch von Monte Catini (Italien), Bor (Serbien), Rio Tinto (Spanien), Mansfeld, Wittichen, Neubulach (Deutschland). **Verwendung**: wichtiges Kupfer-Erz.

**H** 3; **St** grauschwarz; **D** 4,9-5,3; **F** bronzebraun, kupferrot, oft bunte (blauviolette) Anlauffarben; **T** opak; **G** metallisch bis halbmetallisch; **Sp** unvollkommen nach (111); **B** muschelig bis undeutlich; **A** selten Kristalle, kompakte und körnige Aggregate, oft nierig; **Kf** Hexaeder, Dodekaeder, selten Oktaeder, Kristalle meist unvollkommen, selten Zwillingsverwachsungen; **Ch** Cu 63,33%, Fe 11,12%, S 25,55%, Beimengungen von Ag, Bi, In

Bornit, x 33 mm, Dsheskasgan, Kasachstan

Bornit auf Calcit, 180 mm, Dsheskasgan, Kasachstan

# 18 Argentit – Akanthit

Abgeleitet vom lateinischen *argentum* – Silber
Agricola, 1529
bzw. vom
griechischen *akanta* – Pfeil
Kenngott, 1855

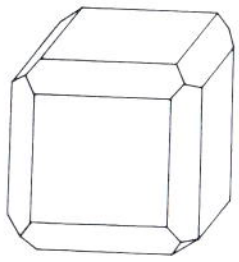

$Ag_2S$ kubisch, monoklin

**Genese**: hydrothermal, sekundär; Argentit ist bei Temperaturen über 179 °C stabil, bei niedrigeren Temperaturen handelt es sich um Paramorphosen von Akanthit nach Argentit; **Paragenese**: Polybasit, Silber, Proustit, Pyrargyrit, Stephanit, Galenit; **Ähnliche Minerale**: Silber, Chalkosin, Galenit; **Unterscheidung**: Dichte, Kristallform, Spaltbarkeit, Schmiedbarkeit; **Vorkommen**: Akanthit und Argentit kommen meistens gemeinsam vor. Argentit ist nur unter Ausnahmebedingungen stabil. Bis 7 cm große Akanthitkristalle kommen aus Reyes oder von einigen Lokalitäten des Staates Chihuahua, ähnliche treten auch in der Grube Las Chispes, Arispe (Mexiko) auf, hübsche, bis 2 cm große Kristalle stammen aus Chañarcillo (Chile) und Colquechaca (Bolivien). Andere Vorkommen in Sarrabus (Italien), Kongsberg (Norwegen) und Les Chalanches (Frankreich). Bis 3 cm große Kristalle stammen aus Banská Štiavnica, Hodruša (Slowakei) und Jáchymov, bis 2 cm große Kristalle aus Příbram, bis 5 cm große aus Měděnec (Tschechien). Große Kristalle wurden in Freiberg gefunden, bis 4 cm große in Schneeberg, des Weiteren in Annaberg, Johanngeorgenstadt und Marienberg (Deutschland). **Verwendung**: wichtiges Silber-Erz.

Argentit, 50 mm, Johanngeorgenstadt, Sachsen, Deutschland

**H** 2-2,5; **St** schwarz, halbglänzend; **D** 7,3; **F** bleifarben bis schwarz, wird bei Lichteinwirkung matt; **T** opak; **G** an der frischen Fläche metallisch, sonst matt; **Sp** unvollkommen; **B** muschelig, uneben; **AM** schmiedbar, biegsam, kann mit dem Messer geschnitten werden; **A** Kristalle, Dendrite, Skelette, körnige und massive Aggregate, Pseudomorphosen; **Kf** Oktaeder, Hexaeder, Rhombododekaeder; oft gebogene und unebene Flächen, Zwillingsverwachsungen, Tafeln, isometrisch, säulig (*Akanthit*). Akanthit bildet oft Pseudomorphosen nach Argentit hin aus; **Ch** Ag 87,06%, S 12,94%, Beimengungen von Cu

Akanthit, 37 mm, Santa Rosa, Mexiko

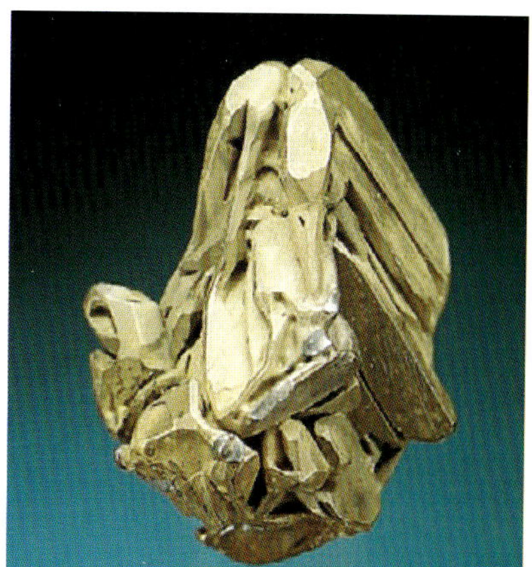

E

# 19 Hessit

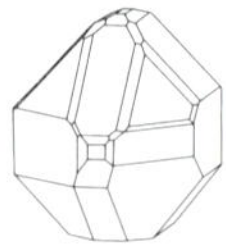

Benennung nach dem Schweizer Chemiker G. H. Hesse (1802-1850)
Fröbel, 1843
$Ag_2Te$

monoklin

**H** 1,5-2; **St** hellgrau, glänzend; **D** 8,4; **F** stahlgrau, bleifarben, bläulich bis schwarz anlaufend; **T** opak; **G** metallisch; **Sp** sehr unvollkommen nach (100); **B** uneben; **AM** kann mit dem Messer geschnitten werden; **A** Kristalle, feinkörnig, massiv; **Kf** isometrisch, pseudokubisch, oft deformiert; **Ch** Ag 62,86%, Te 37,14%, Beimengungen von Au

**Genese**: hydrothermal, an Mittel- bis Tieftemperatur-Erzadern; **Paragenese**: Nagyagit, Calaverit, Altait, Tellur, Sylvanit, Gold; **Ähnliche Minerale**: Akanthit; **Unterscheidung**: hellere Farbe, größere Dichte; **Vorkommen**: Kleine Hessitkristalle sind aus der Grube Stanislaus und aus Calaveras Co., Kalifornien, bekannt, Hessitstücke aus Red Cloud, Colorado und Tombston, Cociche Co., Arizona (USA), zusammen mit Telluriden häufig in Moctezuma, Sonora (Mexiko); in Coquimbo (Chile). Allgemein tritt es mit Telluriden an der Goldlagerstätte in Kalgoorlie (Australien) auf, in bis 200 kg schweren Massen unklarer Genese an den Lagerstätten Sawodinsk und Semipalatinsk, Altai (Kasachstan). Bekannt ist es aus der Grube Kawasu, Schisuoka, oder aus der Grube Jamada, Kagoschima (Japan). Hübsche, bis mehrere Zentimeter große dendritische Kristalle kommen an den Lagerstätten Boteş und Săcărîmb in Siebenbürgen (Rumänien) vor. **Verwendung**: selten als Silber- und Tellur-Erz.

Hessit, 44 mm, Boteş, Rumänien

# 20 Sphalerit

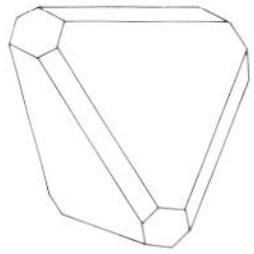

Benennung nach dem lateinischen *sphaleros* – täuschend
Agricola, 1546
$ZnS$

kubisch

**Genese**: magmatisch, hydrothermal, pegmatitisch-pneumatolytisch, sedimentär; **Paragenese**: Galenit, Chalkopyrit, Tetraedrit, Pyrit, andere Sulfide, Calcit, Quarz; **Ähnliche Minerale**: Metacinnabarit, Kassiterit, Granat; **Unterscheidung**: Härte, Dichte und Spaltbarkeit, Strich; **Vorkommen**: Bis zu 10 cm große Kristalle in Big Four, Colorado und Tiffin, Ohio, rubinrote Kristalle in Thomasville, Kristalle bis 1,5 cm in York Co., Pennsylvania, bis 2 cm große Kristalle in der Grube Iron Cap, Arizona, bis 5 cm in Joplin, Missouri (USA). Sphalerit ist bekannt aus Lananey (Mexiko), Ani (Japan), Kipushi (Zaire), bis zu 3 cm große Kristalle jetzt auch aus Dsheskasgan (Kasachstan). In Picos do Europa (Spanien) gibt es gelbe bis rote, bis 15 cm große Kristalle, hübsche Kristalle stammen aus dem Binntal (Schweiz), Madan (Bulgarien), bis 10 cm große Kristalle wurden an den Lagerstätten Trepča (Jugoslawien), Baia Sprie und Cavnic (Rumänien) gefunden, große Kristalle in Bottino (Italien). Gelbe, bis 3 cm große Kristalle kommen in Banská Štiavnica (Slowakei) vor, rote Kristalle wurden in Příbram (Tschechien) gefunden. Deutsche Fundorte sind Schauinsland, Bensberg, Altenberg und Hagendorf. **Verwendung**: wichtigstes Zink-Erz.

Sphalerit, xx 25 mm, Dsheskasgan, Kasachstan

**H** 3,5-4 (spröde); **St** hellbraun; **D** 3,9-4,1; **F** hell- bis dunkelbraun, gelb, grün, schwarz und orange, selten farblos, weiß (*Brunckit*), himbeerrot (*Gumucionit*); **T** durchsichtig (*Cleiophan*) bis opak (*Marmatit*); **G** an Bruchflächen Diamantglanz, an Kristallflächen glasig, fettig; **Sp** nach (110) ausgezeichnet; **B** uneben; **LBI** $N = 2{,}37\text{-}2{,}43$; **Db** vorhanden; **Di** 0,156; **Pl** fehlt; **A** Kristalle, körnige, erdige, massive und kollomorphe Aggregate, oft verschiedenfarbig geschichtet; **Kf** Tetraeder, Dodekaeder, oft Zwillingsverwachsungen; **Ch** Zn 67,06%, S 32,94%, Beimengungen von Cd (*Příbramit*), Fe (*Marmatit, Christophit*), In, Sn, Pb, Ag, Hg, Mn, Ga, Ge; **Lu** gelborange



Sphalerit, 140 mm, New York, USA

# 21 Chalkopyrit
## Kupferkies

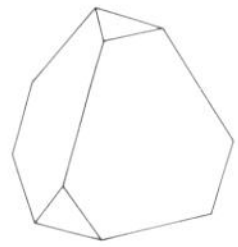

Benennung nach dem griechischen *chalkos* – Kupfer und *pyr* – Feuer
Henckel, 1725
$CuFeS_2$ tetragonal

**Genese**: magmatisch, hydrothermal, kontakt-metasomatisch, sedimentär; **Paragenese**: Sphalerit, Pyrit, Markasit, Calcit, Quarz; **Ähnliche Minerale**: Gold, Pyrit, Markasit, Pyrrhotin; **Unterscheidung**: Härte, Dichte, Strich, Löslichkeit in Säuren; **Vorkommen**: Große Chalkopyritlagerstätten sind Bingham, Utah, Bisbee, Arizona und Santa Rita, Neu-Mexiko (USA). Über 10 cm große Kristalle stammen aus der Grube San Antonio, Concepción del Oro (Mexiko), oder aus Huansala (Peru). Wunderschöne Kristalle gibt es in Hanaoka oder Arawaka (Japan), auch in Kounrad (Kasachstan), Erden (Mongolei), Ergani Maden (Türkei), Cavnic und Herja (Rumänien), bis zu 15 cm große Kristalle kommen in La Gardette in Dauphiné (Frankreich), Majdanpek (Jugoslawien), St. Agnes, Cornwall (Großbritannien), Medet und Aserel (Bulgarien) und Rio Tinto (Spanien) vor. Bis 12 cm große Kristalle stammen aus Dalnegorsk (Russland), bis 6 cm große sind aus Banská Štiavnica (Slowakei) bekannt. Bis 5 cm große Kristalle kommen in Freiberg und bis 4 cm große in der Zeche Christian Levin bei Essen vor, sie treten auch in Willroth, Annaberg, im Siegerland, Rammelsberg und Mansfeld (Deutschland) auf. **Verwendung**: wichtiges Kupfer-Erz.

**H** 3,5-4; **St** grünschwarz; **D** 4,2-4,3; **F** messinggelb, manchmal grünlich getönt, goldgelb (sehr oft bilden sich Anlauffarben); **T** opak; **G** metallisch; **Sp** sehr unvollständig nach (112); **B** muschelig, uneben; **A** Kristalle, körnige und massive Aggregate, manchmal auch nierig und traubenförmig, Imprägnationen, Beläge, Pseudomorphosen; **Kf** pseudotetraedrisch, pseudooktaedrisch, oft Zwillings- und mehrfache Verwachsungen; **Ch** Cu 34,5%, Fe 30,5%, S 35,0%, Beimengungen von Ag, Au, Tl, Se, Te

Chalkopyrit mit Calcit, x 13 mm, Neu-Mexiko, USA

Chalkopyrit, 56 mm, Siegen, Deutschland

# 22 Tennantit – Tetraedrit

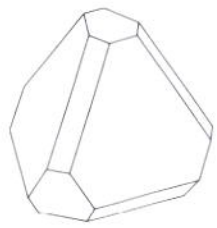

Benennung nach dem
englischen Chemiker
S. Tennant (1761-1815)
Sowerby, 1817
bzw. nach der tetraedrischen Kristallform
Wallerius, 1747

$Cu_3AsS_{3,25}$ – $Cu_3SbS_{3,25}$ kubisch

**H** 3-4; **St** stahlgrau mit kirschrotem Ton; **D** 4,6-4,7; **F** stahlgrau, schwarz; **T** opak, **G** metallisch, halbmetallisch; **B** muschelig, hakig, uneben; **A** Kristalle, körnige oder massive Aggregate, Imprägnationen; **Kf** Tetraeder, manchmal Oktaeder; **Ch** Tennantit – Cu 51,57%, As 20,26%, S 28,17%, konstante Beimengungen von Bi (*Annivit*), Ag, Zn, Fe (*Ferrotennantit*); Tetraedrit – Cu 45,77%, Sb 29,22%, S 25,01%, Beimengungen von Hg (*Schwazit*), Ag, Fe (*Ferrotetraedrit*), Ni (*Frigiedit*), Te, Sn, Zn, Bi

**Genese**: hydrothermal, zwischen Tetraedrit (Cu), Tennantit (As) und Freibergit (Ag) besteht eine kontinuierliche isomorphe Sub-

Tennantit, 70 mm, Dsheskasgan, Kasachstan

stitution; **Paragenese**: Pyrit, Chalkopyrit, Arsenopyrit, Sphalerit, Tetraedrit; **Ähnliche Minerale**: Chalkosin, Tetraedrit, Bournonit; **Unterscheidung**: Härte, Dichte; **Vorkommen**: Verhältnismäßig oft. Kommt an der Lagerstätte Butte, Montana (USA) oder in Morococha (Peru) vor. Kristalle bis 3 cm Größe gibt es auch in Zacatecas (Mexiko), bis 15 cm große Kristalle wurden in Tsumeb (Namibia) gefunden, große Massen in Kipushi (Zaire), Tennantitkristalle bis 2 cm sind aus Dsheskasgan (Kasachstan), Tetraedritkristalle aus Beresowsk (Russland) und Boliden (Schweden) bekannt. Vielflächige Tennantitkristalle bis 3 cm Größe, wie die so genannten *Binnite*, wurden im Binntal (Schweiz) gefunden. Tennantitkristalle bis 2 cm Größe stammen von zahlreichen Lokalitäten in Cornwall* (Großbritannien), bis 25 cm große Tetraedritkristalle aus Anzen (Frankreich). Bekannte Vorkommen auch in den polymetallischen Adern in Freiberg und ebenso in Rammelsberg (Deutschland). **Verwendung**: Kupfer-Erz.

Tedraedrit, x 19 mm, Lima, Pacacocha, Peru

# 23 Wurtzit

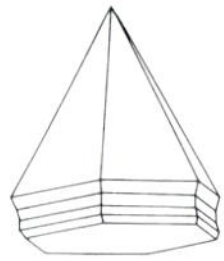

Benennung nach dem französischen Chemiker Ch. A. Wurtz (1817-1884)
Friedel, 1861
β-ZnS

hexagonal

**H** 3,5-4; **St** hellbraun; **D** 3,98-4,08; **F** hell- bis dunkelbraun; **T** opak; **G** glasig, Diamantglanz, fettig; **Sp** gut nach $(10\bar{1}1)$ und (0001); **B** uneben; **A** Kristalle, strahlige, konzentrisch-geschichtete und kollomorphe Aggregate; **Kf** scharf pyramidal, tafelig; **Ch** Zn 67,06%, S 32,94%, Beimengungen von Cd, Fe, Mn

**Genese**: hydrothermal; **Paragenese**: Galenit, Sphalerit, Chalkopyrit, Pyrit, Markasit; **Ähnliche Minerale**: Hübnerit; **Unterscheidung**: Härte, Dichte; **Vorkommen**: Die schönsten, bis 4 cm großen Kristalle stammen aus Animas und – bis 3 cm groß – aus Llallagua, Potosí (Bolivien), tafelige Kristalle gibt es in Quispisiza (Peru), bis 10 cm große Kristallaggregate in Joplin, Missouri, hexagonale Kristalle in Butte, Montana und Frisco, Utah (USA). Bis 1 cm große tafelige Kristalle stammen von der Lokalität Baia Sprie, Siebenbürgen (Rumänien) oder von Gyöngyösoroszi, Matra (Ungarn). Schöne Kristalle gibt es im Binntal, Wallis (Schweiz), Meschic (Slowenien), Carrara (Italien), Kirka (Griechenland), Albergaria Velha (Portugal). Attraktive, auch über 3 cm große Kristalle wurden in Talnach bei Norilsk (Russland), schöne, radialstrahlige Kristallaggregate in Příbram (Tschechien) gefunden. Wurtzit ist bekannt aus Aachen, Stolberg, Wiesloch, Altenberg und Rachelshausen (Deutschland). **Verwendung**: Zink-Erz, manchmal Cadmium-Erz.

Wurtzit mit Galenit, 115 mm, Oruro, Bolivien

Wurtzit, 70 mm, Příbram, Tschechien

# 24 Pyrrhotin
## Magnetkies

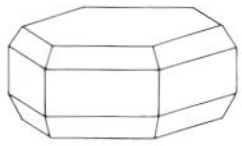

Benennung nach dem griechischen *pyrrotés* – feurig
Wallerius, 1747
$Fe_{1-x}S$ monoklin

**H** 4; **St** grauschwarz; **D** 4,6; **F** gelbbraun, bronzefarben, an der Luft tompakbraun anlaufend; **T** opak; **G** metallisch; **Sp** unvollkommen nach (0001); **B** uneben; **A** Kristalle, körnige, massive und tafelförmige, mit den übrigen Sulfiden durchwachsene Aggregate; **Kf** Tafeln, selten dipyramidal, fässchenförmig; **Ch** Fe 63,53%, S 36,47%, Beimengungen von Ni

**Genese**: magmatisch, hydrothermal, durch Kontaktreaktionen, metamorph; **Paragenese**: Chalkopyrit, Pyrit, Markasit; **Ähnliche Minerale**: Chalkopyrit, Bornit; **Unterscheidung**: Härte, Magnetismus, chemisch, mit Röntgen; **Vorkommen**: Pyrrhotinmassen befinden sich an magmatischen Lagerstätten, z.B. Sudbury, Ontario (Kanada), Evje (Norwegen), Talnach bei Norilsk (Russland), Staré Ransko (Tschechien), Griqualand (Südafrikanische Republik), oder in Burundi. An polymetallischen Adern begegnen wir oft wunderschönen, tafeligen Kristallen: bis 15 cm groß in Santa Eulalia, Chihuahua (Mexiko), in der Grube Chichibu*, Akaiwa (Japan). Bis 30 cm große Kristalle wurden an der Lokalität Trepča (Jugoslawien) gefunden, bis 11 cm große Kristalle in Cavnic und Chiuzbaia (Rumänien), Cartagena (Spanien), Dalnegorsk (Russland). Kommt auch in Bodenmais, Horbach, am Schauinsland und in Freiberg (Deutschland) vor. **Verwendung**: gelegentlich Eisen- und Nickel-Erz.

Pyrrhotin, 26 mm, Santa Eulalia, Mexiko

Pyrrhotin mit Chalkopyrit, 51 mm, Dalnegorsk, Russland

# 25 Nickelin

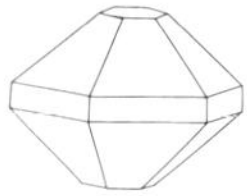

Bezeichnung entsprechend der Zusammensetzung
Hairne, 1694
NiAs hexagonal

**H** 5,5 (spröde); **St** braunschwarz; **D** 7,8; **F** kupferrot, dunkle Anlauffarben; **T** opak; **G** metallisch; **Sp** sehr unvollkommen; **B** muschelig bis uneben; **A** selten Kristalle, massive, körnige, halmartige und dendritische Aggregate; **Kf** selten prismatisch, pyramidal; **Ch** Ni 43,92%; As 56,08%, Beimengungen von Co, Fe, Sb, S

**Genese**: hydrothermal an Hochtemperatur-Erzadern, magmatisch in Noriten und Peridotiten; **Paragenese**: Arsen, Safflorit, Rammelsbergit, Chloanthit, Skutterudit; **Ähnliche Minerale**: Pyrrhotin, pures Wismut; **Unterscheidung**: Härte, Dichte; **Vorkommen**: Talmessi (Iran), Natsume (Japan), die bedeutendsten Fundorte befinden sich in Cobalt und Gowganda, wo es in den Ag-As-Bi-Co-Adern Massen bildet, häufig ist es in Sudbury, Ontario (Kanada). Bekannt sind auch die Vorkommen in Silver Cliff, Colorado (USA), Cochabamba (Bolivien), Bou Azzer (Marokko), wo prächtige körnige und massive Aggregate vorkommen. Zahlreiche kleinere Vorkommen sind aus Europa bekannt, zum Beispiel Los Jarales bei Málaga (Spanien), La Baume bei Villefranche, Aveyron und Vialas, Ardèche (Frankreich), Val d'Anniviers und Turtmantal, Wallis (Schweiz), Dobšiná (Slowakei). Historisch sind die Fundorte Jáchymov, Měděnec, Příbram (Tschechien), Schladming (Österreich), Schneeberg, Annaberg, Freiberg, Bieber, Pöhla (hier wurden Kristalle bis 1,5 cm gefunden), Saalfeld, Richelsdorf und Horbach (Deutschland). **Verwendung**: Nickel-Erz.

Nickelin mit Galenit und Chalkopyrit, Anschliff 55 mm, Příbram, Tschechien

# 26 Millerit

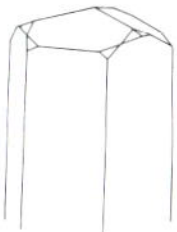

Benennung nach dem
englischen Mineralogen
W. H. Miller (1801-1880)
Werner, 1789, benannt von Haidinger, 1845
NiS trigonal

**H** 3,5 (spröde); **St** grünschwarz; **D** 5,3; **F** hell messinggelb, braungelb, läuft grünlich grau an; **T** opak; **G** metallisch; **Sp** gut nach $(01\bar{1}2)$ und $(10\bar{1}1)$; **B** uneben; **A** Kristalle, radialstrahlige, faserige und körnige Aggregate; **Kf** stängel- und nadelförmig; **Ch** Ni 64,67%, S 35,33%, Beimengungen von Co, Fe, Cu

**Genese**: hydrothermal an Niedertemperatur-Erzlagern, magmatisch, sedimentär; **Paragenese**: Chalkopyrit, Pyrrhotin, Siderit, Ankerit, Whewellit, Baryt, Pyrit; **Ähnliche Minerale**: Cuprobismuthit; **Unterscheidung**: Dichte, Anlauffarben; **Vorkommen**: In Kambalda (Australien), in Anarak (Iran), nadelige, bis 5 cm große Kristalle in den Gruben Marbridge und Oxford Nickel, Quebec, oder Temagami, Ontario (Kanada), Sterling und Antwerp, New York, in der Grube Gap Nickel, Pennsylvania, des Weiteren in St. Louis, Missouri, Keokuk, Iowa, 8 cm lange Kristalle stammen aus Halls Gap, Kentucky (USA). Weitere Vorkommen in Ookiep (Südafrikanische Republik), Kotalahti (Finnland), Merthyr-Tydfil, Wales sowie in Cornwall (Großbritannien). Die schönsten Kristalle stammen von den Kohlelagerstätten, zum Beispiel aus Saarbrücken (Deutschland), Belgien und Großbritannien, oder aus den Hohlräumen der Pelosiderite bei Kladno (Tschechien), wo nadelige, strahlige, bis 7 cm große Aggregate vorkommen. Millerit ist auch bekannt aus den Erzadern bei Jáchymov, Příbram (Tschechien), Rožnavá, Ladmovce, Nižná Slaná, Železník (Slowakei), des Weiteren aus Freiberg, Schneeberg, Johanngeorgenstadt, Littfeld, Wissen und Müsen, Milleritkristalle in einer Größe bis zu 8 cm wurden in den Kalken bei Dortmund (Deutschland) gefunden. **Verwendung**: Nickel-Erz.

Millerit mit Stilpnomelan, xx 10 mm, Sterling Mine, Antwerp, New York, USA

E

# 27 Galenit
## Bleiglanz

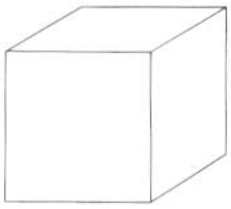

Mit dem Wort *galena* bezeichnete Plinius Bleierz
Plinius der Jüngere
PbS kubisch

**H** 2-3 (spröde); **St** grauschwarz, bläulich; **D** 7,2-7,6; **F** hell oder dunkel bleifarben, am frischen Bruch bläulich getönt; **T** opak; **G** metallisch, an Spaltflächen stark; **Sp** sehr gut nach (100), unvollkommen nach (111); **B** uneben; **AM** mürbe; **A** Kristalle, körnige, grobkörnige bis kompakte, skelett- oder tropfsteinartige Aggregate; **Kf** Hexaeder, Oktaeder und ihre Kombinationen, selten Tafeln und Zwillingsverwachsungen; **Ch** Pb 86,6%, S 13,4%, Beimengungen von Ag, Sb, Bi, Se, Fe, Zn, Au

**Genese**: hydrothermal, sekundär, sedimentär und kontaktmetasomatisch; **Paragenese**: Sphalerit, Pyrit, Calcit, Quarz, Baryt, Fluorit; **Ähnliche Minerale**: Stückantimonit, Altait, Clausthalit, Bournonit; **Unterscheidung**: Dichte, Spaltbarkeit, chemisch; **Vorkommen**: Mt. Isa, Queensland und Roseberry, Tasmanien (Australien), Bawdin (Birma); schöne Galenitkristalle gibt es in Leadville und Silverton, Colorado, Coeur d'Alene, Idaho, Tincit, Utah, Picher, Oklahoma (USA), bis 3 cm große Kristalle kommen vor in Pasto Bueno (Peru), Pulacayo (Bolivien) oder in Kabwe (Sambia). In Europa wird Galenit in Baia Sprie und Cavnic (Rumänien), Asenowgrad und Madan (Bulgarien), Sainte-Marie-aux-Mines (Frankreich), Linares (Spanien), Trepča (Serbien), Alston Moor (Großbritannien) gefunden. Bis 10 cm große Kristalle entdeckte man in Stříbro (Tschechien), bis 20 cm große Kristalle kommen in Dalnegorsk (Russland) vor, sie sind auch aus Banská Štiavnica (Slowakei), Příbram (Tschechien), aus Freiberg, Bräunsdorf, Altenberg, Neudorf und Bad Ems (Deutschland) bekannt. **Verwendung**: wichtigstes Blei-Erz, manchmal Silber-Erz.

Galenit mit Calcit und Chalkopyrit, 110 mm, Sweet Water Mine, Reynolds Co., Montana, USA

Galenit, 30 mm, Dalnegorsk, Russland

## 28 Kylindrit

Benennung nach dem griechischen *kylindros* – Zylinder
Frenzel, 1893
$Pb_3Sn_4FeSb_2S_{14}$ triklin

**Genese**: hydrothermal in zinnführenden Adern; **Paragenese**: Jamesonit, Franckeit, Kassiterit, Stannin, Galenit; **Vorkommen**: Verhältnismäßig selten. Die meisten Funde stammen von den subvulkanischen Silber-Zinn-Lagerstätten in Bolivien, wo bis 5 cm lange und 1 cm dicke zylindrische Aggregate entdeckt wurden, und zwar in den Gruben Santa Cruz*, Trinacria bei Poopó (zusammen mit Franckeit, Inkait, Potosit, Teallit, Sphalerit und Pyrit) oder in der Ader Nueva Virginia bei Colquechaca. Weitere bedeutende Fundorte in den Gruben Purisima und Pizzara bei Oruro, Llallagua bei Potosí, oder Maria Francisca, Porvenir bei Huanuni (Bolivien). Kylindrit kommt in Assoziation mit Geocronit, Jamesonit, Galenit, Kassiterit u.ä. auch an der Lagerstätte Smirnowsk, Transbaikalien (Russland) vor. Die Aggregate erreichen hier Größen bis 2 cm. **Verwendung**: Zinn-Erz.

**H** 2,5 (spröde); **St** schwarz; **D** 5,4; **F** dunkel bleifarben; **T** opak, **G** metallisch; **Sp** fehlt; **B** uneben; **AM** reibt sich ab wie Graphit; **A** zylindrische oder kugelige Aggregate (im Querschnitt sind sie kreisrund wie eine Papierrolle); **Kf** nicht bekannt; **Ch** Pb 33,70%, Sn 25,74%, Fe 3,03%, Sb 13,20%, S 24,33%, Beimengungen von Ge, Au, Ag, Cu, Bi

Kylindrit, 30 mm, Poopó, Bolivien

Kylindrit, 70 mm, Poopó, Bolivien

# 29 Cinnabarit
## Zinnober

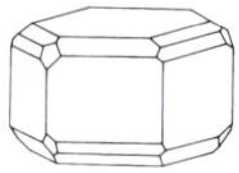

Bezeichnung historisch, stammt wahrscheinlich aus Indien
Theophrastos, 315 v.Chr.
HgS trigonal

**H** 2-2,5 (spröde); **St** rot; **D** 8,1 (schwankt stark entsprechend den Beimengungen); **F** rot, braunrot; **T** durchscheinend; **G** an den Spalt- und Kristallflächen Diamantglanz, sonst matt; **Sp** vollkommen nach (10$\bar{1}$0); **B** uneben, splittrig; **LBI** $N_{e,o}$ = 2,905, 3,256; **A** Kristall, körnige, massive, pulverige Aggregate, Pseudomorphosen; **Kf** tafelig, rhomboedrisch, trapezoedrisch, Zwillingsverwachsungen; **Ch** Hg 86,21%, S 13,79%, Beimengungen von Se, Te, Sb u.a.

**Genese**: hydrothermal, selten sekundär; **Paragenese**: Antimonit, Pyrit, Markasit, Quarz, Chalcedon; **Ähnliche Minerale**: Realgar, Proustit, Cuprit, Rutil, Hämatit; **Unterscheidung**: Dichte, Schmelzbarkeit, chemisch; **Vorkommen**: Große Cinnabaritlager befinden sich in New Almaden, Kalifornien, Santa Clara Co. oder New Idria, San Benito Co., Kalifornien, Terlingua, Texas (USA). Bis 1 cm große Kristalle gibt es an der Lagerstätte San Luis Potosí (Mexiko). Die größten, bis 6 cm großen Cinnabaritkristalle stammen von den Lagerstätten Tha Tien bzw. Feng Huang in der Provinz Hu-nan (China). Bedeutend sind die Karbonlagerstätten in Nikitowka (Ukraine). Die größten Cinnabaritkonzentrationen befinden sich an der Lagerstätte Almadén (Spanien), wo bis 1,5 cm große Kristalle auftreten. Bedeutend sind auch die Vorkommen in hydrothermalen Adern mit Siderit wie zum Beispiel in Nižná Slaná, Rudňany (Slowakei), wo hübsche Kristalle bis 8 cm auftreten, und in Erzberg (Österreich). Andere Vorkommen in Monte Amiata, hier wurden bis 3 cm große Kristalle gefunden, Ripa (Italien), Alschar (Makedonien), Rumänien und Moschellandsburg (Deutschland). **Verwendung**: wichtiges Quecksilber-Erz.

Cinnabarit mit Dolomit, 24 mm, Hu-nan, China

Cinnabarit, Verwachsung 5 mm, Nikitowka, Ukraine

# 30 Covellin

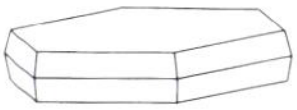

Benennung nach dem
italienischen Mineralogen N. Covelli
(1790-1829)
Friesleben, 1815
CuS hexagonal

**Genese**: Oxidationszonen von Sulfidlagerstätten, hydrothermal; **Paragenese**: Chalkosin, Chalkopyrit, Enargit, Bornit, Pyrit; **Ähnliche Minerale**: Chalkosin, Bornit; **Unterscheidung**: leuchtend blaue Farbe, geringe Härte, Spaltbarkeit; verfärbt sich im Wasser sofort violett, nach dem Trocknen wird es wieder blau; **Vorkommen**: Dünntafelige, bis 2,5 cm große Kristalle stammen aus Butte, Montana, häufig in Kennecott im Revier des Copper River, Alaska, oder in Summitville, Colorado und Bisbee, Arizona, La Sal District, Utah (USA), in Chuquicamata (Chile), Sierra de Famatina (Argentinien), in Bolivien, Tsumeb (Namibia), und Bou Skour (Marokko). Tafelige Kristalle sind bekannt aus der Grube Calaboa, Alghero, oder Sarrabus, Sardinien, erstmalige Beschreibung an Material vom Vesuv* (Italien), große Kristalle wurden in Bor (Serbien) gefunden, körnige Aggregate stammen aus Rio Tinto (Spanien), ferner aus Sangershausen, Frankenberg und Dillenburg, Hessen (Deutschland). **Verwendung**: Kupfer-Erz.

**H** 1,5-2 (spröde); **St** grau bis schwarz, nach Verreiben dunkelblau; **D** 4,7; **F** indigoblau, läuft ins Violette an; **T** opak; **G** matt bis pechartig; **Sp** vollkommen nach (0001); **B** körnig, eben; **AM** biegsame Blättchen, mürbe; **A** selten Kristalle, meistens massive körnige Aggregate, Beläge, Pseudomorphosen; **Kf** hexagonale Tafeln; **Ch** Cu 66,48%, S 33,52%, Beimengungen von Fe, Se, Ag, Pb

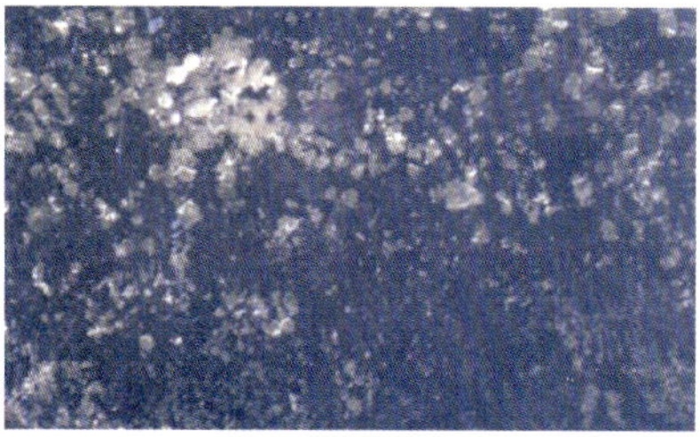

Covellin, Anschliff mit Pyrit, 40 mm, Bor, Jugoslawien

Covellin, 77 mm, Leonard Mine, Butte, Montana, USA

# 31 Antimonit

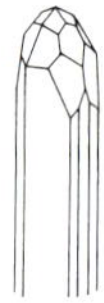

Benennung nach dem griechischen *anthémon* – Blume, nach der Form der Drusen
Haidinger, 1845
$Sb_2S_3$

rhombisch

**H** 2; **St** bleigrau; **D** 4,6-4,7; **F** bleifarben, stahlgrau, mit Stich ins Blaugrüne, Aggregate bis schwarz; auf der Oberfläche entsteht oft dunkelblaue Färbung; **T** opak; **G** metallisch; **Sp** vollkommen nach (010), die Spaltflächen glänzen stark; **B** muschelig; **AM** biegsam; **A** schlanke, säulenförmige Kristalle, fächerige Verwachsungen, faserige Aggregate, manchmal filzig, körnig, stückartig; **Kf** langprismatische, vertikal gefurchte, manchmal gekrümmte Kristalle überwiegen; **Ch** Sb 71,38%, S 28,62%, Beimengungen von As, Bi, Ag, Pb, Fe, Zn, Cu, Au

**Genese**: hydrothermal; **Paragenese**: Berthierit, Jamesonit, Auripigment, Realgar, Arsenopyrit, Markasit, Gold; **Ähnliche Minerale**: Berthierit, Bismuthinit, Galenit, Manganit, Pyrolusit; **Unterscheidung**: Dichte, Härte, Strich; **Vorkommen**: Die schönsten, bis 60 cm langen und 5 cm dicken Kristalle wurden an der Lagerstätte Ischinokawa, Schikoku (Japan) gefunden, bis 40 cm große Kristalle sind aus Lushi und Hsi-kuongshan (China) bekannt. Fundorte schöner Kristalle: Baia Sprie (Rumänien), La Lucette (Frankreich), Pereta (Italien), Alschar (Makedonien), Opora (Portugal), Turhal (Türkei). 15 cm große Kristalle mit violettem Fluorit stammen aus Kadamdschaj (Kirgisistan), 20 cm große Kristalle aus Manhattan, Nevada (USA) und Dschebel Hamimat (Algerien). Kristalle bis 10 cm wurden in Kremnica (Slowakei) gefunden. Schöne Kristalle treten in Wolfsberg, Schleiz, Arnsberg und Brandholz (Deutschland) auf. **Verwendung**: Metallurgie, Gummi- und Glasindustrie, Pyrotechnik, Medizin.

Antimonit, xx 28 mm, Baia Sprie, Rumänien

# 32 Kermesit

Benennung nach dem persischen *qurmizq* – dunkelrot
Wallerius, 1747
$Sb_2S_2O$ triklin

**H** 1-1,5 (spröde); **St** braunrot, nach dem Verreiben orange; **D** 4,7; **F** kirschrot, dunkelt mit der Zeit nach; **T** opak, in feinen Nadeln durchscheinend; **G** diamantartig bis halbmetallisch; **Sp** vollkommen nach (001); **A** Kristalle, strahlige, nadelige und faserige Aggregate, Krusten, Anflüge, Beläge; **Kf** langprismatisch, längs gerillt; **Ch** Sb 74,96%, S 20,04%, O 5,00%

**Genese**: hydrothermal, sekundär, durch die Oxidation von Antimonit an Antimonlagern entstanden; **Paragenese**: Antimonit, Valentinit, Senarmontit, Stibiconit; **Ähnliche Minerale**: Realgar, Cinnabarit; **Unterscheidung**: Strichfarbe, Dichte; **Vorkommen**: Bis 4 cm große nadelige Büschel stammen aus Lake George bei Fredericton, New Brunswick (Kanada). Kristalle gibt es in Globo, Arizona, des Weiteren in Mojave, Kern Co., Kalifornien (USA), Nuevo Tepache (Mexiko) und in der Grube San Francisco in Poopó, Oruro (Bolivien). Häufiges Vorkommen in Dschebel Hamimat (Algerien), die schönsten, bis 5 cm großen Kristalle werden von der Antimonlagerstätte in Que-Que (Simbabwe), von Les Chalanches, Isère (Frankreich) und Pereta, Toskana (Italien) angeführt. Ein weltbekannter Fundort von bis 10 cm großen Kristallen und prächtigen rosettenförmigen Aggregaten sind Antimonitadern, welche die in die Graphitschiefer bei Pezinok (Slowakei) eingelagerten Pyritlagen durchziehen. Bekannt sind auch die Vorkommen von Bräunsdorf, Sachsen (Deutschland) mit Kristallen bis 4 cm Größe. **Verwendung**: Antimon-Erz.

Kermesit, 95 mm, Pernek, Slowakei

# 33 Tetradymit

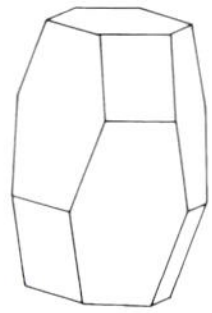

Benennung nach dem griechischen *tetradymos* – vierfach
Esmark, 1815
$Bi_2Te_2S$

trigonal

**H** 1,5-2; **St** stahlgrau; **D** 7,3; **F** bleigrau, zinnweiß, nach Gelb hin anlaufend, allmählich in Schwarz übergehend; **T** opak; **G** metallisch; **Sp** vollkommen nach (0001); **AM** Blättchen biegsam, schreibt auf Papier; **A** Kristalle, blättchenartige und körnige Aggregate; **Kf** rhomboedrisch, Verwachsungen (Vierlinge, Zwillinge); **Ch** Bi 59,27%, Te 36,18%, S 4,55%, Beimengungen von Se, Au, Cu und Pb

**Genese**: hydrothermal an Mittel- und Hochtemperaturlagern von Gold, kontaktmetamorph; **Paragenese**: Gold, Hessit, Calaverit, Wismut, Pyrrhotin, Pyrit; **Ähnliche Minerale**: Nagyagit; **Unterscheidung**: Strich, chemisch; **Vorkommen**: Tsumo, Schimane (Japan), Biggenden, Brisbane, Queensland, Nanima bei Boorow, Neusüdwales (Australien). Hübsche Kristalle stammen aus Red Cloud, Colorado, es gibt sie auch in Carson Hill, Calaveras Co., Kalifornien, in der Grube Tellurium, Fluvanna Co., Virginia, in Bradshaw, Yavapai Co., Arizona, Trail Creek, Blaine Co., Idaho (USA). Kommt auch an den Lagerstätten Kumakskoje und Schilowo-Isezko im Ural (Russland) vor. Weitere Funde in Börzsöny bei Esztergom (Ungarn), in Assoziation mit Gold in den Skarnen von Baita Bihorului, Cziklova und Oravita (Rumänien), in Testa, Korsika (Frankreich), Boliden (Schweden) und Nervedur* (Norwegen). Bis 1 cm große Kristalle im Andesit sind aus Župkov und Nová Baňa (Slowakei) bekannt. **Verwendung**: Tellur- und Wismut-Erz.

Grauer Tedradymit mit Gold, 30 mm, Jílové, Tschechien

Tedradymit, 21 mm, Župkov, Slowakei

# 34 Pyrit
## Eisenkies

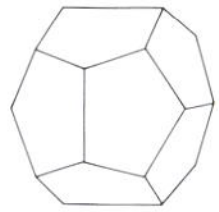

Benennung nach dem griechischen *pyrites* – Funken sprühend, bildet beim Anschlagen Funken Dioskorides, 50 n.Chr.

$FeS_2$ kubisch

**Genese**: magmatisch, metamorph, hydrothermal, sedimentär; **Paragenese**: Galenit, Sphalerit, Pyrrhotin, Arsenopyrit, Markasit; **Ähnliche Minerale**: Gold, Chalkopyrit, Markasit; **Unterscheidung**: Härte, Dichte, Strich, Kristallformen, chemisch, mit Röntgen; **Vorkommen**: Große Pyritkristalle stammen aus Indien und Japan. Bis 15 cm große Kristalle gibt es in Leadville, Colorado, bis 12 cm große in Bingham, Utah (USA). Weitere Vorkommen in Llallagua (Bolivien), in Morococha, Quiruvia (Peru) und Concepción del Oro (Mexiko). Bis 10 cm große Kristalle gab es in Uganda, bis 50 cm große in Dalnegorsk (Russland). In Europa ist Pyrit bekannt aus dem Binntal (Schweiz), Faţa Băii (Rumänien), Trepča (Jugoslawien). Es kommt auch in Falun (Schweden), in Lökken (Norwegen) und St. Just (Großbritannien) vor, an der Lokalität Xanthi (Griechenland) gibt es bis 50 cm große Kristalle, des Weiteren in Rio Tinto, Ambas Aguas (Spanien), bis 20 cm große Kristalle kommen an der Lagerstätte Rio Marino, Elba (Italien) vor. Sie wurden auch an den Lagerstätten Freiberg, Siegerland, Rammelsberg, Meggen, Wiesloch, Hüls und Aachen (Deutschland) gefunden. **Verwendung**: Schwefelsäureherstellung, manchmal ist es Quelle für Cu, Co, Au, Se.

**H** 6-6,5 (spröde); **St** grünschwarz; **D** 5,00-5,03; **F** goldgelb, messinggelb, oft Anlauffarben; **T** opak; **G** metallisch; **Sp** nach (100) und (110), sehr unvollkommen; **B** uneben, muschelig; **A** Kristalle, körnige und massive Aggregate, Konkretionen, Sinter, Imprägnationen, Überzüge, Dendriten, Pseudomorphosen, staubförmig (*Melnikovit*); **Kf** Hexaeder (gerillt), Oktaeder, Pentagondodekaeder, Zwillingsverwachsungen; **Ch** Fe 46,6%, S 53,4%, Beimengungen von Ni, Co, As, Cu, Zn, Ag, Au

Pyritisierter Ammonit, 50 mm, Michajlowo, Russland

Pyrit, 120 mm, Huanzala, Peru

## 35 Sperrylith

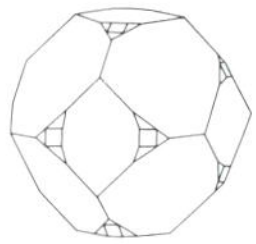

Benennung nach dem kanadischen Chemiker F. L. Sperry (?-1906)
Wells, 1889
$PtAs_2$

kubisch

**H** 6-7 (spröde); **St** schwarz; **D** 10,5-10,7; **F** zinnweiß; **T** opak; **G** sehr stark, metallisch; **Sp** unvollkommen; **B** muschelig; **A** Kristalle, Körnchen; **Kf** Hexaeder, Hexaoktaeder, isometrisch; **Ch** Pt 56,58%, As 43,42%. Beimengungen von Rh, Fe, Sb, Sn

**Genese**: magmatisch, in basischen Pegmatiten, in Seifen; **Paragenese**: Gold, Pentlandit, Platin, Pyrrhotin, Pyrit; **Ähnliche Minerale**: Platin; **Unterscheidung**: Härte, Kristalle, Dichte, Strich; **Vorkommen**: Die größten Vorkommen befinden sich in der Südafrikanischen Republik im basischen Massiv in Bushveld, wo es in der so genannten platinführenden Lage Imprägnationen bildet. Die schönsten Muster stammen aus der Umgebung von Tweefontein, Potgietersrust, von wo bis 4 cm große hexaedrische Kristalle bekannt sind. Kristalle gibt es auch in den basischen Pegmatiten in Mooihoek (Südafrikanische Republik). Kommt auch in den Gruben Vermilion* und Rambler, Wyoming, oder in den Flusssedimenten in Macon County in Nord-Carolina (USA) vor. Kleine Kristalle und vereinzelte Körner befinden sich an der Lokalität Sudbury, Ontario (Kanada). Von Bedeutung sind die Vorkommen von Talnach bei Norilsk, 5 cm große Kristalle und Verwachsungen, und von Jekaterinburg, Ural, bis 1 cm große Kristalle. Sperrylith gibt es auch in den Seifen im Gebiet Tschitinsk in Ostsibirien (Russland). Ein ähnlicher, kleinerer Fundort ist auch Hitura (Finnland). **Verwendung**: Platin-Erz.

Sperrylith, 12 mm, Norilsk, Russland

# 36 Gersdorffit

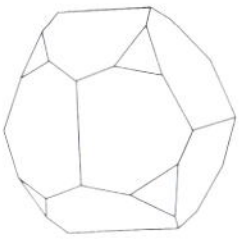

Benennung nach von Gersdorff, dem Besitzer der Grube Schladming in Österreich
Cromstedt, 1758
NiAsS kubisch

**H** 5 (spröde); **St** grauschwarz; **D** 5,6-6,2; **F** silberweiß, stahlgrau, wird schnell matt und dunkelt nach; **T** opak; **G** metallisch; **Sp** vollkommen nach (100); **B** uneben; **A** Kristalle, körnige Aggregate; **Kf** Oktaeder, Hexaoktaeder, Pentagondodekaeder, **Ch** Ni 35,41%, As 45,26%, S 19,33%

**Genese**: hydrothermal; **Paragenese**: Chalkopyrit, Nickelin, Siderit, Ullmannit, Quarz; **Ähnliche Minerale**: Linnéit, Ullmannit, Cobaltin; **Unterscheidung**: Dichte, chemisch; **Vorkommen**: Oft in Ag-Co-Ni-Adern in Cobalt oder an der magmatischen Lagerstätte in Sudbury, Ontario (Kanada), große Kristalle gibt es in Snowbird Mine, Mineral Co., Montana (USA), des Weiteren in Mina Sorpresa (Bolivien) oder in Selukwe (Simbabwe), Bou Azzer (Marokko). Gersdorffit wurde an den Erzadern in Jáchymov (Tschechien), Schladming* und Mitterberg (Österreich), in Rammelsberg, Betzdorf, im Siegerland und in Lobenstein (Deutschland) gefunden. **Verwendung**: Nickel-Erz; **Behandlung**: Reinigung mit destilliertem Wasser oder verdünnten Säuren mit Ausnahme von $HNO_3$.

Gersdorffit, 55 mm, Dobšiná, Slowakei

Gersdorffit, xx 18 mm, Bou Azzer, Marokko

# 37 Markasit

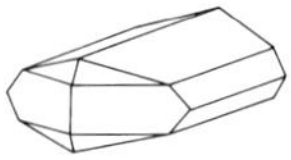

Benennung nach dem arabischen *markaschit* – ursprüngliche Bezeichnung für Pyrit
Henckel, 1725
$FeS_2$ rhombisch

292

**Genese**: hydrothermal, postvulkanisch, sedimentär, hypergen; **Paragenese**: Cinnabarit, Galenit, Sphalerit, Pyrit; **Ähnliche Minerale**: Pyrit, Chalkopyrit; **Unterscheidung**: Dichte, Kristallformen, Härte, mit Röntgen; **Vorkommen**: Ist an zahlreichen Lokalitäten in den USA bekannt, z.B. mit bis 7 cm großen Kristallen aus Bell Co., Texas, Joplin, Missouri, Galena, Illinois. Ein weiterer Fundort ist Guanajuato (Mexiko), Pseudomorphosen aus Pyrrhotin gibt es in Llallagua (Bolivien), Japan, Pakistan, Afghanistan. Markasit kommt auch in Russland, Armenien, Georgien, in der Champagne und am Cap Blanc-Nez (Frankreich) und in Tavistock und Folkestone (Großbritannien) vor. Sehr schöne Kristalle gibt es auch in Reocin (Spanien), Chiuzbaia, Siebenbürgen (Rumänien). Bis 15 cm große Markasitdrusen stammen aus Vintířov und Bílina (Tschechien). Häufige Vorkommen in Freiberg, Annaberg, Sachsen, Wiesloch, Baden, Aachen, im Rheinland (Deutschland). **Verwendung**: zur Herstellung von Schwefelsäure; **Behandlung**: wärmeempfindlich.

**H** 6-6,5; **St** grünlich, schwarzgrau; **D** 4,8-4,9; **F** messinggelb, grün schattiert, oft Anlauffarben; **T** opak; **G** metallisch; **Sp** nach (110) sehr unvollkommen; **B** uneben; **A** Kristalle, Drusen, massive, körnige und sinterkrustige, nierige Aggregate (*Leberkies*), Konkretionen, Imprägnationen, Pseudomorphosen; **Kf** tafelige, lanzettliche, prismatische Zwillingsverwachsungen; **Ch** Fe 46,55%, S 53,45%

Markasit, 40 mm, Vintířov, Tschechien

Markasit, 58 mm, Pas de Calais, Frankreich

Markasit, 50 mm, Olkusz, Polen

# 38 Löllingit

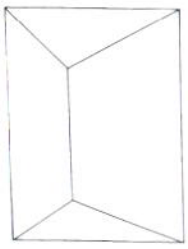

Benennung nach der Typenlokalität Lölling in Österreich
Mohs, 1820
$FeAs_2$

rhombisch

H 5 (spröde); **St** grauschwarz; **D** 7,1-7,4; **F** silberweiß, graue Anlauffarben; **T** opak; **G** metallisch; **Sp** unvollkommen nach (001); **B** uneben; **A** Kristalle, stängelige, körnige und massive Aggregate; **Kf** prismatisch, Zwillingsverwachsungen, **Ch** Fe 27,18%, As 72,82%, Beimengungen von Co, Bi, Sb, Au



**Genese**: hydrothermal, pneumatolytisch, pegmatitisch; **Paragenese**: Wismut, Galenit, Sphalerit, Arsenopyrit, Nickelin, Siderit, Chloanthit, Calcit; **Ähnliche Minerale**: Arsenopyrit; **Unterscheidung**: Dichte, mit Röntgen, chemisch; **Vorkommen**: Revier Cobalt, Ontario (Kanada), Auburn, Maine (USA), San Bernardo bei Alamos, Sonora (Mexiko), Chañarcillo (Chile). Größere Löllingitaggregate gibt es in den Pegmatiten in Kobokobo, Kivu (Zaire) und in Béléliéta (Algerien). Zum ersten Mal wurde das Mineral am Sideritlager in Lölling*, Kärnten (Österreich) beschrieben. Bekannt sind auch die Vorkommen in den Pegmatiten bei Kaatiala (Finnland), wo bis 50 cm große Kristalle auftraten, in Boliden und Falun (Schweden), Chatêlet, Creuse (Frankreich), schöne Kristalle gibt es im Syenit im Langensundsfjord (Norwegen). Kristalle und Aggregate wurden auch in St. Andreasberg, Harz, und in den Skarnen St. Christoph bei Breitenbrunn (Deutschland) gefunden. **Verwendung**: manchmal Arsen-Erz.

Löllingit, 40 mm, Ehrenfriedersdorf, Deutschland

Löllingit, 13 mm, Cobalt, Ontario, Kanada

# 39 Arsenopyrit
## Arsenkies

Benennung nach
der Zusammensetzung
Agricola, 1546
FeAsS

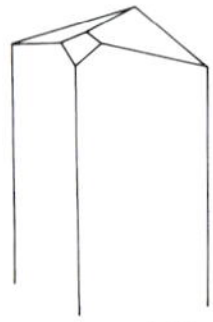

monoklin

**H** 5,5-6 (spröde); **St** schwarz; **D** 5,9-6,2; **F** zinnweiß, hell stahlgrau, nach gelb anlaufend; **T** opak; **G** metallisch; **Sp** gut nach (110), unvollkommen nach (001); **B** uneben; **A** Kristalle, massive, körnige und radiale Aggregate; **Kf** prismatisch, pseudooktaedrisch, Zwillinge; **Ch** Fe 34,3%, As 46,01%, S 19,69%, Beimengungen von Co (*Danait*), Fe, Ni, Au, Bi, Ag

**Genese**: pneumatolytisch, hydrothermal, metamorph; **Paragenese**: Antimonit, Galenit, Pyrit; **Ähnliche Minerale**: Chloanthit, Rammelsbergit, Löllingit, Skutterudit; **Unterscheidung**: mit Röntgen, chemisch; **Vorkommen**: Glänzende 2 cm große Kristalle stammen aus der Provinz Hu-nan (China), wunderschöne, bis 30 cm große Kristalle in Gesellschaft von Quarz und Fluorit wurden an der Lagerstätte Obira (Japan) gefunden. Bis 4 cm große Kristalle gibt es in Llallagua (Bolivien), ähnliche in Hidalgo de Parral (Mexiko), Morro Velho (Brasilien) oder in Leadville, Colorado, Mother Load, Kalifornien (USA), Cobalt, Porcupine (Kanada). Von Bedeutung sind die Funde in Mitterberg (Österreich), auch in Boliden, Tunaberg (Schweden), Skutterud (Norwegen), Trepča (Jugoslawien) und Griechenland. Schöne, bis 5 cm große Kristalle gibt es an der Lagerstätte Panasqueira (Portugal) oder in Dalnegorsk (Russland), große Kristalle auch in St. Agnes, Joplin, Tavistock (Großbritannien) und Meymac (Frankreich). Arsenopyrit kam auch in Jáchymov (Tschechien), Geyer, Ehrenfriedersdorf, Altenberg, Freiberg und Brandholz (Deutschland) vor. **Verwendung**: Arsen-Erz.

Arsenopyrit mit Quarz, 57 mm, Chihuahua, Mexiko

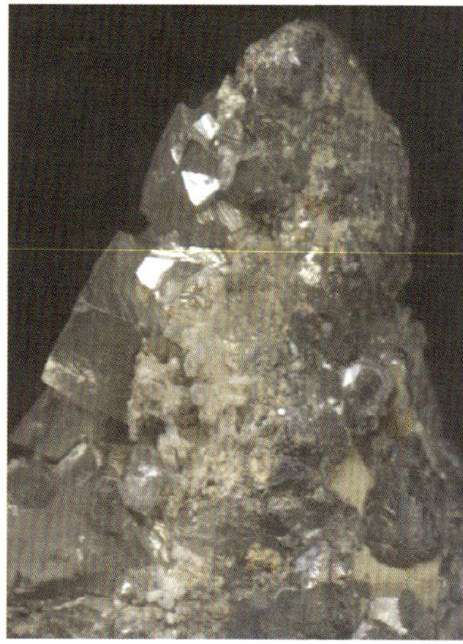

Arsenopyrit, 25 mm, Dalnegorsk, Russland

# 40 Molybdänit

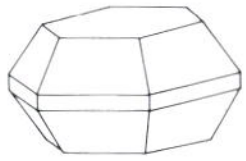

Benennung nach dem griechischen *molybdos* – Blei
Wallerius, 1747
$MoS_2$ hexagonal

**Genese**: magmatisch, pegmatitisch, hydrothermal, kontaktmetasomatisch; **Paragenese**: Bismuthin, Scheelit, Arsenopyrit, Wolframit, Quarz, Kassiterit; **Ähnliche Minerale**: Graphit, Specularit; **Unterscheidung**: Strichfarbe, Härte; **Vorkommen**: In der Grube Allies, Neusüdwales (Australien), die größten Konzentrationen befinden sich an den Porphyr-Kupfererzlagerstätten in Bingham, Utah, oder in Climax, Colorado und in der Grube Questa, Neu-Mexiko, große Kristalle wurden auch in Blue Hill Bay, Maine gefunden, bis 15 cm große in Empire, Colorado (USA), bis 10 cm große in Wakefield, Quebec (Kanada), kommt auch in Cananea (Mexiko) vor. Bis 3,5 cm große tafelige Rosetten wurden in Onganja (Namibia) und Azegour (Marokko) gefunden. Bedeutende Lokalitäten sind Kadscharan (Armenien), Miass (Russland) und Oraviţa (Rumänien). Kommt auch an vielen Stellen des Erzgebirges vor, z.B. in Horní Slavkov (Tschechien) und Altenberg (Deutschland). **Verwendung**: Stahlindustrie, Elektrotechnik, chemische Industrie; **Behandlung**: Achtung, ist weich und reibt sich ab!

Molybdänit, x 20 mm, Quebec, Kanada

**H** 1-1,5; **St** blaugrau, nach dem Zerreiben grünlich, fühlt sich fettig an; **D** 4,7-4,8; **F** blaugrau, violett getönt; **T** opak; **G** stark metallisch; **Sp** vollkommen nach (0001); **AM** Blättchen sind biegsam, aber nicht elastisch; **A** selten Kristalle, eher Blättchen, Schuppen, schuppige Aggregate, staubförmig (*Jordisit*); **Kf** selten Tafeln; **Ch** Mo 59,94%, S 40,06%, Beimengungen von Re, Ag, Au

Molybdänit, 40 mm, Cínovec, Tschechien

Molybdänit, 71 mm, Harp of Erin Mine, Queensland, Australien

# 41 Skutterudit

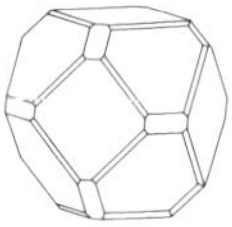

Benennung nach der Typenlokalität Skutterud in Norwegen
Breithaupt, 1827
$CoAs_3$ kubisch

**H** 6 (spröde); **St** schwarz; **D** 6,8; **F** hell stahlgrau, manchmal leicht rosafarben; **T** opak; **G** stark metallisch; **Sp** sehr unvollkommen; **B** muschelig, uneben; **A** Kristalle, körnige und nierige Aggregate, massiv; **Kf** hexaedrisch, oktaedrisch, pentagon-dodekaedrisch; **Ch** Co 20,77%, As 79,23%, Beimengungen von Ni, Bi (bei Defizit von As *Smaltin*, überwiegt Ni über Co *Nickelskutterudit*)

**Genese**: hydrothermal an Mittel- bis Hochtemperaturadern; **Paragenese**: Safflorit, Chloanthit, Nickelin; **Ähnliche Minerale**: Chloanthit, Ullmannit, Gersdorffit, Arsenopyrit; **Unterscheidung**: Härte, Dichte, mit Röntgen, chemisch; **Vorkommen**: Broken Hill, Neusüdwales (Australien), große Massen wurden in Cobalt und Gowganda, Ontario (Kanada) gefunden. Von der Lokalität Bou Azzer (Marokko) stammen einige der schönsten Kristalle, die Größen bis zu 5 cm erreichen. Bekannt sind auch die Vorkommen an den Lokalitäten Schladming (Österreich), Skutterud*, Snarum (Norwegen), Tunaberg (Schweden) und Guadalcanal (Spanien). Bis 1 cm große Kristalle wurden in Příbram (Tschechien) gefunden, bekannt auch aus Dobšina und Gelnica (Slowakei). Kristalle bis 1 cm Größe befanden sich in den Erzadern in St. Andreasberg, bis 2 cm Größe in Annaberg, bis 3 cm Größe in Schneeberg; auch in Freiberg, Sachsen, Richelsdorf, Bieber, Hessen und im Siegerland (Deutschland). **Verwendung**: Kobalt- und Nickel-Erz.

Skutterudit, 25 mm, Schneeberg, Sachsen, Deutschland

E

# 42 Proustit
## Lichtes Rotgültigerz

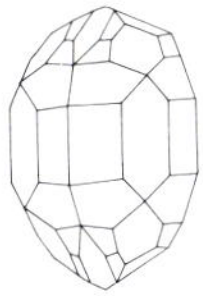

Benennung nach dem französischen Chemiker J. L. Proust (1755-1826)
Agricola, 1546, benannt von Beudant, 1832
$Ag_3AsS_3$ trigonal

**H** 2,5 (spröde); **St** ziegelrot; **D** 5,6; **F** purpurrot, zinnoberrot, wird mit der Zeit schwarz; **T** halbdurchsichtig bis durchscheinend; **G** Diamantglanz; **SP** gut nach $(10\bar{1}1)$; **B** muschelig; **LBI** $N_{o,e}$ = 3,090, 2,790; **A** Kristalle, körnige Aggregate, Dendrite, Anflüge, massiv; **Kf** kurz säulig (scheinbar skalenoedrisch), Verwachsungen; **Ch** Ag 65,42%, As 15,14%, S 19,44%, Beimengungen von Sb

**Genese**: hydrothermal; **Paragenese**: Silber, Akanthit, Arsen; **Ähnliche Minerale**: Pyrargyrit; **Unterscheidung**: Strich, Farbe; **Vorkommen**: Bis 15 cm große Kristalle, zweifellos die größten der Welt, stammen aus der Grube Dolores in Chañarcillo (Chile). Andere Vorkommen in Batopilas, Chihuahua, Sombrete, Zacatecas (Mexiko), South Lorrain (Kanada), Red Mountain, Colorado, Comstock Lode, Nevada, bis zu mehrere Dutzend Kilogramm schwere Proustitmassen stammen aus Silver City, Idaho (USA). Bekannt auch aus Chalanches (Frankreich), Sarrabus (Italien), Săcărîmb (Rumänien). Bis 2 cm große Kristalle wurden in Jáchymov (Tschechien) gefunden, bekannt auch aus Banská Štiavnica (Slowakei), Schneeberg, Marienberg, Wittichen; hervorragende, mehrere Zentimeter große Kristalle stammen aus Freiberg, kommt auch in Annaberg und St. Andreasberg vor, bis 8 cm große Kristalle wurden in der Grube Hartenshein bei Aue gefunden (Deutschland). **Verwendung**: Silber-Erz; **Behandlung**: vor Lichteinwirkung schützen, dunkelt nach.

Proustit, 43 mm, Sachsen, Deutschland

## 43 Pyrargyrit
### Dunkles Rotgültigerz

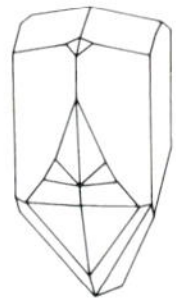

Benennung nach dem griechischen *pyr* – Feuer und *argyros* – Silber
Agricola, 1546
$Ag_3SbS_3$ trigonal

**Genese**: hydrothermal; **Paragenese**: Silber, Sphalerit, Akanthit; **Ähnliche Minerale**: Proustit, Cinnabarit, Cuprit; **Unterscheidung**: Strich, Paragenese, chemisch; **Vorkommen**: Die größten Pyrargyritlager befinden sich auf dem amerikanischen Kontinent. Bis 3 cm große Kristalle stammen aus San José de las Muchachas, bis 6 cm große aus Fresnillo, Zacatecas (Mexiko), bis 5 cm große gibt es in Huancavelica (Peru) und an der Lagerstätte Chañarcillo (Chile), wunderschöne kommen aus Colquechaca (Bolivien). Bekannt sind auch Vorkommen in Austin und Comstock Lode, Nevada, Silver City, Idaho (USA), in Cobalt, Ontario (Kanada), des Weiteren in Săcărîmb (Rumänien), bis 5 cm große Kristalle stammen aus Hiendelaencina (Spanien) und Fournial (Frankreich). Bis 2 cm große Kristalle gab es in Příbram (Tschechien), Kristalle wurden des Weiteren in Banská Štiavnica (Slowakei) und in Johanngeorgenstadt gefunden, schöne, bis 4 cm große Kristalle stammen aus Freiberg und Aue, bis 3 cm große aus den Adern in St. Andreasberg (Deutschland). **Verwendung**: wichtiges Silber-Erz; **Behandlung**: vor Lichteinwirkung schützen, dunkelt nach.

**H** 2,5-3 (spröde); **St** kirschrot; **D** 5,8; **F** dunkel- bis graurot, läuft im Licht zu Blaurot hin an; **B** in kleinen Körnern rötlich durchscheinend; **G** Diamantglanz, stark metallisch, manchmal matt; **Sp** gut nach ($10\bar{1}1$), unvollkommen nach ($01\bar{1}2$); **B** muschelig bis uneben oder splitterig; **LBl** $N_{o,e}$ = 3,080, 2,880; **A** Kristalle, körnige Aggregate, stückförmig, Anflüge, Pseudomorphosen; **Kf** prismatisch, oft vielflächig, hemiedrisch, Zwillingsverwachsungen; **Ch** Ag 59,76%, Sb 22,48%, S 17,76%, Beimengungen von As

Pyrargyrit, x 25 mm, Sachsen, Deutschland

# 44 Bournonit

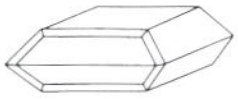

Benennung nach dem französischen Mineralogen J. L. de Bournon (1751-1825)
Rashleigh, 1797
$PbCuSbS_3$ rhombisch

**H** 3 (spröde); **St** grau; **D** 5,7-5,9; **F** bleifarben, schwarz; **T** opak; **G** metallisch; **Sp** unvollkommen nach (010); **B** muschelig bis uneben; **A** Kristalle, körnige Aggregate; **Kf** Tafeln, kurzprismatisch, pseudokubisch, Verwachsungen, oft mehrfach wiederholt; **Ch** Pb 42,54%, Cu 13,04%, Sb 24,65%, S 19,77%, Beimengungen von As, Fe

**Genese**: hydrothermal; **Paragenese**: Galenit, Sphalerit, Chalkopyrit, Tedraedrit; **Ähnliche Metalle**: Tetraedrit; **Unterscheidung**: Dichte, Strich, starker Glanz; **Vorkommen**: Bedeutende Vorkommen sind aus der Grube Tchitchibu (Japan) und aus Chenzhou, Hu-nan (China) bekannt, bis 10 cm große Kristalle stammen aus Machacamarca oder auch aus Chorolque und Colquechaca (Bolivien), aus Casapalca, Huarás (Peru) und Park City, Utah (USA). Bekannte europäische Fundorte sind Huttenberg (Österreich), Cavnic, Săcărîmb, mit Kristallen bis 3 cm Baia Sprie (Rumänien), Hiendelaencina (Spanien), mit Kristallen bis 10 cm Les Malines (Frankreich). Die schönsten, bis 7 cm großen Kristalle, die oft vierfache Verwachsungen bilden, stammen aus der Grube Heodsfoot bei Liskeard und St. Endellion oder aus Wheal Boys* in Cornwall (Großbritannien). Tafelige, bis 2 cm große Kristalle wurden in Příbram (Tschechien) gefunden. Hübsche Kristalle gibt es auch in Clausthal, Neudorf, Wolfsberg, Harz, Horhausen, Rheinland, Bräunsdorf, Sachsen (Deutschland). **Verwendung**: Blei-, Kupfer-, Antimon-Erz.

Bournonit auf Chalkopyrit, x 28 mm, Santiago de Chuco, Peru

Bournonit, 110 mm, Cornwall, Großbritannien

# 45 Jamesonit

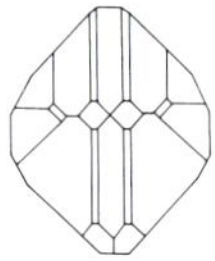

Benennung nach dem schottischen Mineralogen R. Jameson (1774-1854)
Mohs, 1825
$Pb_4FeSb_6S_{14}$

monoklin

**H** 2,5 (spröde); **St** dunkelgrau bis schwarz; **D** 5,6; **F** bleifarben, oft Anlauffarben; **T** opak; **G** metallisch; **Sp** vollkommen nach (001); **B** uneben; **A** selten Kristalle, körnige und radiale Aggregate; **Kf** lang prismatisch (längs gerillt), nadelförmig, faserig, oft Zwillingsverwachsungen; **Ch** Pb 40,16%, Fe 2,71%, Sb 35,39%, S 21,74%. Beimengungen von Cu, Zn, Ag, Bi (*Wismut-Jamesonit*)

**Genese**: hydrothermal; **Paragenese**: Antimonit, Boulangerit, Sphalerit; **Ähnliche Minerale**: Berthierit, Plagionit, Boulangerit; **Unterscheidung**: chemisch und mit Röntgen; **Vorkommen**: Nord-Dundas (Australien), Park City, Utah, hübsche Kristalle in Slate Creek, Idaho (USA), Noche Buena, Nieves, Sombrete, Zacatecas (Mexiko). Die größten Jamesonit-Akkumulationen, stellenweise mit 8 cm langen Nadeln, stammen aus Machacamarca (Bolivien). Jamesonit gibt es auch in Sala (Schweden), Sapokrowsk, Smirnowsk, Darasun (Russland), Pont-Vieux, Brioude-Massiac (Frankreich), Trepča (Jugoslawien) und St. Endellion, Cornwall (Großbritannien). Bis 5 cm große Kristalle gab es in Zlatá Idka (Slowakei) und in Příbram (Tschechien), weitere Vorkommen an den hydrothermalen Adern in Nižná Slaná (Slowakei), in Freiberg, St. Andreasberg, Neudorf, Wolfsberg, Clausthal und Waldsassen (Deutschland) mit bis 30 cm langen Nadeln. **Verwendung:** Antimon-Blei-Erz; **Behandlung**: faserige Aggregate vor Staub schützen, mit Luft reinigen.

Jamesonit, 73 mm, Sombrete, Zacatecas, Mexiko

Jamesonit, 40 mm, Příbram, Tschechien

# 46 Semseyit

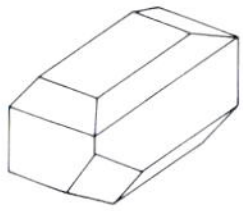

Benennung nach dem ungarischen Mineralsammler A. Semsey (1833-1923)
Krenner, 1881
$Pb_9Sb_8S_{21}$ monoklin

**H** 2,5 (spröde); **St** schwarz; **D** 6,1; **F** grau bis schwarz; **T** opak; **G** metallisch; **Sp** gut nach (112); **B** uneben; **A** Kristalle, strahlenförmige und sphärische Aggregate; **Kf** Tafeln, prismatisch, Zwillingsverwachsungen; **Ch** Pb 53,10%, Sb 27,73%, S 19,17%

**Genese:** hydrothermal; **Paragenese**: Antimonit, Pyrrhotin, Jamesonit, Bournonit, Zinckenit, Sphalerit; **Ähnliche Minerale**: Plagionit; **Unterscheidung**: chemisch; **Vorkommen**: Tchitchibu (Japan), an den subvulkanischen Antimonadern in Huancavelica (Peru), in der Grube San José, Oruro (Bolivien), Silverton, San Juan Co., Colorado (USA), Madoc, Ontario (Kanada). Kam häufig mit Arsenopyrit vor in Des Anglais bei Massiac; in der Grube Rode bei Alba (Frankreich) ist Semseyit mit gering vorkommendem Galenit und Antimonit das Blei-Haupterz. Oft tritt es in Form schöner, bis 1 cm großer Kristalle und rosettenförmiger Aggregate auf in Baia Sprie*, Herja, Rodna und Chiuzbaia, Siebenbürgen (Rumänien) und in Glendinning, Schottland (Großbritannien). Zusammen mit Bournonit kommt es in Jasenia und Zlatá Baňa (Slowakei) vor. Kleine Tafeln und prismatische Kriställchen gibt es in Wolfsberg (Deutschland). **Verwendung**: Antimon-, Blei-Erz.

Semseyit, xx 4 mm, Chiuzbaia, Rumänien

Semseyit, 40 mm, Cavnic, Rumänien

# 47 Boulangerit

Benennung nach dem französischen Bergbauingenieur C. L. Boulanger (1810-1849)
Thaulow, 1837
$Pb_5Sb_4S_{11}$ monoklin

**H** 2,5 (spröde); **St** grauschwarz mit rötlichem Ton; **D** 5,8-6,2; **F** bleifarben bis schwarz; **T** opak; **G** metallisch bis seiden; **Sp** unvollkommen nach (100); **AM** biegsame Nadeln; **A** Kristalle, körnige, faserige bis filzige Aggregate, stückförmig; **Kf** lang prismatisch (vertikal gerillt), nadelig, haarartig; **Ch** Pb 55,42%, Sb 25,69%, S 18,89%, Beimengungen von Cu, Zn, Sn, Fe

**Genese**: hydrothermal; **Paragenese**: Antimonit, Jamesonit, Plagionit, Sphalerit, Galenit; **Ähnliche Minerale**: Antimonit, Jamesonit; **Unterscheidung**: chemisch, mit Röntgen; **Vorkommen**: Kristalline Aggregate sind bekannt aus Madoc (Kanada), Echo District, Nevada, Leadville, Colorado, Coeur d'Alene, Idaho, Iron Mountain Mine, Montana (USA). Weitere Fundorte: Noche Buena, Zacatecas (Mexiko), Colquechaca, Isca-Isca (Bolivien), Tampillo (Peru); bis 30 cm große filzige Aggregate („Pulmozit") gab es in Trepča (Jugoslawien) oder in Nertschinsk (Russland), Chiuzbaia (Rumänien), Boliden und Sala (Schweden), Bottino (Italien). In Molières* (Frankreich) ist Boulangerit ein alltägliches Mineral, hier wurde es auch erstmals entdeckt. Bis 10 cm große Büschel haariger Kristalle stammen aus den Hohlräumen so genannter Knollen aus Příbram (Tschechien). Boulangerit kommt auch in Neudorf, in Wolfsberg, Wissen, Horhausen und Silberwiese (Deutschland) vor. **Verwendung**: Blei-, Antimon-Erz; **Behandlung**: haarige Aggregate vor Staub schützen, mit Luft reinigen.

Boulangerit, 41 mm, Zacatecas, Mexiko

# 48 Realgar

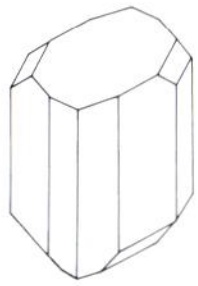

Benennung nach dem arabischen *rahj al ghár* – Erzstaub
Dioskorides, 50 n.Chr.
AsS

monoklin

**H** 1,5; **St** orangerot bis orangegelb; **D** 3,5; **F** braunrot, orangerot; **T** durchscheinend bis undurchsichtig; **G** Diamantglanz, fettig; **Sp** nach (010) vollkommen; **B** muschelig; **LBl** $N_{p,m,g}$ = 2,540, 2,680, 2,700; **A** Kristalle, massive, feinkörnige Aggregate, pulverig, erdige und krustige Massen, Zwillinge; **Kf** prismatisch (oft gerillt); **Ch** As 70,08%, S 29,92%

**Genese**: hydrothermal, aus heißen Quellen, sekundär; **Paragenese**: Auripigment, Antimonit, Cinnabarit, Erze As, Ag, Au, Quarz, Calcit; **Ähnliche Minerale**: Cinnabarit, Krokoit, Cuprit; **Unterscheidung**: Härte, Strich, Furchung der Kristalle; **Vorkommen**: Grube Zarehchuram (Iran), prismatische, mit bis 11 cm die wahrscheinlich größten Kristalle der Welt stammen aus Shimen und Changde, Provinz Hu-nan (China), Nishinomaki (Japan). Wunderschöne Muster mit bis 2 cm großen Kristallen kommen von den Lagerstätten Getchell, Manhattan, Nevada und Mercur, Utah, Monte Christo District, Washington (USA), ähnliche gibt es auch aus Quiruvilca (Peru). 1,5 cm groß sind die Kristalle an der Lagerstätte Luchumi, Kaukasus (Georgien), zu den bekanntesten Vorkommen gehört Alschar (Makedonien), Lengenbach (Schweiz) mit Kristallen bis 8 cm, Kristalle bis 2 cm gibt es in Baia Sprie, Cavnic und Săcărîmb (Rumänien), weitere Lokalitäten sind Krešev, Matra, Korsika (Frankreich), Schneeberg und St. Andreasberg (Deutschland). **Verwendung**: Arsen-Erz, Glasindustrie; **Behandlung**: Dunkel lagern, vergilbt mit der Zeit im Licht und zerfällt.

Realgar, 40 mm, Baia Sprie, Rumänien

Realgar, 38 mm, Getchell Mine, Humboldt Co., New York, USA

# 49 Auripigment

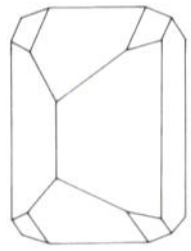

Benennung nach dem lateinischen *aurum* – Gold und *pigmentum* – Farbstoff
Theophrastos, 315 v.Chr.
$As_2S_3$

monoklin

**H** 1,5-2; **St** hellgelb; **D** 3,5; **F** goldgelb, orangegelb bis braun; **T** in Blättchen durchsichtig; **L** fettig, an Spaltflächen perlmutterartig; **Sp** vollkommen nach (010); **AM** Blättchen teilweise biegsam, kann mit dem Messer geschnitten werden; **A** Kristalle, schuppige Aggregate, Sinterkrusten, erdige, nierige und pulverige Aggregate; **Kf** kurzprismatisch mit unebenen Flächen, Zwillingsverwachsungen; **Ch** As 60,91%, S 39,09%, Beimengungen von Hg, Ge, Se, V

**Genese**: niederthermal, aus heißen Quellen, sekundär; **Paragenese**: Realgar, Antimonit, Cinnabarit; **Ähnliche Minerale**: Schwefel, Greenockit; **Unterscheidung**: Spaltbarkeit, Dichte, Glanz an der Spaltfläche, Aggregattypen; **Vorkommen**: Häufig an den Lagerstätten Quiruvilca, Huayllapon, Ancash (Peru), von wo bis 5 cm große Kristalle bekannt sind, andere Vorkommen in der Grube Getchell in Nevada, hier bis 8 cm große Kristalle, des Weiteren in Mercur, Utah (USA). Die schönsten, bis 10 cm großen Kristalle stammen offenbar aus Shimen, Hu-nan (China), große Tafeln aus der Grube Zarehchuram (Iran), 3 cm große Kristalle gibt es in Alschar (Makedonien), wurde auch gefunden in Krešev (Jugoslawien), in den Tonen bei Tajov (Slowakei), oft an der Lagerstätte Moldova Nouă (Rumänien). Weitere Funde: Chaidarken (Kirgisistan), Luchumi (Georgien), Elbruskoje (Armenien), bis 60 cm große Tafeln gibt es in Men-Kjule, Jakutsk (Russland). In Pulverform tritt es in St. Andreasberg (Deutschland) auf. **Verwendung**: Arsen-Erz, Färbereigewerbe; **Behandlung**: oxidiert an der Luft. Achtung, ist giftig!

Auripigment, 48 mm, Peru

Auripigment, 40 mm, Elbruskoje, Armenien

# 50 Getchellit

Benennung nach der Typenlokalität
Getchell Mine in Nevada (USA)
Weissberg, 1965
$AsSbS_3$ monoklin

**H** 1,5-2; **St** orangerot; **D** 3,92; **F** rot, dunkelrot, läuft grün und bunt an; **T** durchsichtig; **G** glasig, perlmutterartig; **Sp** nach (001) vollkommen; **B** bruchstückhaft; **AM** ist biegsam, aber nicht elastisch; **A** Kristalle, Stücke; **Kf** unvollkommen, subhedral; **Ch** As 22,59%, Sb 41,57%, S 32,84%

**Genese**: hydrothermal an Niedertemperatur-Erzlagern; **Paragenese**: Auripigment, Realgar, Antimonit, Cinnabarit; **Ähnliche Minerale**: Realgar, Cinnabarit; **Unterscheidung**: Spaltbarkeit, Dichte; **Vorkommen**: Häufig nur an der Lagerstätte Au in der Grube Getchell* in Nevada (USA), wo es in Assoziation mit Realgar, Antimonit und Cinnabarit auftritt. Von dieser Lagerstätte wurde es auch erstmals beschrieben. Mehrere Zentimeter große Getchellitkristalle stammen von der Quecksilber-Antimon-Lagerstätte in Chaidarken (Kirgisistan), bekannt auch aus Zarehschuran, Kurdistan (Iran). Es wird auch von der Fundstätte Gal Chaja, Jakutsk (Russland) beschrieben. Schöne Proben stammen aus der Grube Toya, Abuta (Japan). **Verwendung**: Antimon- und Arsen-Erz.

Getchellit, 30 mm, Chaidarken, Kirgisistan

Getchellit, x 20 mm, Chaidarken, Kirgisistan

## 51 Kryolith

Benennung nach dem griechischen *kryos* – Eis und *lithos* – Stein
Abilgaard, 1799
$Na_3AlF_6$

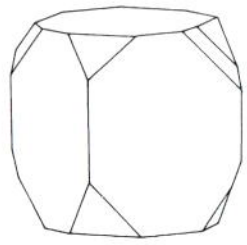

monoklin

**H** 2,5-3 (spröde); **St** weiß; **D** 3,0; **F** weiß, grau, rötlich, bräunlich und violett; **T** durchsichtig bis durchscheinend; **G** glasig, fettig bis perlmutterartig; **Sp** schlecht, Teilbarkeit nach (001); **B** uneben; **LBl** $N_{p,m,g}$ = 1,338, 1,338, 1,339; **Db** schwach; **Di** schwach; **A** Kristalle, körnige Aggregate (die Oberfläche hat oft parkettähnliches Aussehen); **Kf** pseudotetragonal, pseudokubisch, Zwillingsverwachsungen; **Ch** Na 32,86%, Al 12,84%, F 54,30%

**Genese**: pegmatitisch; **Paragenese**: Galenit, Siderit, Pyrit, Quarz; **Ähnliche Minerale**: Anhydrit, Baryt; **Unterscheidung**: Härte, Dichte; **Vorkommen**: Der bedeutendste Fundort dieses Minerals sind zweifellos die in den Graniten von Ivigtut*, Grönland (Dänemark) eingelagerten Kryolith-Pegmatite. Hier kommt Kryolith in grobkristallinen Aggregaten und selten auch in pseudokubischen Kristallen bis zu 3 cm Größe zusammen mit Siderit, Sphalerit, Galenit, Columbit, Fluorit und weiteren Mineralien vor. Bis 1 cm große Kristalle sind vom Mt. Saint Hilaire, Quebec (Kanada) bekannt, grobkristallin ist das Mineral in Pikes Peak, Colorado, körnig in den Pegmatiten von Amalia, Virginia (USA). Es wurde auch in den Graniten der Region Pitanga (Brasilien) und den Graniten von Kaffa (Nigeria) gefunden. Kryolith-Pegmatite kommen auch in Miass im Ural vor, große Lager befinden sich auf dem Berg Katugino in Sibirien (Russland). **Verwendung**: zur Herstellung von Glasuren und optischen Gläsern, Aluminium-Erz.

Kryolith mit Siderit, 49 mm, Ivigtut, Grönland

Kryolith, 40 mm, Ivigtut, Grönland

# 52 Creedit

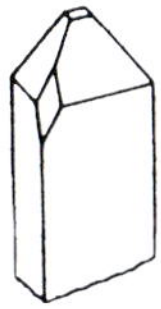

Benennung nach dem Gebiet Creede, Colorado (USA), wo es gefunden wurde
E. S. Larsen, R. S. Wells, 1916
$Ca_3Al_2(SO_4)(F,OH)_{10}\cdot 6H_2O$ rhombisch

**H** 4 (spröde); **St** weiß; **D** 2,71; **F** farblos, weiß, violett; **T** durchsichtig; **G** glasig; **Sp** vollkommen nach (100); **B** muschelig; **LBI** $N_{p,m,g}$ = 1,461, 1,478, 1,485; **Db** 0,023; **Di** schwach; **A** Kristalle, Stücke, körnig, Überzüge; **Kf** kurzprismatische Kristalle, Nadeln; **Ch** Ca 24,43%; Al 10,96%, F 30,88%, $SO_3$ 16,26%, O 6,50%, $H_2O$ 10,97%; **Lu** schwach, blauweiß



L

**Genese**: hydrothermal; **Paragenese**: Fluorit, Baryt, Halloysit, Kaolinit; **Ähnliche Minerale**: Fluorit, Ralstonit, Amethyst; **Unterscheidung**: Kristallformen, Härte, Dichte, optisch; **Vorkommen**: Hübsche, bis 3 cm große Kristalle stammen aus der Fluorit-Baryt-Grube Wagon Wheel Gap* bei Creede, Mineral Co., Colorado, wurde auch in Tonopah, Nye Co., Nevada und Darwin, Inyo Co., Kalifornien (USA) gefunden; hübsche Kristalle und Drusen treten auch in Santa Eulalia, Chihuahua (Mexiko) und in Colquiri (Bolivien) auf. Die schönsten Proben wurden in der letzten Zeit in Aktschatau (Kasachstan) entdeckt, von wo violette Kristalle und Drusen bis zu Größen von 15 cm bekannt sind.

Creedit, 41 mm, Aktschatau, Kasachstan

# 53 Villiaumit

Benennung nach dem
französischen Reisenden
M. Villiaum
Lacroix, 1908
$NaF$

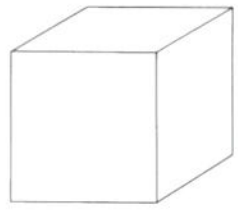

kubisch

**H** 2 (spröde); **St** weiß, leicht rosa; **D** 2,8; **F** karminrot, dunkel kirschrot, klar; **T** durchsichtig bis durchscheinend; **G** gläsern; **Sp** vollkommen nach (100); **LBl** $N = 1{,}327$; **A** selten Kristalle, körnige Aggregate; **Kf** unvollkommene Hexaeder; **Ch** Na 54,76%, F 45,24%; **Lu** dunkelrot, orange, gelb

**Genese**: alkalische Ergussgesteine; **Paragenese**: Astrophyllit, Nephelin, Sodalith; **Ähnliche Minerale**: Zinkit; **Unterscheidung**: Härte, Dichte, Wasserlöslichkeit; **Vorkommen**: An mehreren Stellen auf der Halbinsel Kola (Russland), und zwar in den Nephelin-Syeniten des Chibinsker Massivs, z.B. auf dem Berg Raswumtschorr, wo bis zu 3 cm große Kristalle vorkommen; in diesen Syeniten bildet es stellenweise bis 5% des Gesteinsvolumens. Häufig ist es auch im Lowosersker Massiv auf den Bergen Karnasurt und Alluaiw, wo es zentimetergroße Aggregate und gelegentlich auch rote Kristalle bildet. Es kommt allgemein auch im Massiv Illimaussaq, Grönland (Dänemark) vor, schöne große Kristalle sind bekannt vom Mt. Saint Hilaire, Quebec (Kanada), zentimetergroße Kristalle gibt es bei Point of Rocks, Mesa, Neu-Mexiko (USA). Ist auch bekannt aus Windhoek (Namibia), Lake Magadi (Kenia) und Pocos de Caldas in Minas Gerais (Brasilien). Es wurde erstmals aus den Nephelin-Syeniten auf der Inselgruppe Los* (Guinea) beschrieben. **Behandlung**: Achtung, ist wasserlöslich, mit Alkohol reinigen!

Villiaumit, 60 mm, Kvanefjeld, Grönland

Villiaumit, 80 mm, Chibinsker Massiv, Halbinsel Kola, Russland

L

# 54 Halit
## Steinsalz

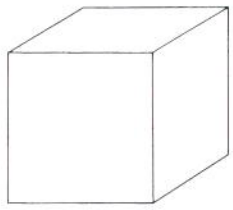

Benennung nach dem griechischen *halos* – Salz und *lithos* – Stein
Beudant, 1832
NaCl kubisch

**H** 2 (spröde); **St** weiß; **D** 2,1-2,2; **F** weiß, schwach grau, schwach rosafarben, bläulich, violett, orange; **T** durchsichtig bis durchscheinend; **G** glasig, fettig; **Sp** vollkommen nach (100); **B** muschelig; **LBl** *N* = 1,544; **A** Kristalle, körnige, faserige Aggregate, Krusten, tropfsteinförmig; **Kf** Hexaeder, selten Oktaeder, Skelettkristalle, Verwachsungen; **Ch** Na 39,34%, Cl 60,66%, Beimengungen von J, Br; **AE** salziger Geschmack; **Lu** creme-, rosafarben

**Genese**: sedimentär, Hochtemperatur-Fumarolen; **Paragenese**: Anhydrit, Gips, Carnallit, Sylvin; **Ähnliche Minerale**: Sylvin, Anhydrit; **Unterscheidung**: Salzgeschmack, Spaltbarkeit, Härte; **Vorkommen**: Kommt sehr häufig vor allem in Salzseen und in den Buchten zurückgehender Meere vor. Lagerstätten sind praktisch vom Paläozoikum bis zur Gegenwart bekannt. Rötliche, bis 100 cm große Kristalle wurden in Carlsbad Halite Caves, Eddy Co., Neu-Mexiko (USA) gefunden. Halitkristalle gibt es auch in Salt Range, Pandschab (Indien). Von Bedeutung sind die Vorkommen in Hallstatt, Hallein (Österreich), Solikamsk und an der Lokalität Iletskaja Sastschita (Russland), die schöne Kristalle aufweisen. Bis 12 cm große Kristalle stammen aus Racalmuto auf Sizilien (Italien), hübsche, bis 40 cm große Kristalle aus Wieliczka und Bochnia (Polen). Bis 30 cm große Kristalle kommen in Braunschweig-Lüneburg vor, bis 20 cm große wurden in Merkers, Thüringen gefunden, blaue Spaltaggregate gibt es in Bernburg, große Halitlagerstätten befinden sich bei Staßfurt (Deutschland). **Verwendung**: Lebensmittel- und chemische Industrie; **Behandlung**: in Wasser löslich, mit Alkohol reinigen; hygroskopisch, deshalb trocken lagern.

L

Halit, 40 mm, Staßfurt, Deutschland

Halit, 160 mm, Neudorf, Deutschland

# 55 Salmiak

Benennung nach dem lateinischen *sal amoniacum* – Salz des Ammon
Agricola, 1546
$NH_4CL$

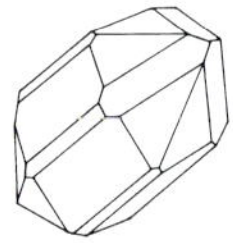

kubisch

**H** 1-2; **St** weiß; **D** 1,5; **F** farblos, weiß, gelb, rötlich; **T** durchsichtig; **G** gläsern; **Sp** unvollständig nach (111); **B** muschelig; **LBI** *N* = 1,639; **A** vielflächige Kristalle, staubförmig, Anflüge, Krusten, fächerförmige Aggregate; **Kf** tetragontrioktaedrisch, rhombododekaedrisch; **Ch** $NH_4$ 33,72%, Cl 66,28%, Beimengungen von Fe; **AE** hat brennenden salzigen Geschmack

**Genese**: Vulkantätigkeit, Guanoablagerungen, brennende Halden; **Paragenese**: Schwefel, Halit; **Ähnliche Minerale**: Sylvin, Halit; **Unterscheidung**: chemisch; **Vorkommen**: In den fumarolen Rinden von Vulkanen: z.B. am Vesuv, wo sich vielflächige Kristalle bilden, am Stromboli und am Ätna; ist auch von der Liparischen Insel Vulcano (Italien) bekannt. Salmiak wird vom Hekla (Island), vom Mt. Pelée, Martinique (Frankreich) und vom Kilauea, Hawaii (USA) beschrieben. Er befindet sich an den Guanolagerstätten auf den Guannaoe-Inseln und an Lokalitäten auf der Insel Chincha (Peru). Verhältnismäßig oft tritt er als Produkt brennender Steinkohlehalden auf, z.B. an den Lokalitäten Saint-Etienne, Loire (Frankreich), Newcastle, Northumberland (Großbritannien), im östlichen

Salmiak, 45 mm, Kladno, Tschechien

Pennsylvania (USA), mit bis 1 cm großen Kristallen auf den Kohlehalden bei Kladno und Zastávka (Tschechien), des Weiteren in Hainichen, Freital, Oelsnitz und Oberhausen (Deutschland). **Behandlung**: wasserlöslich, mit Alkohol reinigen.

Salmiak, 54 mm, Ravat, Tadschikistan

# 56 Fluorit
## Flussspat

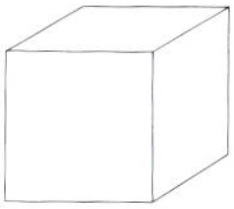

Benennung nach dem lateinischen *fluere* – fließen Agricola, 1529

$CaF_2$ kubisch

**H** 4 (spröde); **St** weiß; **D** 3,0-3,25; **F** sehr variabel, fast in allen Farbtönen, meistens grün, blaugrün oder violett, ausnahmsweise rosa, blau oder schwarz, oft Farbwechsel in Streifen; **BM** gelegentlich Alexandrit-Effekt; **T** durchsichtig bis durchscheinend; **G** glasig; **Sp** nach (111) vollkommen; **B** muschelig, uneben; **LBI** *N* = 1,432-1,434; **Di** 0,007; **A** Kristalle, körnige Aggregate, erdige Massen; **Kf** Hexaeder, Oktaeder und ihre Kombinationen, Zwillingsverwachsungen; **Ch** Ca 51,33%, F 48,67%, Beimengungen von Cl, seltenen Erden; **Lu** blau, violett, gelb, weiß, grün, rot



306

L

**Genese**: pegmatitisch, hydrothermal; **Paragenese**: Galenit, Sphalerit, Calcit, Baryt; **Ähnliche Minerale**: Baryt, Apatit, Amethyst; **Unterscheidung**: Härte, Dichte, optisch; **Vorkommen**: Bedeutende Fluoritlagerstätten befinden sich in China (oft fein gebändert), häufig in der Mongolei, in Korea, Pakistan, Australien, den USA. Kommt auch in Kanada vor. Smaragdgrüne Kristalle gibt es auf dem Gebiet von Zacatecas, rote in Guanajuato (Mexiko), rosafarbene Oktaeder in Huanzala (Peru), tritt auch in Namibia auf. Farblose und grüne, bis 20 cm große Kristalle werden in Dalnegorsk (Russland) gefunden. Hübsche Kristalle gibt es in Cumberland (Großbritannien), violette in La Collada (Spanien), violette und rotviolette in Zagno, Camissiono (Italien), rosafarbene, bis 5 cm große Kristalle am Mont-Blanc-Massiv (Frankreich), weltbekannt sind die bis 15 cm großen rosafarbenen Kristalle aus Göschenen (Schweiz). Gelbe, bis 5 cm große Kristalle gibt es in Halsbrücke und Annaberg (Deutschland). **Verwendung**: Metallurgie, Glasindustrie, Chemie.

Fluorit, 154 mm, Harding Co., Illinois, USA

## 57 Cuprit

Benennung nach dem lateinischen *cuprum* – Kupfer
Haidinger, 1845
$Cu_2O$

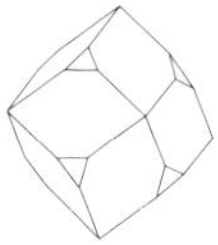

kubisch

**H** 3,5-4 (spröde); **St** braunrot; **D** 5,8-6,2; **F** braunrot, rotschwarz, karminrot, rot, schwarz; **T** durchsichtig, durchscheinend, undurchsichtig; **G** Diamantglanz, halbmetallisch bis matt; **Sp** nach (111) unvollkommen; **B** muschelig, uneben; **LBl** *N* = 2,848; **A** Kristalle, körnige, erdige (*Ziegelerz*) und faserige Aggregate (*Chalkotrichit*); **Kf** Oktaeder, Hexaeder, Dodekaeder, auch Nadeln; **Ch** Cu 88,82%, O 11,18%

**Genese**: Oxidationszonen der Kupferlagerstätten; **Paragenese**: Kupfer, Tenorit, Azurit, Malachit**; Ähnliche Minerale**: Cinnabarit, Pyrargyrit, Proustit; **Unterscheidung**: Härte, Dichte, optisch; **Vorkommen**: Bedeutende Vorkommen in Bisbee, Arizona, wo man rote, bis 3 cm große Kristalle, aber auch die nadelige Varietät *Chalkotrichit* findet, ähnliche Vorkommen auch in Santa Rita, Neu-Mexiko (USA), weitere Fundorte sind Chuquicamata (Chile), Corocoro (Bolivien) und Peru. Als Chalkotrichit tritt es in Mt. Isa, Broken Hill und Cobar (Australien) auf. Die vielleicht schönsten Cupritkristalle stammen aber aus Namibia, von den Lokalitäten Tsumeb und vor allem Onganja, wo sie bis 15 cm Größe erreichen. Vergleichbare Kristalle sind auch aus Mindouli (Kongo) und aus der Grube Mashamba West (Zaire) bekannt. Bis 2 cm große Kristalle gibt es in Rudabánya (Ungarn), achtseitige, bis 8 cm große in Chessy (Frankreich), bis 5 mm große in Souresa (Griechenland). Cuprit wurde auch in Siegen, Oberwolfach und Wittichen (Deutschland) gefunden. **Verwendung**: Kupfer-Erz.

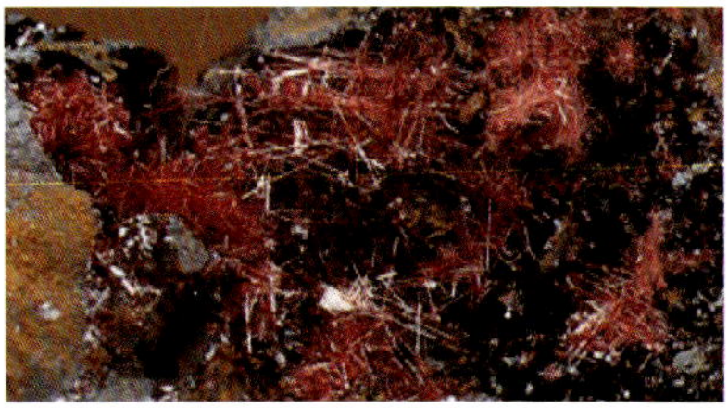

Chalkotrichit, 40 mm, Nacozari, Sonora, Mexiko

Cuprit, 73 mm, Mashamba West, Shaba, Zaire

## 58 Zinkit

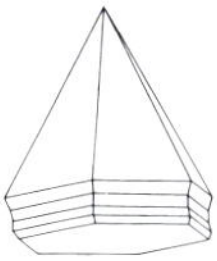

Benennung nach der chemischen Zusammensetzung
Haidinger, 1845
ZnO

hexagonal

**H** 4,5-5 (spröde); **St** orangegelb, braungelb; **D** 5,4-5,7; **F** rot, rotgelb, rotbraun; **T** durchscheinend bis opak; **G** Diamantglanz, halbmetallisch; **Sp** vollkommen nach (0001); **B** muschelig; **LBI** $N_{o,e}$ = 2,013, 2,029; **Db** 0,016: **A** selten Kristalle, körnige, blättchenförmige Aggregate; **Kf** pyramidal; **Ch** Zn 80,34%, O 19,66%

**Genese**: kontaktmetamorph; **Paragenese**: Calcit, Willemit, Franklinit, Rhodonit; **Ähnliche Minerale**: Cinnabarit, Rutil; **Unterscheidung**: Härte, Dichte, chemisch; **Vorkommen**: Bedeutende Vorkommen nur an den metamorphen Zinklagern in Franklin und Sterling Hill*, New Jersey (USA). Vereinzelt wurden hier Kristalle gefunden, die bis 6 cm groß waren. Meistens bildet das Mineral jedoch ovale rote Körner in den Franklinit-, Willemit- und Calcitmassen. Zinkit wurde auch in Mount St. Helena, Shamania Co., Washington oder in der Grube Tonopah, Belmont, Maricopa Co., Arizona (USA) gefunden. In der Form dunkelroter tafelförmiger Kristalle kommt es in der Grube Kipushi (Zaire) oder selten auch in Tsumeb (Namibia) vor. Eine ganze Reihe von Kristallen, die von anderen Lokalitäten präsentiert werden, hat künstlichen Ursprung! **Verwendung**: Zink-Erz.

Zinkit, xx 11 mm, Franklin, New Jersey, USA

# 59 Spinell

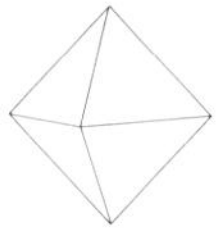

Benennung vielleicht vom lateinischen *spina* – Pfeil nach der Form der oktaedrischen Kristalle Theophrastos, 315 v.Chr.

$MgAl_2O_4$ kubisch

236

**H** 8 (spröde); **St** weiß; **D** 3,5; **F** farblos, gelb, blau, grün, rot, braun, schwarz (*Pleonast*); **BM** Asterismus, manchmal Katzenaugeneffekt; **T** durchsichtig, durchscheinend, opak; **G** glasig; **St** unvollkommen (111); **B** muschelig; **LBl** $N$ = 1,720; **Db** 0,020; **A** Kristalle, Körner, körnige Aggregate; **Kf** Oktaeder, Dodekaeder, Zwillingsverwachsungen; **Ch** MgO 28,34%, $Al_2O_3$ 71,66%, Beimengungen von Fe (*Pleonast, Herzynit*), Cr (*Chromspinell, Picotit*), Zn (*Gahnospinell*); **Lu** manchmal gelbgrün, rot

**Genese**: magmatisch, kontaktmetamorph, Seifen; **Paragenese**: Dolomit, Magnetit, Granat, Zirkon, Korund; **Ähnliche Minerale**: Granat, Zirkon, Korund, Amethyst; **Unterscheidung**: Härte, Dichte, mit Röntgen, chemisch; **Vorkommen**: Rote, bis 1 cm große Kristalle kommen in Mogok (Birma) vor, bis 2 cm große im Gebiet Ratnapura (Sri Lanka). Spinelle gibt es auch in der Umgebung von Bo Ploi (Thailand), in Kambodscha und Laos, geringere Bedeutung haben die indischen und australischen Fundstätten. Auf dem afrikanischen Kontinent sind Spinelle aus Madagaskar und Kenia bekannt. In jüngerer Zeit wurden sie auch in Pakistan und Afghanistan gefunden. Spinelle kommen an zahlreichen Lokalitäten in den Staaten Minas Gerais, Bahia (Brasilien), Kalifornien, Montana, New York (die Kristalle aus Amity sind bis 14 kg schwer), New Jersey, Virginia und Nord-Carolina (USA) vor. Bis 5 cm große Kristalle sind aus Glancoe, blaue Kristalle aus South Burgess, Ontario (Kanada) bekannt. Weltbekannt sind die *Pleonast*-Vorkommen des Aldan-Massivs, Jakutsk (Russland), rosafarbene Kristalle wurden in Kutschilal (Tadschikistan) gefunden. In Europa sind Spinelle selten, vereinzelt in Åker (Norwegen) – Kristalle bis 3 cm –, auch in Finnland, Italien und Deutschland. **Verwendung**: Keramik, Edelstein.

L

Spinell, x 15 mm, Aldan, Jakutsk, Russland

Spinell, xx 20 mm, Mogok, Birma

# 60 Magnetit

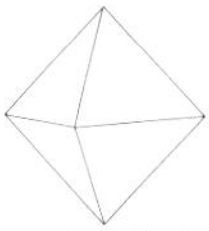

Ursprung des Namens unklar
Theophrastos, 315 v.Chr.
$Fe^{2+}Fe_2^{3+}O_4$ kubisch

**H** 5,5 (spröde); **St** schwarz; **D** 5,2; **F** schwarz; **T** opak, **B** metallisch, fettig, matt; **Sp** unvollkommen nach (111); **B** muschelig uneben; **A** Kristalle, massive und körnige Aggregate, Imprägnationen; **Kf** Oktaeder, Dodekaeder, Zwillingsverwachsungen; **Ch** FeO 31,03%, $Fe_2O_3$ 68,97%, Beimengungen von Ti (*Titanomagnetit*), V, Mn, Al, Cr; **AM** ist stark magnetisch

**Genese**: magmatisch, metamorph, kontaktmetasomatisch, hydrothermal, pegmatitisch, sedimentär; **Paragenese**: Ilmenit, Apatit, Augit, Hämatit, Amphibol; **Ähnliche Minerale**: Ilmenit, Jakobsit, Chromit, Hämatit; **Unterscheidung**: Strichfarbe, Magnetismus, mit Röntgen, chemisch; **Vorkommen**: In den Pegmatiten in Jaguaraçú, Minas Gerais (Brasilien), wurden bis 10 cm große Kristalle gefunden, hübsche Kristalle stammen auch aus Twin Peaks, Utah (USA), oktaedrische bis 10 cm große Kristalle kamen in Kaschkanar, massive Formen in Magnitnaja Gora, Ural, vor. Bis 5 cm große Kristalle gibt es in Kowdor auf der Halbinsel Kola (Russland), schöne Drusen und bis 4 cm große Kristalle stammen aus Daschkesan (Aserbaidschan), bis 15 cm große Kristalle sind aus Gardiner, Grönland (Dänemark) bekannt, massive Erze gibt es in der Umgebung von Kiruna, Kristalle bis 25 cm Größe wurden in Vastarnfors (Schweden) gefunden, bis 15 cm groß waren die Magnetitkristalle aus Traversella (Italien), bis 2 cm aus Fersbachtal (Österreich), prächtige, glänzende, bis 4 cm große Kristalle stammen aus dem Binntal (Schweiz). **Verwendung**: Eisen-Erz, Metallurgie.

Magnetit, xx 10 mm, Halbinsel Kola, Russland

Magnetit, xx 13 mm, Halbinsel Kola, Russland

M

# 61 Chrysoberyll

Benennung nach dem griechischen „*chrýsos*“ – golden und dem Mineral Beryll ähnlich
Werner, 1790
$Al_2BeO_4$

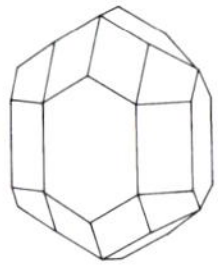

rhombisch

234
235

L

**Genese**: Pegmatite, Metamorphite, Seifen; **Paragenese**: Beryll, Turmalin, Granat, Spinell; **Ähnliche Minerale**: Beryll, Andalusit, Skapolith, Grossular; **Unterscheidung**: Härte, Dichte; **Vorkommen**: Seit alters her aus dem Gebiet Ratnapura (Sri Lanka) bekannt; Cymophane kamen auch in Trivandruma (Indien) vor, farblose Chrysoberylle im Gebiet von Mogok (Birma) und auch in China. Zusammen mit Alexandriten treten sie in den Kiesen des Somabula in Simbabwe und in der Südafrikanischen Republik auf, Cymophane und Alexandrite sind auch aus Tsarasaotra, Ambatosoratra (Madagaskar) bekannt. Chrysoberylle und Alexandrite gibt es in den Staaten Minas Gerais und Bahia (Brasilien); an der Lokalität Itaguacu im Staat Espirito Santo wurde ein Chrysoberyllkristall mit einem Durchmesser von 6,4 cm gefunden. Auf dem Gebiet der USA kommen Chrysoberylle in mehreren Staaten vor (Connecticut, Maine, New York und Colorado). Gelbgrüne Chrysoberylle gibt es auch im Gebiet Anakie in Australien, Chrysoberylle wurden auch in Japan und Zaire gefunden. Die bedeutendste Alexandritlagerstätte befindet sich am Tokowaja-Fluss*, Ural (Russland). In Glimmerschiefern kamen hier zusammen mit Smaragden und Phenakit bis 4 cm große Kristalle vor. Einige haben Katzenaugeneffekt. In neuerer Zeit wurden qualitätvolle Alexandrite in der Umgebung des Manyarasees in Tansania gefunden. Der Chrysoberyll aus Maršíkov* (Tschechien) hat nur mineralogische Bedeutung.

**H** 8,5; **St** weiß; **D** 3,75, **F** gelb, hellgrün, smaragdgrün (*Alexandrit*), dunkelgrün, braungrün; **BM** bei Tageslicht ist Alexandrit grün, bei künstlicher Beleuchtung hellrot bis violett (Alexandrit-Effekt), so genanntes Chrysoberyllkatzenauge (*Cymophan*), selten Asterismus; **T** durchsichtig, durchscheinend; **G** glasig, fettig; **Sp** gut nach (001); **B** muschelig; **LBl** $N_{p,m,g}$ = 1,746, 1,748, 1,756; **Db** 0,008-0,012; **Di** 0,015; **Pl** deutlich in gelben und braunen Tönen; **A** Kristalle, Körner, Rollsteinchen, in Anschwemmungen; **Kf** Tafeln, kurzprismatisch, oft Verwachsungen; **Ch** $Al_2O_3$ 80,29%, BeO 19,71%, Beimengungen von Cr, $Fe^{3+}$; **Lu** gelbgrün

Alexandrit, xx 4 mm, Ural, Russland

Chrysoberyll, 89 mm, Minas Gerais, Brasilien

# 62 Valentinit

Benennung zu Ehren des deutschen Alchimisten B. Valentinus aus dem 16. Jahrhundert
Haidinger, 1845
$Sb_2O_3$

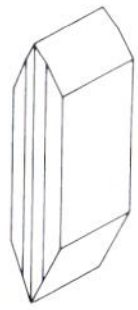

rhombisch

**H** 2-3 (spröde); **St** weiß; **D** 5,6-5,8; **F** weiß, grau, gelbgrau bis rötlich; **T** durchscheinend; **G** Diamantglanz, an den Spaltflächen perlmutterartig; **Sp** vollkommen nach (110) und (010); **LBl** $N_{p,m,g}$ = 2,180, 2,352, 2,358; **Db** 0,170; **Di** schwach; **A** Kristalle, oft gefurcht, fächerförmige, radialstrahlige und körnige Aggregate; **Kf** prismatisch, selten tafelförmig; **Ch** Sb 83,54%, O 16,46%, Beimengungen von As

**Genese**: sekundär; **Paragenese**: Antimonit, Senarmontit, Cervantit; **Ähnliche Minerale**: Cerussit; **Unterscheidung**: Härte, Dichte, Kristallformen, Paragenese; **Vorkommen**: Schöne strahlige Aggregate gibt es in Tschauwai (Kirgisistan), bis 20 cm große Pseudomorphosen nach Antimonit befinden sich in der Grube Xihuangshan (China). An der Lagerstätte Dschebel Senza, Constantine (Algerien) ist Valentinit das wichtigste Antimon-Erz. Es wurde auch an einer ganzen Reihe von Antimon-Fundorten in Kalifornien (USA) entdeckt, bis 2 cm große Kristalle kamen in Oruro (Bolivien) vor. Die ursprünglichen Funde stammen aus Les Chalanches, Allemont*, andere Vorkommen befinden sich in Isère (Frankreich), bis 5 cm große, radialstrahlige Aggregate sind aus Pezinok und Pernek (Slowakei) bekannt, die schönsten Kristalle stammten aus Příbram (Tschechien). Hübsche Kristalle kommen auch aus Bräunsdorf und Wolfsberg (Deutschland). **Verwendung**: Antimon-Erz.

Valentinit, 40 mm, Potosi, Bolivien

232
233

L

# 63 Korund

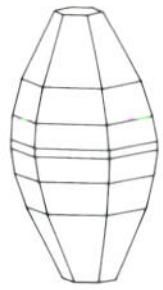

Bezeichnung historisch, wahrscheinlich aus dem Sanskrit-Wort *kurivinda*
Plinius der Jüngere
$Al_2O_3$

trigonal

**Genese**: Magmatite, Metamorphite, Pegmatite, Seifen; **Paragenese**: Magnetit, Diaspor, Spinell, Topas; **Ähnliche Minerale**: Apatit, Zirkon, Spinell, Topas; **Unterscheidung**: Härte, Dichte, Spaltbarkeit, mit Röntgen, chemisch; **Vorkommen**: Große, bis 30 kg schwere Korundkristalle wurden bei Bancroft, Ontario (Kanada) gefunden, ein 150 kg schwerer Korund wurde bei Letabo (Südafrikanische Republik) entdeckt. Große, bis 20 kg schwere gewöhnliche Korundkristalle stammen einschließlich von Saphiren und Rubinen aus Ratnapura und Rakwana (Sri Lanka), Mogok (Birma), Saphire kommen aus Luc Yen (Vietnam), Anakie (Australien), bis 3,5 cm große Kristalle aus Baktapura, Kaschmir (Pakistan), bis 5 cm große Rubine aus Jegdaleko (Afghanistan). Blaue, bis 5 cm große Korunde wurden in Miass, Ural gefunden. Eingewachsene, undurchsichtige Rubinkristalle stammen von der Insel Tschit, Kola (Russland), sehr attraktive, bis 30 cm große Rubinkristalle, die in grünes Zoisit eingewachsen sind, kommen aus Arusha (Tansania). Weniger bedeutende Fundorte gibt es auch in Europa: prismatische rote Kristalle stammen aus Campolungo (Schweiz), weitere Lokalitäten sind Bockau und Waldheim (Deutschland). **Verwendung**: Schneid-, Schleif- und Bohrwerkzeuge, Lagersteine in Geräten, Juwelierhandwerk.

**H** 9 (spröde); **St** weiß; **D** 3,97-4,05; **F** verschiedene Rottöne (*Rubin*), Blautöne, violett, blauviolett und grün (*Saphir*), gelb und farblos (*Leukosaphir*), orange (*Padparadscha*), polychrom; **BM** Asterismus, selten Katzenaugeneffekt; **T** durchsichtig, durchscheinend, undurchsichtig; **G** glasig, Diamantglanz; **Sp** nach (1012) unvollkommen, Absonderung nach (0001); **B** muschelig, splittrig; **LBI** $N_{e,o}$ = 1,760-1,768, 1,768-1,778; **Db** 0,008; **Di** 0,018; **Pl** stark, in Abhängigkeit von der Farbe verschiedene Töne, ist dichroitisch; **A** Kristalle, körnige Aggregate, Rollstücke; **Kf** Tafeln, Doppelpyramiden, Rhomboeder, Säulen, Zwillingsverwachsungen; **Ch** Al 52,91%, O 47,09%, Beimengungen von Cr, Fe, Ti, Mn, V; **Lu** manchmal gelb, rot

Saphir, 40 mm, Sri Lanka

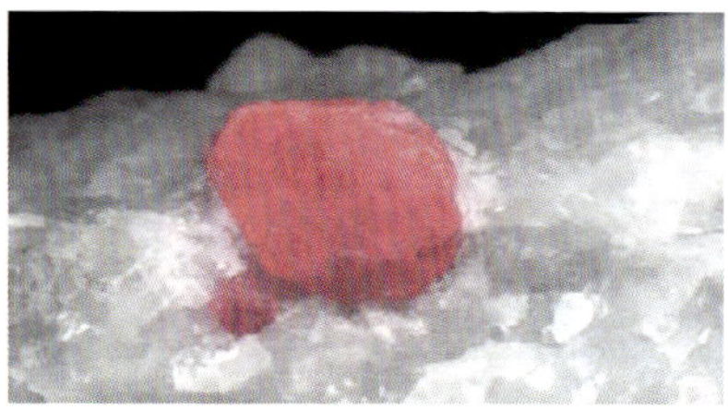

Rubin, 10 mm, Jegdaleko, Afghanistan

# 64 Hämatit

## Roteisenerz, Eisenglanz

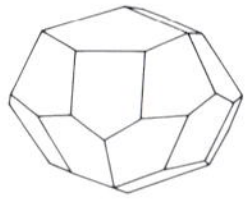

Benennung abgeleitet vom griechischen *haima* – Blut
Theophrastos, 315 v.Chr.
$Fe_2O_3$ trigonal

**H** 5-6,5 – erdige Aggregate nur 1 (spröde); **St** kirschrot; **D** 4,95-5,26; **F** rotbraun, grauschwarz, schwarz; **T** selten durchscheinend, opak; **G** metallisch, matt; **Sp** fehlt, lediglich Absonderung; **B** muschelig, faserig; **LBl** $N_{e,o}$ = 2,940, 3,220; **Db** 0,280; **Pl** schwach, braunrot; **A** Kristalle, rosettenförmige, schuppige (*Specularit*), körnige, massive, krustige und radialstrahlige Aggregate, Oolithe, Pseudomorphosen; **Kf** Tafeln, Schuppen, rhomboedrische und Zwillingsverwachsungen; **Ch** Fe 69,94%, O 30,06%, Beimengungen von Ti, Al, Mn

291

**Genese**: magmatisch, metamorph, sedimentär, hydrothermal, Verwitterungskrusten; **Paragenese**: Siderit, Limonit, Magnetit, Pyrit, Quarz; **Ähnliche Minerale**: Goethit, Limonit, Pyrophanit, Ilmenit, Kassiterit, Psilomelan; **Unterscheidung**: Härte, Dichte, Strich, mit Röntgen, optisch; **Vorkommen**: Bis 16 cm große Kristalle stammen aus Brumado, Bahia (Brasilien), tafelige, bis 20 cm große Kristalle aus Kuruman (Südafrikanische Republik) und aus der Grube Otjosundu (Namibia). Bis 6 cm große tafelige Kristalle wurden in Gihofudschi, Okajama (Japan) gefunden. Hämatit gibt es auch im Gebiet von Kursk, Kriwoj Rog, bis 6 cm große, rosettenförmige Aggregate kommen im subpolaren Ural (Russland) vor. Nierige Aggregate treten in Cumberland (England) und Bilbao (Spanien) auf, bis 10 cm große Kristalle wurden an der Lokalität Puy-de-Dôme (Frankreich) gefunden.

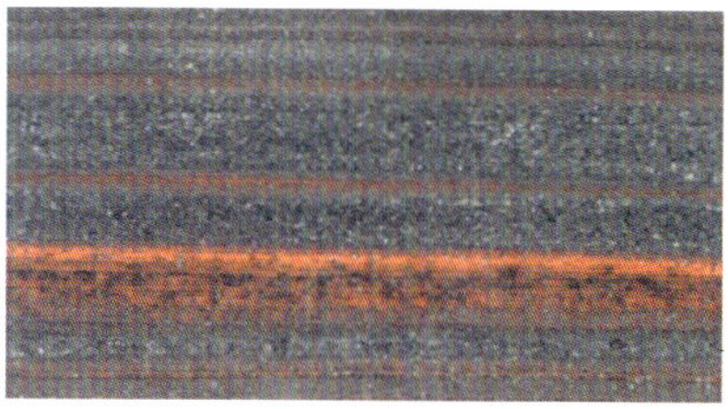

Hämatit, Anschliff, 40 mm, Kriwoj Rog, Ukraine

Hämatit, 38 mm, Ouro Preto, Minas Gerais, Brasilien

# 65 Ilmenit

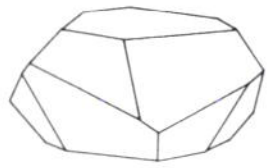

Benennung nach dem Fundort in den Ilmenbergen in Russland
Kupffer, 1827
$FeTiO_3$ trigonal

**H** 5-6; **St** schwarz, schwarzbraun; **D** 4,5-5,0; **F** schwarz; **T** opak; **G** metallisch, fettig; **Sp** nur Absonderung nach (10$\bar{1}$2); **B** muschelig, uneben; **A** Kristalle, massive, körnige, rosettenförmige Aggregate; **Kf** Tafeln; **Ch** FeO 47,34%, $TiO_2$ 52,65%, Beimengungen von Mg, Cr, V, Co, Ni, Nb

**Genese**: magmatisch, pegmatitisch, alpine Klüfte, Seifen; **Paragenese**: Magnetit, Apatit, Titanit, Hämatit, Rutil; **Ähnliche Minerale**: Pyrophanit, Magnetit, Chromit, Hämatit; **Unterscheidung**: Strich, Magnetismus, mit Röntgen, chemisch; **Vorkommen**: Schöne Kristalle sind bekannt aus Binbowrie (Südaustralien), bis 30 kg schwere Kristalle aus Bancroft, Ontario, bis 15 cm große aus Girardville, Quebec (Kanada). Tafelige Kristalle und Drusen bis 3 cm wurden in Premio, Navarro (Italien) gefunden, schöne, bis 12 cm große Kristalle stammen aus der Umgebung von Kragerö und Arendal (Norwegen), bis 10 cm große Kristalle kommen häufig in der Umgebung von Miass, Ilmensker Bergland*, Ural vor, große Tafeln schließlich in Kukiswumtschor auf der Halbinsel Kola (Russland). Rosetten bis 1 cm gibt es im Maderanertal (Schweiz) und in Bourg d'Oisans (Frankreich). Ilmenit kommt häufig auch in Seifen oder in den Strandsanden von Madagaskar, Zaire, Indien und Sri Lanka vor. **Verwendung**: Titan-Erz.

M
R

Ilmenit, 48 mm, Pakistan

# 66 Loparit

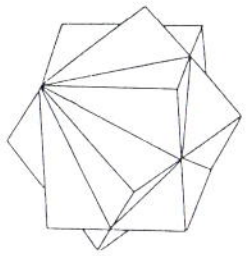

Benennung nach den auf der Halbinsel Kola (Russland) ansässigen Einwohnern

Kusnezow, 1925

(Ce,Na,Ca)(Ti,Nb)$O_3$ kubisch

**H** 6 (spröde); **St** leicht bräunlich; **D** 4,6-4,9; **F** schwarz, grauschwarz, dunkelbraun; **T** opak; **G** metallisch bis halbmetallisch; **Sp** unvollkommen nach (100); **B** uneben; **LBl** *N* = 2,26-2,28; **A** Kristalle, körnig, Zwillingsverwachsungen; **Kf** Hexaeder; **Ch** kompliziert, Beimengungen von Th

**Genese**: magmatisch, karbonatisch, alkalische Pegmatite; **Paragenese**: Eudialyt, Ägirin, Nephelin; **Ähnliche Minerale**: Perowskit, Ilmenit; **Unterscheidung**: Dichte; **Vorkommen**: In den Karbonatiten in Schryburt Lake, Ontario (Kanada), Kristalle in Sarambi und Chiriquelo (Paraguay), an einigen Stellen in Minas Gerais (Brasilien), allgemein in den Gesteinen des Chibinsker Massivs*, wo bei Njorkpaschk bis 1,5 cm große Kristalle vorkommen, und auf der Halbinsel Kola. Große Kristalle sind vom Burpala-Massiv, Nordbaikal (Russland) bekannt, ähnliche gibt es auch im Gardiner Massiv, Grönland (Dänemark), durchwachsene, bis 5 mm große Kristalle gibt es in Bratthagen und Langendalen (Norwegen), auf der Insel Teneriffa, Kanarische Inseln, in Boa Vista auf den Kapverdischen Inseln.

Loparit, x 8 mm, Halbinsel Kola, Russland

# 67 Pyrochlor

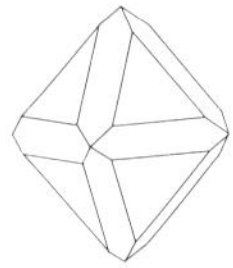

Benennung nach dem griechischen *pyr* – Feuer und *chloros* – grün
Wöhler, 1826
$(Na,Ca)_2Nb_2O_6(OH,F)$ kubisch

**H** 5-5,5 (spröde); **St** braun, gelbbraun; **D** 4,3-4,5; **F** braun, grünlich, rötlich; **T** durchscheinend, opak; **G** fettig; **Sp** unvollkommen; **B** muschelig, uneben; **LBI** *N* = 1,96-2,01; **A** Kristalle, körnige Aggregate, Imprägnationen; **Kf** Oktaeder, Hexaeder, Zwillingsverwachsungen; **Ch** unbeständig und schwankend, oft Beimengungen von Uran und seltenen Erden

**Genese**: Karbonatite, Pegmatite; **Paragenese**: Apatit, Nephelin, Allanit; Zirkon; **Ähnliche Minerale**: Mikrolith, Perwoskit; **Unterscheidung**: Strichfarbe, mit Röntgen, chemisch; **Vorkommen**: In den Karbonatiten von Weld, Westaustralien (Australien), braune, oktaedrische Kristalle bis 6 mm Größe stammen vom Mount Malosa, Zomba (Malawi), bis 1 cm große aus Panda Hill (Tansania), von den Lagerstätten Lueshe und Kiambi (Zaire), körnige Formen gibt es im Komplex Liruei (Nigeria), ist auch von der Insel Los (Guinea) bekannt. Hübsche, bis 2 cm große Kristalle gibt es in der Umgebung von Wischnewogorsk, Ural, große Kristalle stammen aus dem Jenissei-Bergland, Sibirien; körnige Formen treten im Lowosersker Massiv, Kola (Russland) auf. Häufige Vorkommen an den Lagerstätten Poços de Caldas, Minas Gerais (Brasilien), in der Grube Woodcox, Quebec (Kanada), wird auch von Narssarssuk, Grönland (Dänemark), Fredriksvärn* und Larvik (Norwegen) beschrieben, tritt auf San Miguel, Azoren (Portugal) und auf der Insel Aluö (Schweden) auf. Orangegelbe oktaedrische Kristalle gibt es in Graulei, Eifel (Deutschland). **Verwendung**: Quelle von Niob und seltenen Erden einschließlich Uran.

Pyrochlor, 58 mm, Wischnewogorsk, Russland

R

# 68 Quarz

Bezeichnung historisch,
wahrscheinlich vom
germanischen *quarz*
Agricola, 1529
$SiO_2$

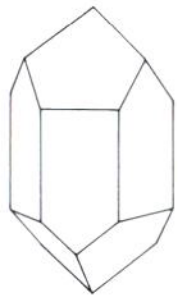

trigonal

**Genese**: Magmatite, Pegmatite, hydrothermale und alpine Klüfte, metamorph, Verwitterungskrusten, Seifen; **Paragenese**: Feldspäte, Glimmer, Amphibole, Pyroxene; **Ähnliche Minerale**: Apatit, Pollucit, Beryll, Topas, Phenakit; **Unterscheidung**: Härte, Dichte, Spaltbarkeit, mit Röntgen, chemisch; **Vorkommen**: Ist in der Natur allgemein weit verbreitet, vor allem als wichtiges gesteinsbildendes Mineral. Es sind auch Kristalle mit einem Gewicht von 40 t (Brasilien) oder 70 t (Kasachstan) bekannt. **Verwendung**: keramische, Glas- und Bauindustrie, Metallurgie, Elektrotechnik, Optik, Juwelierhandwerk.

Bergkristall, 82 mm, La Gardette, Isère, Frankreich

**H** 7 (spröde); **St** weiß; **D** 2,65; **F** farblos (*Bergkristall*), weiß, milchig (*Milchquarz*), gelb (*Citrin*), braun (*Rauchquarz*), schwarz (*Morion*), violett (*Amethyst*), rosafarben (*Rosenquarz*), grünlich, bläulich (*Blauquarz*), verschiedene Farben entsprechend den Inklusionen und Verwachsungen oder Pseudomorphosen (*Eisenkiesel, Cinopl, Aventurin, Tiger-, Falken- und Katzenauge*); **BM** selten Aventurisieren, Asterismus, Augeneffekt; **T** durchsichtig, durchscheinend und undurchsichtig; **G** glasig, fettig; **Sp** fehlt; **B** muschelig, splittrig, manchmal uneben; **LBl** $N_{e,o}$ = 1,553, 1,544; **Db** 0,009; **Pl** schwach, dem Farbtyp entsprechend; **A** Kristalle, körnige und massive Aggregate, nach dem Kristall- und Aggregattyp unterscheidet man *Stern-*, *Kappen-* oder *Zepterquarz* u.a.; **Kf** prismatisch, dipyramidal, pseudokubisch, oft gesetzmäßige Kristallverwachsungen (nach dem Dauphinéer, Brasilianer oder Japaner Gesetz); **Ch** $SiO_2$ 100%, Beimengungen von Al, Li, B, Fe, Mg, Ca, Ti, K, Rb; **Lu** manchmal gelb, cremefarben, orange, grünlich

Morion, 77 mm, Beaver Co., Utah, USA

258
259
260
261
262
263
264
265

**L**

# 69 Chalcedon

Benennung nach der untergegangenen Stadt Kalchedon in Kleinasien
Agricola, 1546
$SiO_2$ trigonal

273 274 275 276 277 278 L

**Genese**: Vulkanische Gesteine, heiße Quellen, Verwitterungsprozesse und Sedimentation; **Paragenese**: Calcit, Quarz, Zeolithe; **Ähnliche Minerale**: Smithsonit, Hemimorphit, Opal; **Unterscheidung**: Härte, Dichte, optisch, mit Röntgen; **Vorkommen**: Bedeutend und seit alters her bekannt sind die Chalcedone aus Indien. Sie kommen hier im basaltischen Hochland von Dekkan in Verwitterungskrusten und Seifen vor. Häufig sind Chalcedone auch auf der Arabischen Halbinsel (Saudi-Arabien, Jemen), in Taiwan, im Irak und anderswo. In den USA kommt Chalcedon in den Staaten Kalifornien (blau), Arizona (rosafarben, violett), Colorado und Idaho vor. Andere Fundorte liegen in Kanada, Mexiko, Brasilien und Uruguay, auch in Neuseeland, Australien, auf Island und den Färöern, in Namibia, der Südafrikanischen Republik, Botswana, Marokko, Libyen, Ägypten, Äthiopien und auf Madagaskar. Große Chalcedonlagerstätten befinden sich auch in Russland, vor allem im Ural, in Transbaikalien und auf Sachalin. Es kommt außerdem in Kasachstan, Armenien, Georgien und Aserbaidschan, in Österreich, Polen, Italien, Bulgarien, Rumänien und Deutschland vor. **Verwendung**: chemische Industrie, Juwelierhandwerk.

**H** 6-7; **St** weiß; **D** 2,5-2,7; **F** weiß, grau, graublau, oft durch verschiedene Oxide und Inklusionen bunt gefärbt; Chalcedone haben entsprechend Färbung, Texturzeichnung und Inklusionen anderer Minerale (vor allem von Chloriten und Hämatit) verschiedene Synonyme: *Plasma, Karneol, Achat, Moosachat, Prasem, Heliotrop, Onyx, Sarder, Sard-Onyx, Chrysopras, Jaspis, Flint* u.a.; **T** durchscheinend; **G** glasig, matt, seidig; **Sp** fehlt, **B** uneben, muschelig; **LBl** $N_{e,o}$ = 1,539-1,544, 1,526-1,535; **Db** 0,004-0,009; **A** Sinter, Tropfsteine, Krusten, Pseudomorphosen, Mandeln, Geoden, Nester, Adern, nierig; **Kf** kryptokristallin, mikroskopisch faserig; **Ch** $SiO_2$ 100%, Beimengungen von Fe, Al, Mn, Ca, Ni, Cr; **Lu** manchmal schwach bis intensiv gelbgrün, gelb, weiß, hellblau

Chalcedon, 30 mm, Trestia, Rumänien

Chalcedon in Quarz, 20 mm, Podmoskowlje, Russland

# 70 Tridymit

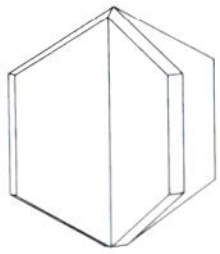

Benennung nach dem griechischen *tridymos* – dreizählig
G. von Rath, 1868
$SiO_2$

rhombisch

**H** 6,5 (spröde); **St** weiß; **D** 2,3; **F** weiß, milchig weiß; **T** durchsichtig, durchscheinend; **G** glasig; **Sp** unvollkommen nach (0001) und $(10\bar{1}1)$; **B** muschelig; **LBI** $N_{p,m,g}$ = 1,478, 1,479, 1,481; **Db** 0,004; **A** Kristalle, fächerförmige und sphärische Aggregate; **Kf** Tafeln, oft Drillingsverwachsungen; **Ch** $SiO_2$ 100%; Beimengungen von Al, Fe, Ca, Na, K

**Genese**: magmatisch, postvulkanisch, sekundär; **Paragenese**: Calcit, Opal, Cristobalit; **Ähnliche Minerale**: Baryt, Cristobalit; **Unterscheidung**: Härte, Spaltbarkeit, Dichte, mit Röntgen; **Vorkommen**: Ursprüngliche Lokalität ist der Berg Cerro San Cristobal* bei Pachuca, Hidalgo (Mexiko), bis 1 cm große Kristalle gibt es in Ishigajamo (Japan), ähnliche in Thomas Range, Utah, Portola, Plumas Co., Bumpass Hill, Shasta Co., Kalifornien, Mole Springs, Oregon, San Juan Mts., Colorado (USA). Häufig ist Tridymit in den Hohlräumen von Effusivgesteinen zu finden. Es wurde in Mt. Dore, Puy-de-Dôme (Frankreich) und am Vesuv (Italien) gefunden. Schöne, bis 1 cm große Kristalle stammen aus Vechec (Slowakei).

Tridymit, 9 mm, Big Luc Mt., Arizona, USA

296

L

# 71 Opal

Benennung nach dem altindischen *upala* – Edelstein Plinius der Jüngere

$SiO_2 \cdot nH_2O$ amorph

**Genese**: vulkanische Gesteine, Verwitterungskrusten, sedimentär, biogen; **Paragenese**: Chalcedon, Cristobalit u.a.; **Ähnliche Minerale**: Chalcedon, Achat, Hyazinth, Onyx, Chrysopras, Elfenbein, Howlith; **Unterscheidung**: Härte, chemisch, Dichte, optisch, mit Röntgen; **Vorkommen**: Opale kommen fast in allen Ländern der Erde vor. **Verwendung**: keramische, chemische Industrie, isolierende und säurefeste Materialien, Edelstein.

Opal, 65 mm, Nová Ves bei Oslavany, Tschechien

**H** 5,5-6,5 schwankend (spröde); **St** weiß, gelblich, bräunlich; **D** 1,98-2,25, wächst vom Hyalit zum Holz- und Gemeinen Opal hin; **F** fast alle Farbtöne kommen vor; am häufigsten sind braune, gelbbraune und schwarzbraune Opale (*Gemeiner Opal*), es gibt aber auch rote und braunrote (*Fleischopal*), feurig rote (*Feueropal*), grüne, gelbgrüne (*Chlor-* und *Prasopal*), desgleichen farblose (*Hyalit*), weiße (*Milchopal*), orangerote u.a. Manche Opale weisen ein buntes Farbenspiel auf (*Edelopal*). Sie haben unterschiedliche Textur, meistens sind sie massiv, klumpig, schlierig, gebändert (vor allem *Holzopale*) u.ä. Bei Verlust des gebundenen Wassers werden die Opale matt (*Hydrophane*), ihre Färbung beruht aber auch auf den Inklusionen anderer Minerale (*Moosopal*); **BM** Opaleszenz (*Edelopal*), selten Katzenaugeneffekt; **T** durchsichtig bis undurchsichtig; **G** glasig, matt, perlmutterartig; **B** muschelig; **LBl** *N* = 1,44-1,47 (manchmal nur 1,37); **Di** keine oder sehr geringe; **A** Sinter, Tropfsteine, Knollen, Konkretionen, Krusten, Pseudomorphosen, traubige, tropfsteinartige, nierige, kugelige und erdige Aggregate, Oolithe; **Ch** $SiO_2$ 100%, $H_2O$ von 1 bis 27%, Beimengungen von Mg, Ca, Al, Fe, As, Ni, Cr, Mn; **Lu** manchmal grünlich, gelblich oder keine

Hyalit, 45 mm, Valeč, Tschechien

# 72 Rutil

Benennung nach dem lateinischen *rutilus* – rötlich
Werner, 1803
$TiO_2$

tetragonal

**H** 6-6,5 (spröde); **St** gelbbraun, braunrot; **D** 4,2-4,3; **F** gelb, rot bis schwarz (*Nigrin*); **T** durchscheinend, undurchsichtig; **G** Diamantglanz, halbmetallisch, fettig; **Sp** vollkommen nach (110); **B** uneben, muschelig; **LBl** $N_{e,o}$ = 2,610, 2,900; **Db** 0,280; **Pl** schwach bis markant; **A** Kristalle, körnige und faserige Aggregate, Imprägnationen, Rollstücke, Pseudomorphosen; **Kf** prismatisch (oft gerillt), nadelförmig (*Sagenit*), Zwillingsverwachsungen; **Ch** Ti 59,95%, O 40,05%, Beimengungen von Nb, Ta, Cr, Fe

**Genese**: magmatisch; **Paragenese**: Anatas, Brookit, Apatit, Titanit; **Ähnliche Minerale**: Ilmenit, Kassiterit, Turmalin, Zirkon; **Unterscheidung**: Härte, Dichte, Strich, Säurelöslichkeit; **Vorkommen**: Bis 3 cm große rote Kristalle stammen aus Itacanbira, Diamantina, sternförmig verwachsene, bis 5 cm große Kristalle gibt es in Conquista und Ibitiara, Bahia (Brasilien), Kristalle bis 20 cm in Graves Mountain, Lincoln Co., Georgia, Nelson Co., Virginia, Magnet Cove, Arkansas (USA), des Weiteren in der Grube Giftkuppe (Namibia). 10 cm groß sind die Kristalle aus Ampangabe (Madagaskar). Schöne kurzsäulige, bis 7 cm große Kristalle stammen von Berg Kapyldzkyl (Aserbaidschan), prismatische, bis 5 cm große Kristalle wurden in La Villeder, Bretagne (Frankreich) und Alto Adige (Italien) gefunden. Massen und Kristalle gibt es in Bamle (Norwegen), schöne Kristalle an der Lokalität Cavradischlucht im Binntal (Schweiz), rhomboedrische mit 7 cm Größe kommen in Golčův Jeníkov (Tschechien) vor. **Verwendung**: Titan-Erz, Juwelierhandwerk.

Sagenit, Verwachsung 15 mm, Minas Gerais, Brasilien

Rutil, 75 mm, Champion Mine, Kalifornien, USA

267

# 73 Kassiterit
## Zinnstein

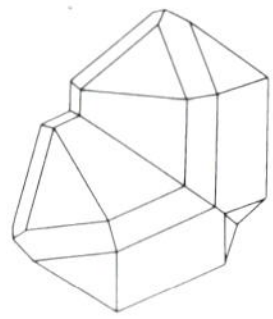

Benennung nach dem griechischen *kassiteros* – Zinn
Plinius der Jüngere
$SnO_2$

tetragonal

**H** 7 (spröde); **St** weiß, gelb, hellbraun; **D** 6,8-7,1; **F** braun, schwarz, gelb, grau; **T** durchscheinend, undurchsichtig; **G** Diamantglanz, metallisch; **Sp** unvollkommen; **B** muschelig, uneben; **LBl** $N_{e,o}$ = 2,010, 2,001; **Db** 0,097; **A** Kristalle, körnige und nierige Aggregate, Pseudomorphosen, Rollstücke; **Kf** prismatisch, dipyramidal, Zwillingsverwachsungen, körnig; **Ch** Sn 78,6% O 21,4%, Beimengungen von Fe, Nb, Ta, Ti, Mn, Zr, W

**Genese**: Pegmatite, hydrothermal, Seifen; **Paragenese**: Fluorit, Wolframit, Scheelit, Topas; **Ähnliche Minerale**: Sphalerit; **Unterscheidung**: Härte, Dichte; **Vorkommen**: Durchsichtige, bis 5 cm große Kristalle stammen aus Viloco, 7 cm große aus Llallagua (Bolivien), in den Pegmatiten in Fazenda do Funil, Minas Gerais (Brasilien) kamen sogar bis 13 cm große Kristalle vor, bis 1 kg schwere Kristalle stammen aus Egbe, Kwara (Nigeria), 10 cm große Zwillinge gibt es in Maniema, Kivu (Zaire), 15 cm große Kristalle treten an der Lagerstätte Oulmés (Marokko) auf, 3 cm erreichen die Kristalle aus Nuristan (Afghanistan), bis 10 cm groß sind die glänzenden Kristalle von Pingwu, Sichuan (China), 8 cm große gibt es in Rossarden, Tasmanien (Australien), große und schöne Kristalle in Nerek, Gebiet von Chabarowsk, oder in Tenkergin, Tschuktschen-Halbinsel, wo sie bis 10 cm groß waren (Russland). Große prismatische Kristalle sind aus der Grube Old Wherry bei Penzanc, Cornwall (Großbritannien) bekannt, desgleichen bis 10 cm große Kristalle aus Panasqueira (Portugal). Bis 15 cm große Verwachsungen gibt es in Horní Slavkov, häufiges Vorkommen auch in Cínovec (Tschechien), ebenso in Altenberg und Zinnwald (Deutschland). **Verwendung**: Zinn-Erz.

Kassiterit, x 13 mm, Tschukotka, Russland

Kassiterit mit Muskovit, x 56 mm, Sichuan, China

# 74 Pyrolusit

Benennung nach dem griechischen *pyr* – Feuer und *louxo* – waschen
Haidinger, 1827
$MnO_2$

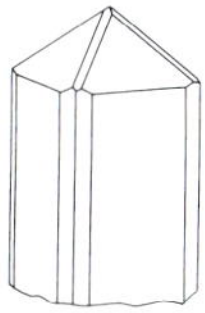

tetragonal

**H** 6-7 (Kristalle), 1-2 (erdige Formen); **St** metallisch schwarz; **D** ca. 5; **F** grau, grauschwarz; **T** opak; **G** metallisch, halbmetallisch, matt; **Sp** vollkommen nach (110) und (010); **B** uneben; A Kristalle (*Polianit*), massive, kryptokristalline, erdige, körnige, strahlige und faserige Aggregate, Überkrustungen, Oolithe, Dendrite, Konkretionen, Pseudomorphosen, kollomorph; **Kf** prismatisch, nadelig; **Ch** Mn 63,19%, O 36,81%

**Genese**: sekundär, Verwitterungskrusten, sedimentär, hydrothermal; **Paragenese**: Manganit, Limonit, Psilomelan, Braunit; **Ähnliche Minerale**: Antimonit, Manganit, Psilomelan; **Unterscheidung**: Härte, Strich, Dichte, mit Röntgen, chemisch; **Vorkommen**: Große Kristalle gibt es in Ironwood, Michigan, in Batesville, Arkansas, auch in Powels Fort, Virginia und Leadville, Colorado (USA). Andere Vorkommen in New Brunswick (Kanada), auf Kuba, in Brasilien, Ghana, Ägypten, Marokko und Indien. Schöne Kristalle stammen aus Hotazel (Südafrikanische Republik). Große Pyrolusitlagerstätten, die oft Kristalle enthalten, gibt es bei Nikopol (Ukraine) und Tschiaturi (Georgien). Prächtige Aggregate sind aus Urkút (Ungarn) bekannt, radialstrahlige Aggregate gibt es in Öhrenstock oder Ilfeld, nadelige Kristalle im Siegerland (Deutschland). **Verwendung**: Mangan-Erz, Metallurgie; **Behandlung**: weiche Formen dürfen nicht gereinigt werden.

Pyrolusit, 93 mm, Alberta, Michigan, USA

## 75 Anatas

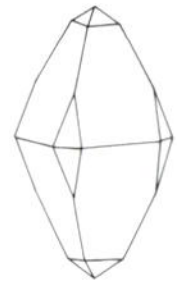

Benennung nach dem griechischen *anatasis* – Streckung
de Lisle, 1783
$TiO_2$

tetragonal

**H** 5,5-6 (spröde); **St** weiß; **D** 3,6-3,9; **F** blau, dunkelblau, gelb, rot, braun und schwarz; **T** durchscheinend, opak; **G** Diamantglanz, fettig, halbmetallisch; **Sp** vollkommen nach (101); **B** muschelig; **LBl** $N_{e,o}$ = 2,490, 2,560; **Db** 0,045; **Pl** stark; **A** Kristalle, Pseudomorphosen; **Kf** zugespitzte Doppelpyramiden, selten Säulchen und Tafeln; **Ch** Ti 59,95%, O 40,05%, Beimengungen von Fe, Sn

**Genese**: magmatische und metamorphe Gesteine, alpine Klüfte, Seifen; **Paragenese**: Brookit, Rutil, Albit, Quarz; **Ähnliche Minerale**: Rutil, Sphalerit; **Unterscheidung**: Härte, Spaltbarkeit; **Vorkommen**: Bis 3 cm große Kristalle befinden sich an den Lokalitäten Old Lot und Vulcan, Colorado, Kristalle gibt es auch in Paris, Maine, Magnet Cove, Arkansas, an mehreren Stellen in Burk Co., Nord-Carolina (USA), große Konzentrationen befinden sich in den Staaten Minas Gerais und Pará (Brasilien). Bis 2 cm große Kristalle gibt es an der Lokalität Dodo, bis 1 cm große an der Lokalität Pujva, Nord-Ural (Russland), 2 cm große dunkelbraune Kristalle sind aus Cervadone (Italien) bekannt, bis 3 cm große blauschwarze Kristalle aus Matskohaet, Hardangervidda (Norwegen). Sehr schöne, bis 5 cm große Kristalle wurden in Alpe Lecheltini im Binntal (Schweiz) oder in Bourg d'Oisans (Frankreich) gefunden. Auch aus dem Zillertal (Österreich) und Passo di Vizze (Italien) bekannt.

Anatas auf Quarz, x 16 mm, Grisons, Schweiz

## 76 Brookit

Benennung nach dem englischen Mineralogen H. J. Brook (1771-1857)
Soret, 1822
TiO

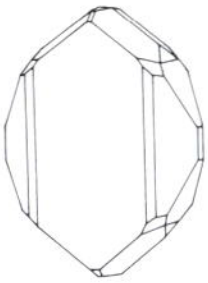

rhombisch

**H** 5,5-6 (spröde); **St** gelbweiß; **D** 4,1; **F** gelbbraun, rotbraun, schwarz (*Arkansit*); **T** durchsichtig, durchscheinend, **G** Diamantglanz bis halbmetallisch; **Sp** unvollkommen nach (110); **B** muschelig; **LBI** $N_{p,m,g}$ = 2,583, 2,584, 2,700; **Db** 0,122; **Di** stark; **A** Kristalle; **Kf** Tafeln, selten prismatisch; **CH** Ti 59,95%, O 40,05%, Beimengungen von Fe, Nb, Ta

**Genese**: magmatische und metamorphe Gesteine, hydrothermal; **Paragenese**: Ana-

Brookit, 28 mm, Dodo, Nord-Ural, Russland

tas, Rutil, Adular, Albit, Quarz; **Ähnliche Minerale**: Ilmenit; **Unterscheidung**: Dichte, mit Röntgen, chemisch; **Vorkommen**: Schöne und große Kristalle gibt es in Diamantina (Brasilien), in Magnet Cove, Arkansas, wunderschöne, bis 4 cm große Kristalle, die orientiert mit Rutil verwachsen, *Arkansit* genannt, kommen in Ellesville, Ulster Co., New York (USA) vor, braune, bis 4 cm große Kristalle gibt es in Dodo oder in Atliansk bei Miass, Ural (Russland), bis 3 cm große Tafeln wurden in Snowdon* und Ole, Gwynned, Wales (Großbritannien) gefunden, bis 2,5 cm große Kristalle gibt es im Maderanertal im Kanton Uri, bis 4 cm große am Piz Ault, Graubünden (Schweiz), bis 2 cm große in Valdares (Norwegen). Brookit ist auch aus Bourg d'Oisans (Frankreich), aus Ligurien (Italien), aus Vilshofen und Lichtenberg (Deutschland) bekannt.

Brookit, x 44 mm, Dodo, Nord-Ural, Russland

# 77 Hübnerit

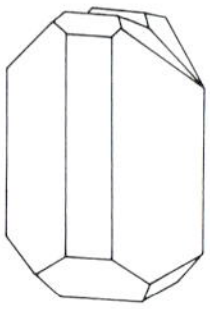
monoklin

Benennung nach dem deutschen Bergbauingenieur A. Hübner
Riotte, 1865
$MnWO_4$

**H** 5 (spröde); **St** braun grüngrau, **D** 6,4-7,1; **F** braunrot, braunschwarz; **T** durchscheinend, opak; **G** halbmetallisch, fettig; **Sp** vollkommen nach (010); **B** uneben; **LBI** $N_{p,m,g}$ = 2,170, 2,220, 2,320; **Db** 0,150; **A** Kristalle, parallele und halbsphärische Aggregate; **Kf** prismatisch, dünn tafelig; **Ch** MnO 23,42%, $WO_3$ 76,58%, Beimengungen von Fe

**Genese**: Pegmatite, pneumatolytisch, hydrothermal; **Paragenese**: Wolframit, Kassiterit, Topas; **Ähnliche Minerale**: Kolumbit, Tantalit; **Unterscheidung**: Härte, Dichte; **Vorkommen**: Kristalle gibt es in der Grube Sweet Home, Alma, in Silverton, Colorado, bekannt sind bis 6 cm große Kristalle. Gefördert wurde das Mineral auch in Hill City und Keystone, Süd-Dakota (USA), außerordentliche, bis 25 cm große Kristalle stammen aus der Grube Hauyllapon, Pasto Bueno, sie kommen auch in Ogipito, Tamboras (Peru) und in Colavi (Bolivien) vor, schön sind auch die bis 7 cm großen Kristalle vom Kara-Oba-Plateau (Kasachstan), bis 5 cm große Kristalle kommen in Baia Sprie (Rumänien) vor. Hübnerit gab es auch in La Bosse (Frankreich), bis 15 cm große Kristalle sind in Transbaikalien (Russland) zu finden, andere Vorkommen in der Grube Clara bei Oberwolfach und in Altenberg (Deutschland). **Verwendung**: Wolfram-Erz.

Hübnerit, xx 30 mm, Sweet Home Mine, Alma, Colorado, USA

# 78 Uraninit
## Pechblende

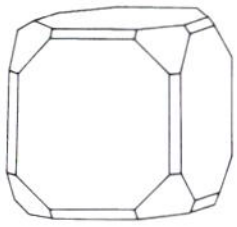

Benennung nach der chemischen Zusammensetzung
Bruckmann, 1727
$UO_2$ kubisch

**Genese**: Pegmatite, hydrothermal, sedimentär, kontaktmetasomatisch; **Paragenese**: Molybdänit, Wismut, Galenit, Dolomit; **Ähnliche Minerale**: Psilomelan, Thorianit; **Unterscheidung**: Radioaktivität, chemisch, mit Röntgen; **Vorkommen**: Bis 10 cm große und 2,5 kg schwere Kristalle wurden in Wilberforce, Ontario und auch am Großen Bärensee, Nordwestterritorien (Kanada) gefunden, zierliche Kristalle stammen aus Topsham, Maine (USA), 2 cm große Kristalle gibt es in Morogoro im Uluguru-Bergland (Tansania), Uraninit ist auch aus Shinkolobwe (Zaire) bekannt. In Dieresis kommen große Kristalle vor, bis 7 cm große Kristalle gibt es in der Sierra Albarrana, Córdoba (Spanien), kollomorphe Aggregate sind aus Bois-Noirs und Margnac (Frankreich), Stackebo (Schweden) und Moss (Norwegen) bekannt, häufige Vorkommen des Minerals gab es in Jáchymov*, in Příbram (Tschechien), in Johanngeorgenstadt, Schneeberg, Annaberg, Wittichen, Wölsendorf und Hagendorf (Deutschland). **Verwendung**: Uran- und Radium-Erz; **Behandlung**: Achtung, ist radioaktiv, außerhalb von Wohnräumen aufbewahren!

**H** 6 (spröde), bei oxidierten Proben 3; **St** braun, grau, grün; **D** 7,5-10,6; **F** schwarz, grau, grünlich; **T** opak; **G** fettig, matt, halbmetallisch; **Sp** unvollkommen; **B** muschelig; **A** Kristalle, massive, körnige, nierige und körnige Aggregate; **Kf** selten hexaedrisch, oktaedrisch; **AM** ist stark radioaktiv; **Ch** U 86,86%, O 13,14%, Beimengungen von Tb, Pb, Ra, Ac, Po, Zr

Uraninit, 25 mm, Příbram, Tschechien

Uraninit, x 16 mm, Portland, Connecticut, USA

# 79 Diaspor

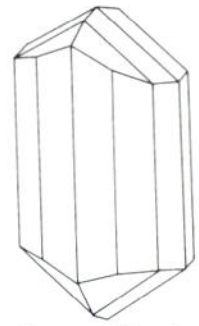


Benennung nach dem griechischen *diasperein* – verstreuen
Haüy, 1801
αAlO(OH)

**Genese**: hydrothermal, als Produkt der Alteration von Gesteinen, die an Aluminium reich sind, in aluminiumreichen Gesteinen metamorph; **Paragenese**: Calcit, Cyanit, Andalusit, Pyrophyllit, Korund, Bauxit; **Ähnliche Minerale**: Gibbsit; **Unterscheidung**: Härte, Dichte; **Vorkommen**: Tafelige Kristalle kommen häufig in den Klüften der Tonerdelager in Chester, Massachusetts in Assoziation mit Margarit, Magnetit und Spinell vor, tritt auch auf in Unionville, Pennsylvania, in Culsagee, Nord-Carolina, Rosita Hills, Colorado, Champion, Kalifornien (USA), des Weiteren in Lohatlha (Südafrikanische Republik) und auf der Insel Naxos (Griechenland). Klare, gelbe und gelbbraune Kristalle bis 12 cm Größe und auch von Edelsteinqualität gibt es in Mendoress (Türkei), ursprünglich wurde Diaspor in den tonerdehaltigen chloritischen Schiefern in Mramorskoj*, Ural (Russland) gefunden. Er ist auch bekannt aus den kristallinen Kalksteinen in Pizzo Campolungo (Schweiz) und Botallack (Großbritannien) sowie aus Gánt (Ungarn), wo er im Bauxit vorkommt. **Verwendung**: Aluminium-Gewinnung, feuerfeste Materialien.

**H** 6,5-7 (spröde); **St** weiß; **D** 3,3-3,5; **F** farblos, weiß, gelb, rosafarben, rötlich, violett, grau; **T** durchsichtig, durchscheinend; **G** glasig, perlmutterartig; **Sp** sehr gut nach (010); **B** muschelig; **LBl** $N_{p,m,g}$ = 1,702, 1,722, 1,750; **Db** 0,048; **Pl** in stärkeren Tafeln pleochroisch; **A** Kristalle, blättchen- und tafelförmige Aggregate, massiv, Sinterkrusten; **Kf** gerillte Tafeln, Zwillingsverwachsungen; **Ch** $Al_2O_3$ 84,99%, $H_2O$ 15,01%; **Lu** gelb

L

Diaspor, 33 mm, Türkei

Diaspor, 50 mm, Milas Mugla, Anatolien, Türkei

# 80 Goethit

Benennung nach
J. W. von Goethe
(1749-1832)
Becher, 1789
$\alpha Fe^{3+}O(OH)$

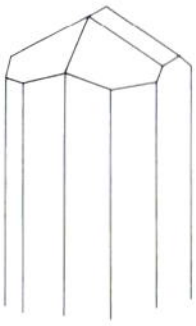

rhombisch

**H** 5-5,5 (spröde); **St** gelbbraun; **D** 4,3; **F** braun, gelbbraun, schwarz; **T** durchscheinend, opak; **G** Diamantglanz, halbmetallisch, seiden; **Sp** vollkommen nach (010), deutlich nach (100); **B** uneben bis hakig; **LBl** $N_{p,m,g}$ = 2,260, 2,393, 2,398; **Db** 0,138; **Di** stark; **Pl** hellgelb, braungelb, orangegelb; **A** Kristalle, tropfsteinförmige, massive und erdige Aggregate mit radialstrahligem Bau, Oolithe, Konkretionen, Pseudomorphosen; **Kf** prismatisch, faserig; **Ch** $Fe_2O_3$ 89,86%, $H_2O$ 10,14%

**Genese**: sekundär als eines der häufigsten Minerale der Oxidationszonen von Erzlagern, hydrothermal an Erzgängen, in den Hohlräumen von Pegmatiten und vulkanischen Gesteinen; **Paragenese**: Siderit, Pyrit, Hämatit; **Ähnliche Minerale**: Manganit, Lepidokrokit, Hämatit; **Unterscheidung**: Härte, Dichte, mit Röntgen, chemisch; **Vorkommen**: Schöne nadelige Kristalle und Pseudomorphosen stammen vom Pikes Peak, Colorado (USA), bis 10 cm große nadelige Aggregate gibt es in Bou Azzer, Quarzazete (Marokko), bis 5 cm große Nadeln stammen aus Redruth, Botallack, Cornwall (Großbritannien), sehr schöne große Tropfstein- und Krustengebilde wurden in Železník bei Sirk (Slowakei) gefunden, hervorragende Proben stammen aus Příbram (Tschechien), von wo auch strahlige Aggregate bis 10 cm Größe bekannt sind, nadelige Kristalle gibt es in Siegen und Horhausen (Deutschland). **Verwendung**: Eisen-Erz.

Goethit, 66 mm, Iron Co., Michigan, USA

Goethit, 38 mm, Lake George, Colorado, USA

M

# 81 Manganit

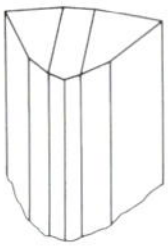

Benennung nach der chemischen Zusammensetzung
de Lisle, 1772
$Mn^{3+}O(OH)$

monoklin

**H** 4 (spröde); **St** dunkelbraun, **D** 4,3-4,4; **F** schwarz, grau, braungrau; **T** opak, in dünnen Splittern rötlich durchscheinend; **G** halbmetallisch, matt; **Sp** vollkommen nach (010) und (110); **B** uneben; **LBl** $N_{p,m,g}$ = 2,250, 2,250, 2,530; **Db** 0,280; **Di** stark; **A** Kristalle, körnige, erdige, nadelige und strahlige Aggregate, Sinterkrusten, Konkretionen; **Kf** prismatisch, nadelförmig (vertikal gerillt), Zwillingsverwachsungen; **Ch** $Mn_2O_3$ 89,76%, $H_2O$ 10,24% (Mn 62,47%)

**Genese**: hydrothermal an Niedertemperatur-Erzgängen, sedimentär und selten auch metamorph in Gesteinen, die reich an Mangan sind; **Paragenese**: Calcit, Baryt, Hämatit, Pyrolusit; **Ähnliche Minerale**: Antimonit; **Unterscheidung**: Härte, Strich; **Vorkommen**: Kristalle in Sterling Hill, New Jersey (USA), Brideville (Kanada), in Brasilien, China, Indien, Australien, in der Grube N'Chwaning, Kuruman (Südafrikanische Republik), des Weiteren in Botallack, Cornwall und Exeter, Devon (Großbritannien). Häufig an der Sedimentär-Manganlagerstätte in Nikopol (Ukraine), Kristalle gibt es in den Skarnen von Långban (Schweden). Bis 4 cm große Drusen schwarzer Kristalle sind aus den Quarz-Baryt-Adern mit Siderit und Calcit von Ilfeld*, Harz oder von Öhrenstock, Ilmenau und Sieden (Deutschland) bekannt. **Verwendung**: Mangan-Erz.

Manganit, 45 mm, Ilfeld, Harz, Deutschland

# 82 Lepidokrokit

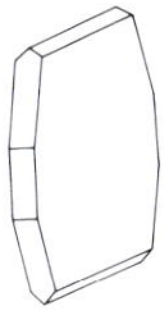
rhombisch

Benennung nach dem griechischen *lepidos* – Schuppe und *krokis* – Faser
Ullmann, 1813
$\chi Fe^{3+}O(OH)$

**H** 5 (spröde); **St** dunkelgelb, braun; **D** 4; **F** rot; **T** durchscheinend, opak; **G** Diamantglanz, halbmetallisch, seidig; **Sp** vollkommen nach (010), deutlich nach (100); **B** uneben bis hakig; **LBl** $N_{p,m,g}$ = 1,940, 2,200, 2,510; **Db** 0,570; **Pl** gelb, rotorange, dunkel rotorange; **A** Kristalle, schuppige, faserige, rosettenförmige Aggregate, auch staubförmig; **Kf** Tafeln; **Ch** $Fe_2O_3$ 89,86%, $H_2O$ 10,14%

**Genese**: sekundär in den Oxidationszonen von Erzlagern; **Paragenese**: Goethit, Limonit, Hämatit; **Ähnliche Minerale**: Goethit; **Unterscheidung**: Kristalle, mit Röntgen; **Vorkommen**: In Massen und Adern zusammen mit Goethit bei Malver, Chester Co., Chestnut Hill, Lancaster Co., Pennsylvania, Bisbee, Cosiche Co., Arizona (USA), kommt auch in Mapimi (Mexiko) vor, häufig in der Grube Pretoria Iron, Transvaal (Südafrikanische Republik) oder in der Grube Iron Monarch bei Whyalla, Südaustralien (Australien). Weitere Vorkommen in Rancié, Ariège und in Chizeuil, Saône-et-Loire (Frankreich), in Italien, Lostwithiel, Cornwall (Großbritannien). Aggregate mit tafeligen Kristallen in Gemeinschaft mit Goethit werden aus Herdorf und Müsen, Siegerland und aus der Grube Eleonora in Dünsberg bei Gießen, Hessen (Deutschland) beschrieben. **Verwendung**: Bestandteil von Eisen-Erzen.

Lepidokrokit, 92 mm, Südafrikanische Republik

## 83 Magnesit

Benennung nach der chemischen Zusammensetzung
Delaméthiere, 1797
$MgCO_3$

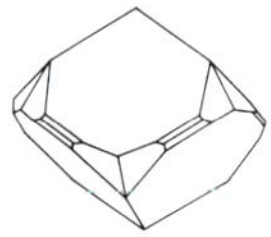

trigonal

**H** 4-4,5 (spröde); **St** weiß; **D** ca. 3; **F** farblos, weiß, grau, gelb, braun, schwarz; **T** durchsichtig, durchscheinend; **G** glasig bis matt; **Sp** vollkommen nach $(10\bar{1}1)$; **B** muschelig, **LBI** $N_{e,o}$ = 1,509, 1,700; **Db** 0,18-0,20; **A** Kristalle, massive, körnige und porzellanartige Aggregate; **Kf** Rhomboeder, Skalenoeder; **Ch** MgO 47,81%, $CO_2$ 52,19%; Beimengungen von Ca, Mn, Fe (*Breunnerit*); **Lu** manchmal gelbweiß, grünweiß, blauweiß

**Genese**: metamorph, hydrothermal metasomatisch, sedimentär; **Paragenese**: Talk, Calcit, Dolomit, Opal, Serpentin, Chlorit, Quarz; **Ähnliche Minerale**: Calcit, Dolomit, Ankerit; **Unterscheidung**: optisch, mit Röntgen, chemisch; **Vorkommen**: Bis 1 m große Kristalle in den metasomatischen Magnesitkörpern der metamorphosierten Dolomite von Brumado, Bahia (Brasilien), wo in Hohlräumen häufig Aggregate und Kristalle bis 5 cm Größe vorkommen. Bis 5 cm große Kristalle gibt es in den Brüchen von Eugui (Spanien), bis 1 cm große im Val Malenco (Italien). Große Magnesitkörper kommen in Liaotung (China), Taikwayodo auf der Koreanischen Halbinsel und Paradise Range, Nevada (USA) vor. Bekannt sind auch die Magnesitlagerstätten in den österreichischen Alpen in Veitsch*, Kraubath und Trieben (Österreich). Lokalitäten mit großen Körpern sind Hnúšťa und Jelšava (Slowakei). **Verwendung**: Metallurgie, Gummi- und Papierindustrie.

L

Magnesit, 40 mm, Brumado, Bahia, Brasilien

Magnesit, Anschliff 60 mm, Österreich

## 84 Smithsonit

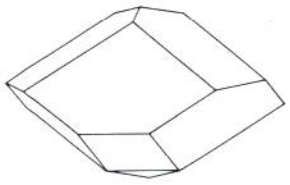

Benennung nach dem englischen Mineralogen J. Smithson (1765-1829)
Bergman, 1780
$ZnCO_3$ trigonal

**Genese**: Oxidationszonen von Erzlagern; **Paragenese**: Galenit, Hydrozinkit, Sphalerit, Hemimorphit; **Ähnliche Minerale**: Jadeit, Chalcedon, Chrysopras, Hemimorphit, Türkis; **Unterscheidung**: Härte, Dichte, mit Röntgen, chemisch; **Vorkommen**: Schöne gelbe Krusten gibt es in Yellville, Arkansas, weltbekannt sind die grünblauen, bis 5 cm dicken Krusten vom Fundort Magdalena, Neu-Mexiko, kommt auch in Montana, Kalifornien (USA) vor. Verschiedenfarbig sind die Smithsonite von der Lokalität Chihuahua (Mexiko). Große Mengen von Smithsonit gibt es in Vietnam, darüber hinaus kommt es auch in Kasachstan, Keban Medan (Türkei) und in Australien vor, von wo gelbe, bis 4 cm große Kristalle stammen. Smithsonite verschiedener Farben werden in Tsumeb (Namibia) gefunden. Hier treten bis 8 cm dicke Krusten mit intensiv grüner, rosa, weißer und grauer Färbung und auch rosafarbene, bis 3 cm große Kristalle auf. Kristalle sind ebenfalls aus Sambia, Kenia und Algerien bekannt. Andere Vorkommen befinden sich im Ural (Russland), in Laurion (Griechenland), in Monteponi, Sardinien (Italien), in England und Spanien, des Weiteren in Bleiberg (Österreich), Altenberg, Aachen und Wiesloch (Deutschland). **Verwendung**: Zink-Erz.

**H** 4-5 (spröde); **St** weiß; **D** 4,3-4,4; **F** weiß, grau, gelb, grünblau, blau, auch orangerot, selten rosafarben; **T** durchsichtig, durchscheinend; **G** glasig, perlmutterartig; **B** uneben, muschelig; **Sp** nach $(10\bar{1}1)$; **LBl** $N_{e,o}$ = 1,601, 1,815; **Db** 0,214; **Di** 0,037; **A** Kristalle, kristalline Krusten, Sinterkrusten, Tropfsteine, körnige und erdige Aggregate; **Kf** Rhomboeder; **Ch** ZnO 64,9%, $CO_2$ 35,1%, Beimengungen von Cd, Co, Cu, Fe (*Ferrosmithsonit*); **Lu** manchmal weiß, blauweiß, grünweiß, rosafarben, braun

305

L

Smithsonit, 25 mm, Kelly Mine, Magdalena, Neu-Mexiko, USA

# 85 Siderit

Benennung nach dem griechischen *sideros* – Eisen
Beudant, 1832
$FeCO_3$

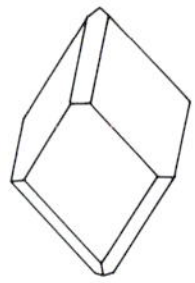

trigonal

**Genese**: hydrothermal, metasomatisch, pegmatit-pneumatolytisch, sedimentär; **Paragenese**: Chalkopyrit, Tetraedrit, Calcit, Ankerit, Baryt, Pyrit, Quarz; **Ähnliche Minerale**: Dolomit, Ankerit, Magnesit; **Unterscheidung**: mit Röntgen, chemisch; **Vorkommen**: Bis 25 cm große Kristalle in Mt. Saint Hilaire, Quebec (Kanada), bis 15 cm große Exemplare in Governador Valadares, grünbraune, halbdurchsichtige, bis 1 cm große Kristalle stammen aus Morro Velho, Minas Gerais (Brasilien), bis 4 cm große Kristalle gibt es in Cerro de Coroloque (Bolivien). In Ivigtut, Grönland (Dänemark) sind bis 10 cm große Rhomboeder gefunden worden, bis 15 cm große in La Taillat, Isère (Frankreich), ähnliche auch an der Lokalität Panasqueira (Portugal). Schöne Kristalle wurden auch in Tavistock, Cornwall (Großbritannien), bis 6 cm große rhomboedrische Kristalle in Erzberg (Österreich) und Neudorf im Harz (Deutschland) gefunden. **Verwendung**: Eisen-Erz.

**H** 4-4,5; **St** weiß, gelblich; **D** 3,7-3,9; **F** gelbweiß, gelbbraun, braun, grau, braunschwarz; **BM** metallische Überzüge, Anflüge; **T** undurchsichtig, an den Kanten durchscheinend; **G** glasig, perlmutterartig, **Sp** vollkommen nach $(10\bar{1}1)$; **B** uneben, muschelig, manchmal auch splitterig; **LBl** $N_{e,o}$ = 1,633, 1,875; **Db** 0,240; **A** Kristalle, körnige, massive, oolithische, erdige bis kompakte Aggregate, manchmal auch traubige, nierige und kugelige Pseudomorphosen; Aggregate mit strahligem Innenaufbau (*Sphärosiderite*), Konkretionen in Sedimenten (*Pelosiderite*); **Kf** Rhomboeder, oft rundlich oder linsenförmig oder sattelförmig gekrümmt, selten Tafeln, prismatisch; **Ch** FeO 62,01%, $CO_2$ 37,99%, Beimengungen von Mg (*Sideroplesit*), Mn (*Oligonit*), Ca (*Siderodot*), Zn (*Monhemit*)

Siderit mit Quarz, 30 mm, Isère, Frankreich

# 86 Rhodochrosit

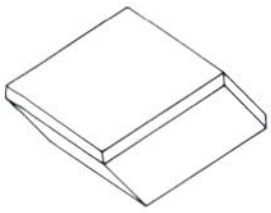

Benennung nach dem griechischen *rhodon* – Rose und *chroma* – Farbe
Bergman, 1782
$MnCO_3$ trigonal

**Genese**: hydrothermal, metamorph, sedimentär; **Paragenese**: Galenit, Sphalerit, Pyrit; **Ähnliche Minerale**: Dolomit, Rhodonit, Rosenquarz; **Unterscheidung**: Härte, Dichte, optisch und chemisch (schäumt mit HCl); **Vorkommen**: Rote, bis 20 cm große Rhomboeder in der Grube Sweet Home bei Alma, rosafarbene, bis 8 cm große in Silverton, Colorado (USA), 7 cm große Kristalle gibt es in Mt. Saint Hilaire, Quebec (Kanada). Satt rosafarbene Sinterkrusten, die Stärken bis 1 m erreichen, kommen in den Provinzen San Luis und Catamarca (Argentinien) vor. Rubinrote Rhodochrositkristalle gibt es in Mexiko, rote, durchsichtige Rhomboeder in Huaron (Peru). Im Gebiet von Kuruman (Südafrikanische Republik) treten dunkelrote, bis 7 cm große Kristalle auf, ebenso auch in Indien, Afghanistan und Australien. In Russland sind sie aus Transbaikalien und vom Ural bekannt. In Europa kommt Rhodochrosit in Rumänien vor, vor allem als feinstäubige Ausfüllungen an der Lokalität Cavnic, Baia Sprie, kleine Kristalle treten an der Lokalität Săcărîmb auf. Auch in Frankreich, Spanien, Jugoslawien, Bulgarien und Deutschland. **Verwendung**: Mangan-Erz.

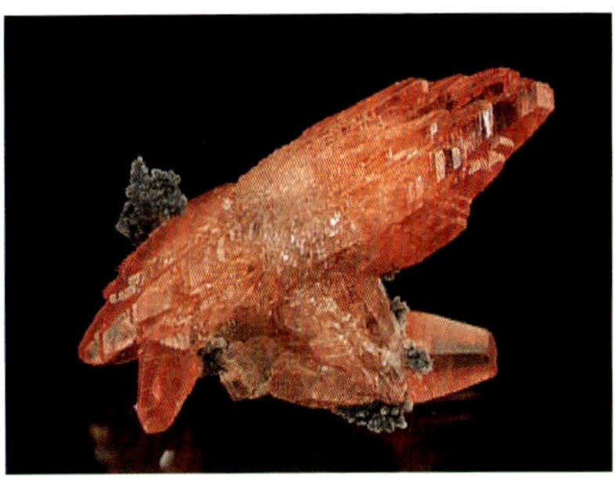

Rhodochrosit, 86 mm, N'Chwaming, Kuruman, Südafrikanische Republik

**H** 3,5-4 (spröde); **St** weiß; **D** 3,4-3,7; **F** rosarot, braunrot, grau. Oft wechseln in Bändern verschiedene Farbtöne; **BM** verfärbt sich mit der Zeit braun bis schwarz; **T** durchsichtig bis durchscheinend; **G** glasig, an den Spaltflächen perlmutterartig; **B** uneben, muschelig; **Sp** vollkommen nach $(10\bar{1}1)$; **LBl** $N_{e,o}$ = 1,630, 1,830; **Db** 0,215; **Pl** bei intensiv gefärbten Steinen manchmal schwach; **A** Kristalle, körnige, massive und nierige Aggregate, Krusten; **Kf** Rhomboeder, Tafeln, Prismen; **Ch** MnO 61,71%, $CO_2$ 38,29%, Beimengungen von Ca, Fe; **Lu** manchmal hellrosa bis dunkelrot

Rhodochrosit, 39 mm, Hotazel, Südafrikanische Republik

# 87 Calcit

## Kalkspat

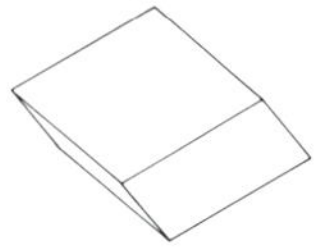

Benennung nach dem lateinischen *calx* – Kalk
Plinius der Jüngere
$CaCO_3$ trigonal

**Genese**: Magmatite, metamorph, sedimentär, hydrothermal, Verwitterungskrusten, Oxidationszonen, Thermalquellen; **Paragenese**: Dolomit, Quarz, Tonminerale, Galenit, Sphalerit; **Ähnliche Minerale**: Dolomit, Aragonit, Baryt, Magnesit, Chabasit; **Unterscheidung**: Härte, Dichte, Löslichkeit in HCl; **Vorkommen**: Bis 50 cm große Kristalle gibt es in Joplin, Missouri und in Elmwood, Tennessee (USA), durchsichtige, gelbe, bis 4,5 cm große Kristalle sind aus Jalgaon (Indien) bekannt, orangefarbene, bis 8 cm große Kristalle stammen aus Guiyang, Hu-nan (China), schöne Kristalle verschiedenster Form mit Größen bis 40 cm gibt es in Dalnegorsk (Russland), weißweinfarbene Kristalle wurden in Sarbaja (Kasachstan) gefunden. Klare Spaltaggregate (so genannter *Isländischer Kalkstein*) kommen in Helgustadir (Island) vor, wo das größte Spaltstück 6 x 2 m groß war, prächtige, bis 10 cm große Skalenoeder wurden in Egremont, England (Großbritannien) gefunden, bis 5 cm große, orangefarbene Kristalle sind aus Isarwinkel (Deutschland) bekannt. **Verwendung**: Bauwesen, Optik, Hüttenwesen, chemische Industrie; **Behandlung**: ist säurelöslich.

L

**H** 3 (spröde); **St** weiß; **D** 2,71-2,94; **F** farblos, weiß, gelb, braun, rot, blau, grün und schwarz; oft wechseln die Farben in den Schichten (so genannter *Onyx*); **BM** faserige Varietäten mit Katzenaugeneffekt; **T** durchsichtig, durchscheinend, undurchsichtig; **G** glasig, an den Spaltflächen perlmutterartig; **B** muschelig; **Sp** ausgezeichnet nach $(10\bar{1}1)$; **LBI** $N_{e,o}$ = 1,486, 1,658; **Db** 0,172-0,190, sehr starke Doppelbrechung; **Di** 0,017; **A** Kristalle, körnige, tropfsteinartige, massive, erdige, sinterige und krustige Aggregate, Konkretionen, Geoden; **Kf** Rhomboeder, Skalenoeder, Tafeln, Zwillingsverwachsungen (es sind über tausend Formen bekannt); **Ch** CaO 56%, $CO_2$ 44%, Beimengungen von Mg, Fe, Ba, Mn (*Manganocalcit*), Pb (*Plumbocalcit*), Sr (*Strontiocalcit*), Co (*Sphärocobaltit*); **Lu** weiß, gelb, blau, rot, orange, grün

Calcit, 40 mm, Pugh Quarry, Weston, Ohio, USA

Calcit, 85 mm, Sweetwater Mine, Reynolds Co., Montana, USA

# 88 Dolomit

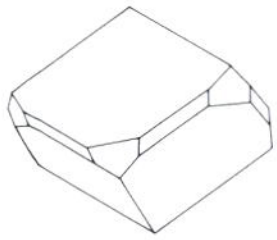

Benennung nach dem französischen Mineralogen D. de Dolomieu (1750-1801)
Saussure, 1792
$CaMg(CO_3)_2$ trigonal

**H** 3,5-4; **St** weiß; **D** 2,85-2,95; **F** weiß, grau, rötlich, bräunlich; **T** durchsichtig bis durchscheinend; **G** glasig, perlmuttartig; **Sp** nach (10$\bar{1}$1) hervorragend; **B** muschelig; **LBl** $N_{e,o}$ = 1,520, 1,700; **Db** 0,180; **A** Kristalle, Drusen, körnige, massive, kugelige Aggregate, Pseudomorphosen; **Kf** Rhomboeder, Prismen mit rhomboedrischen Flächen; **Ch** CaO 30,41%, MgO 21,86%, $CO_2$ 47,73%, Beimengungen von Fe (*Ferrodolomit*), Mn (*Manganodolomit*), Co (*Cobaltodolomit*), Ce (*Codassit*), Pb, Zn; **Lu** orange, gelb, weiß, cremefarben, hellgrün, bräunlich

**Genese**: hydrothermal, metasomatisch, sedimentär; **Paragenese**: Galenit, Sphalerit, Calcit, Pyrit, Quarz u.a.; **Ähnliche Minerale**: Calcit, Ankerit, Magnesit; **Unterscheidung**: chemisch, mit Röntgen; **Vorkommen**: Bis 10 cm große Kristalle gibt es in Brumado, Bahia, schöne glänzende Rhomboeder in Morro Velho, Minas Gerais (Brasilien), in Guanajuato (Mexiko), Joplin, Missouri und Mother Load, Kalifornien (USA). Bis 20 cm groß sind die Kristalle in Eugui (Spanien), bis 15 cm große Kristalle sind in den Dolomitgesteinen bei Lengenbach im Binntal (Schweiz) enthalten, schöne und große Kristalle wurden in Cumberland (Großbritannien) gefunden, bis 5 cm große wurden aus Banská Štiavnica (Slowakei) und auch aus Freiberg (Deutschland) beschrieben. **Verwendung**: Bauwesen, Landwirtschaft.

Cobaltodolomit, 50 mm, Kongo

Dolomit, 65 mm, Navarra, Spanien

L

312

L

# 89 Aragonit

Benennung nach der
Typenlokalität Molina de Aragon
(Spanien)
Davila, 1767
$CaCO_3$

rhombisch

**H** 3,5-4 (spröde); **St** weiß; **D** 2,93-2,95; **F** farblos, weiß, gelb, braungrün, grauweiß, rosa, hellviolett, bläulich (*Zeiringit*), rot, orange; **T** durchsichtig, durchscheinend, undurchsichtig; **G** glasig, an den Spaltflächen perlmutterartig bis fettig; **Sp** unvollkommen nach (010); **B** muschelig; **LBl** $N_{p,m,g}$ =1,530, 1,680, 1,685; **Db** 0,155; **Di** schwach; **A** Kristalle, faserige, radialstrahlige, tropfsteinartige (*Onyxmarmor*), strauchartige (*Eisenblüte*), korallige (*Erbsenstein*) und krustige (*Sprudelstein*) Aggregate; **Kf** prismatisch, nadelig; **Ch** CaO 56%, $CO_2$ 44%, Beimengungen von Fe, Pb, Sr, Zn; **Lu** weiß, gelb, cremefarben, orange, grün

**Genese**: niederthermal, hypergen; **Paragenese**: Calcit, Zeolithe, Limonit; **Ähnliche Minerale**: Calcit, Strontianit; **Unterscheidung**: Dichte, Härte, Spaltbarkeit, mit Röntgen; **Vorkommen**: In vielen Staaten der USA (Süd-Dakota, Neu-Mexiko, Iowa, Indiana, Wyoming, Montana – rote Exemplare), kommt auch in Kanada, Mexiko (grüne), Chile (blaue), in Peru, Argentinien und anderswo vor. Schöne Aragonite stammen aus Pakistan, Namibia, Ungarn, Algerien und Marokko. Kommt auch an vielen Lokalitäten in Turkmenistan und Kirgisistan vor, hexagonale Kristalle stammen aus Molina de Aragon* (Spanien), bekannt als so genannte *Eisenblüte* aus Erzberg (Österreich), bis 30 cm große Kristalle gibt es in Podrečany (Slowakei), farblose und gelbliche Aragonite stammen aus Hořenec bei Bílina (Tschechien), schöne Kristalle aus Sasbach am Kaiserstuhl (Deutschland). **Verwendung**: Bauwesen; **Behandlung**: Vorsicht mit Säuren!

Aragonit, 37 mm, Bisbee, Arizona, USA

Aragonit, 32 mm, Molina de Aragon, Spanien

# 90 Strontianit

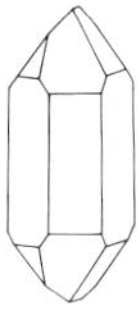

Benennung nach der Typenlokalität Strontian in Schottland
Sulzer, 1791
$SrCO_3$

rhombisch

**H** 3,5 (spröde); **St** weiß; **D** 3,76; **F** weiß, grau, gelb, grünlich, rosa, violett; **T** durchsichtig, durchscheinend; **G** glasig, fettig; **Sp** unvollkommen; **B** muschelig; **LBl** $N_{p,m,g}$ = 1,518, 1,622, 1,664; **Db** 0,148; **Di** 3,0; **A** Kristalle, nadelige, faserige, radiale Aggregate; **Kf** prismatisch, scharf pyramidal; **Ch** SrO 70,19%, $CO_2$ 29,81%; **Lu** manchmal weiß, cremefarben

**Genese**: hydrothermal an Niedertemperaturadern, in Hohlräumen von Vulkaniten, sedimentär; **Paragenese**: Calcit, Baryt, Zeolithe; **Ähnliche Minerale**: Aragonit, Natrolith; **Unterscheidung**: Dichte, Härte, chemisch; **Vorkommen**: Bis 5 cm große Kristalle befinden sich in Harding Co., sie wurden auch in Strontium Hills bei Barstow, Kalifornien festgestellt, ferner in Texas (USA) und in Nepean, Ontario (Kanada) sowie an Blei-Silber-Adern in der Sierra Mojada (Mexiko). Schöne säulige Kristalle gibt es an der Blei-Zink-Lagerstätte in Strontian*, Argyllshire, Schottland (Großbritannien); bis 8 cm große Kristalle wurden in Bleiberg gefunden, Vorkommen auch in Leogang (Österreich), bis 5 cm große Kristalle in den Tonen bei Ahlen und Münster, andere Vorkommen in St. Andreasberg, Harz und Bräunsdorf, Sachsen (Deutschland). **Verwendung**: Pyrotechnik, manchmal Strontium-Gewinnung.

Strontianit auf Fluorit, xx 42 mm, Minerva Mine, Harding Co., Illinois, USA

L

# 91 Witherit

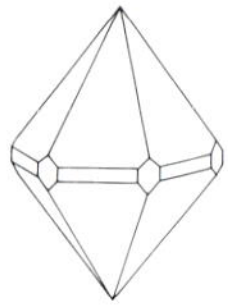

Benennung nach dem englischen Naturwissenschaftler W. Withering (1741-1799)
Withering, 1783, benannt von Werner, 1790
$BaCO_3$ rhombisch

●●●

**H** 3,3 (spröde), **St** weiß, **D** 4,3; **F** weiß, gelb, grau, bräunlich: **T** durchscheinend bis durchsichtig; **G** glasig, fettig; **Sp** gut nach (010); **B** uneben; **LBl** $N_{p,m,g}$ = 1,529, 1,676, 1,677; **Db** 0,148; **Di** schwach; **A** Kristalle, körnige, faserige und massive Aggregate, kugelige Aggregate; **Kf** Doppelpyramiden, prismatisch, Tafeln; **Ch** BaO 77,7%, $CO_2$ 22,3%; **Lu** gelb bis gelbgrün, blau

**Genese**: hydrothermal an Niedertemperaturlagerstätten; **Paragenese**: Galenit, Sphalerit, Siderit; **Ähnliche Minerale**: Aragonit, Strontianit, Cerussit, Quarz; **Unterscheidung**: Dichte, Härte, chemisch; **Vorkommen**: Prächtige gelbe, bis 10 cm große Metalle sind aus der Grube Minerva Cave-in-Rock, Illinois, bekannt, Kristalle mit Baryt befinden sich in Lexington, Kentucky (USA), faserige Aggregate gibt es in Taubaki, Ugo (Japan), bis 7 cm große Kristalle in Alston Moor* und Hexham (Großbritannien). Bis 2 cm große pyramidenförmige Kristalle treten in der Grube Himmelsfürst bei Freiberg, Sachsen, auf, andere Funde stammen aus St. Andreasberg, Harz (Deutschland). **Verwendung**: selten zur Herstellung von Barium-Verbindungen.

L

Witherit, 17 mm, Cave-in-Rock, Illinois, USA

# 92 Cerussit

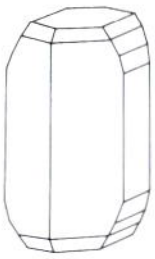

Benennung nach dem lateinischen *cerussa* – Bleiweiß
Gesner, 1565
$PbCO_3$

rhombisch

**Genese**: sekundär; **Paragenese**: Galenit, Anglesit, Pyromorphit, Baryt; **Ähnliche Minerale**: Coelestin, Baryt, Anglesit, Scheelit; **Unterscheidung**: Härte, Dichte, Verwachsungsformen, mit Röntgen; **Vorkommen**: Bis 6 cm große nadelige Kristalle gibt es in der Grube Flux, Arizona, oder Leadville, Colorado, bis 5 cm große Kristalle wurden in Phoenixville, Pennsylvania gefunden, andere Vorkommen in Oregon und Neu-Mexiko (USA), große Zwillingskristalle gibt es in Broken Hill, Neusüdwales und in Dundas, Tasmanien (Australien). Bis 20 cm große Kristalle befinden sich in Tsumeb (Namibia), in Kabwe (Sambia), bis 5 cm große Kristalle in Mibladen (Marokko), Abakaliki (Nigeria), bis 18 cm große in M'Fouati (Kongo). Cerussit wurde auch in Berezowsk (Russland), Pontgibaud (Frankreich), Monteponi, Sardinien (Italien) gefunden. Es kommt auch in Příbram und mit 5 cm großen Kristallen in Stříbro (Tschechien) vor, des Weiteren in Johanngeorgenstadt und Bad Ems (Deutschland). **Verwendung**: Blei-Erz.

**H** 3-3,5 (spröde); **St** weiß; **D** 6,4-6,6; **F** farblos, weiß, braun, grau und schwarz; **T** durchsichtig, durchscheinend; **G** Diamantglanz; **Sp** unvollkommen; **B** uneben, muschelig; **LBl** $N_{p,m,g}$ = 1,803, 2,077, 2,079; **Db** 0,272, **A** Kristalle, körnige Aggregate, selten faserige, sinterige und tropfsteinförmige Aggregate; **Kf** Tafeln, Doppelpyramiden, Nadeln, Verwachsungen; **Ch** PbO 83,53%, $CO_2$ 16,47%; **Lu** grünlich, bläulich, schwach rosa

Cerussit, Verwachsung 42 mm, Touissit, Marokko

Cerussit, 185 mm, Flux Mine, Santa Cruz Co., Arizona, USA

L

# 93 Azurit

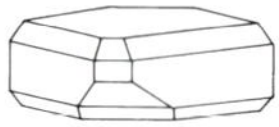

Benennung nach dem persischen *lazhward* – blau
Plinius der Jüngere
$Cu_3(CO_3)_2(OH)_2$ monoklin

310

**Genese**: Oxidationszonen der Kupferlagerstätten; **Paragenese**: Chalkosin, Cuprit, Malachit, Limonit u.a.; **Ähnliche Minerale**: Vivianit, Lasurit, Hauyn, Dumortierit; **Unterscheidung**: Härte, Dichte, optisch; **Vorkommen**: Schöne, bis 15 cm große Azuritkristalle gibt es in Bisbee, Arizona, von hier stammen auch so genannte *Azurmalachit*-Konkretionen, des Weiteren in La Sal, Utah (Azurit-Konkretionen), auch in Neu-Mexiko. Zahlreiche Lokalitäten befinden sich in Chile, Azurmalachite gibt es in Shaba (Zaire). Schöne Kristalle wurden in Touissit (Marokko) gefunden, des Weiteren in der Grube Chingola (Sambia), in Kenia sowie bis 20 cm große Kristalle in Tsumeb (Namibia). Schöne Kristalle gibt es in Broken Hill, Neusüdwales (Australien), große Kristallaggregate in Shil, Guangdong (China). Sie kommen auch in Russland im Ural, in Ungarn, Frankreich, Griechenland und Rumänien vor, bis 2 cm große Kristalle wurden in Altenmittlau (Deutschland) gefunden. **Verwendung**: Kupfer-Erz, Farbstoffe.

**H** 3,5-4 (spröde), **St** hellblau; **D** 3,77; **F** hell- bis dunkelazurblau, blauviolett; **T** durchscheinend, opak; **G** glasig; **Sp** nach (100) unvollkommen; **B** uneben; **LBl** $N_{p,m,g}$ = 1,730, 1,758, 1,838; **Db** 0,110; **Di** beobachtbar; **Pl** markant in blauen Tönen; **A** Kristalle, körnige, erdige, radialstrahlige Aggregate, Pseudomorphosen; **Kf** Tafeln, Säulen; **Ch** CuO 69,24%, $CO_2$ 25,53%, $H_2O$ 5,23%

Azurit, 47 mm, Touissit, Marokko

Azurit, 40 mm, Piesky, Slowakei

Azurmalachit, 75 mm, Poputnoje, Kasachstan

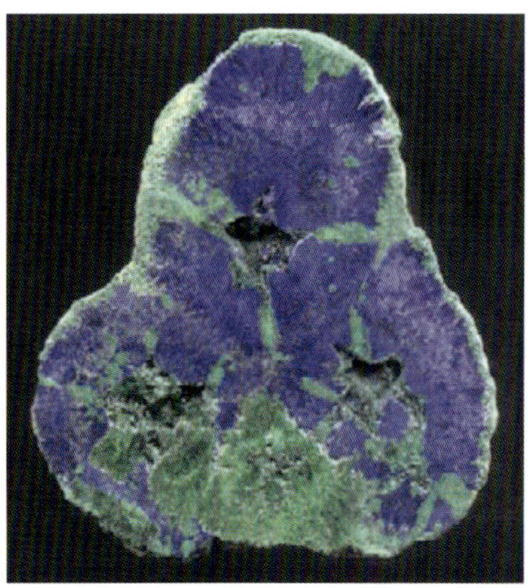

# 94 Malachit

Benennung nach dem griechischen *malache* – sattgrün
Wallerius, 1747
$Cu_2(CO_3)(OH)_2$

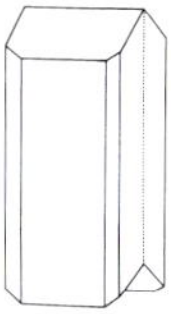

monoklin

**H** 3,5-4,5 (spröde), **St** hellgrün; **D** 4,5; **F** grün, dunkelgrün, schwarzgrün, selten blau- bis smaragdgrün; oft unterscheiden sich die einzelnen Varietäten in zarter Streifenbildung; **T** undurchsichtig, selten durchsichtig, **G** glasig, seidig, fettig; **Sp** nach (001) gut; **B** muschelig; **LBl** $N_{p,m,g}$ = 1,655, 1,875, 1,909; **Db** 0,254; **Pl** markant, farblos, gelbgrün bis dunkelgrün; **A** Kristalle, körnige, massive, sinterige, faserige und erdige Aggregate, Krusten, Imprägnationen, Pseudomorphosen; **Kf** prismatisch; **Ch** CuO 71,95%, $CO_2$ 19,9%, $H_2O$ 8,15%

309

**Genese**: Oxidationszonen der Kupferlagerstätten; **Paragenese**: Kupfer, Chalkopyrit, Cuprit, Azurit; **Ähnliche Minerale**: Chrysokoll, Rosasit, Pseudomalachit; **Unterscheidung**: Härte, Dichte, chemisch, mit Röntgen; **Vorkommen**: An der Lagerstätte Bisbee, Arizona wurde ein 4,5 t schwerer Malachitblock gefunden; kommt auch in Nevada, Colorado, Utah (USA) vor, schöne Malachitkrusten in Nicaragua, Mexiko, Chile und auf Kuba. Die prächtigsten Malachite gibt es gegenwärtig im Gebiet Cooperbelt auf dem Territorium Zaires und Sambias. Bis 3 cm große Kristalle kommen in Kambove vor, bis 50 cm große Tropfsteingebilde in Kolwesi, Blöcke von Streifenmalachit an mehreren Lokalitäten in der Provinz Shaba (Zaire). Hübsche Malachitpseudomorphosen nach Azurit treten in Tsumeb (Namibia) auf, weitere Vorkommen in Marokko, Simbabwe, Angola, China, Indien und Australien. Eine bedeutende Lagerstätte von Streifenmalachit mit Blöcken von mehreren Tonnen Gewicht befand sich in Mednorudnjansk, Ural (Russland). In Europa gibt es kleinere Vorkommen in der Slowakei, Ungarn, Rumänien, England, Frankreich und Deutschland. **Verwendung**: Kupfer-Erz.

Malachit, 20 mm, Tsumeb, Namibia

Malachit, 45 mm, Kolwesi, Shaba, Zaire

## 95 Phosgenit

Benennung nach dem Phosgen, $COCl_2$
Karsten, 1800
$Pb_2(CO_3)Cl_2$

tetragonal

**H** 2,5-3; **St** weiß; D 6,0-6,3; **F** weiß, grau, gelb, grünlich, rosa; **T** durchsichtig, durchscheinend; **G** Diamantglanz, glasig, fettig; **Sp** vollkommen nach (110) und (001); **B** muschelig; **LBl** $N_{e,o}$ = 2,118, 2,145; **Db** 0,027; **Pl** schwach, rötlich, grünlich; **A** Kristalle, körnige und massive Aggregate; **Kf** kurzprismatisch, tafelig oder pyramidal; **Ch** PbO 81,86%, Cl 13,00%, $CO_2$ 5,14%; **Lu** hellgelb

**Genese**: sekundär; **Paragenese**: Cerussit, Anglesit und andere sekundäre Bleimineralien; **Ähnliche Minerale**: Cerussit, Anglesit; **Unterscheidung**: chemisch; **Vorkommen**: Bis 3,5 cm große Kristalle wurden in Mountain Pass, Kalifornien gefunden, bis 4 cm große in der Grube Mammoth bei Tiger, Arizona (USA), große Kristalle mit Maßen bis zu 10 cm stammen aus Tsumeb (Namibia). Gelbe, bis 2,5 cm große Kristalle gibt es in der Grube Bage Matlock (Großbritannien), bis 15 cm große sind aus Monteponi, Sardinien bekannt, durchsichtige, prismatische, bis 1,5 cm große Kristalle wurden in Baratti (Italien) gefunden. Kam häufig vor in Tarnowice, Oberschlesien (Polen), in Sysjanow, Altai (Russland), große Kristalle gibt es in Matlock und Cromford, Derbyshire, England (Großbritannien) und in Laurion (Griechenland). Kleinere Vorkommen in der Grube Christian Levin bei Essen (Deutschland). **Verwendung**: Blei-Erz.

L

Phosgenit, 75 mm, Monteponi, Sardinien, Italien

Phosgenit, 28 mm, Monteponi, Sardinien, Italien

# 96 Stichtit

Benennung nach R. Stich,
dem Direktor einer Bergwerksgesellschaft
Pettard, 1910

$Mg_6Cr_2(CO_3)(OH)_{16}\cdot 4H_2O$ trigonal

**Genese**: sekundär in Serpentiniten; **Paragenese**: Serpentin, Chromit; **Ähnliche Minerale**: Leadhillit, Cyanotrichit, Chrysokoll; **Unterscheidung**: Dichte, chemisch; **Vorkommen**: Bekannt sind die violetten schuppigen Aggregate und Adern in den Serpentiniten in Bou Azzer (Marokko), kommt auch in Barberton (Südafrikanische Republik) und häufig im Terektiner Gebirge, Rudnyi Altai (Russland) vor. Ist bekannt aus der Grube Magnetic, Quebec (Kanada). Glimmerähnliche Aggregate gibt es auch im Serpentinit in Dundas, Tasmanien (Australien). Seltene Funde stammen aus dem Steinbruch Hoher Hain, Limbach-Oberfrohna, Sachsen (Deutschland).

**H** 1,5-2; **St** weiß bis violett; **D** 2,2; **F** rosa bis violett (lila); **T** durchscheinend; **G** glasig; **Sp** vollkommen nach (0001); **LBl** $N_{e,o}$ = 1,518, 1,545; **Db** 0,027; **Pl** schwach; **A** Schuppen, massiv, faserig, Knollen; **Kf** Tafeln, glimmerähnliche Schuppen; **Ch** MgO 36,98%, $Cr_2O_3$ 23,24%, $CO_2$ 6,73%, $H_2O$ 33,05%

Stichtit, 30 mm, Rouchovany, Tschechien

Stichtit, 55 mm, Tasmanien, Australien

## 97 Ludwigit

Benennung nach dem österreichischen Chemiker E. Ludwig (1842-1915)
Tschermak, 1874
$Mg_2Fe^{3+}BO_5$ rhombisch

**H** 5 (spröde); **St** schwarzgrün; **D** 4,5-4,8; **F** dunkelgrün, schwarzgrün bis schwarz; **T** opak, durchscheinend; **G** seidig, matt; **Sp** vollkommen nach (001); **B** uneben; **LBI** $N_{p,m,g}$ = 1,840, 1,840, 1,970; **Db** 0,115; **Di** stark; **Pl** graugrün, dunkelgrün, dunkelbraun; **A** kompakt, massiv, faserige und radiale Aggregate, selten Kristalle; **Kf** prismatisch; **Ch** FeO 31,67%, MgO 17,77%, $Fe_2O_3$ 35,21%, $B_2O_3$ 15,35%

**Genese**: kontaktmetamorph in dolomitischen Marmoren und Skarnen; **Paragenese**: Magnetit, Scheelit, Molybdänit, Klinohumit, Diopsid; **Ähnliche Minerale**: Ilvait; **Unterscheidung**: Löslichkeit, chemisch; **Vorkommen**: Große Aggregate stammen aus dem goldführenden Skarn der Grube Hol Kol, Suan (Volksrepublik Korea), ähnliche Vorkommen auch in Kamineitschi, Iwate und Hanejama, Fukuschima (Japan). Tritt ebenfalls auf in Gorman, Kalifornien, Colorado Gulch, Montana sowie in einer ganzen Reihe von Gruben in Big und Little Cottonwood Canyon, Salt Lake Co., Utah (USA). Schöne radialstrahlige Aggregate befinden sich in den Skarnen in Ocna de Fier*, von wo Ludwigit erstmals beschrieben wurde, oder es tritt gemeinsam mit Calcit in Baia Roşia, Banat (Rumänien) auf. Des Weiteren kommt es an den Lokalitäten Costabonne (Frankreich), Brosso (Italien) und Norberg, Sjögruba (Schweden) vor. Bis mehrere Zentimeter große Nadeln wurden in Mýtinky im Erzgebirge (Tschechien) gefunden. Weitere Vorkommen in Schlegeistal, Zillertal, Tirol (Österreich) und Pöhla, Sachsen (Deutschland). **Verwendung**: Bor-Gewinnung, chemische Industrie.

Ludwigit, 85 mm, Moraviţa, Rumänien

# 98 Ulexit

Benennung nach dem deutschen Chemiker G. L. Ulex (1811-1883)
Dana, 1859
$NaCaB_5O_6(OH)_6 \cdot 5H_2O$ triklin

**Genese**: sedimentär an Boratlagern, entsteht durch die Hydratation von Proberit; **Paragenese**: Colemanit, Glauberit, Gips, Halit, Kernit, Inyoit; **Ähnliche Minerale**: Colemanit, Inyoit, Hydroboracit, Selenit; **Unterscheidung**: Kristallformen, Härte, Dichte, optisch; **Vorkommen**: Faserige Aggregate, die bis 10 cm groß werden, treten an den Tertiärlagerstätten im Revier Kramer und in Boron, Kern Co., Kalifornien oder an den rezenten Evaporiten von Salzseen auf, zum Beispiel an der Lokalität Esmeralda, Nevada; kommt auch in Oregon und Texas (USA) vor. Zusammen mit Anhydrit, Glauberit und einigen Boraten tritt es an mehreren Gipslagerstätten im östlichen Kanada auf. Bekannt ist es auch von der Lokalität Arequipi (Peru), von wo es unter der Bezeichnung *Tiza* exportiert wurde. Ulexit gibt es in Tres Mares (Argentinien), in Assoziation mit Halit und Glauberit in Iquique*, Tarapaca (Chile). Oft kommt es in Assoziation mit Colemanit und Proberit auch an den Fundstätten am Indersee (Kasachstan) vor, in Form faseriger Aggregate tritt es häufig in Emet (Türkei) auf, wird auch aus Italien beschrieben; **Verwendung**: Bor-Gewinnung, chemische Industrie.

**H** 1 (spröde); **St** weiß; **D** 1,65-1,95; **F** farblos, hellgrau, weiß; **BM** manchmal Katzenaugeneffekt; **T** durchsichtig, durchscheinend; **G** glasig; **Sp** nach (010) vollkommen; **LBl** $N_{p,m,g}$ = 1,496, 1,505, 1,519; **Db** 0,023; **A** selten Kristalle, faserige und radiale Aggregate, Knollen, Krusten; **Kf** Tafeln, Nadeln; **Ch** $Na_2O$ 7,7%, CaO 13,8%, $B_2O_3$ 43,0%, $H_2O$ 35,5%; **Lu** weiß

Ulexit, 50 mm, Boron, Kalifornien, USA

313

L

# 99 Colemanit

Benennung nach dem amerikanischen Geschäftsmann W. T. Coleman (1824-1893)
Evans, 1884
$Ca_2B_6O_{11} \cdot 5H_2O$ monoklin

**H** 4,5; **St** weiß, **D** 2,4; **F** weiß, gelblich, grau; **T** durchsichtig, durchscheinend; **G** glasig; **Sp** vollkommen nach (010), unvollkommen nach (001); **B** uneben, halbmuschelig; **LBl** $N_{p,m,g}$ = 1,586, 1,592, 1,614; **Db** 0,028; **Di** schwach; **A** Kristalle, massive und körnige Aggregate; **Kf** kurzprismatisch, pseudorhomboedrisch, isometrisch; **Ch** CaO 27,28%, $B_2O_3$ 50,81%, $H_2O$ 21,91%; **Lu** stark gelbweiß und grünweiß

**Genese**: sedimentär an Boratlagerstätten (Boratseen); **Paragenese**: Ulexit, Gips, Calcit, Coelestin, Halit; **Ähnliche Minerale**: Ulexit, Inyoit, Priceit, Datolith, Calcit; **Unterscheidung**: Härte, Dichte; **Vorkommen**: Bis 7 cm große Kristalle gab es in Gower Gulch, Erstbeschreibung aus Furnace Creek*, Inyo Co., Death Valley, wo es bis 10 cm große Kristalle gab, häufig auch in Calic, San Bernandino Co., zusammen mit dem überwiegenden Kernit und Ulexit in den Revieren Kramer und Boron, Kern Co., Kalifornien, oder in den Salzsümpfen der Esmeralda Co., Nevada (USA). Zusammen mit Ulexit tritt Colemanit an den Gipslagerstätten in den Ostprovinzen Kanadas auf. Häufig ist es in Salinas Grandes, Jujuy (Argentinien) sowie in Iquique, Tarapaca (Chile) anzutreffen. In Kristallform wird Colemanit auch vom Indersee (Kasachstan) und aus Karagöl (Iran) beschrieben, bis 20 cm große Kristalle sind von den Boratlagerstätten der Reviere Emet und Kirka (Türkei) bekannt, wo Colemanit von Auripigment und Realgar begleitet wird. **Verwendung**: Bor-Gewinnung.

L

Colemanit, 60 mm, Boron, Kalifornien, USA

# 100 Hambergit

Benennung nach dem schwedischen Mineralogen A. Hamberg (1863-1933)
Brögger, 1890
$Be_2BO_3(OH,F)$ rhombisch

**H** 7,5 (spröde); **St** weiß, **D** 2,4; **F** farblos, weiß, hellgrau; **T** durchsichtig, durchscheinend; **G** glasig; **Sp** vollkommen nach (010) und (100); **B** uneben; **LBl** $N_{p,m,g}$ = 1,550, 1,590, 1,630; **Db** 0,073; **Di** schwach; **A** Kristalle, körnig; **Kf** Tafeln, prismatisch; **Ch** BeO 53,31%, $B_2O_3$ 37,09%, $H_2O$ 9,60%; **Lu** orangerosa

**Genese**: magmatisch in Granitpegmatiten, selten in alkalischen Pegmatiten; **Paragenese**: Turmaline, Beryll, Danburit; **Ähnliche Minerale**: Spodumen, Danburit; **Unterscheidung**: Dichte, optisch; **Vorkommen**: Tafelförmige, bis 15 cm große Kristalle gibt es in Little Three, Ramona, oder in der Grube Himalaja bei Mesa Grande, San Diego Co., Kalifornien (USA), wo weiße, bis 6 cm große Kristalle auftreten. Schöne, bis 11 cm große Kristalle befinden sich zusammen mit Beryll und Danburit in den Albit-Spodumen-Pegmatiten an den Lokalitäten Imalo, Anjanabonoina und Maharitra (Madagaskar), weiße, bis 2 cm große Kristalle wurden in Shigar (Pakistan) gefunden, schöne Kristalle gibt es in Morgab (Tadschikistan), oder in Hyakul (Nepal), wo Hambergit mit Lithiummineralen und Danburit auftritt. Es ist auch aus den Seifen in Kaschmir (Indien) bekannt und kommt zusammen mit Barkevikit, Zirkon und Fluorit im alkalischen Syenit in Halgaraen im Langesundsfjord (Norwegen) vor.

Hambergit, 64 mm, Pamir, Tadschikistan

Hambergit, x 18 mm, Ramona, Kalifornien, USA

L

# 101 Rhodisit

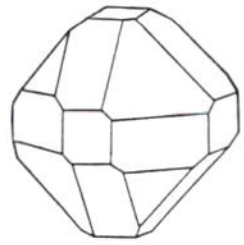

Benennung nach dem griechischen *rhodisein* – die rosa Farbe der Flamme beim Brennen
Rose, 1834
$(K,Cs)Al_4Be_4(B,Be)_{12}O_{28}$ kubisch

**H** 8,5 (spröde); **St** weiß; **D** 3,3-3,4; **F** farblos, weiß, gelb, grau; **T** durchsichtig, durchscheinend; **G** glasig bis diamantartig; **Sp** unvollkommen nach (111); **B** muschelig, uneben; **LBI** *N* = 1,694; **A** Kristalle, körnig; **Kf** Hexaeder, Tetraeder, Rhombododekaeder; **Ch** kompliziert; **Lu** gelblich

**Genese**: magmatisch in Granitpegmatiten; **Paragenese**: Turmaline, Danburit, Beryll, Minerale Niob und Tantal; **Ähnliche Minerale**: Boracit; **Unterscheidung**: Härte, Kristallformen; **Vorkommen**: Kristalle sind bekannt aus Animikie Red Ace, Florence, Wisconsin (USA); gelborange, kubische und tetraedrische, bis 3 cm große Kristalle gibt es im Manadona-Tal, an den Lokalitäten Sahatamy, Antandrokomba und Antsirabe, bis 2 cm große Kristalle werden von der Fundstätte Manjaka im Sahatany-Tal (Madagaskar) beschrieben, wo sie in Assoziation mit Feldspat, Quarz, Spodumen, rotem Turmalin und Niob-Tantal-Mineralen auftreten. Ein bedeutender Fundort ist Sarapulka bei Mursinka, wo schöne, auf Rubellit gewachsene Rhodisitkristalle entdeckt wurden. Das erste Mal wurde Rhodosit in Schajtansk* bei Jekaterinenburg, Ural (Russland) gefunden und beschrieben. **Verwendung**: Cäsium- und Beryllium-Gewinnung.

L

Rhodisit, x 23 mm, Anpanivana, Antsirabe, Madagaskar

Rhodisit mit Rubellit, xx 7 mm, Madagaskar

# 102 Boracit

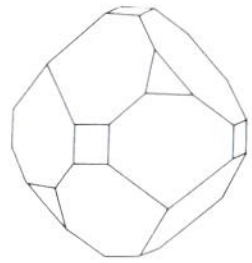

Benennung nach der chemischen Zusammensetzung
Lasius, 1787
$Mg_3B_7O_{13}Cl$ rhombisch

**H** 7 (spröde); **St** weiß; **D** 2,9-3,0; **F** farblos, weiß, grau, gelblich, hellgrün, hellblau; **T** durchsichtig, durchscheinend; **G** glasig, fettig; **B** muschelig; **LBl** $N_{p,m,g}$ = 1,662, 1,667, 1,673; **Db** 0,010; **A** Kristalle, körnige und faserige Aggregate, auch kreidige Massen (*Staßfurtit*); **Kf** Hexaeder, Tetraeder; Dodekaeder, Zwillingsverwachsungen; **Ch** MgO 29,8%, Cl 8,1%, $B_2O_3$ 62,1%, Beimengungen von Ca, Fe

**Genese**: sedimentär an Evaporitlagerstätten (Salzlagerstätten), metamorph in metamorphosierten Evaporiten; **Paragenese**: Halit, Gips, Carnallit, Anhydrit; **Ähnliche Minerale**: Anhydrit; **Unterscheidung**: Härte; **Vorkommen**: Bekannt von der Lokalität Choctaw, Louisiana (USA), bis 2 cm große, schöne grüne Kristalle kommen in Alto Chapare, Cochabamba (Bolivien) vor, häufig auch am Indersee (Kasachstan), bis 3 mm große, blaue, pseudotetraedrische Kristalle wurden in der Grube Boulby, Cleveland (Großbritannien) gefunden, andere Vorkommen in La Morte (Frankreich). Grüne, bis 5 mm große Kristalle gibt es an den Salzlagerstätten in Berburg bei Staßfurt, Leopoldshall, Westeregeln, Hannover oder an der Anhydrit- und Gipslagerstätte bei Kahlberg (Deutschland). **Verwendung**: Bor-Gewinnung.

Boracit, 60 mm, Loftus, New York, USA

## 103 Anglesit

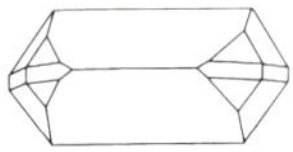

Benennung nach der Typenlokalität auf der Insel Anglesey in Wales
Monnet, 1779
$PbSO_4$ rhombisch

**Genese**: sekundär, entstanden durch die Oxidation von Galenit, hydrothermal; **Paragenese**: Galenit, Cerussit; Limonit; **Ähnliche Minerale**: Phosgenit, Cerussit, Scheelit; **Unterscheidung**: Dichte, mit Röntgen; **Vorkommen**: Durchsichtige und gelbe Kristalle in Broken Hill, Neusüdwales (Australien), prismatische, bis 8 cm große Kristalle gibt es in Bunker Hill, Idaho, bis 12 cm große Kristalle sind aus Phoenixville, Pennsylvania (USA) bekannt. Zu den schönsten gehören die klaren und gelben, bis 10 cm großen Kristalle, die vom Fundort Touissit (Marokko) stammen, bis 4 cm groß waren Kristalle in Tsumeb (Namibia). Erstmals wurde Anglesit von der Insel Anglesey*, Wales (Großbritannien) beschrieben. Schöne, bis 4 cm große Kristalle stammen aus Mežica (Slowenien), bis 2 cm große aus Monteponi, Sardinien (Italien). Weitere Vorkommen in Nertschinsk und Beresowsk (Russland), Laurion (Griechenland), Linares (Spanien) und Leadhills, Schottland (Großbritannien). Häufig kam Anglesit auch im Siegerland, in Siegen, Wissen oder in der Grube Viktoria bei Littfeld vor, wo bis 5 cm große Kristalle gefunden wurden, bis 6 cm große Kristalle gibt es im Schapbachtal (Deutschland). **Verwendung**: Blei-Erz.

**H** 3 (spröde), **St** weiß; **D** 6,3; **F** farblos, weiß, gelblich; grau; **T** durchsichtig, durchscheinend; **G** diamantartig, seidig, manchmal fast metallisch; **Sp** gut nach (001) und (110); **B** muschelig; **LBl** $N_{p,m,g}$ = 1,887, 1,883, 1,894; **Db** 0,017; **Di** stark; **A** Kristalle, körnig, Tropfsteine, Pseudomorphosen, nur vereinzelt Aggregate; **Kf** prismatisch, Tafeln, Dipyramiden, **Ch** PbO 73,6%, $SO_3$ 26,4%; **Lu** manchmal gelblich

Anglesit, 40 mm, Touissit, Marokko

Anglesit, x 15 mm, Nacozari, Mexiko

L

# 104 Anhydrit

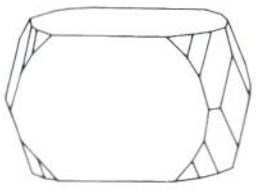

Benennung nach dem griechischen *anhydros* – wasserfrei (im Gegensatz zum Gips, der Wasser enthält)
Poda, 1794
$CaSO_4$ rhombisch

**H** 3,5 (spröde); **St** weiß; **D** 2,9-3,0; **F** weiß, bläulich, grau, braun, rot, violett; **T** durchsichtig, durchscheinend bis undurchsichtig; **G** glasig bis perlmutterartig; **Sp** hervorragend nach (010), gut nach (100) und (001); **B** splitterig bis uneben; **LBl** $N_{p,m,g}$ = 1,570, 1,576, 1,612; **Db** 0,044; **Di** stark; **A** Kristalle, körnige, faserige, kugelige Aggregate, Pseudomorphosen; **Kf** Tafeln, prismatisch und hexaederähnlich, Zwillingsverwachsungen; **Ch** CaO 41,2%, $SO_3$ 58,8%; **Lu** hellgelb

**Genese**: sedimentär, entstanden durch die Verdunstung von Meerwasser, vereinzelt postvulkanisch, hydrothermal, magmatisch; **Paragenese**: Gips, Halit, Calcit; **Ähnliche Minerale**: Gips, Kryolith, Baryt; **Unterscheidung**: Härte, Dichte, chemisch, mit Röntgen; **Vorkommen**: Bläuliche, bis 20 cm große Kristalle gibt es in Naica, Chihuahua (Mexiko), sehr schöne violette, bis 2 cm große Kristalle wurden beim Tunnelbau bei Simplon und St. Gotthard (Schweiz) in den metamorphen Sedimenten gefunden, andere Vorkommen bei Bad Ischl und Hall* (Österreich). Körniges Anhydrit, so genannter *Vulpinit*, wird als Marmor in Vulpino bei Bergamo, Lombardei (Italien) gefördert und verwendet. In der Umgebung von Wielczka (Polen) sind faltige Lagen von Anhydrit und bläulichem Ton, so genannter *Darmstein*, bekannt. Andere Vorkommen auch bei Novoveská Huta (Slowakei). Anhydritlagen, die stellenweise kleinere Kristalle aufweisen, gibt es in Staßfurt, Wathlingen, Lüneburg (Deutschland); **Verwendung**: Bauwesen, als Edelstein. **Behandlung**: mit Alkohol reinigen.

Anhydrit, 74 mm, Simplontunnel, Schweiz

Anhydrit, 80 mm, Chihuahua, Mexiko

L

# 105 Coelestin

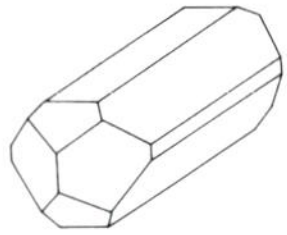

Benennung nach dem lateinischen *coelestis* – himmlisch
Schultz, 1797
$SrSO_4$ rhombisch

**H** 3-3,5 (spröde); **St** weiß; **D** 3,9-4,0; **F** farblos, weiß, blau, gelb, rot; **T** durchsichtig, durchscheinend; **G** glasig, perlmutterartig; **Sp** vollkommen nach (001), gut nach (210); **B** uneben; **LBl** $N_{p,m,g}$ = 1,622, 1,624, 1,631; **Db** 0,009; **Di** durchschnittlich; **Pl** schwach; **A** Kristalle, körnige, faserige, kompakte und drusige Aggregate, manchmal mit Sandeinschlüssen; **Kf** Tafeln, prismatisch; **Ch** SrO 56,4%, $SO_3$ 43,6%, Beimengungen von Ba, Ca; **Lu** grünlich, hellblau

**Genese**: Sedimentär, selten hydrothermal; **Paragenese**: Schwefel, Calcit, Aragonit; **Ähnliche Minerale**: Gips, Calcit, Baryt; **Unterscheidung**: Härte, Dichte, chemisch; **Vorkommen**: Schöne, bis 40 cm große Coelestinkristalle wurden in den Hohlräumen der Dolomite von Putin-Bay, Ohio, oder in Clay Center, Michigan (USA) gefunden. Sternförmige Kristallaggregate, so genannten *Chrysanthemenstein*, gibt es in Lioujang, Hu-nan (China). Prächtige blaue, bis 10 cm große Kristalle befinden sich in den Hohlräumen von Konkretionen, die aus der Grube Sakoany (Madagaskar) stammen, bis 15 cm große Kristalle kommen in den Mergeln in Libyen und Tunesien vor. Prismatische Kristalle bis zu 10 cm Größe sind von der Schwefellagerstätte Tarnobrzeg (Polen) bekannt, ähnliche auch von Caltanissetta (Italien). Schöne, bis 5 cm große, tafelige Kristalle wurden in Yate bei Bristol (Großbritannien) gefunden. Coelestin ist auch aus Špania Dolina (Slowakei) bekannt, des Weiteren aus Waldeck, Staßfurt, Bernburg, Rüdersdorf und aus der Umgebung von Würzburg (Deutschland), wo es in den Klüften von Kalksteinen und Dolomiten vorkommt. **Verwendung**: Strontium-Gewinnung.

L

Coelestin, x 33 mm, Sakoany, Madagaskar

Coelestin, so genannter Chrysanthemenstein, 40 mm, Hu-nan, China

# 106 Baryt
## Schwerspat

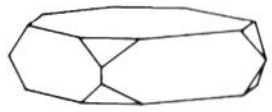

Benennung nach dem griechischen *barys* – schwer
Licetus, 1640
$BaSO_4$ rhombisch

**H** 3-3,5 (spröde); **St** weiß; **D** 4,5; **F** farblos, weiß, grau, gelb, blau, rot, braun; **T** durchsichtig, durchscheinend; **G** glasig, perlmutterartig; **Sp** vollkommen nach (001), gut nach (210); **B** muschelig, splitterig; **LBl** $N_{p,m,g}$ = 1,636, 1,637, 1,648; **Db** 0,012; **Di** schwach; **Pl** schwach; **A** Kristalle, körnige, massive, erdige Aggregate, auch Tropfsteine, Überkrustungen, Pseudomorphosen, strahlige Aggregate, Knollen, Konkretionen; **Kf** Tafeln, selten prismatisch (*Wolnyn*); **Ch** BaO 65,7%, $SO_3$ 34,3%, Beimengungen von Sr (*Strontiobaryt*), Ca (*Calciobaryt*), Pb (*Hokutolith*); **Lu** weiß, grünlich, gelbgrün, blaugrün

**Genese**: hydrothermal, sedimentär, sekundär; **Paragenese**: Calcit, Fluorit, Quarz, einige Erzminerale; **Ähnliche Minerale**: Calcit, Aragonit, Coelestin; **Unterscheidung**: Härte, Dichte, chemisch, mit Röntgen; **Vorkommen**: Schöne Drusen prismatischer Kristalle lieferte die Lokalität Elk Creek, Süd-Dakota, so genannte *Wüstenrosen* treten in der Umgebung von Norman, Oklahoma (USA) auf. Zu den schönsten gehören Kristalle, die in Großbritannien vorkommen: an der Fundstätte in Alston Moor gibt es bis 20 cm große Exemplare, blaue Kristalle in Frizington, Cumberland. Gelbe und blaue, bis 10 cm große Kristalle treten häufig in Cavnic (Rumänien) auf. Hervorragende, bis 5 cm große Kristalle wurden in Příbram (Tschechien) gefunden. Aus Krásnohorské Podhradie stammen prismatische, rötliche und gelbliche Wolnynkristalle, bis 10 cm große, honiggelbe Kristalle gibt es in Banská Štiavnica (Slowakei), desgleichen sind 8 cm große Kristalle aus Pöhla (Deutschland) bekannt. **Verwendung**: Barium-Erz, Bohrtechnik, Chemie- und Gummiindustrie.

Wüstenrose, 40 mm, Norman Co., USA

Baryt, xx 12 mm, Baia Sprie, Rumänien

Baryt, 111 mm, Großbritannien

L

# 107 Linarit

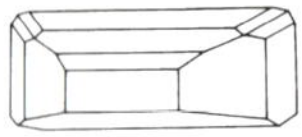

Benennung nach der Typenlokalität Linares in Spanien
Sowerby, 1809
$PbCu(SO_4)(OH)_2$ monoklin

**H** 2,5; **St** hellblau; **D** 5,3-5,5; **F** azurblau; **T** durchscheinend; **G** glasig, diamantartig; **Sp** gut nach (100); **B** muschelig; **LBl** $N_{p,m,g}$ = 1,809, 1,838, 1,859; **Db** 0,050; **Di** stark; **Pl** hellblau, azurblau; **A** Kristalle, körnige und rindige Aggregate; **Kf** prismatisch (gefurcht), Tafeln; **Ch** CuO 19,85%, PbO 55,68%, $SO_3$ 19,97%, $H_2O$ 4,5%

**Genese**: sekundär, entstand bei der Oxidation von Kupfer- und Blei-Sulfiden bei niedrigem pH-Wert, vor allem in ariden Gebieten; **Paragenese**: Aurichalcit, Cerussit, Antlerit; **Ähnliche Minerale**: Azurit, Lasurit; **Unterscheidung**: Härte, Dichte; **Vorkommen**: Große Kristalle, oft Zwillinge, gibt es in Broken Hill, Neusüdwales (Australien), bis 3 cm große Kristalle sind aus der Grube Grand Reef, Graham Co., bis 8 cm große aus der Grube Mammoth, Tiger, Arizona (USA) bekannt. Andere Fundstellen sind Sierra de Capillitas (Argentinien), Tsumeb (Namibia). Erstbeschreibung aus Linares* (Spanien). Bis 2,5 cm große Kristalle wurden in Red Hill, bis 3 cm große in Keswick, Cumberland (Großbritannien), bis 2 mm große schließlich an der Lokalität Barrati (Italien) gefunden, schöne Kristalle gibt es auch in Nertschinsk, Transbaikalien und Beresowsk, Ural (Russland). In Tschechien kommt das Mineral im Gossan im Modrá štola in Zlaté Hory vor. Säulige Kristalle gibt es an den Lokalitäten Lölling und Hüttenberg, Kärnten (Österreich), im Wildschapbachtal (Deutschland) wurden bis zu 1,5 cm große Kristalle gefunden. **Verwendung**: Blei-Erz.

Linarit, 28 mm, Grand Reef Mine, Graham Co., Arizona, USA

# 108 Jarosit

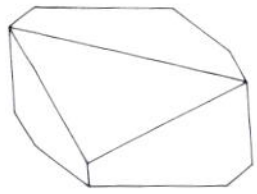

Benennung nach der Typenlokalität Barranco Jaroso in Spanien
Breithaupt, 1852
$KFe_3^{3+}(SO_4)_2(OH)_6$ trigonal

**Genese**: sekundär, durch die Verwitterung von Eisen-Sulfiden entstanden; **Paragenese**: Alunit, Limonit, Hämatit, Natrojarosit; **Ähnliche Minerale**: Copiapit, Limonit; **Unterscheidung**: chemisch, mit Röntgen; **Vorkommen**: Bis 1 cm große Kristalle stammen vom Fundort Tombstone, Arizona, goldbraune, dick tafelförmige Kristalle treten im Revier Mackay, Custer Co., Idaho auf, schöne Kristalle auch im Revier Pioche, Lincoln Co., Nevada (USA), eine Jarositlagerstätte befindet sich bei Fort Norman (Kanada). Prächtige, bis 2 cm große Kristalle sind aus dem Staat Chihuahua (Mexiko) bekannt, bis 0,5 cm große Kristalle treten zusammen mit Pseudomorphosen von Jarosit nach Alunit in Chuquicamata, Alcaparrosa (Chile) auf. Andere Vorkommen an der Lokalität Barranco Jaroso*, Sierra Almagrena (Spanien), in Beresowsk, Ural (Russland), Laurion (Griechenland), St. Felix de Pallières (Frankreich). Schöne tafelige Kristalle sind aus Horní Slavkov (Tschechien) bekannt. Jarosit gibt es auch in Schwarzenberg (Deutschland).

**H** 3-4 (spröde); **St** gelb; **D** 3,1-3,3; **F** gelb, braun, braunschwarz, ockergelb, grau; **T** durchsichtig; **G** stark glasig, matt; **Sp** unvollkommen nach der Basis; **B** muschelig bis uneben; **LBl** $N_{e,o}$ = 1,715, 1,820; **Db** 0,105; **A** Kristalle, körnige, faserige, schuppige und erdige Massen, Krusten, staubige Überzüge; **Kf** Tafeln, Rhomboeder; **Ch** $K_2O$ 9,41%, $Fe_2O_3$ 47,83%, $SO_3$ 31,97%, $H_2O$ 10,79%, Beimengungen von Na, Ag, Pb; **AM** fühlt sich fettig an

Jarosit, 13 mm, Kanmantoo, Südafrikanische Republik

# 109 Hanksit

Benennung nach dem amerikanischen Mineralogen H. G. Hanks (1826-1907)
Hidden, 1885
$Na_{22}K(SO_4)_9(CO_3)_2Cl$

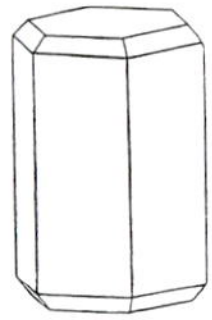
hexagonal

**H** 3,5 (spröde); **St** weiß; **D** 2,6; **F** farblos, gelblich, grau getönt; **T** durchsichtig bis durchscheinend; **G** glasig, matt; **Sp** vollkommen nach (0001); **B** uneben; **LBI** $N_{o,e}$ = 1,481, 1,461; **Db** 0,020; **A** Kristalle, faserige und krustige Aggregate, auch körnig oder massiv; **Kf** prismatisch, Tafeln; **Ch** $Na_2O$ 43,57%, $K_2O$ 2,50%, $CO_2$ 5,62%, $SO_3$ 46,04%, Cl 2,36%; **Lu** manchmal gelb; **AM** wasserlöslich

**Genese**: sekundär in den Sedimenten von Salzseen; **Paragenese**: Halit, Borax; **Ähnliche Minerale**: Chalkanthit; **Unterscheidung**: chemisch, mit Röntgen; **Vorkommen**: Bis 20 cm große Kristalle wurden im Searles Lake, San Benito Co. gefunden, kommt oft auch an den Boraxlagerstätten im Death Valley vor, Kristalle mit Borax im Mono Lake, Mono Co., außerdem im Soda Lake, San Luis Obispo Co., Kalifornien (USA). **Behandlung**: Achtung, ist wasserlöslich, mit Alkohol reinigen!

Hanksit, 88 mm, Searles Lake, Trona, Kalifornien, USA

# 110 Chalkanthit
## Kupfervitriol

Benennung nach dem griechischen *chalkos* – Kupfer und *anthos* – Blüte
Dioskorides, 50 n. Chr.
$CuSO_4 \cdot H_2O$ monoklin

**H** 2,5; **St** weiß; **D** 2,2-2,3; **F** satt blau; **T** durchsichtig; **G** glasig; **Sp** unvollkommen nach (110); **B** muschelig; **LBI** $N_{p,m,g}$ = 1,510, 1,537, 1,539; **Db** 0,038; **A** Kristalle, Rinden, Sinterkrusten, Tropfsteine, quer gefaserte Adern; **Kf** grobtafelig, kurzprismatisch; **Ch** CuO 31,87%, $SO_3$ 32,06%, $H_2O$ 36,07%, Beimengungen von Fe (*Siderotil*), Mn, Mg, Co; **AM** wasserlöslich, widerlicher Geschmack

**Genese**: sekundär, entsteht bei der Oxidation von Kupfer-Sulfiden, ist nur in trockenem Milieu beständig; **Paragenese**: Melanterit, Epsomit, Pickeringit; **Ähnliche Minerale**: Lirokonit, Kröhnkit; **Unterscheidung**: chemisch, mit Röntgen; **Vorkommen**: Bis 4 cm große Kristalle und bis 1 m große Tropfsteingebilde gibt es in Bisbee, Arizona, Massen und perfekte Kristalle treten in Ducktown, Polk Co., Antofagasta auf oder in Quetena bei Calama und Copiapó, Atacama (Chile). Schöne Kristalle und Tropfsteine gibt es auch an den Lokalitäten Rio Tinto (Spanien), Laurion (Griechenland) und in den alten Kupfergruben auf Zypern sowie in Chessy, Loire (Frankreich). Erstbeschreibung aus der Grube Ting-Tang*, Gwennap, Cornwall (Großbritannien). Chalkanthit kommt auch in Récsk (Ungarn), Špania Dolina (Slowakei) und Zlaté Hory (Tschechien) vor und wird vom Rammelsberg und Marsberg (Deutschland) beschrieben. **Verwendung**: manchmal Kupfer-Erz; **Behandlung**: Achtung, ist wasserlöslich und giftig, zerfällt an der Luft zu Pulver, muss in geschlossenen Behältern oder Plastikhüllen aufbewahrt werden!

Chalkanthit, 60 mm, Banská Štiavnica, Slowakei

Chalkanthit, 76 mm, Norwegen

## 111 Melanterit
### Eisenvitriol

Benennung nach dem griechischen *melanteria* – schwarz
Dioskorides, 50 n.Chr.
$FeSO_4 \cdot 7H_2O$

monoklin

**H** 2; **St** weiß; **D** 1,9; **F** grün, gelbgrün, selten bis braunschwarz, an der Oberfläche oft schwarz; **T** durchsichtig bis durchscheinend; **G** glasig; **Sp** vollkommen nach (001); **B** muschelig; **LBl** $N_{p,m,g}$ = 1,642, 1,465, 1,474; **A** selten Kristalle, nierige, sinterige, krustige und körnige Aggregate (an der Oberfläche oft schwarz), Tropfsteine; **Kf** kurzprismatisch, tafelig, pseudorhomboedrisch; **Ch** FeO 25,9%; $SO_3$ 28,8%, $H_2O$ 45,3%, Beimengungen von Cu (*Pisanit*), Mg (*Kirovit*, *Jaroschit*), Zn (*Sommairit*), Mn (*Luckyit*) **AM** wasserlöslich, schmeckt nach Tinte

**Genese**: sekundär, ist durch die Oxidation von Eisen-Sulfiden entstanden; **Paragenese**: Alunogen, Halotrichit, Pyrrhotin, Pyrit; **Ähnliche Minerale**: Goslarit; **Unterscheidung**: chemisch, mit Röntgen; **Vorkommen**: Ist instabil und kommt nur sehr selten in Kristallform vor. Bis zu 2 cm große Kristalle gibt es in Bisbee, Arizona, oder in der Grube Boyd, Tennessee (USA). Ist bekannt von der Fundstätte Rio Tinto (Spanien), an der Lokalität Lahcz bei Récsk (Ungarn) treten Tropfsteine und Sinterkrusten auf. Weitere Lokalitäten sind Laurion (Griechenland), Kalata (Russland), Falun (Schweden), Idria (Slowenien). Häufiges Vorkommen in Banská Štiavnica, in Smolník (Slowakei), Příbram und in Form von 50 cm großen Tropfsteinen in Chvaletice (Tschechien), weitere Funde am Rammelsberg und bei Bodenmais (Deutschland). **Behandlung**: Achtung, ist wasserlöslich, zerfällt an der Luft zu Pulver, muss in geschlossenen Behältern oder Plastikhüllen aufbewahrt werden!

Melanterit, 45 mm, Banská Štiavnica, Slowakei

# 112 Gips

monoklin

Benennung nach dem griechischen *gypsos* – Gips Theophrastos, 315 v.Chr.

$CaSO_4 \cdot 2H_2O$

**H** 1,5-2; **St** weiß; **D** 2,30-2,33; **F** farblos, weiß, grau, blau, gelb, braun, schwach rosa; **BM** Selenit weist manchmal Katzenaugeneffekt auf; **T** durchsichtig, durchscheinend; **G** glasig, perlmutterartig; **B** uneben; **Sp** nach (010) vollkommen; **AM** biegsam; **LBl** $N_{p,m,g}$ = 1,521, 1,523, 1,531; **Db** 0,010; **Di** 0,033; **A** tafelige Kristalle (größere durchsichtige Tafeln werden *Marienglas* genannt), faserige Aggregate (*Selenit*), Rosetten, braun und blassrosa mit Sandeinschlüssen (*Wüstenrosen*), Konkretionen, feinkristallin bis kompakt (*Alabaster*); **Kf** es sind über 70 Formen bekannt, am häufigsten Tafeln, Prismen-, Lineal, Nadel- und Linsenformen, oft Zwillingsverwachsungen (*Schwalbenschwänze, Pariser Zwillinge*); **Ch** CaO 32,57%, $SO_3$ 46,50%, $H_2O$ 20,93%, oft Verunreinigungen durch Feldspat und Lehmstoffe; **Lu** manchmal braun, gelb, grün

315

L

**Genese**: sedimentär, hypergen, hydrothermal; **Paragenese**: Anhydrit, Coelestin, Schwefel, Halit, Aragonit; **Ähnliche Minerale**: Anhydrit, Coelestin, Calcit; **Unterscheidung**: Härte, Spaltbarkeit, schäumt nicht in HCl; **Vorkommen**: Die größten, bis 2,5 m großen Gipskristalle stammen aus Naica, Chihuahua, bis 2 m große Kristalle wurden in Santa Eulalia (Mexiko) gefunden. In Tunesien und Algerien kommen Wüstenrosen vor. Schöne, oft mehrere Dezimeter große Kristalle stammen aus Bex (Schweiz). Weitere Fundorte: Saragossa (Spanien), Cavnic (Rumänien), Carrara (Italien), Tarnobrzeg (Polen), Wiesloch, Förste, Eisleben (Deutschland). **Verwendung**: Bauindustrie, chemische Industrie, Medizin, Alabaster als Schmuckstein; **Behandlung**: wärmeempfindlich.

Gips, 50 mm, Baia Sprie, Rumänien

Gips, 55 mm, Manitoba, Kanada

# 113 Langit

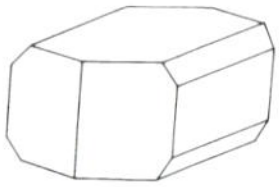

Benennung nach dem
Wiener Physiker
V. von Lang (1838-1921)
Maskelyne, 1864
$Cu(SO_4)(OH)_6 \cdot 2H_2O$ rhombisch

**H** 2,5-3; **St** blaugrün; **D** 3,5; **F** blaugrün bis blau; **T** durchscheinend; **G** glasig bis seidig; **Sp** vollkommen nach (001), gut nach (010); **LBl** $N_{p,m,g}$ = 1,641, 1,690, 1,705; **Db** 0,064; **A** Kristalle, krustige, erdige, und faserige Aggregate; **Kf** isometrisch oder gestreckt nach (100), Zwillingsverwachsungen; **Ch** CuO 67,66%, $SO_3$ 15,32%, $H_2O$ 17,02%

**Genese**: Sekundär, entstanden durch die Oxidation von Kupfer-Erzen; **Paragenese**: Gips, Chalkopyrit; **Ähnliche Minerale**: Posnjakit; **Unterscheidung**: chemisch, mit Röntgen; **Vorkommen**: häufig, oft in Form schöner Kristalle in Ely, White Pine Co., Nevada (USA), in El Cobre und Andacolla (Chile), Tsumeb (Namibia). Bekannt sind die Kristalle aus St. Just* und St. Blazey, Cornwall (Großbritannien). Schöne Exemplare gibt es auch in Špania Dolina, bis 6 mm große Kristalle wurden in Ľubietová bei Rychtárov gefunden, Langit bildet auch Überzüge an der Auszimmerung von Stollen (Slowakei). Andere Lokalitäten sind Eschbach, Klausen (Italien), Mollau (Frankreich), Allihies, County Cork (Irland) und Hagendorf (Deutschland).

Langit, 49 mm, Allihies Co., Cork, Irland

# 114 Scheelit

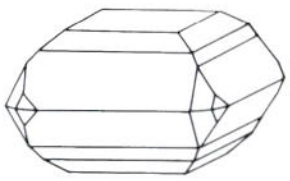

Benennung nach dem schwedischen Chemiker K. W. Scheel (1742-1786) von Leonhard, 1821

$CaWO_4$ tetragonal

**H** 4,5-5 (spröde); **St** weiß; **D** 5,9-6,1; **F** farblos, weiß, gelb, braun, grünlich, rötlich, grauweiß; **T** durchsichtig, durchscheinend; **G** diamantartig, fettig; **Sp** gut nach (101); **B** muschelig, uneben; **LBl** $N_{o,e}$ = 1,930, 1,947; **Db** 0,017; **A** Kristalle, körnige und massive Aggregate, Krusten, Imprägnationen, Pseudomorphosen; **Kf** dipyramidal, pyramidal, Tafeln; **Ch** CaO 19,47%, $WO_3$ 80,53%; **Lu** stark, blauweiß

**Genese**: pegmatit-pneumatolytisch, hydrothermal, in Greisen, kontaktmetamorph; **Paragenese**: Wolframit, Fluorit, Molybdänit, Quarz; **Ähnliche Minerale**: Cerussit, Baryt, Quarz, Anglesit; **Unterscheidung**: Härte, Dichte, mit Röntgen; **Vorkommen**: Sehr schöne braune, bis 16 cm große Kristalle stammen aus den Gruben Taewha und Tongwha (Korea), ähnliche, bis 10 cm große Kristalle fand man in der Provinz Sichuan (China). Orangerote, bis 5 cm große Kristallaggregate gibt es in Skard (Pakistan). Außergewöhnlich große, bis 50 kg schwere, klare Kristalle wurden in den Pegmatiten bei Natas (Namibia) entdeckt. Rote, bis 2 cm große Kristalle stammen aus Morro Velho, Minas Gerais (Brasilien). Ästhetisch schöne, bis 4,5 cm große Kristalle kommen zusammen mit Kassiterit und Quarz in Tenkergin, Tschukotka (Russland) vor. Bis 1,5 cm große Kristalle wurden in Schwaigwald (Deutschland) gefunden. **Verwendung**: Wolfram-Erz.

Scheelit auf Muskovit, x 35 mm, Sichuan, China

Scheelit, xx 15 mm, Santa Cruz, Sonora, Mexiko

# 115 Krokoit

Benennung nach dem griechischen *krokos* – Safran
Lomonosow, 1763
$PbCrO_4$

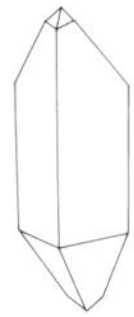
monoklin

**H** 2,5-3; **St** orangegelb; **D** 6,0; **F** orangerot, dunkelorange; **T** durchscheinend bis durchsichtig; **G** diamantartig bis fettig; **Sp** gut nach (110); **B** muschelig bis uneben; **LBl** $N_m$ = 2,360; **Db** 0,350; **Di** stark; **A** Kristalle, massiv, körnig; **Kf** prismatisch, selten rhomboedrisch; **Ch** PbO 69,06%, $CrO_3$ 30,94%; **Lu** dunkelbraun

**Genese**: sekundär, in basischen Gesteinen Oxidationsprodukt des Galenits, reich an Chrom; **Paragenese**: Galenit, Limonit, Quarz; **Ähnliche Minerale**: Realgar, Cinnabarit; **Unterscheidung**: Härte, Dichte, Kristallformen; **Vorkommen**: Die schönsten und größten, bis 10 cm großen, orangeroten Kristalle stammen aus der Grube Adelaide im Revier Dundas, Tasmanien (Australien). Hübsche Kristalle gibt es auch in Congonhas da Campo, Minas Gerais (Brasilien). Andere Vorkommen in den Eisenhüten der Bleilager der Grube El Dorado bei Indio, Kalifornien (USA) und auf der Insel Luzon (Philippinen). Entdeckt wurde Krokoit in den goldführenden Adern in Beresowsk*, Ural (Russland), von wo bis 4 cm große Kristalle stammen, hier wurde es auch erstmals beschrieben. In jüngerer Zeit wurden orangefarbene, bis 2 cm große Kristalle in Callenberg (Deutschland) gefunden. **Verwendung**: Blei-, Chrom-Erz.

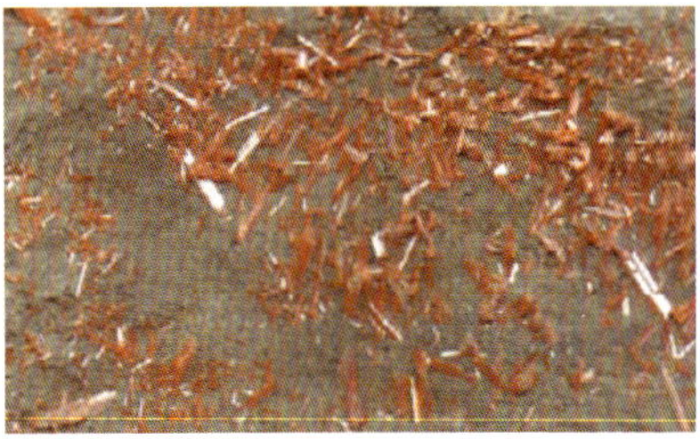

Krokoit, 70 mm, Beresowsk, Russland

Krokoit, 75 mm, Dundas, Tasmanien, Australien

L

# 116 Wulfenit

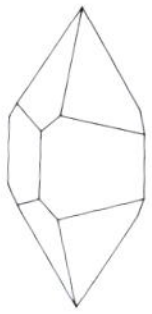

Benennung nach
dem österreichischen
Mineralogen F. X. Wülfen
(1728-1805)
Haidinger, 1845
$PbMoO_4$ tetragonal

**H** 3 (spröde); **St** weiß, hellgrau; **D** 6,7-7,9; **F** honiggelb, orange, honigfarben, rötlich, bräunlich; **T** durchsichtig, durchscheinend bis undurchsichtig; **G** diamantartig, fettig; **Sp** gut nach (111), unvollkommen nach (101); **B** muschelig, uneben; **LBl** $N_{o,e}$ = 2,470, 2,260; **Db** 0,210; **A** Kristalle, erdige und körnige Aggregate, Überzüge, Krusten, Pseudomorphosen; **Kf** Tafeln, Verwachsungen; **Ch** PbO 61,4%, $MoO_3$ 38,6%

**Genese**: sekundär, ist durch die Oxidation von Galenit in ariden Gebieten entstanden; **Paragenese**: Galenit, Cerussit, Vanadinit, Calcit, Dolomit, Smithsonit; **Ähnliche Minerale**: Baryt, Stolzit; **Unterscheidung**: Dichte, Löslichkeit in Säuren; **Vorkommen**: Wunderschöne durchsichtige, orangerote, bis 5 cm große Kristalle stammen aus den Gruben Red Cloud und Hamburg, La Paz Co., gelbbraune, bis 10 cm große Kristalle aus der Grube Glove, Arizona (USA). Schön sind auch die orangefarbenen, dicktafeligen Kristalle aus der Grube Eruption, Los Lamentos, Chihuahua, oder die bis 6 cm großen, gelben Kristalle aus Magdalena, Sonora (Mexiko). Wulfenit kommt häufig vor in Touissit, wo bis 10 cm große Kristalle auftreten, orangefarbene, durchsichtige Tafeln gibt es in Mibladen (Marokko), bis 5 cm große Kristalle in Tsumeb (Namibia), rote Kristalle in Mindouli (Kongo). Schöne Wulfenitkristalle sind auch aus Bleiberg* (Österreich) und aus Mežica (Slowenien) bekannt. Weitere Vorkommen in Weiler bei Lahr, in Badenweiler, Imsbach, Mausbach, Junge Kalbe bei Schneeberg, Zinnwald und Schwarzenberg (Deutschland). **Verwendung**: Blei- und Molybdän-Erz; **Behandlung**: Achtung, ist säurelöslich!

Wulfenit, x 7 mm, Beaver Co., Utah, USA

## 117 Purpurit

Benennung nach dem
lateinischen *purpureus* – purpurrot
Graton und Schaller, 1907
$(Mn^{3+})(PO_4)$ rhombisch

**Genese**: sekundär, durch das Einrücken von Lithiophylit in Pegmatiten; **Paragenese**: Sicklerit, Triphylin; **Ähnliche Minerale**: Heterosit; **Unterscheidung**: Farbe, chemisch; **Vorkommen**: Bildet in Kitumba (Ruanda) zusammen mit Heterosit große purpurfarbene Massen, schöne, große Spaltstücke von Edelsteinqualität gibt es an den Lokalitäten Usakos bei Kleinspitzkopje und in Sandamab (Namibia) sowie in Wodgina, Westaustralien (Australien). Bekannt ist auch eine ganze Reihe von Fundorten auf dem amerikanischen Kontinent, wie zum Beispiel Tip Top und Bull Moose, Custer Co., Süd-Dakota, Branchville, Connecticut, Pala, Kalifornien, die Grube Palermo, New Hampshire, die Grube Faires*, Kings Mountain, Cleveland Co., Nord-Carolina (USA). Bis mehrere Zentimeter große Aggregate gibt es in Chanteloube, Haute-Vienne (Frankreich). **Behandlung**: dunkle Überzüge mit Säuren (mit Ausnahme von HCl) beseitigen.

**H** 4-4,5; **St** rot; **D** 3,4; **F** rosa, purpurrot, dunkelrot, dunkelviolett, dunkelbraun; **T** durchscheinend, undurchsichtig bis opak; **G** matt; **Sp** vollkommen nach (100) und (001); **B** uneben; **LBl** $N_{p,m,g}$ = 1,850, 1,860, 1,920; **Db** 0,070; **Pl** stark, dunkel braungrau, braunrot, purpurrot; **A** körnige und massive Aggregate; **Kf** sind nicht bekannt; **Ch** $Mn_2O_3$ 52,66%, $P_2O_5$ 47,34%, Beimengungen von Fe – Endglied der isomorphen Reihe ist Heterosit, $(Fe^{3+})(PO_4)$

Purpurit, 60 mm, Usakos, Namibia

Purpurit, 80 mm, Usakos, Namibia

# 118 Amblygonit

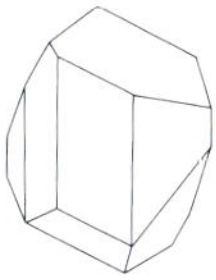

Benennung nach dem griechischen *amblys* – stumpf und *gónios* – Winkel
Breithaupt, 1817
$(Li,Na)Al(PO_4)(F,OH)$ triklin

**H** 5,5-6 (spröde); **St** weiß; **D** 2,98-3,11; **F** farblos, weiß, gelb, grau, blau, grün, hellviolett, rosafarben; **T** durchsichtig, durchscheinend; **G** glasig, fettig; **Sp** nach (100) vollkommen, nach (110) gut; **B** uneben, halbmuschelig; **LBl** $N_{p,m,g}$ = 1,593, 1,607, 1,614; **Db** 0,021; **A** selten Kristalle, körnige Spaltstücke; **Kf** kurzprismatisch, Verwachsungen; **Ch** unbeständige Verbindung, verändert sich im Verhältnis von Li und Na sowie von F und OH; **Lu** teils orange, bläulich

**Genese**: Pegmatite, Metasomatite; **Paragenese**: Apatit, Pollucit, Spodumen, Turmalin, Quarz; **Ähnliche Minerale**: Albit, Brasilianit, Citrin, Heliodor, Skapolith; **Unterscheidung**: Härte, Dichte, optisch; **Vorkommen**: Wurde in Caloola Creek bei Broken Hill, Neusüdwales (Australien) gefördert. Große (bis 200 t schwere) Amblygonite werden aus den Gruben Beecher, Custer und Hugo, Keystone, Süd-Dakota beschrieben, bis 11 cm große, durchsichtige Kristalle sind aus Newry, Oxford Co., Maine (USA) bekannt. Bis 15 cm große, gelbliche Kristalle kommen in Mogi das Cruzes, Sao Paulo (Brasilien) vor. Amblygonite gibt es auch in Birma und Kasachstan, violette Formen in Namibia, dunkelbraune in Kenia. In Europa werden Vorkommen aus Viitaniemi (Finnland), Utö (Schweden), Montebras*, Creuse (Frankreich), San Piero in Campo, Elba (Italien), Cáceres (Spanien) und Geyer, Sachsen (Deutschland) verzeichnet. **Verwendung**: Lithium-Erz.

Amblygonit, 60 mm, Linopolis, Brasilien

# 119 Libethenit

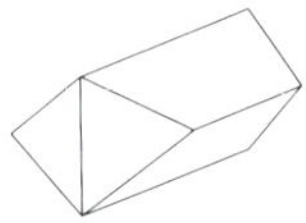

Benennung nach der Typenlokalität Ľubietová (Libethen) in der Slowakei
Breithaupt, 1823
$Cu_2(PO_4)(OH)$ rhombisch

**H** 4 (spröde); **St** hellgrün; **D** 3,9-4,0; **F** dunkelgrün, grünschwarz; **T** durchscheinend bis undurchsichtig; **G** fettig, glasig; **Sp** unvollständig; **B** uneben, muschelig; **LBI** $N_{p,m,g}$ = 1,703, 1,746, 1,789; **Db** 0,086; **Di** stark; **Pl** hell gelbgrün, grün bis gelbgrün, gelb bis gelbgrün; **A** Kristalle, nierige, körnige Aggregate; **Kf** Dipyramiden, kurzprismatisch; **Ch** CuO 66,54%, $P_2O_5$ 29,69%, $H_2O$ 3,77%

**Genese**: sekundär; **Paragenese**: Cuprit, Malachit, Brochantit, Limonit, Pseudomalachit; **Ähnliche Minerale**: Atacamit, Olivenit, Malachit; **Unterscheidung**: Härte, chemisch, mit Röntgen; **Vorkommen**: In Hisanitchi (Japan), in kristalliner Form kommt es in Yerington, Lyon Co., Nevada vor, des Weiteren im Revier von Morenci, Greenlee, Arizona (USA). Zusammen mit Brochantit und Malachit tritt es in Chuquicamata und Coquimbo (Chile) auf. Schöne, bis 3 cm große Kristalle stammen aus der Grube Rokana (Sambia), olivgrüne, bis 1 cm große, abgeflachte Kristalle aus Kambove und Shituru bei Likasi (Zaire). Wurde auch in Nishnij Tagil, Ural (Russland) gefunden, schöne Kristalle gibt es in Wheal Phoenix, Cornwall (Großbritannien) und in Estremoz (Portugal). Ursprünglicher Fundort ist Ľubietová* (Slowakei), wo sich in den Hohlräumen von Quarzgängen glänzende, schwarzgrüne, bis 8 mm große Kristalle befinden. Andere Fundorte liegen in Deutschland, z.B. Hagendorf, Reichenbach. **Verwendung**: Kupfer-Erz.

Libethenit, 40 mm, Ľubietová, Slowakei

Libethenit, xx 1 mm, Ľubietová, Slowakei

# 120 Olivenit

Benennung
entsprechend der Farbe
Jameson, 1820
$Cu_2(AsO_4)(OH)$

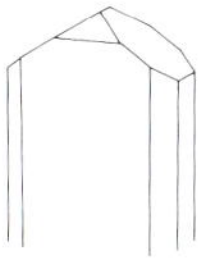

rhombisch

**H** 3 (spröde); **St** gelbgrün; **D** ca. 4,3; **F** olivgrün, gelbbraun, graugrün bis schmutzig weiß; **T** halbdurchsichtig; **G** glasig, seidig, fettig; **Sp** unvollkommen nach (101); **B** muschelig bis uneben; **LBl** $N_{p,m,g}$ = 1,772, 1,810, 1,863; **Db** 0,091; **Di** stark; **Pl** hellgrün, markant grün; **A** Kristalle, nierige, körnige und faserige Aggregate; **Kf** prismatisch, nadel- und tafelförmig; **Ch** CuO 56,21%, $As_2O_5$ 40,61%, $H_2O$ 3,18%, Beimengungen von Pb

**Genese**: sekundär in Oxidationszonen; **Paragenese**: Tirolit, Klinoklas, Chalkopyrit; **Ähnliche Minerale**: Atacamit, Libethenit; **Unterscheidung**: chemisch; **Vorkommen**: Ashburton Downs, Nordterritorium (Australien), oft in der Oxidationszone der Kupferlagerstätte in Tintic, Juab Co., Utah, oder in Majuba Hill, Pershing Co., Nevada (USA). Ist bekannt aus Collahuasi, Atacama und Chuquicamata, Antofagasta (Chile). Grüne, prismatische, bis 3,2 cm große Kristalle wurden an der Lokalität Pyaung Guang (Birma) gefunden, kommt auch in Tsumeb (Namibia) vor. Die schönsten, bis 1 cm großen Kristalle stammen aus Wheal Gorland und Tavistock, Devon. Ursprünglicher Fundort des Olivenits ist Cornwall* (Großbritannien), wo es durch die Verwitterung von Arsenopyrit entsteht. Andere Vorkommen auch in Russland, Griechenland, in Cap Garonne, Var (Frankreich), in Ľubietová (Slowakei), in Auerbach, Hessen und in Freudenstadt, Württemberg (Deutschland).

Olivenit auf Quarz, 57 mm, Cornwall, Großbritannien

# 121 Adamin

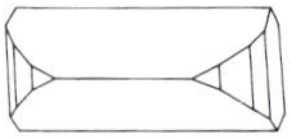

Benennung nach dem französischen Mineralogen G. H. Adam (1795-1881)
Friedel, 1866
$Zn_2(AsO_4)(OH)$ rhombisch

**H** 3,5; **St** weiß; **D** 4,3-4,5; **F** farblos, gelb, grün, violett, rosa; **T** durchsichtig bis durchscheinend; **G** glasig; **Sp** vollkommen nach (011); **B** uneben; **LBl** $N_{p,m,g}$ = 1,742, 1,768, 1,773; **Db** 0,031; **Di** stark; **Pl** farblos, blaugrün, gelbgrün; **A** Kristalle, körnige, drusige, traubige oder nierige Aggregate, Krusten; **Kf** prismatisch, selten tafelförmig oder pyramidal; **Ch** ZnO 56,77%, $As_2O_5$ 40,09%, $H_2O$ 3,14%, Beimengungen von Cu (*Cuproadamin*), Al, Co (*Cobaltadamin*); **Lu** gelbgrün

**Genese**: sekundär; **Paragenese**: Limonit, Smithsonit, Hemimorphit; **Ähnliche Minerale**: Skorodit, Legrandit; **Unterscheidung**: Dichte, Strich, chemisch, mit Röntgen; **Vorkommen**: Garbenartige Kristalle grüner Farbe gibt es in Gold Hill, Tooele Co., oder in der Grube Iron Blossom, Juab Co., Utah bzw. in Cedar Mt., Mineral Co., Nevada (USA). Die schönsten Proben stammen aus Mina Ojuela, Mapimi, Durango (Mexiko), wo sich in den Hohlräumen von rostigem Limonit bis 1 cm große, gelbe und gelbgrüne, selten auch bis 5 cm große violette Kristalle befinden. Schöne Kristalle stammen auch aus Chañarcillo (Chile) und Tsumeb (Namibia). Des Weiteren kommt Adamin auch in Laurion (Griechenland), Cap Garonne* (Frankreich), Rödelgraben und Werfen (Österreich) vor und ist auch aus Reichenbach, Schwarzwald (Deutschland) bekannt.

L

Adamin, 25 mm, Tsumeb, Namibia

# 122 Lazulith

Benennung nach dem arabischen *azul* – Himmel und dem griechischen *lithos* – Stein
Widenmann, 1791
$(Fe,Mg)Al_2(PO_4)_2(OH)_2$

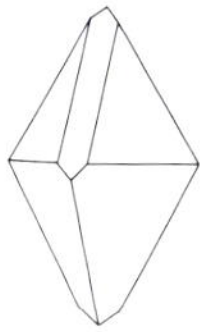

monoklin

**H** 5-6 (spröde); **St** weiß; **D** 3,0; **F** blau, blaugrün, blauweiß; **T** durchscheinend, opak; **G** glasig; **Sp** gut nach (110); **B** uneben, splittrig; **LBl** $N_{p,m,g}$ = 1,620, 1,646, 1,656; **Db** 0,036; **Di** schwach; **Pl** farblos, blau; **A** Kristalle, massive und körnige Aggregate; **Kf** spitze Pyramiden; **Ch** MgO 6,34%, FeO 11,30%, $Al_2O_3$ 32,06%, $P_2O_5$ 44,63%, $H_2O$ 5,67%; **Lu** weiß

**Genese**: hydrothermal, Pegmatite, metamorph; **Paragenese**: Muskovit, Quarz; **Ähnliche Minerale**: Türkis, Lasurit; **Unterscheidung**: Dichte, chemisch, mit Röntgen; **Vorkommen**: Chittenden, Vermont, Crowders Mt., Gaston Co., Nord-Carolina, Mocalno, Mono Co., Kalifornien, Graves Mt., Georgia (USA). Schöne Kristalle wurden an der Sideritlagerstätte im Big Fish River, Yukon (Kanada) gefunden oder an den Lokalitäten Tijuco, Minas Gerais (Brasilien) und Real Sovacon in Potosí (Bolivien). Vollkommen entwickelte, hellblaue, bis 5 cm große Kristalle stammen aus Askud, Dass-Tal (Pakistan), Lazulith gibt es auch in Mt. Bity (Madagaskar). In Europa sind unvollkommene, bis 10 cm große, hellblaue Kristalle aus Horrsjöberg (Schweden) bekannt, weitere Vorkommen in Rödelgraben bei Werfen, in Krieglach (Österreich), in Zermatt (Schweiz) und Nitra (Slowakei).

Lazulith, x 11 mm, Graves Mt., Lincoln Co., Georgia, USA

Lazulith auf Quarz, 41 mm, Rapid Creek, Yucon, Kanada

# 123 Pseudomalachit

Benennung aus *pseudo* – täuschend und der Mineralbezeichnung Malachit zusammengesetzt
Hausmann, 1813
$Cu_5(PO_4)_2(OH)_4$ monoklin

**H** 4,5 (spröde); **St** blaugrün; **D** 4,3; **F** dunkelgrün, smaragdgrün, schwarzgrün; **T** durchscheinend bis undurchsichtig; **G** glasig, fettig bis matt; **Sp** gut nach (010); **B** muschelig, uneben; **LBl** $N_{p,m,g}$ = 1,800, 1,860, 1,880; **Db** 0,080; **Di** stark; **A** selten Kristalle, Sinterkrusten, Tropfsteine, traubige Aggregate mit radialstrahligem Bau; **Kf** kurzprismatisch; **Ch** CuO 69,09%, $P_2O_5$ 24,65%, $H_2O$ 6,26%

**Genese**: sekundär in Oxidationszonen; **Paragenese**: Azurit, Malachit, Limonit, Chrysokoll, Goethit, Libethenit, Chalcedon; **Ähnliche Minerale**: Malachit, Cornwallit; **Unterscheidung**: chemisch, mit Röntgen; **Vorkommen**: Sehr oft an einer Reihe von Lokalitäten wie Kambove oder Kakanda-Nord bei Likasi in der Provinz Shaba (Zaire), wo in den Oxidationszonen der Kupferlagerstätten mehrere Zentimeter starke, radial aufgebaute Rinden vorkommen; ähnliche Strukturen gibt es auch in Mindouli (Kongo). Pseudomalachit tritt zusammen mit Limonit in Form von pilz- und traubenförmigen Aggregaten mit rauer Oberfläche in der Grube Mercedes, Coquimbo (Chile) auf. In Nishnij Tagil*, Ural (Russland) befinden sich nierige Aggregatmassen. Pseudomalachit ist auch von den Lokalitäten Bogolo (Portugal) und Cornwall (Großbritannien) bekannt. Kugelige und warzige, in Quarz eingebettete Aggregate treten häufig in Ľubietová (Slowakei) auf. Schöne Proben wurden in Ehl und Virneberg bei Breitenbach, Rheinland-Pfalz (Deutschland) gefunden.

Pseudomalachit, 25 mm, Douglas Hill, Lyon Co., Nevada, USA

# 124 Descloizit

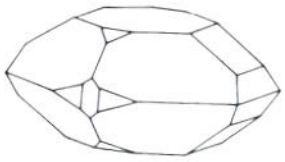

Benennung nach dem französischen Mineralogen A. L. O. des Cloizeaux (1817-1897)
A. Damour, 1854
$Pb(Zn,Cu)VO_4(OH)$ rhombisch

**H** 3,5 (spröde); **St** hellbraun, hellgrün; **D** 6,2; **F** orangerot, braun, braunrot, grün; **T** durchsichtig bis undurchsichtig; **G** fettig bis diamantartig; **Sp** fehlt; **B** halbmuschelig, uneben; **LBl** $N_{p,m,g}$ = 2,18, 2,27, 2,35; **Db** 0,17; **Di** stark; **Pl** gelb, dunkel rotbraun, rotbraun; **A** Kristalle, kristalline oder krustige Aggregate; **Kf** prismatisch, tafelig; **Ch** PbO 55,30%, ZnO 10,08%, CuO 9,86%, $V_2O_5$ 22,53%, $H_2O$ 2,23%, Beimengungen von As

**Genese**: sekundär in Oxidationszonen; **Paragenese**: Cerussit, Mimetesit, Pyromorphit, Vanadinit; **Ähnliche Minerale**: Mottramit; **Unterscheidung**: chemisch; **Vorkommen**: Grube Mammoth, Tiger und Bisbee, Arizona. Kristalle wurden in Lake Valley, Sierra Co., Neu-Mexiko (USA), in Sierra de Córdoba (Argentinien), in Zacatecas, Pisani und in San Luis Potosí (Mexiko) gefunden, so genanntes *Chileit* in Arqueros (Chile). Schöne, schwarzrote und gelbe, bis 3 cm große lang gestreckte Kristalle treten am Berg Aukas und in Tsumeb (Namibia) oder in der Grube Broken Hill (Sambia) auf. Descloizit ist auch aus Laurion (Griechenland), Obir, Kärnten (Österreich), Niederschlettenbach, Lauterthal (*Araeoxen*), Rheinland-Pfalz und Hofsgrund* bei Freiburg (Deutschland) bekannt; **Verwendung**: gelegentlich Vanadium-Gewinnung.

Descloizit, 52 mm, Berg Aukas, Namibia

302

L

# 125 Brasilianit

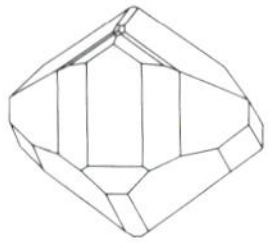

Benennung nach dem ersten Fundort in Brasilien
Pough, 1945
$NaAl_3(PO_4)_2(OH)_4$ monoklin

**H** 5,5 (spröde); **St** weiß; **D** 2,98-3,00; **F** farblos, hellgelb, gelbgrün, hellgrün; **T** durchsichtig bis durchscheinend; **G** glasig; **Sp** nach (010) gut; **B** muschelig; **LBl** $N_{p,m,g}$ = 1,602, 1,609, 1,617; **Db** 0,020; **Di** 0,014; **Pl** schwach in Abhängigkeit von der Färbung; **A** Kristalle, radialstrahlige Aggregate, körnig; **Kf** isometrisch, kurzprismatisch; **Ch** $Na_2O$ 8,56%, $Al_2O_3$ 42,25%, $P_2O_5$ 39,23%, $H_2O$ 9,96%; **Lu** grüngelb

**Genese**: Pegmatite; **Paragenese**: Muskovit, Apatit, Turmalin, Albit; **Ähnliche Minerale**: Chrysoberyll, Topas, Heliodor, Apatit, Amblygonit; **Unterscheidung**: Härte, Dichte, optisch; **Vorkommen**: Bis 20 cm große, vollkommene, gelbgrüne Kristalle kommen in einer ganzen Reihe von Pegmatitadern in Brasilien vor. An der Lokalität Córrego Frio bei Linopolis wurden bis 7 cm große Kristalle gefunden, gelbgrüne Aggregate aus bis zu 6 cm großen Kristallen traten in Mendes Pimentel auf, gelbbraune, bis 9 cm große Kristalle stammen aus Baixo, einzigartig sind die Kristalle aus Conselheira Pena*, von denen einige Größen bis zu 20 cm erreichten; alle bisher genannten Fundorte liegen im Staat Minas Gerais. Brasilianit gibt es auch in Pietras Lavradas im Staat Paraíba (Brasilien). Geringere Vorkommen sind von den Gruben Palermo bei North Groton und Smith bei Newport, New Hampshire (USA) bekannt. Vereinzelt wurde Brasilianit auch in Hagendorf (Deutschland) gefunden.

Brasilianit auf Muskovit, x 45 mm, Conselheira Pena, Brasilien

# 126 Apatit

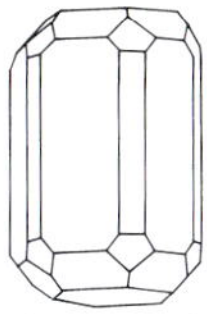

hexagonal

Benennung nach dem griechischen *apatao* – täuschen
de Lisle, 1772
Fluorapatit $Ca_5(PO_4)_3F$
Chlorapatit $Ca_5(PO_4)_3Cl$

**Genese**: Pegmatite, Pneumatolyte, hydrothermal, Sedimente, Seifen; **Paragenese**: Fluorit, Arsenopyrit, Kassiterit, Topas; **Ähnliche Minerale**: Aquamarin, Goshenit, Heliodor, Amethyst, Rauchquarz; **Unterscheidung**: Härte, Dichte, optisch; **Vorkommen**: Grüngelbe, prismatische Fluorapatitkristalle kommen in Sceptre Claims, Emerald Lake, Yukon (Kanada) vor, violette in der Grube Pulsifer, Mt. Apatite, Auburn, Maine (USA). Dunkelblaue Kristalle stammen aus Capim Grosso, Bahia, violette aus der Grube Golconda, Governador Valadares, Minas Gerais (Brasilien). Bis 40 cm große, grünblaue Kristalle sind aus Sljudjanka, Baikal bekannt, klare Kristalle aus Puiwa, Nord-Ural (Russland). Grüne, bis 8 cm große Kristalle stammen aus Panasqueira (Portugal). Violette, kurzprismatische, bis 1 cm große Kristalle gibt es in Greifenstein und Ehrenfriedersdorf (Deutschland). Chlorapatit kommt in Form von säuligen Kristallen, die bis 35 cm groß sein können, in den Pegmatiten in Bamle (Norwegen) vor. **Verwendung**: Kunstdünger, chemische Industrie.

**H** 5 (spröde); **St** weiß; **D** 3,10-3,35; **F** farblos, gelbgrün (*Asparagolit*), gelb, schmutzig grün (*Tulliumit*), blaugrün (*Moroxit*), violett, rot, braunrot, manchmal auch polychrom; **BM** vereinzelt Katzenaugeneffekt; **T** durchsichtig, durchscheinend; **G** glasig, fettig; **Sp** nach (0001) und (1010) unvollkommen; **B** uneben, muschelig; **LBl** $N_{o,e}$ = 1,636, 1,633; **Db** 0,001-0,013; **Di** 0,013; **Pl** deutlich, bei den bläulichen Varianten kann mit bloßem Auge Dichroismus festgestellt werden; **A** Kristalle, körnige, massive, krustige, erdige und oolithische Aggregate; **Kf** kurz und langprismatisch, tafelig; **Ch** kompliziert, Beimengungen von Sr, Si, Ce, Mn; **Lu** gelb, gelborange, rosa, hellgrün, blau, weiß

Fluorapatit, 32 mm, Rio Grande do Norte, Minas Gerais, Brasilien

Fluorapatit mit Magnetit, xx 13 mm, Cedar City, Iron Co., Utah, USA

# 127 Pyromorphit

Benennung nach dem griechischen *pyr* – Feuer und *morphé* – Gestalt
Wallerius, 1748
$Pb_5(PO_4)_3Cl$

hexagonal

**H** 3,5-4; **St** weiß; **D** 6,7-7,0; **F** grün, gelb, braun, grauweiß, gelbrot; **T** durchscheinend; **G** diamantartig, fettig; **Sp** unvollkommen; **B** uneben, halbmuschelig; **LBI** $N_{o,e}$ = 2,06, 2,06; **Db** 0,011; **Pl** grün, gelbgrün; **A** Kristalle, drusige, nierige und kugelige Aggregate; **Kf** prismatisch, tafelig; **Ch** PbO 82,28%, $P_2O_5$ 15,70%, Cl 2,61%; **Lu** manchmal zitronengelb

**Genese**: sekundär in Oxidationszonen; **Paragenese**: Galenit, Cerussit; **Ähnliche Minerale**: Mimetesit, Apatit; **Unterscheidung**: Härte, Dichte, Glanz, chemisch, mit Röntgen; **Vorkommen**: Aus Bunker Hill, Keltog, Idaho (USA) stammen gelbe, braune, grüne und orangefarbene, bis 6 cm große Kristalle, hübsche Kristalle gibt es auch in der Grube Ojuela Mapimi, Durango (Mexiko). Schöne Pyromorphite kommen aus Mindouli (Kongo), Marokko, Broken Hill, Neusüdwales (Australien). Große hellgrüne bis gelbbraune Kristalle wurden in Les Farges gefunden, braune, bis 8 cm große in Huelgoat (Frankreich), 3 cm große Kristalle gab es in El Horcajo, Ciudad Real (Spanien), orangerote stammen aus der Grube Susanna, Leadhills, Schottland, aus Drygill, Cumberland und Wheal Alfred, Cornwall (Großbritannien), weitere Lokalitäten sind Beresowsk, Ural und Nertschinsk, Transbaikalien (Russland), Banská Štiavnica (Slowakei), Příbram und Stříbro (Tschechien). Sehr schöne grüne Kristalle stammen aus Ems und Dernbach, Hessen und aus Zschopau, Sachsen (Deutschland). **Verwendung**: gelegentlich als Blei-Erz.

Pyromorphit, 55 mm, Bunker Hill Mine, Idaho, USA

# 128 Mimetesit

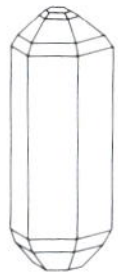

Benennung nach dem
griechischen *mimetés* – Nachahmer
Beudant, 1832
$Pb_5(AsO_4)_3Cl$

hexagonal

**H** 3,5-4 (spröde); **St** weiß; **D** 7,1; **F** weiß, gelb, orange, braun, grünlich, grau; **T** durchscheinend; **LBl** $N_{o,e}$ = 2,145, 2,129; **Db** 0,01; **A** Kristalle, krustige, körnige, erdige und faserige Aggregate; **Kf** prismatisch, tafelig, dipyramidal; **Ch** PbO 74,59%, $As_2O_5$ 23,04%, Cl 2,37%, Beimengungen von P (*Campylit*), Ca, Sb (*Pleonektit*); **Lu** orangerot

**Genese**: sekundär in Oxidationszonen; **Paragenese**: Galenit, Pyromorphit, Psilomelan; **Ähnliche Minerale**: Pyromorphit, Vanadinit; **Unterscheidung**: chemisch, mit Röntgen; **Vorkommen**: Broken Hill, Neusüdwales (Australien), schöne Kristalle sind aus den Gruben Santa Eulalia und San Pedro, Chihuahua, Überzüge aus Ojo Caliento, Zacatecas (Mexiko) bekannt. Die schönsten, gelben Kristalle stammen aus Tsumeb, wo sie bis 5 cm groß werden, 2 cm große Kristalle gibt es in Hat Yai (Thailand), sie kommen auch in Anarak (Iran) vor. Bis 1 cm große Kristalle werden aus Caldbeck Fells, vor allem aber aus Drygill* bei Roughten Gill, Cumberland (Großbritannien) beschrieben. Mimetesit kommt auch in Pontgibaud und Cap Garonne (Frankreich), in Dobšiná (Slowakei) und Příbram (Tschechien) vor, es ist auch aus Badenweiler, Baden und der Grube Clara, Oberwolfach, Schwarzwald bekannt, perfekte, bis 2 cm große Kristalle gibt es in Johanngeorgenstadt (Deutschland). **Verwendung**: gelegentlich als Blei-Erz; **Behandlung**: entwickelt bei der Handhabung Knoblauchgeruch.

Campylit, 40 mm, Příbram, Tschechien

Mimetesit, Aggregat 14 mm, Cumberland, England, Großbritannien

L

# 129 Vanadinit

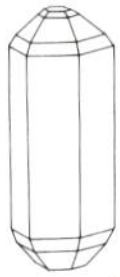

hexagonal

Benennung nach dem Gehalt an Vanadium
von Kobell, 1838
$Pb_5(VO_4)_3Cl$

**H** 3 (spröde); **St** gelb, bräunlich; **D** 6,8-7,1; **F** gelb, braun, gelbbraun, orange, rot; **T** durchscheinend bis opak; **G** diamantartig; **B** muschelig, uneben; **LBl** $N_{o,e}$ = 2,42, 2,35; **Db** 0,06; **A** Kristalle, körnige, nierige und faserige Aggregate; **Kf** prismatisch, scharf pyramidenförmig; **Ch** PbO 78,35%, $V_2O_5$, 19,16%, Cl 2,49%, Beimengungen von As (*Endlichit*) und Fe

**Genese**: sekundär in Oxidationszonen; **Paragenese**: Wulfenit, Pyromorphit, Mimetesit, Goethit; **Ähnliche Minerale**: Mimetesit; **Unterscheidung**: chemisch, mit Röntgen; **Vorkommen**: Schöne, dunkelrote Kristalle stammen aus der Grube Apache bei Globe oder aus den Gruben Old Yuma und Red Cloud, Arizona (USA), häufiges Vorkommen in Zimapan*, Hidalgo, oder in Villa Ahumada, Sierra Los Lamentos, Chihuahua (Mexiko) und Sierra de Córdoba (Argentinien). Die schönsten und größten, bis 13 cm großen orangeroten Kristalle stammen von der Lokalität Mibladen bei Midelt und Dschebel Mahseur bei Oujda, große gelbbraune Kristalle gibt es auch in Touissit (Marokko). Tritt auch in Saida (Algerien) und Dschebba (Tunesien) auf. Säulige Kristalle kommen in Tsumeb und Abenab (Namibia) vor. An der Lokalität Keban (Türkei) wurden schöne glänzende, braune, bis 1 cm große Kristalle gefunden, kommt auch in Sulejman Sai (Kasachstan), Beresowsk, Ural (Russland) und Bleiberg (Österreich) vor und wurde in der Grube Santa Marta, Estremadura (Spanien) gefördert. **Verwendung**: gelegentlich als Vanadium-Erz.

Vanadinit, 114 mm, Mibladen, Marokko

# 130 Variscit

Benennung nach dem lateinischen Namen für das Vogtland, *Variscia*
Breithaupt, 1830
$Al(PO_4)\cdot 2H_2O$

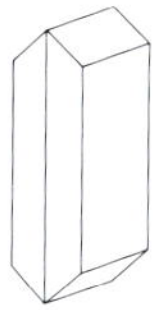

rhombisch

**H** 3,5-4,5; **St** weiß; **D** 2,2-2,5; **F** farblos, grün, blaugrün, gelb; **T** durchscheinend, undurchsichtig; **G** fettig, matt, glasig; **Sp** nach (010) vollkommen; **B** muschelig, uneben; **LBl** $N_{p,m,g}$ = 1,550, 1,565, 1,570; **Db** 0,020; **Di** schwach; **Pl** manchmal schwach grün; **A** massive, krustige und nierige Aggregate; **Kf** Pseudooktaeder, kurzprismatisch; **Ch** $Al_2O_3$ 32,26%, $P_2O_5$ 44,94%, $H_2O$ 22,80%, Beimengungen von Fe, Mn und As

**Genese**: sekundär in Oxidationszonen; **Paragenese**: Wavellit, Apatit, Bolivarit, Limonit; **Ähnliche Minerale**: Wavellit; **Unterscheidung**: Kristallform, Härte, chemisch, mit Röntgen; **Vorkommen**: Große Nester, die Ausmaße bis zu 30 cm erreichen können, befinden sich in Clay Canyon, Fairfield, Utah, als *Redondit* bezeichnetes Variscit gibt es in Bisbee, Cochise Co., Arizona, grüne Konkretionen stammen aus Lucin, Box Elder Co., Nevada, kommt auch in Montgomery Co., Arkansas (USA) vor, des Weiteren an der Lokalität Huanuni, Cerro Posocani (Bolivien) und in Brasilien. Dunkelrote Kristalle stammen aus Iron Knob (Australien). Europäische Vorkommen: Leoben (Österreich), Pannèce (Frankreich), Spanien, in Reust bei Ronneburg, wo schöne gelbgrüne, bis 3 cm große „Sonnen" auftreten, und Messbach, Plauen (Deutschland).

Variscit, 55 mm, Fairfield, Utah, USA

Variscit, 225 mm, Fairfield, Utah, USA

# 131 Vivianit

Benennung nach dem englischen Mineralogen J. G. Vivian
Cronstedt, 1758
$Fe_3(PO_4)_2 \cdot 8H_2O$

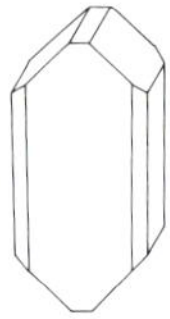
monoklin

**Genese**: sekundär in den Oxidationszonen von Eisenlagerstätten, sedimentär, hydrothermal; **Paragenese**: Siderit, Limonit; **Ähnliche Minerale**: Lazulith; **Unterscheidung**: Härte, chemisch; **Vorkommen**: In Bingham Canyon, Utah, in Leadville, Colorado, schöne Kristalle treten in Copper Canyon bei Battle Mountain, Nevada (USA) auf, bis 11 cm große Kristalle gibt es in Morococola (Bolivien), bis 1,5 cm große Kristalle sind aus Anloua (Kamerun) bekannt. Vivianit wird auch aus der Grube Aschio, Totschigi (Japan) beschrieben, es kam häufig in Trepča, Serbien (Jugoslawien) vor, wo wunderschöne, bis 10 cm große, durchsichtige dunkelgrüne Kristalle gefunden wurden. Weitere Vorkommen an den Lokalitäten Kertsch – von hier stammen dunkelgrüne Kristalle und strahlige Aggregate mit bis 7 cm Durchmesser, so genanntes *Kertschenit* – und Anapa, Krim (Ukraine). Bekannt sind auch schöne Kristalle aus St. Agnes* und Truro, Cornwall (Großbritannien) und strahlige Aggregate aus Anglar (Frankreich). Vivianit gibt es in Bodenmais, Amberg, Hagendorf, Lichtenberg bei Ronneburg u.a. (Deutschland). **Verwendung**: Farbstoff.

**H** 2; **St** weiß, verfärbt sich schnell blau; **D** 2,6-2,7; **F** weiß, wird mit der Zeit grünblau, indigo- bis schwarzblau; **T** durchscheinend, opak; **G** glasig, an den Bruchflächen perlmutterartig, matt; **Sp** gut nach (010); **B** uneben; **AM** in dünnen Blättchen biegsam; **LBI** $N_{p,m,g}$ = 1,600, 1,624, 1,650; **Db** 0,050; **Di** schwach; **Pl** dunkelblau, blau, farblos; **A** Kristalle, faserige, kugelige, erdige und radialstrahlige Aggregate; **Kf** prismatisch, tafelig, isometrisch; **Ch** FeO 42,96%, $P_2O_5$ 28,31%, $H_2O$ 28,73%

Vivianit, 113 mm, Huanuni, Bolivien

Vivianit, xx 30 mm, Kertsch, Ukraine

# 132 Erythrin

Benennung nach dem griechischen *erythros* – rot
Beudant, 1832
$Co_3(AsO_4)_2 \cdot 8H_2O$

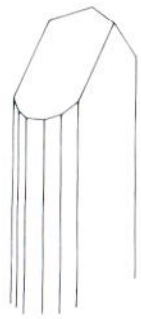

monoklin

**H** 2; **St** rosarot bis weiß; **D** 3,1; **F** farblos, purpurrot, rosarot bis violett; **T** durchsichtig bis durchscheinend; **G** diamantartig, an den Spaltflächen perlmutterartig; **Sp** vollkommen nach (010); **B** uneben; **AM** mit dem Messer schneidbar, biegsam; **LBI** $N_{p,m,g}$ = 1,629, 1,663, 1,701; **Db** 0,072; **Di** schwach; **Pl** rosa, violett, rot; **A** Kristalle, radialstrahlige, erdige (*Kobaltblüte*) und staubförmige Aggregate, **Kf** prismatisch, nadelig (gefurcht); **Ch** CoO 37,54%, $As_2O_5$ 38,39%, $H_2O$ 24,07%; **Lu** orange

**Genese**: sekundär in Oxidationszonen; **Paragenese**: Pharmakolith, Annabergit, Chloanthit; **Ähnliche Minerale**: in staubförmigen Aggregaten Köttigit, Rosolit; **Unterscheidung**: Härte, Dichte, chemisch; **Vorkommen**: Häufig in Mt. Cobalt, Queensland (Australien), ebenso in Cobalt, Ontario (Kanada), in Silver Cliff, Colorado und Churchill Co., Nevada (USA). Erythrin wurde oft in der Grube Vela Rica, Coahuila, und in Alamos, Sonora (Mexiko) gefunden. Die schönsten, tafelig aussehenden Kristalle, die bis 6 cm Größe erreichen, stammen aus Bou Azzer (Marokko) oder Talmessi (Iran). Von Bedeutung sind auch die europäischen Fundorte wie Dauphinée, Allemont, Les Chalanches, Isère (Frankreich), Modum (Schweden), Cornwall (Großbritannien), Schneeberg*, Annaberg, Richelsdorf, Bieber, Wolfach, Wittichen (Deutschland). **Verwendung**: Kobalt-Erz.

L

Erythrin, 24 mm, Bou Azzer, Marokko

# 133 Annabergit

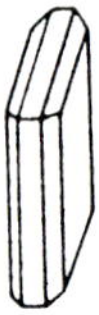

Benennung nach der Typenlokalität Annaberg (Deutschland)
Brooke und Miller, 1852
$Ni_3(AsO_4)_2 \cdot 8H_2O$

monoklin

**H** 2 (spröde); **St** hellgrün; **D** 3,0-3,1; **F** weiß, grünweiß, apfelgrün, dunkelgrün; **T** durchscheinend bis opak; **G** glasig, diamantartig, an Spaltflächen perlmutterartig, matt; **Sp** vollkommen nach (010); **B** uneben; **LBl** $N_{p,m,g}$ = 1,622, 1,658, 1,687; **Db** 0,065; **Di** stark; **A** Kristalle, erdige und staubförmige (*Nickelblüte*) Aggregate, Krusten, Stücke; **Kf** prismatisch, nadelig; **Ch** NiO 37,46%, $As_2O_5$ 38,44%, $H_2O$ 24,10%, Beimengungen von Mg (*Cabrerit*), Ca, Zn, Fe

**Genese**: sekundär in Oxidationszonen; **Paragenese**: Erythrin, Gersdorffit, Pharmakolith, Chloanthit; **Ähnliche Minerale**: Antlerit; **Unterscheidung**: Härte, Dichte, chemisch; **Vorkommen**: Häufig im Cottonwood Canyon, Humbold Co., Nevada, bis 2 cm große Nodi stammen aus Snowbird, Montana (USA), kommt auch in Cobalt, Ontario (Kanada) vor. Annabergitkrusten mit einem Gewicht von mehreren Kilogramm wurden in Anarak (Iran) gefunden. Ist häufig auch an der Lokalität Laurion (Griechenland), wo sehr schöne hellgrüne, tafelige und nadelige Aggregate der magnesiumhaltigen Abart Cabrerit gefunden wurden, des Weiteren in der Sierra Cabrera, Almeria (Spanien) sowie in Allemont, Les Chalanches (Frankreich). Schöne bis 5 cm große Kristalle gibt es in Cukurören bei Gediz (Türkei). Tritt auch in Jáchymov (Tschechien) auf. Erstbeschreibung erfolgte in Annaberg*, kommt ebenfalls in Schneeberg, Sachsen und Richelsdorf, Hessen (Deutschland) vor. **Verwendung**: Nickel-Gewinnung.

Annabergit, 35 mm, Laurion, Griechenland

# 134 Symplesit

triklin

Benennung nach dem griechischen
*sym* – zusammen und
*plesiazein* – sich gesellen
Breithaupt, 1837
$Fe_3(AsO_4)_2 \cdot 8H_2O$

**H** 2,5 (spröde); **St** blauweiß; **D** 3,0; **F** grasgrün bis indigoblau; **T** frische Proben durchsichtig; **G** glasig, an Spaltflächen perlmutterartig, **Sp** vollkommen nach (1$\bar{1}$0); **B** uneben; **LBl** $N_{p,m,g}$ = 1,635, 1,668, 1,702; **Db** 0,067; **Di** stark; **Pl** dunkelblau, farblos, gelbgrün; **A** Kristalle, sphärische Aggregate, erdig; **Kf** prismatisch, Tafeln; **Ch** FeO 36,56%, $As_2O_5$ 38,99%, $H_2O$ 24,45%

**Genese**: sekundär in Oxidationszonen; **Paragenese**: Pharmakosiderit, Erythrin, Annabergit, Skorodit, Limonit; **Ähnliche Minerale**: Köttigit; **Unterscheidung**: mit Röntgen, optisch; **Vorkommen**: In den Pegmatiten von Custer Co., Süd-Dakota (USA), im Tagish Lake, Yukon (Kanada), des Weiteren in Tasmanien (Australien), in Europa in Italien, Österreich, an der Lokalität Baia Sprie (Rumänien), in Schneeberg, Lobenstein*, Thüringen, in den Sideriten von St. Anton, Muldenberg im Vogtland (Deutschland), wo es blaugrüne kugelförmige und igelige Aggregate, Sonnen u.a. bildet.

Symplesit, xx 3 mm, Saubach, Sachsen, Deutschland

# 135 Euchroit

Benennung nach dem griechischen *eu* – gut und *chrós* – Farbe
Breithaupt, 1823
$Cu_2(AsO_4)(OH)\cdot 3H_2O$

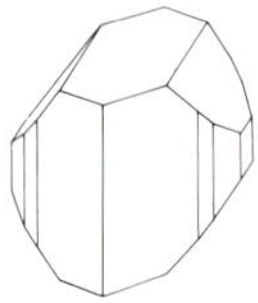

rhombisch

**H** 3,5 (spröde); **St** grün; **D** 3,5; **F** smaragdgrün; **T** durchsichtig bis durchscheinend; **G** glasig; **Sp** unvollkommen nach (110) und (101); **B** uneben, halbmuschelig; **LBl** $N_{p,m,g}$ = 1,695, 1,698, 1,733; **Db** 0,038; **Di** nicht erkennbar; **Pl** schwach in blaugrünen Tönen; **A** Kristalle, Drusen, Krusten; **Kf** prismatisch, tafelig, isometrisch; **Ch** CuO 47,21%, $As_2O_5$ 34,09%, $H_2O$ 18,70%

**Genese**: sekundär in Oxidationszonen; **Paragenese**: Azurit, Olivenit, Malachit; **Ähnliche Minerale**: Dioptas; **Unterscheidung**: Härte, Dichte, chemisch; **Vorkommen**: Ist bekannt aus Chessy bei Lyon, Rhône (Frankreich), aus Zapačica, Stará Planina (Bulgarien) und aus dem Ural (Russland). Die schönsten Proben, oft mit dicktafeligen, smaragdgrünen, bis 4 cm großen Kristallen, sind aus Ľubietová*, seltener aus Farbište (Slowakei) bekannt. Andere Vorkommen befinden sich in Schulenberg, Hessen oder Herrensegen, Baden (Deutschland). **Verwendung**: Bestandteil komplexer Kupfer-Erze.

Euchroit, xx 5 mm, Ľubietová, Slowakei

# 136 Kakoxen

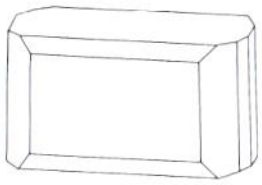

Benennung nach dem griechischen *kakos* – schlecht und *xenos* – Gast
Steinmann, 1825
$(Fe^{3+},Al)_{25}(PO_4)_{17}O_6(OH)_{12}\cdot 75H_2O$ hexagonal

**H** 3-4 (spröde); **St** strohgelb, **D** 2,3; **F** gelb, ockergelb, braun; **T** durchscheinend; **G** seidig, fettig; **B** uneben; **LBl** $N_{o,e}$ = 1,604, 1,676; **Db** 0,072; **Pl** farblos, kanariengelb; **A** radialstrahlige, faserige und sphärolithische Aggregate; **Kf** Nadeln; **Ch** $Fe_2O_3$ 41,18%, $P_2O_5$ 27,46%, $H_2O$ 31,36%

**Genese**: sekundär; **Paragenese**: Wavellit, Strengit, Limonit; **Ähnliche Minerale**: Karpholith; **Unterscheidung**: chemisch; **Vorkommen**: In Shady, Polk Co., Arkansas (USA). Schöne Aggregate und bis 1 cm große Kristalle gibt es in Horcajo, Ciudad Real (Spanien), tritt auch in Kirunavaar (Schweden) und Železník (Slowakei) auf. Schöne goldgelbe nadelige Aggregate stammen aus der Grube Hrbek bei Svatá Dobrotivá* (Tschechien). Bekannt sind Vorkommen in Amberg-Auerbach, Bayern, Schwarzenberg und Schlema-Harfenstein, Sachsen, Gießen, Waldgirmes und Wetterau, Hessen, in Hirschberg, Thüringen, Reichenbach, Vogtland, Hagendorf, Bayern und in der Grube Clara, Schwarzwald (Deutschland).

Kakoxen, 60 mm, Horní Hrobce, Tschechien

Kakoxen, xx 1 mm, Hellertown, Pennsylvania, USA

# 137 Wavellit

Benennung nach dem englischen Physiker W. Wavell (?-1829)
Babington, 1805
$Al_3(PO_4)_2(OH,F)_3 \cdot 5H_2O$

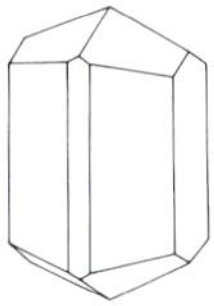

rhombisch

**H** 3,5-4; **St** weiß; **D** 2,3-2,4; **F** farblos, weiß, gelb, grünlich, braun, bläulich; **T** durchsichtig bis durchscheinend; **G** glasig, seidig; **Sp** gut nach (110); **B** uneben, halbmuschelig, **LBI** $N_{p,m,g}$ = 1,535, 1,543, 1,561; **Db** 0,026; **Di** schwach; **Pl** hell gelbbraun, braungelb, gelblich; **A** Kristalle, radialstrahlige, sphärische Aggregate, Rinden, Tropfsteine, Sinterkrusten; **Kf** kurz- und langprismatisch; **Ch** $Al_2O_3$ 37,11%, $P_2O_5$ 34,47%, $H_2O$ 28,42%, Beimengungen von Fe; **Lu** grünweiß, cremeweiß

**Genese**: hydrothermal, sekundär; **Paragenese**: Limonit, Hämatit; **Ähnliche Minerale**: Minyulit, Prehnit; **Unterscheidung**: Härte, chemisch; **Vorkommen**: Bis 4 cm große kugelige Aggregate gibt es in Pencil, Gorland und Magnet Cove, Arkansas, ist häufig in der Grube Trimbles, Hellerstown, Pennsylvania (USA), in Ouro Preto (Brasilien), Cerro Llallagua (Bolivien) oder in Sugar Loaves bei Taranaki (Neuseeland). Erstbeschreibung aus Barnstable* (*Devonit*), Devonshire, tritt auch in Cornwall (Großbritannien) auf, des Weiteren in Pannecé (Frankreich). Weiße, bis 2 cm große, radialstrahlige Aggregate gibt es in Třenice und Milín bei Beroun (Tschechien). Gelbgrüne und bläuliche, bis 5 mm große radialstrahlige Aggregate kommen in Greifenstein vor, weitere Vorkommen in Ronneburg, Altmannsgrün und Langenstriegis (*Striegisan*) bei Freiberg (Deutschland).

Wavellit, 45 mm, Garland Co., Arkansas, USA

Wavellit, 60 mm, Třenice, Tschechien

L

# 138 Türkis
## Kallait

Benennung nach der französischen Bezeichnung der Türkei, *la Turquie*
Plinius der Jüngere
$CuAl_6(PO_4)_4(OH)_8 \cdot 4H_2O$ triklin

**H** 5-6; **St** weiß, bläulich getönt; **D** 2,6-2,9; **F** blau, grünblau, apfelgrün, hellbraun; **T** undurchsichtig, selten in kleinen Kristallen durchsichtig; **G** fettig, matt, wachsartig; **Sp** nach (001) gut; **B** muschelig bis uneben; **LBl** $N_{p,m,g}$ = 1,612, 1,620, 1,648; **Db** 0,036; **Pl** schwach, farblos, hellblau; **A** kryptokristallin, massiv, kompakt, bildet auch Adern und Nester; **Kf** kurz säulenförmig; **Ch** CuO 9,78%, $Al_2O_3$ 37,6%, $P_2O_5$ 34,90%, $H_2O$ 17,72%, Beimengungen von Eisen; **Lu** grüngelb, hellblau

303

L

**Genese**: sekundär; **Paragenese**: Limonit, Chalcedon; **Ähnliche Minerale**: Lazulith, Variscit, Lasurit, Malachit, Chrysokoll; **Unterscheidung**: Härte, Dichte, chemisch; **Vorkommen**: In Australien an der Lokalität Bodalla in Neusüdwales oder in den Staaten Victoria und Queensland. Historische Fundorte befinden sich in der Umgebung von Nishapur (Iran). Geringere Türkisvorkommen gibt es auch in der Türkei, in Afghanistan, in Indien und in China. Auf dem amerikanischen Kontinent wurden Türkise an den Lokalitäten Cotéz, Nevada, Los Cerillos und Eureka, Neu-Mexiko und Bisbee, Arizona gefördert, in kristalliner Form kommt Türkis selten in Lynch Station, Virginia (USA) vor. Weitere Vorkommen in Chile, Peru, Mexiko und Brasilien. Historisch bekannt sind die auf der Sinai-Halbinsel gelegenen Lagerstätten in Ägypten. Geringere Vorkommen treten in Form von Linsen und Adern in Voi (Kenia) auf. Alte Lagerstätten befinden sich in Russland (Nord-Ural), vor allem aber in Usbekistan und Kasachstan. Andere Vorkommen in Armenien, Bulgarien und Großbritannien, in Jordanów (Polen) und Oelsnitz (Deutschland). **Verwendung**: als Edelstein.

Türkis, 20 mm, Kasachstan

Türkis, 66 mm, Gabbs, Nevada, USA

# 139 Tirolit

Benennung nach Tirol in Österreich
Werner, 1817
$CaCu_5(AsO_4)_2(CO_3)(OH)_4 \cdot 6H_2O$ rhombisch

**Genese**: sekundär in Oxidationszonen; **Paragenese**: Langit, Posnjakit, Chalkophyllit, Brochantit, Malachit; **Ähnliche Minerale**: Parnauit; **Unterscheidung**: mit Röntgen, optisch; **Vorkommen**: Sehr schöne Proben gibt es in Tintic, Juab Co., Utah, ähnliche auch in der Grube Majuba Hill, Pershing Co., Nevada (USA), kommt in Dongchuan, Yun-nan (China) vor und in Nertschinsk, Transbaikalien (Russland). Erstbeschreibung vom Großkogel* bei Brixlegg, wurde auch in Schwaz und Rattenberg (Österreich) gefunden, des Weiteren in Huercal Ouera (Spanien), in Novoveská Huta, Ľubietová und Farbište (Slowakei), in der Grube König David bei Schneeberg, Sachsen, in der Grube Clara, Oberwolfach und in Bieber, Hessen (Deutschland).

**H** 1,5-2; **St** heller als die Färbung; **D** 3,2; **F** hellgrün bis blaugrün, apfelgrün, blaugrau; **T** durchscheinend bis durchsichtig; **G** glasig bis perlmutterartig; **Sp** vollkommen nach (001); **B** uneben; **AM** biegsam; **LBI** $N_{p,m,g}$ = 1,694, 1,726, 1,730; **Db** 0,036; **Pl** hell grasgrün, grasgrün, gelbgrün; **A** Kristalle, blattförmige, fächerige, und traubige Aggregate; Krusten; **Kf** Tafeln; **Ch** CaO 6,43%, CuO 45,63%, $As_2O_5$ 26,36%, $CO_2$ 5,05%, $H_2O$ 16,53%

Tirolit, 30 mm, Novoveská Huta, Slowakei

Tirolit, 45 mm, Novoveská Huta, Slowakei

# 140 Delvauxit

Benennung nach dem Chemiker
J. Delvaux de Feuffe (1782-1863)
Dumont, 1845
$CaFe_4^{3+}(PO_4,SO_4)(OH)_8 \cdot 4\text{-}6H_2O$ amorph

**H** 2,5; **St** gelb; **D** 1,8-2,0; **F** gelbbraun, braun, rotbraun, braunschwarz; **T** durchscheinend bis undurchsichtig; **G** glasig, fettig, schwach wachsartig; **B** muschelig, erdig; **LBl** *N* = 1,74; **A** Konkretionen, Krusten, gelige, nierige Massen, Knollen; **Ch** kompliziert, variabel

**Genese**: sekundär in Oxidationszonen; **Paragenese**: Limonit, Hämatit; **Vorkommen**: In Berneau bei Vissé, Richelle bei Liège (Belgien), häufig in Kertsch am Asowschen Meer (Ukraine), ist bekannt aus Leoben (*Borickyit*) und Payerbach (Österreich), kommt in Železník (Slowakei) vor, bis 50 cm große Knollen gibt es bei Nučice und Chvaletice, weitere Vorkommen in Nenačovice (Borickyit) und Litošice* (Tschechien), ist auch bekannt aus Nassau, von der Grube Eleonore bei Gießen, Hessen, und aus Waldgirmes (Deutschland). **Behandlung**: Achtung, zerfällt in Wasser!

Delvauxit, 25 mm, Praha-Stodůlky, Tschechien

Delvauxit, 85 mm, Praha-Stodůlky, Tschechien

# 141 Bukovskyit

Benennung nach dem
tschechischen Chemiker
A. Bukovský (1865-1950)
Novák et al., 1967
$Fe_2^{3+}(AsO_4)(SO_4)(OH)\cdot 7H_2O$ triklin

**H** 1 (spröde); **St** gelbweiß; **D** 2,3; **F** gelbgrün, graugrün; **T** durchscheinend bis undurchsichtig; **G** matt; **B** erdig, uneben; **LBI** $N_{m,g}$ = 1,570-1,582, 1,626-1,631; **A** mikrokristallin, Knollen, nierige, selten radialstrahlige Aggregate; **Kf** mikrokristalline säulige Kristalle um 0,01 mm; **Ch** kompliziert

**Genese**: sekundär, entsteht durch die Verwitterung von Arsenopyrit vor allem auf alten Halden; **Paragenese**: Arsenopyrit, Pyrit, Zykait, Kaňkit; **Ähnliche Minerale**: Delwauxit, Diadochit, Destinesit; **Unterscheidung**: Härte, Dichte; **Vorkommen**: Bis 60 cm große Knollen auf den mittelalterlichen Halden der Lokalität Kaňk* bei Kutná Hora (Tschechien), wo es bei der Verwitterung von Arsenopyrit entsteht. An dieser Lokalität wurde es entdeckt und später erstmalig beschrieben. Gelbgrüne Kristalle wurden zusammen mit Pitticit, Zykait und Kaňkit auch in der Grube Chrisbecherung, Großvoigtberg bei Freiberg, Sachsen (Deutschland) gefunden. **Behandlung**: Achtung, zerfällt in Wasser, ist giftig!

Bukovskyit, 35 mm, Kaňk bei Kutná Hora, Tschechien

Bukovskyit, 75 mm, Kaňk bei Kutná Hora, Tschechien

# 142 Evansit

Benennung nach dem englischen Hüttenfachmann B. Evans (1797-1862)
Forbes, 1864
$Al_3(PO_4)(OH)_6 \cdot 6H_2O$ amorph

**Genese**: sekundär in der Oxidationszone; **Paragenese**: Allophan, Limonit; **Ähnliche Minerale**: Opal, Chalcedon; **Unterscheidung**: Härte, chemisch; **Vorkommen**: Traubige und nierige weiße, bläuliche und grünliche Aggregate werden aus East White Land Township, Pennsylvania beschrieben, kommt auch in Coosa, Alabama und Goldburg, Custer Co., Idaho (USA) vor, des Weiteren in Épernay, Marne, Hérault, in der Grube Rosière (Frankreich), bei Rosia (*Rossieresit*) und Roman Gladna (Rumänien) und in den Yoredale Rocks bei East Cheshire (Großbritannien). Evansit wurde auch bei Gumeschewsk, Ural (Russland) gefunden, Tropfen und Sinterkrusten sind aus Železník*, flache, bis 50 cm große Sinterkrusten schließlich aus Nižná Slaná (Slowakei) bekannt. Unregelmäßige Massen kommen in der Grube Jeremiasglück in Saalfeld, Thüringen, selten auch bei Plauen, Vogtland (Deutschland) vor. **Behandlung**: Achtung, ausgetrocknete Proben dürfen nicht mit Wasser gereinigt werden, da sie sonst zerfallen!

**H** 3,5-4 (spröde); **St** weiß; **D** 1,9; **F** farblos, milchweiß, grünlich, rosa getönt, gelblich, bläulich; **T** durchsichtig bis durchscheinend; **G** glasig, perlmutter- bis wachsartig; **B** muschelig; **LBl** *N* = 1,465; **A** nierige, napfförmige, tropfsteinartige und halbkugelige Aggregate und Überkrustungen; **Ch** $Al_2O_3$ 39,62%, $P_2O_5$ 18,38%, $H_2O$ 42,00%, Beimengungen von Cu und Pb (*Rossieresit*); **Lu** manchmal grün

L

Evansit, 65 mm, Železník, Slowakei

# 143 Torbernit

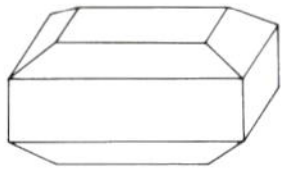

Benennung nach dem schwedischen Chemiker Torbern Bergman (1735-1784) von Born, 1772

$Cu(UO_2)_2(PO_4)_2 \cdot 8\text{-}12H_2O$ tetragonal

**Genese**: sekundär in der Oxidationszone; **Paragenese**: Uranglimmer; **Ähnliche Minerale**: Autunit, Zeunerit; **Unterscheidung**: Lumineszenz, chemisch, mit Röntgen; **Vorkommen**: An den Lokalitäten Brancheville und Middletown, Nord-Carolina, Colorado Plateau, Utah, Black Hills, Süd-Dakota, Haddam, Connecticut (USA), bis 0,5 cm große Kristalle gibt es in Moctezuma, Sonora (Mexiko), sehr schöne Kristalle stammen aus Musonoi bei Likasi und Shinkolobwe (Zaire), aus Rum Jungle und Mt. River bei Katherine, Nordterritorium (Australien). Ist bekannt aus Margabal, Aveyron, wo bis 2 cm große Kristalle auftraten, oder aus Bois-Noirs, Puy-de-Dôme (Frankreich), smaragdgrüne Kristalle stammen aus Sabugal (Portugal) und Redruth, Cornwall (Großbritannien). Erstbeschreibung in Jáchymov* (Tschechien).

**H** 2-2,5 (spröde); **St** hellgrün, apfelgrün; **D** 3,3; **F** smaragd- bis grasgrün; **T** durchsichtig bis durchscheinend; **G** glasig, perlmutterartig, matt; **Sp** vollkommen nach (001); **B** uneben; **LBl** $N_{p,m,g}$ = 1,581, 1,592, 1,592; **Db** 0,011; **Pl** farblos, blassgrün, dunkelgrün; **A** Kristalle, schuppige und erdige Aggregate; **Kf** Tafeln, selten dipyramidal, Zwillinge; **Ch** CuO 7,88%, $UO_3$ 56,65%, $P_2O_5$ 14,06%, $H_2O$ 21,41%, Beimengungen von Pb (*Chalkolith*); **Lu** grün

Torbernit, 35 mm, Katanga, Zaire

Große Kristalle gab es in Johanngeorgenstadt, Schneeberg, Marienberg, Sachsen, Epprechtstein, Bodenmais, Bayern (Deutschland). **Verwendung**: Uran-Erz.

Torbernit (Metatorbernit), 107 mm, Frankreich

L R

## 144 Autunit

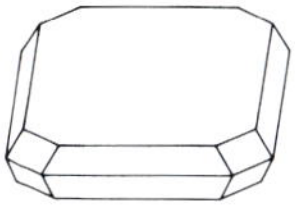

Benennung nach der Typenlokalität Autun in Frankreich
Brooke und Miller, 1852
$Ca(UO_2)_2(PO_4)_2 \cdot 10\text{-}12H_2O$ tetragonal

**H** 2-2,5; **St** hellgelb; **D** 3,2; **F** leuchtend gelb bis hellgrün; **T** durchscheinend; **G** perlmutterartig, glasig; **Sp** gut nach (001); **B** uneben; **LBl** $N_{p,m,g}$ = 1,555, 1,575, 1,577; **Db** 0,022; **Di** stark; **Pl** farblos, blassgelb, gelb, dunkelgelb; **A** Kristalle, schuppige, krustige und erdige Aggregate; **Kf** Tafeln, Verwachsungen; **Ch** CaO 5,69%, $UO_3$ 58,00%, $P_2O_5$ 14,39%, $H_2O$ 21,92%, Beimengungen von Ba, Mg, Fe; **Lu** gelbgrün

**Genese**: sekundär in der Oxidationszone; **Paragenese**: andere Uranglimmer; **Ähnliche Minerale**: Torbernit; **Unterscheidung**: chemisch; **Vorkommen**: In Form hellgelber, dünntafeliger, bis 3 cm großer Kristalle häufig bei Mt. Spokane, Washington, Pentland, Mitchell Co., Nord-Carolina, Keystone und Custer, Süd-Dakota (USA), in Rum Jungle und South Alligator River bei Katherine oder am Mt. Painter, Nordterritorium (Australien) und auf Madagaskar. Erstbeschreibung aus Autun*, Saône-et-Loire, auch in Margnac, Haute-Vienne (Frankreich), in St. Austel, in der Grube Redruth, Cornwall (Großbritannien) sowie in Sabugal (Portugal). Schöne tafelige, bis 3 cm große Kristalle gab es in Jáchymov und Horní Slavkov (Tschechien), in Schneeberg und Johanngeorgenstadt, Sachsen, Epprechtstein und Hagendorf, Bayern (Deutschland). **Verwendung**: Uran-Erz.

Autunit, 90 mm, Daybreak Mine, Mt. Spokane, Washington, USA

L R

242

L

## 145 Phenakit

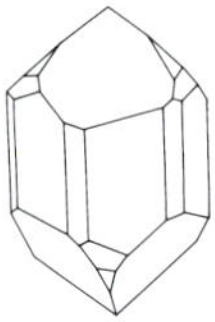

trigonal

Benennung nach dem griechischen *phenas* – Lügner (wurde mit Quarz verwechselt)
Nordenskjöld, 1833
$Be_2SiO_4$

**Genese**: Pegmatite, hydrothermal, alpine Klüfte, Seifen; **Paragenese**: Apatit, Quarz, Beryll, Chrysoberyll, Topas; **Ähnliche Minerale**: Bergkristall, Topas, Apatit; **Unterscheidung**: Härte, Dichte, Spaltbarkeit, optisch, chemisch, mit Röntgen; **Vorkommen**: Bis 10 cm große Kristalle treten an den Lokalitäten São Miguel de Piracicaba, Minas Gerais und Socotó, Bahia (Brasilien) auf, bis 4 cm große Kristalle gibt es bei Mt. Antero, Chaffee Co., Colorado, 5 cm große wurden in Winterham, Amelia Co., Virginia (USA) gefunden, des Weiteren in Mount Auero bei Durango (Mexiko). Klare und weiße, bis 1,5 cm große Kristalle kommen mit Turmalin in Anjanabonoina (Madagaskar) vor. Bis 18 cm große Kristalle wurden im Stromgebiet des Tokowaja-Flusses, Ural, gefunden, kommt auch in Miass im Ilmengebirge (Russland) vor. Bis 20 cm große Kristalle gibt es in Kragerö (Norwegen), bis 8 cm große in Habachtal (Österreich). Weitere Vorkommen sind aus Reckingen, Wallis (Schweiz), Strzegom (Polen) und Ehrenfriedersdorf, Sachsen (Deutschland) bekannt. **Verwendung**: manchmal als Beryllium-Erz.

**H** 7,5-8 (spröde); **St** weiß; **D** 2,93-3,00; **F** farblos, gelb, grau getönt, rosa, weingelb, braun, selten Katzenaugeneffekt; **T** durchsichtig bis undurchsichtig; **G** glasig; **Sp** nach $(11\bar{2}0)$ unvollkommen; **B** muschelig bis uneben; **LBl** $N_{o,e}$ = 1,654, 1,670; **Db** 0,016; **Di** 0,015; **Pl** deutlich, farblos bis orangegelb; **A** Kristalle, körnige und radialstrahlige Aggregate; **Kf** prismatisch, rhomboedrisch, oft vertikal gefurcht, Zwillingsverwachsungen; **Ch** BeO 45,53%, $SiO_2$ 54,47%; **Lu** manchmal hellviolett bis rosa.

Phenakit auf Quarz, 55 mm, Mt. Antero, Colorado, USA

Phenakit, x 16 mm, São Miguel, Minas Gerais, Brasilien

# 146 Willemit

Benennung nach dem
niederländischen
König Willem I. (1772-1843)
Lévy, 1830
$Zn_2SiO_4$

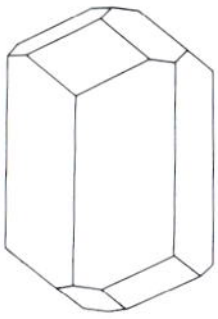

trigonal

**H** 5,5; **St** weiß; **D** 4,0; **F** weiß, gelblich, grau, braun (*Troostit*), blaugrün; **T** durchsichtig, durchscheinend; **G** fettig, matt; **Sp** vollkommen nach ($11\bar{2}0$), unvollkommen nach (0001); **B** uneben bis splitterig; **LBl** $N_{o,e}$ = 1,691, 1,719; **Db** 0,028; **Di** 0,027; **A** Kristalle, radialstrahlige, körnige, massive und sinterige Aggregate; **Kf** säulig, rhomboedrisch, Tafeln; **Ch** ZnO 72,96%, $SiO_2$, 27,04%; **Lu** markant hellgrün

**Genese**: sekundär, metamorph; **Paragenese**: Zinkit, Smithsonit; Hemimorphit, Franklinit; **Ähnliche Minerale**: Epidot, Olivin; **Unterscheidung**: Härte, Dichte; **Vorkommen**: Körnige und massive Aggregate von grüner, roter, rosa und grauer Farbe mit Kristallhohlräumen bis 15 cm, aus ausnahmsweise durchsichtigen, intensiv grünen, bis 7 cm großen Kristallen, stammen aus Franklin Furnace* und Sterling Hill, Sussex Co., New Jersey. Willemit ist auch bekannt aus Mammoth, Tiger, Arizona, aus der Grube Cerro Gordo, Kalifornien sowie Tres Hermanas, Neu-Mexiko (USA). Weitere Vorkommen in Mt. Saint Hilaire, Quebec (Kanada), blaue Nieren in Tsumeb und Guchab (Namibia), in Mindouli (Kongo), Kabwe (Sambia) und Bou Thaleb (Algerien). Große Massen gibt es in der Grube Puttapa, Beltana, Südaustralien (Australien). Kommt auch vor in Ilimaussaq, Grönland (Dänemark), Ville Montagne bei Moresnet (Belgien), Vrančice (Tschechien) und Altenberg bei Aachen (Deutschland). **Verwendung**: Zink-Erz.

Willemit, 50 mm, Dictator Mine, Sierra Co., Neu-Mexiko, USA

L

272

# 147 Olivin

**Peridot**

Minerale der isomorphen Forsterit-Fayalit-Reihe

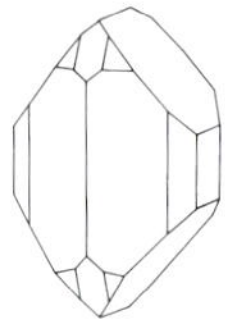

Benennung nach der Färbung
Werner, 1790
$(Mg,Fe)_2SiO_4$–$Mg_2(SiO_4)$ *Forsterit*, $Fe_2(SiO_4)$ *Fayalit* rhombisch

**Genese**: ultrabasische Gesteine, Pegmatite; **Paragenese**: Phlogopit, Magnetit, Apatit, Diopsid; **Ähnliche Minerale**: Chrysoberyll, Tephroit, Willemit, Prehnit, Moldavit; **Unterscheidung**: Härte, Dichte, optisch, Lumineszenz; **Vorkommen**: Die historisch bekannteste Lagerstätte befand sich auf der Insel Zebirget im Roten Meer (Ägypten). Kommt vor in Crestmore, Kalifornien, in San Carlos, Arizona (bis 20 cm große Aggregate), in Neu-Mexiko, auf den Hawaii-Inseln (so genanntes *Hawaiit*) (USA), des Weiteren in Mexiko, in Australien, im Gebiet von Mogok (Birma), in den Staaten Minas Gerais und Pernambuco (Brasilien), in der Südafrikanischen Republik und in Tansania. Kristalle wurden auch auf der Insel Ross in der Antarktis gefunden. Olivine gibt es in Sibirien, im Gebiet von Kolyma (Russland). Neuere Funde wurden in der Mongolei, in Afghanistan und Pakistan gemacht. Andere Vorkommen in Norwegen und auf Grönland, Forsterite bei Monte Somma* (Italien), Fayalite von der Insel Fayal*, Azoren (Portugal) und am Laacher See (Deutschland). **Verwendung**: zur Herstellung von technischem Glas.

**H** 6,5-7; **St** weiß, gelblich; **D** 3,27-4,20 (abhängig vom Gehalt an Mg und Fe); **F** gelbgrün, olivgrün (*Chrysolith*), grünschwarz, schwarzbraun; **BM** selten Katzenaugeneffekt; **T** durchsichtig (*Chrysolith*), durchscheinend; **G** glasig, fettig; **B** muschelig; **Sp** nach (010) unvollkommen; **LBl** $N_{p,m,g}$ = schwankt entsprechend der chemischen Zusammensetzung 1,649-1,827, 1,664-1,869, 1,684-1,879; **Db** 0,033-0,040; **Di** 0,020; **Pl** schwach, farblos bis hellgrün, grün, olivgrün; **A** Kristalle, körnige und massive Aggregate, Körner; **Kf** kurzprismatisch; **Ch** MgO 23,41%, FeO 41,71%, $SiO_2$ 34,88% (bei einem Verhältnis Mg : Fe = 1 : 1), Beimengungen von Cr, Ni

Olivin, 80 mm, Smrčí, Tschechien

# 148 Pyrop

## Kap-Rubin, Rhodolith, Böhmischer Granat

Granat-Gruppe

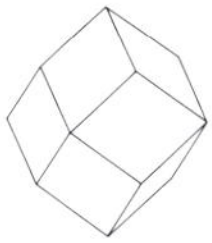

Benennung nach dem griechischen *pyropos* – feuerähnlich
Werner, 1803

$Mg_3Al_2(SiO_4)_3$ kubisch

**H** 7-7,5 (spröde); **St** weiß; **D** 3,65-3,80; **F** rot, feurig blutrot (*Böhmischer Granat*), dunkelrot, rosa (*Rhodolith*), violettrot, hellviolett, schwarzbraun; **BM** selten wird so genannter Alexandrit-Effekt beobachtet; **T** durchsichtig bis durchscheinend; **G** stark glasig, fettig; **Sp** sehr unvollkommen nach (110); **B** uneben, muschelig, splitterig; **LBl** *N* = 1,702-1,751; **Di** 0,022; **A** Kristalle, körnige, kompakte Aggregate, Körner in Anschwemmungen; **Kf** rhombododekaedrisch, hexaoktaedrisch; **Ch** unbeständig, MgO 29,8%, $Al_2O_3$ 25,4%, $SiO_2$ 44,8%, Beimengungen von Cr, Fe (*Rhodolith*)

247
248

**Genese**: magmatisch, Seifen; **Paragenese**: Diopsid, Magnetit, Diamant; **Ähnliche Minerale**: Almandin, Rubin, Spinell; **Unterscheidung**: Härte, Dichte, Spaltbarkeit, mit Röntgen; **Vorkommen**: Bekannt sind die Fundorte Cowee Creek, Malcon Co.,

Pyrop (Böhmischer Granat), Körner 3 mm, Třebenice, Tschechien

Nord-Carolina, Murfreesboro, Pike Co., Arizona, Mule Ear, Moses Rock, Utah (USA), Gravata, Pernambuco (Brasilien), Quines, Rio Mina (Argentinien). Umfangreiche Vorkommen befinden sich in Kimberley (Republik Südafrika), wo Pyrop, so genannter *Kap-Rubin*, mit Diamanten zusammen gefunden wird. Pyrop gibt es auch im Einzugsbereich des Umba-Flusses (Tansania), im Gebiet Panyam (Nigeria), in Bingara (Australien), in Madaras (Indien), im Gebiet von Jakutsk (Russland) und in der Mongolei, des Weiteren in Dora Maria, Alpen (Italien) und Arendal (Norwegen), klassische Fundstelle von Pyrop sind die Kiese bei Měrunice und Třebenice*, Böhmisches Mittelgebirge (Tschechien), hier kommen Exemplare bis zu 8 mm Größe vor. Pyrop gibt es auch in Zöblitz (Deutschland). **Verwendung**: Schneid-, Schleif- und Bohrwerkzeuge, Juwelierhandwerk.

Pyrop im Muttergestein, 80 mm, Třebenice, Tschechien

# 149 Almandin

Granat-Gruppe

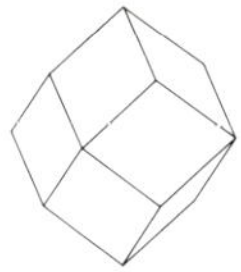

Benennung nach dem Fundort Alabanda in Kleinasien Plinius der Jüngere

$Fe_3Al_2(SiO_4)_3$ kubisch

249

**H** 7-7,5; **St** weiß; **D** 3,95-4,20; **F** violettrot, violettbraun, himbeerfarben, rosa, orange, selten schwarz; **BM** gelegentlich Asterismus; **T** durchsichtig, durchscheinend, manchmal undurchsichtig; **G** glasig; **Sp** nach (110) unvollkommen; **B** muschelig, uneben, splitterig; **LBl** *N* = 1,778-1,810; **Di** 0,024; **A** Kristalle, Körner; **Kf** rhomboedrisch, hexaoktaedrisch; **Ch** FeO 43,30%, $Al_2O_3$ 20,49%, $SiO_2$ 36,21%, mischt sich mit Pyrop und Spessartin, enthält zahlreiche Beimengungen

**Genese**: Metamorphite, magmatisch, Pegmatite, Seifen; **Paragenese**: Muskovit, Chlorit, Quarz, Feldspäte; **Ähnliche Minerale**: Pyrop, Rubin, Spinell; **Unterscheidung**: Härte, Dichte, Spaltbarkeit, mit Röntgen; **Vorkommen**: Sehr schöne, bis 5 cm große Kristalle stammen aus Fort Wrangel, Alaska, kommt auch vor in Thomas Range, Juab Co., Utah, Salida, Chaffee Co., Colorado (USA), bis 15 cm große Almandine in Ischikawa, Fukuschima (Japan), bis 10 cm große in Shingrus (Pakistan). Berühmt sind die Almandine aus den Seifen in der Umgebung von Dschajpur, Rajasthan und Hyderabad, Andhra Pradesch (Indien) oder von Ratnapura (Sri Lanka). In Seifen kommen sie auch in Tansania und auf Madagaskar vor. Bis 10 cm große Kristalle gibt an der Lokalität Hornachuelos, Córdoba (Spanien), in Monte dei Granati bei Moso (Italien) und in Bodö (Norwegen), bis 15 cm große Kristalle im Ötz- und im Zillertal (Österreich). Kommt auch in Irchenrieth (Deutschland) vor. **Verwendung**: zur Herstellung von Schleifmitteln, Juwelierhandwerk.

Almandin, xx 27 mm, Wrangel-Insel, Alaska, USA

# 150 Spessartin

Granat-Gruppe

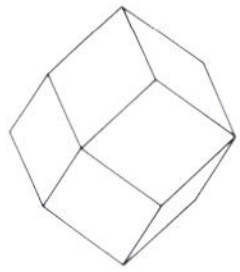

Benennung nach dem Spessart in Deutschland
Beudant, 1832
$Mn_3Al_2(SiO_4)_3$ kubisch

**H** 7-7,7; **St** weiß; **D** 4,3; **F** gelb, goldgelb, hellrosa, orange bis rotbraun; **BM** manchmal ist Alexandrit-Effekt zu beobachten; **T** durchscheinend bis undurchsichtig; **G** glasig; **B** muschelig bis uneben; **LBI** $N$ = 1,795-1,815; **Di** 0,027; **A** Kristalle, Körner; **Kf** rhombododekaedrisch und hexaoktaedrisch; **Ch** unbeständig, mischt sich mit Almandin, theoretisch MnO 43,0%, $Al_2O_3$ 20,6%, $SiO_2$ 36,4%, Beimengungen von Fe

252

**Genese**: magmatisch, Pegmatite, metamorph, Seifen; **Paragenese**: Albit, Rauchquarz, Skoryl; **Ähnliche Minerale**: Hessonit; **Unterscheidung**: optisch; **Vorkom-**

Spessartin auf Albit, x 9 mm, Carnaiba, Brasilien

**men**: Wunderschöne, vollkommen abgegrenzte, bis 3 cm große Kristalle stammen aus den Pegmatiten der Grube Herkules, Ramona, Kalifornien, bis 2 cm große Kristalle gibt es in Ely White Pine Co., Nevada und Amelia, Amelia Co., Virginia (USA), rote Kristalle in Asbestos, Quebec (Kanada), orangerote, durchsichtige Kristalle wurden in den Pegmatiten von Rio Grande do Norte (Brasilien) gefunden, sie sind auch aus dem Tal Gilgit (Pakistan) bekannt, rote Kristalle gibt es in Sanshui-Sham (China), weitere Vorkommen in Tamagawa, Iwate (Japan), Broken Hill, Neusüdwales (Australien), orangefarbene Kristalle in Kunete River (Namibia). Des Weiteren kommt es in Ratnapura (Sri Lanka) und in Tsilaisina (Madagaskar) vor. Bis 6 mm große, violette, bräunliche, durchsichtige Kristalle wurden auf Elba (Italien) gefunden. Weitere Vorkommen in Iveland (Norwegen), Broddbo bei Falun (Schweden), im Spessart*, in Bayern und in Ilfeld, Harz (Deutschland). **Verwendung**: manchmal im Juwelierhandwerk.

Spessartin auf Quarz, 65 mm, Yun-nan, China

250

L

# 151 Grossular

Granat-Gruppe

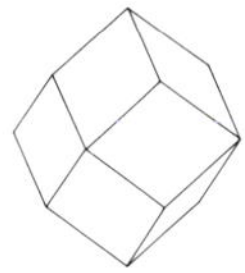

Benennung nach dem lateinischen *ribes grossularia* – Stachelbeere
Werner, 1811
$Ca_3Al_2(SiO_4)_3$ kubisch

**H** 7-7,5 (spröde); **St** weiß; **D** 3,40-3,68; **F** farblos (*Leukogranat*), weiß, gelb, rosarot (*Rosolit*), rot, hellgrün bis smaragdgrün (*Tsavorit*), orange, rotbraun bis purpur (*Hessonit*), braunrot (*Romanozovit*); **BM** Asterismus; **T** durchsichtig, durchscheinend bis undurchsichtig; **G** glasig; **Sp** nach (110) schlecht; **B** muschelig bis uneben; **LBl** *N* = 1,738-1,748; **Di** 0,027; **A** Kristalle, Körner; **Kf** rhombododekaedrisch, hexaoktaedrisch; **Ch** unbeständig, theoretisch CaO 37,3%, $Al_2O_3$ 22,7%, $SiO_2$ 40,0%, Beimengungen von Fe (*Hessonit*), Mn, Mg, Cr, Ni, V (*Tsavorit*); **Lu** selten goldgelb, gelb

**Genese**: metamorph, hydrothermal; **Paragenese**: Vesuvian, Epidot, Diopsid, Wollastonit, Tremolit, Skapolith, Magnetit; **Ähnliche Minerale**: Spessartin, Smaragd, Demantoid; **Unterscheidung**: Härte, Dichte, optisch; **Vorkommen**: Orangefarbene, vollkommen ausgebildete, bis 2,5 cm große Kristalle stammen aus der Grube Jeffrey, Asbestos, Quebec (Kanada), rote, bis 5 cm große gibt es in Sierra de las Cruces, Coahuila, bis 10 cm große, weiße und rosafarbene Kristalle in Xalostoc, Morelos (Mexiko). Kristalle, die bis 15 cm groß und bis 3,5 kg schwer sind, treten in Dionboko und Sandaré (Mali) auf, smaragdgrüne, bis 5 cm große (Tsavorite) in der Umgebung von Tsavo (Kenia) und auch in den Merelani Hills und in Arushi (Tansania). Entdeckt wurde Grossular erstmals im Stromgebiet des Wiljuj*, Jakutsk (Russland). Sehr schöne Grossulare gibt es im Tal Ala, Piemont (Italien), an der Lagerstätte Ocna de Fier, Ciclova (Rumänien) und in Auerbach (Deutschland), bis 10 cm große Hessonite kommen in Vápenná (Tschechien) vor. **Verwendung**: Juwelierhandwerk.

Grossular, 42 mm, Sierra de las Cruces, Mexiko

Hessonit (Leukogranat), xx 2 mm, Asbest, Russland

# 152 Andradit

Granat-Gruppe

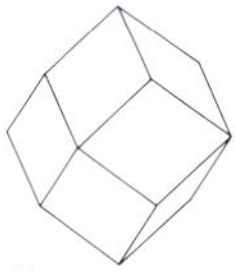

Benennung nach dem brasilianischen Mineralogen J. B. d'Andrada e Silva (1763-1838)
Dana, 1868

$Ca_3Fe_2^{3+}(SiO_4)_3$ kubisch

**H** 6,5-7,5; **St** weiß; **D** 3,82-3,85; **F** grün, smaragdgrün (*Demantoid*), gelbgrün und gelb (*Topasolith*), gelbbraun (*Rothoffit, Polyadelfit*), rotbraun (*Alochroit*), braun (*Kolophonit*), schwarz (*Melanit, Schorlomit, Iivaarit*); **BM** Asterismus, Irisieren; **T** durchsichtig, durchscheinend bis undurchsichtig; **G** stark glasig, diamantartig; **Sp** nach (110) schlecht; **B** muschelig, uneben; **LBl** $N$ = 1,84-1,89; **Di** 0,057; **A** Kristalle, Körner; **Kf** rhombododekaedrisch, hexaoktaedrisch; **Ch** unbeständig, theoretisch CaO 33,11%, $Fe_2O_3$ 31,42%, $SiO_2$ 35,47%, Beimengungen von Ti, Cr

**Genese**: metamorph, hydrothermal, magmatisch; **Paragenese**: Hedenbergit, Magnetit, Epidot, Titanit, Turmalin, Diopsid, Chlorit; **Ähnliche Minerale**: Grossular, Vesuvian; **Unterscheidung**: Härte, Dichte, optisch; **Vorkommen**: Schöne Melanit- und Schorlomitkristalle gibt es in Magnet Cove, Arkansas, bis 7 cm große Kristalle auf der Insel Prince of Wales, Alaska (USA), braune, bis 2 cm große an der Lokalität Castrovirreyma, Huancavelica (Peru), irisierende, bis 1,5 cm große Kristalle (so genannter *Rainbow-Andradit*) in Hermosille, Sonora und bis 1 cm große Kristalle in der Grube Ojos Españoles, Chihuahua (Mexiko). Dunkelgrüne Kristalle wurden in Pir Babab, Swart (Pakistan) gefunden, kommt auch in Usakos (Namibia) vor, bis 5 cm große Kristalle (Melanite) gibt es an der Lagerstätte Rudnyj (Kasachstan), bis 4 cm große in Sineretschenskoje, Schorlomit kommt in Kovdor (Russland) vor, ist auch aus Daschkesan (Aserbaidschan) bekannt. Schöne braungrüne, bis 3 cm große Demantoide gibt es im Val Malenco (Italien), Topasolithe in Zermatt (Schweiz) und im Banat (Rumänien), Melanite kommen im Gebiet des Kaiserstuhls, Baden, Topasolithe in Wurlitz, Bayern (Deutschland) vor. **Verwendung**: manchmal im Juwelierhandwerk.

Andradit, x 14 mm, Sonora, Mexiko

Andradit, 110 mm, Dalnegorsk, Russland

Melanit, xx 10 mm, Rudnyj, Kasachstan

251

# 153 Uwarowit

Granat-Gruppe

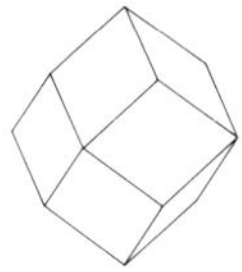

Benennung nach dem russischen Minister S. S. Uwarow (1786-1855)
Hess, 1832
$Ca_3Cr_2(SiO_4)_3$ kubisch

**H** 7-8; **St** weiß; **D** 3,41-3,77; **F** grün, dunkel smaragdgrün, grasgrün; **T** durchsichtig, durchscheinend; **G** glasig; **Sp** nach (110) schlecht; **B** muschelig, uneben; **LBI** *N* = 1,87; **A** Kristalle, Körner; **Kf** rhombododekaedrisch, hexaoktaedrisch; **Ch** unbeständig, theoretisch CaO 33,50%, $Cr_2O_3$ 30,60%, $SiO_2$ 35,90%

Uwarowit, xx 2 mm, Sarany, Russland

**Genese**: Metamorph, ggf. hydrothermal, in Gesteinen mit erhöhtem Gehalt an Chrom, in Ultrabasen mit Chromit, in Serpentiniten und Skarnen; **Paragenese**: Serpentin, Chromit, Pyrrhotin, Prehnit, Calcit, Dolomit; **Ähnliche Minerale**: Demantoid, Smaragd, Chromdiopsid; **Unterscheidung**: Härte, Dichte, optisch; **Vorkommen**: Kristalle gibt es in Riddle, Grant Co., Oregon, Grube Texas, Pennsylvania (USA), Orford, Quebec (Kanada). Sie kommen auch auf Taiwan, in Waziristan (Pakistan), in Bushveld in Transvaal (Republik Südafrika) und in Äthiopien vor. Erstbeschreibung von der Lagerstätte Sarany* bei Bissertski, Ural (Russland), wo sich an Chromitklüften bis 8 mm große Kristalle befinden. Durchscheinende, dunkelgrüne, bis 2 cm große Kristalle kommen im Quarz-Silikatgestein mit Pyrrhotin in Outokumpu (Finnland) vor. Uwarowit ist auch aus Röros (Norwegen), vom Pico do Posets, Pyrenäen (Spanien), aus Jordanów (Polen), Ergani Maden und der Grube Kop Krom (Türkei) bekannt.

Uwarowit, x 16 mm, Outokumpu, Finnland

# 154 Zirkon

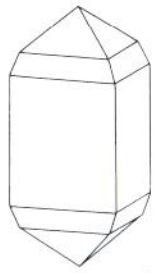

Benennung nach der chemischen Zusammensetzung
Werner, 1783
$ZrSiO_4$

tetragonal

**Genese**: Magmatite, Pegmatite, Seifen; **Paragenese**: Biotit, Amphibol, Quarz, Granat; **Ähnliche Minerale**: Xenotim, Thorit, Granat, Saphir, Aquamarin, Topas, Sinhalit, Titanit; **Unterscheidung**: Härte, Dichte, optisch; **Vorkommen**: Bis zu 30 cm große Kristalle gibt es in den Pegmatiten bei Bancroft, Ontario, prismatische, bis 4 cm

Zirkon, 3 mm, Tansania

große Kristalle an der Lokalität Matilda Lake, Quebec (Kanada), kommt auch in Jaguaraçú, Minas Gerais (Brasilien) und Alto Ligonha (Moçambique) vor. Verschiedenfarbige

Zirkon, xx 7 mm, Wischnewyje Gory, Russland

**H** 6,5-7,5 (spröde); **St** weiß; **D** 3,9-4,8; **F** farblos, gelb (*Jargon*), rot, orangerot (*Hyazinth*), grün, blau (*Starlit*), braun und schwarz; **BM** gelegentlich Katzenaugeneffekt; **T** durchsichtig, durchscheinend; **G** glasig, diamantartig, fettig; **Sp** nach (110) unvollkommen; **B** muschelig, **LBI** $N_{o,e}$ = 1,78-2,01, 1,81-1,97; **Db** 0,059; **Di** 0,039; **Pl** deutlich, vor allem bei blauen Typen; **A** Kristalle, körnige, erdige und radiale Aggregate, Körner, Rollstücke in Anschwemmungen; **Kf** prismatisch, dipyramidal, isometrisch; **Ch** $ZrO_2$ 67,01%, $SiO_2$ 32,99%, Beimengungen von U, Th, seltenen Erden (*Oymalit*), $H_2O$ (*Malakon, Cyrtolit*), Y, Nb (*Naegenit*), Hf (*Alvit*) und V, Lantaniden; **Lu** gelb, orange, grüngelb, manchmal ohne

Zirkone stammen aus den Seifen der Gebiete von Ratnapura und Matara (Sri Lanka) und aus Mogok (Birma). Goldgelbe und blaue Zirkone sind aus dem Gebiet von Kha (Thailand), aus Vietnam und Kambodscha bekannt, Jargone aus dem Gebiet von Anakie, Queensland (Australien), des Weiteren aus Miass, Ural, vom Berg Wawnbed, Kola (Russland), aus Arendal (Norwegen), Ytterby (Schweden), vom Laacher See, Rheinland-Pfalz (Deutschland). **Verwendung**: Zirkonium-Gewinnung, Juwelierhandwerk.

Zirkon, 40 mm, Insel Seiland, Norwegen

243

# 155 Euklas

Benennung nach dem griechischen *eu* – gut und *klassis* – das Brechen
Haüy, 1792
$BeAlSiO_4(OH)$

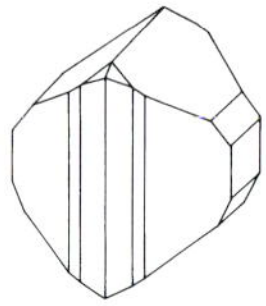

monoklin

**H** 7,5 (spröde); **St** weiß; **D** 3,0-3,1; **F** farblos, weiß, grünlich, blau; **T** durchsichtig, durchscheinend; **G** glasig, diamantartig; **Sp** nach (010) vollkommen; **B** muschelig, uneben; **LBl** $N_{p,m,g}$ = 1,652, 1,656, 1,672; **Db** 0,019-0,025; **Di** 0,016; **Pl** schwach bis intensiv, hellgelb, gelblich, blaugrün; **A** Kristalle, Körner, radiale Aggregate; **Kf** langprismatisch mit Vertikalfurchen; **Ch** BeO 17,28%, $Al_2O_3$ 35,18%, $SiO_2$ 41,34%, $H_2O$ 6,2%, Beimengungen von Zn; **Lu** manchmal dunkelrot

**Genese**: hydrothermal, Pegmatite, Lockergestein; **Paragenese**: Albit, Beryll, Phenakit; **Ähnliche Minerale**: Achroit, Aquamarin, Hiddenit, Topas; **Unterscheidung**: Dichte, Härte, optisch; **Vorkommen**: Reiche Vorkommen blauer und grüner, bis 8 cm großer und vollkommen ausgebildeter Kristalle gibt es in Santa do Encoberto, Minas Gerais. Sie treten hier in Chlorit- und Specksteinschiefern in Quarzlinsen mit Topas und Rutil auf und kommen auch in den Seifen in der Umgebung des Flusses San Izabel (Brasilien) vor. Schöne Kristalle stammen aus Alto Momoz (Ecuador). Blaue, bis 3 cm große Kristalle wurden in der Grube Last Hope, Karoi (Simbabwe) gefunden. Euklase treten auch in Uganda, Zaire und der Südafrikanischen Republik auf. Bekannt sind des Weiteren die Vorkommen in den Seifen des Flusses Sanarka, Ural (Russland). Gelblich weiße, bis 3 mm große Kristalle sind am Pizzo Giubine (Schweiz) zu finden, gelbe, bis 5 mm große im Zillertal (Österreich), in Epprechtstein und Dobschütz (Deutschland).

L

Euklas, 120 mm, Ecuador, Rio Grande do Norte, Brasilien

# 156 Andalusit

Benennung nach dem
Fundort in Andalusien, Spanien
Delamétherie, 1798
$Al_2SiO_5$

rhombisch

**H** 6,5-7,5 (spröde); **St** weiß, **D** 3,13-3,17; **F** grau, rotgrau, braun, rosa, violett, selten auch grün (*Viridin*); **BM** selten Katzenaugeneffekt; **T** durchsichtig bis undurchsichtig; **G** glasig, matt; **Sp** nach (110) gut; **B** uneben; **LBl** $N_{p,m,g}$ = 1,629-1,640, 1,633-1,644, 1,638-1,650; **Db** 0,007-0,011; **Di** 0,016; **Pl** gelb, olivgrün, braunrot; **A** Kristalle, körnige, kompakte und strahlige, halmige Aggregate, Rollstücke in Anschwemmungen; **Kf** prismatisch, Andalusit mit charakteristischer Kreuzzeichnung im Querschnitt wird *Chiastolith* genannt. **Ch** $Al_2O_3$ 62,93%, $SiO_2$ 37,07%, Beimengungen von Mn (*Viridin*), von Kohlepigment (*Chiastolith*); **Lu** grün bis gelbgrün

244
245



**Genese**: metamorph, Pegmatite, Seifen; **Paragenese**: Rutil, Sillimanit, Cordierit, Korund, Quarz, Turmalin, Granat; **Ähnliche Minerale**: Turmalin, Verdelith, Rubellit, Chrysoberyll; **Unterscheidung**: Härte, Dichte, optisch; **Vorkommen**: Grüne Andalusite gibt es in Morro do Chepeu, Bahia, auch bekannt von Santa Teresa, Espirito Santo (Brasilien), des Weiteren in den Seifen von Sri Lanka, Indien und Birma (dunkelblaue Kristalle). Schöne *Chiastolithe* gibt es im Gebiet von Bimbowrie, Südaustralien (Australien), in Transbaikalien (Russland) und Bona (Algerien). Andalusite treten in der Umgebung von Nertschinsk (Russland) auf, bis 20 cm große Kristalle gibt es in Usbekistan. Grüne Viridine wurden in Ultevis (Schweden) gefunden, blaue Andalusitkristalle in Belgien. Kommen auch in Andalusien* (Spanien) vor, bei Lisens (Österreich), in Gefrees, Bodenmais, *Viridin* bei Darmstadt (Deutschland). **Verwendung**: für feuer- und säurebeständige Materialien.

Andalusit, 28 mm, Aracuci, Minas Gerais, Brasilien

Chiastolith, xx 15 mm, Modac, Kalifornien, USA

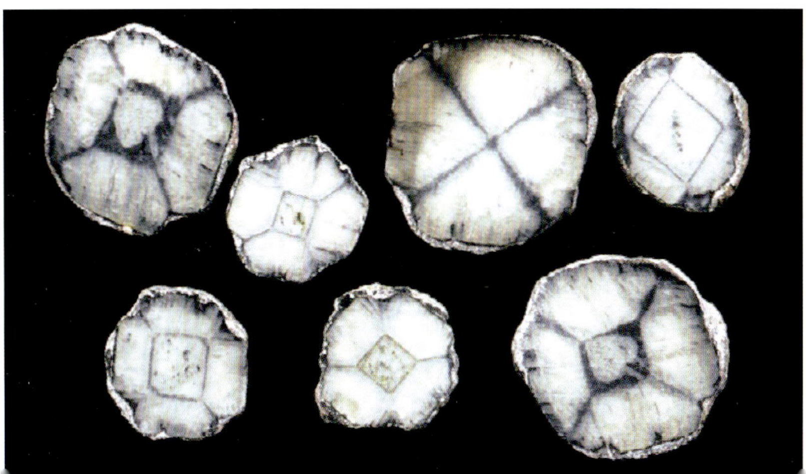

# 157 Cyanit
## Disthen

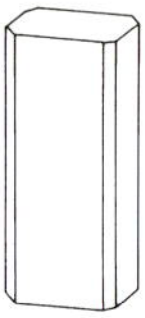

triklin

Benennung nach dem griechischen *kyanos* – blau
Werner, 1789
$Al_2SiO_5$

L

**Genese**: Metamorphite, Pegmatite, hydrothermal, Seifen; **Paragenese**: Silliamit, Andalusit, Almandin, Staurolith, Korund; **Ähnliche Minerale**: Aquamarin, Benitoit, Saphir; **Unterscheidung**: Härte, Dichte, optisch; **Vorkommen**: Kristalle sind bekannt von der Lokalität Lyme, Grafton Co., New Hampshire (USA). Wunderschöne säulige, bis 15 cm große Kristalle gibt es in Barra do Salinas, Minas Gerais (Brasilien), kommt auch in Grönland (Dänemark) vor, unlängst wurden im Gebiet von Harts Range, Nordterritorium (Australien) große Kristalle gefunden. Cyanite wurden auch in

Cyanit, x 20 mm, Judds Bridge, Washington, USA

**H** 6-7(in der Querrichtung), 4-4,5 (auf den prismatischen Flächen); **St** weiß; **D** 3,6-3,7; **F** farblos, weiß, blau, grau, grün, gelb; **BM** selten Katzenaugeneffekt; **T** durchsichtig, durchscheinend; **G** glasig, perlmutterartig, matt; **Sp** nach (100) vollkommen, nach (010) unvollkommen; **B** uneben; **LBI** $N_{p,m,g}$ = 1,710-1,718, 1,721-1,723, 1,727-1,734; **Db** 0,015-0,017; **Di** 0,020; **Pl** farblos, violettblau, kobaltblau; **A** Kristalle, garbenförmige, radiale und massive Aggregate; **Kf** prismatisch, tafelig, Zwillingsverwachsungen; **Ch** $Al_2O_3$ 62,93%, $SiO_2$ 37,07%, Beimengungen von Fe (grüne Färbung), Cr, Ti (grüne und blaue Färbung); **Lu** manchmal schwach rot

Pseudomorphose des Cyanits nach Chiastolith, 20 mm, Halbinsel Kola, Russland

Sultan Hamub (Kenia) festgestellt, grünblaue Formen in Namibia, smaragdgrüne im Stromgebiet des Umba-Flusses (Tansania). Andere Vorkommen bei Kejwy, Kola (Russland). Klassische Lokalitäten sind Pizzo Forno und Alpe Campolungo (Schweiz), Greiner, Zillertal (Österreich) und Röros (Norwegen), bis 50 cm große Kristalle gibt es im Gebiet Prilep (Makedonien). Weitere Lokalitäten sind Schmalkalden, Obergruna, Röhrsdorf (Deutschland). **Verwendung**: für feuer- und säurebeständige Materialien.

# 158 Topas

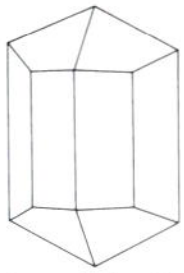


Benennung nach der Insel Topasos im Roten Meer
de Boodt, 1636
$Al_2SiO_4(F,OH)$

**H** 8; **St** weiß; **D** 3,5-3,6; **F** farblos, gelb, goldgelb, rosa, blau, rot, orange, violett, grün, braun; **BM** selten Katzenaugeneffekt; **T** durchsichtig, durchscheinend; **G** glasig; **Sp** nach (001) vollkommen; **B** muschelig, uneben; **LBI** $N_{p,m,g}$ = 1,606-1,629; 1,609-1,631, 1,616-1,638; **Db** 0,009-0,011; **Di** 0,014; **Pl** deutlich, bei verschiedenen Farben verschieden; **A** Kristalle, parallele oder radiale halmförmige Aggregate (*Pyknit*); **Kf** prismatisch, vertikal gerillt; **Ch** $Al_2O_3$ 55,40%, $SiO_2$ 32,60%, F 20,70%, beim Abziehen ($O = F_2$) 8,70 %, gefärbt durch Beimengungen von Fe, Cr, Mg, V, Ti; **Lu** goldgelb, cremefarben, grün

**Genese**: Magmatite, Pegmatite, hydrothermal, metasomatisch, Seifen; **Paragenese**: Fluorit, Quarz, Kassiterit, Turmalin; **Ähnliche Minerale**: Saphir, Goshenit, Brasilianit, Aquamarin, Phenakit, Bergkristall, Citrin; **Unterscheidung**: Härte, Dichte, optisch, Spaltbarkeit, Kristallformen; **Vorkommen**: Braune, bis 8 cm große Kristalle gibt es in Thomas Range, Utah, rosafarbene und violette in Coos Co., New Hampshire (USA). Hellrote Topase treten in Tepetake, San Luis Potosí auf, weingelbe in Zacatecas (Mexiko). Wunderschöne, oft mehrere Dezimeter große Kristalle stammen aus den Pegmatiten, die in Saramenha, Fezenda do Funil, Don Bosco, Virgem da Lapa in Minas Gerais (Brasilien) gefördert werden. Erstmals wurden Topase aus Zebirget* (Ägypten) beschrieben. Sie sind auch aus Vietnam, China und Pakistan bekannt. Blaue Kristalle gibt es in Albaschka, rosafarbene in Nertschinsk (Russland), bis 50 cm große in Wolhynien (Ukraine). Die Topasvarietät Pyknit tritt in Cínovec (Tschechien) und in Schneckenstein, Sachsen (Deutschland) auf. **Verwendung**: Juwelierhandwerk.

Pyknit, 120 mm, Cínovec, Tschechien

Topas, 95 mm, Pakistan

237

L

270

# 159 Staurolith

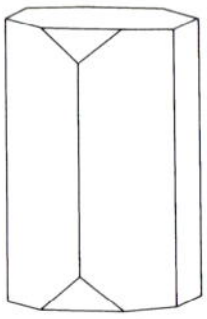
rhombisch

Benennung nach dem griechischen *stauros* – Kreuz und *lithos* – Stein
Bergman, 1782
$Fe_2Al_9Si_4O_{22}(OH)_2$

**H** 7-7,5; **St** grauweiß; **D** 3,65-3,83; **F** dunkelbraun, rotbraun, braunrot, selten dunkelblau (*Lusakit*); **T** durchscheinend, undurchsichtig; **G** glasig, matt; **Sp** nach (010) gut; **B** muschelig, splittrig; **LBl** $N_{p,m,g}$ = 1,739-1,747, 1,744-1,754, 1,750-1,762; **Db** 0,011-0,015; **Di** 0,023; **Pl** hellgelb, gelbbraun, orangegelb; **A** Kristalle, kreuzförmige Verwachsungen, körnige Aggregate; **Kf** kurz- und langprismatisch, Zwillings- und Drillingsverwachsungen; **Ch** FeO 16,70%, $Al_2O_3$ 53,40%, $SiO_2$ 27,90%, $H_2O$ 2,00%, Beimengungen von Co, Mg (*Lusakit*), Zn (*Zinkstaurolith*), Mn (*Nordmarkit*)

**Genese**: Metamorphite, Seifen; **Paragenese**: Muskovit, Cyanit, Andalusit, Quarz, Almandin, Magnetit, Brookit; **Ähnliche Minerale**: Dravit, Hessonit; **Unterscheidung**: Härte, Dichte, optisch, mit Röntgen; **Vorkommen**: Schöne Kristalle gibt es an den Lokalitäten Franconia, Crafton Co., New Hampshire, Blue Ridge, Fannin Co., Georgia und Rio Arriba, Neu-Mexiko (USA). Große Kristalle stammen aus Rubellite, Ardenella, Minas Gerais (Brasilien), Gorob Mine (Namibia), aus der Umgebung von Lusaka, wo so genannte *Lusakite* vorkommen (Sambia), Staurolith ist auch bekannt aus Madagaskar und Indien. Die schönsten, bis 20 cm großen Verwachsungen stammen aus dem Kejwy-Gebirge, Halbinsel Kola (Russland). Schöne, bis 5 cm große Kristalle gibt es in Logo Ritom und Pizzo Forno (Schweiz), im Val Passaria (Italien) und auch in Morbihan (Frankreich), in Nordmark (Schweden; hier *Nordmarkit*), in St. Radegrund, im Passeier Tal, Sterzing (Österreich) und in Aschaffenburg (Deutschland).

Staurolith, 80 mm, Kejwy, Halbinsel Kola, Russland

# 160 Klinohumit

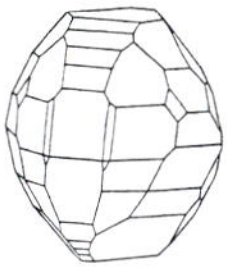

Benennung nach dem monoklinen Habitus und der Zugehörigkeit zu Humit des Cloizeaux, 1876

$Mg_9Si_4O_{16}(OH,F)_2$ monoklin

**H** 6 (spröde); **St** weiß; **D** 3,17-3,35; **F** weiß, gelb, rot, braun; **T** durchsichtig, durchscheinend; **B** glasig, matt; **Sp** unvollkommen nach (100); **B** uneben, halbmuschelig; **LBl** $N_{p,m,g}$ = 1,628-1,638, 1,641-1,654, 1,662-1,674; **Db** 0,032; **Di** stark; **A** Kristalle, körnige Aggregate; **Kf** unvollkommen prismatisch, Verwachsungen; **Ch** kompliziert, Beimengungen von Fe, Ti, Mn

**Genese**: metamorph in regional- und kontaktmetamorphosierten Karbonatgesteinen, Serpentiniten und Steatitschiefern; **Paragenese**: Spinell, Chlorit, Serpentin, Phlogopit, Grossular, Aktinolith, Anthophyllit, Forsterit; **Ähnliche Minerale**: Skapolith, Chondrodit, Olivin; **Unterscheidung**: Härte, Dichte, mit Röntgen; **Vorkommen**: Tritt auf in Crestmore, Riverside Co., Kalifornien, in der Grube Fe Tilly Foster, Putman Co., New York und in Buell Park, Apache Co., Arizona (USA). Kommt auch in Cargill Lake, Ontario (Kanada) und Kangerlussuaq, Grönland (Dänemark) vor und ist aus der Grube Jacupiranga, Sao Paulo (Brasilien) bekannt. Schöne gelbe, bis 3 cm große Kristalle von Edelsteinqualität gibt es in Kutschilal, Pamir (Tadschikistan), ähnliche auch in Pargas, Ojamo (Finnland). Kommt des Weiteren in Sljudjanka, Sibirien (Russland), am Monte Somma*, am Vesuv, im Val Malenco (Italien) und in Llanos de Juanar, Málaga (Spanien) vor. Kleine Kristalle gibt es in Pöhla, Erzgebirge (Deutschland).

Klinohumit, 19 mm, Kutschilal, Pamir, Tadschikistan

# 161 Titanit

## Sphen

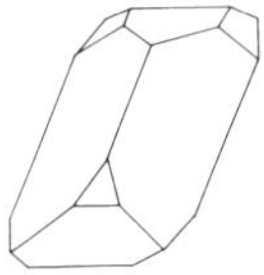

Benennung nach
der Zusammensetzung
Klaproth, 1795
$CaTiOSiO_4$

monoklin

**Genese**: magmatisch, hydrothermal, metamorph, Seifen; **Paragenese**: Feldspäte, Chlorit, Rutil, Albit, Quarz; **Ähnliche Minerale**: Axinit; **Unterscheidung**: Härte, chemisch; **Vorkommen**: Bis 20 cm große Kristalle gibt es an der Fundstelle Rossie, St. Lawrence Co., schöne Kristalle von Edelsteinqualität in der Grube Tilly Foster in Brewster, New York und in Magnet Cove, Arkansas (USA), große, bis 40 kg schwere Kristalle stammen aus Eganville, Ontario (Kanada). Olivgrüne, bis 2 cm große Exemplare gibt es in Turmig (Pakistan), hellgelbe Kristalle sind aus Vohemar (Madagaskar) bekannt. Weitere Vorkommen existieren in Valdares (Norwegen), gelbbraune, bis 5,5 cm große Kristalle gibt es in Dodo, Nord-Ural (Russland). Berühmte Fundorte mit sehr schönen Titanitkristallen, die bis 18 cm Größe erreichen, sind Tavetsch und das Binntal (Schweiz), Val Maggia und Passo di Vizze (Italien), Zillertal und Felbertal (Österreich). Kommt auch am Laacher See (Deutschland) vor. **Verwendung**: Titan-Gewinnung.

**H** 5-5,5 (spröde); **St** farblos, weiß, schwach bräunlich; **D** 3,4-3,6; **F** weiß, gelb, braun, rötlich, grünlich, schwarz; **T** durchsichtig, durchscheinend bis undurchsichtig; **G** glasig, diamantartig, fettig; **Sp** unvollkommen nach (110); **B** uneben, muschelig; **LBl** $N_{p,m,g}$ = 1,950, 1,970, 2,092; **Db** 0,142; **Di** 0,051; **Pl** hellgelb, grünlich, braunrot; **A** überwiegend Kristalle, körnige, massive und radiale Aggregate; **Kf** Tafeln, prismatisch, oft Zwillingsverwachsungen; **Ch** CaO 28,60%; $TiO_2$ 40,80%; $SiO_2$ 30,60%, Beimengungen von Fe, Mn (*Greenovit*), Al, Y (*Yttrotitanit*), Ce (*Keilhauit, Grothit, Alshedit*), Cr (*Chromtitanit*)

Titanit, x 31 mm, Gilgit, Pakistan

Chromtitanit, x 10 mm, Sarany, Russland

# 162 Datolith

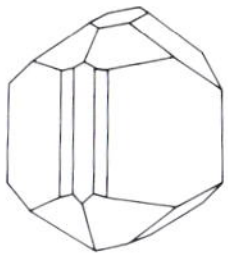

Benennung nach dem griechischen *detéoma* – teilen und *lithos* – Stein
Esmark, 1806
$CaBSiO_4(OH)$ monoklin

**H** 5-5,5; **St** weiß; **D** 2,9-3,0; **F** farblos, weiß, grau, gelblich; **T** durchsichtig, durchscheinend; **G** glasig, fettig; **Sp** unvollkommen; **B** uneben, muschelig; **LBl** $N_{p,m,g}$ = 1,625, 1,653, 1,670; **Db** 0,045; **Di** schwach; **A** Kristalle, massive, körnige und sinterige (*Botryolith*) Aggregate, Krusten; **Kf** tafelig, prismatisch; **Ch** CaO 34,99%, $B_2O_3$ 21,78%, $SiO_2$ 37,63%, $H_2O$ 5,6%; **Lu** weiß, blau

**Genese**: hydrothermal, postvulkanisch; **Paragenese**: Zeolithe, Calcit, Prehnit, Turmalin; **Ähnliche Minerale**: Colemanit, Danburit; **Unterscheidung**: Härte, Dichte, chemisch; **Vorkommen**: Große Kristalle gibt es in Lane, Hampden Co., Massachusetts, andere Vorkommen in West Paterson, New Jersey, Newington, Connecticut, auf der Halbinsel Keweenaw, Michigan (USA), zusammen mit Danburit in Charcas, San Luis Potosí (Mexiko). Es ist auch von der Lokalität Iwato (Japan) bekannt. Schöne grüne, säulige, bis 10 cm große Kristalle stammen aus Dalnegorsk, Primorje-Region, grüne, bis 2 cm große Kristalle aus Norilsk, Datolith ist bekannt von der Grube Turja, Ural (Russland), kommt auch auf dem Berg Maschuk bei Pjatigorsk (Georgien) vor und tritt auf in Fifeshir, Schottland (Großbritannien), an der Magnetitlagerstätte in Arendal (Norwegen), in Baveno, Piemont (Italien), auf dem Piz Valatscha, Graubünden (Schweiz), in Maglovec (Slowakei) sowie in Haslach und St. Andreasberg (Deutschland). **Verwendung**: Bor-Gewinnung.

Datolith, 39 mm, Delaware Mine, Keweenaw Co., Michigan, USA

Datolith, 22 mm, Dalnegorsk, Russland

L

# 163 Dumortierit

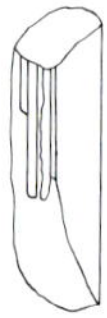

Benennung nach dem französischen Paläontologen M. E. Dumortier (1802-1873)
Gonnard, 1881
$Al_7(BO_3)(SiO_4)_3O_3$

rhombisch

**H** 7; **St** bläulich weiß, weiß; **D** 3,3-3,4; **F** violett, rosa, rotviolett, blau, grün, braun; **T** durchsichtig bis durchscheinend; **G** glasig, manchmal seidig; **Sp** gut nach (100); **B** uneben; **LBl** $N_{p,m,g}$ = 1,686, 1,722, 1,723; **Db** 0,037; **Di** schwach; **Pl** schwarz, dunkel braunrot, braun; **A** Kristalle, faserige, fächerförmige und radiale Aggregate, Stücke; **Kf** prismatisch, nadelig; **Ch** $Al_2O_3$ 62,39%, $B_2O_3$ 6,09%, $SiO_2$ 31,52%; **Lu** blauweiß, violett

L

**Genese**: Pegmatite, pneumatolytisch, metamorph in Migmatiten und Gneisen; **Paragenese**: Cyanit, Cordierit, Turmalin; **Ähnliche Minerale**: Cyanit, Turmalin; **Unterscheidung**: Dichte, optisch; **Vorkommen**: Tritt in den metamorphosierten Quarziten in Rochester und Oreana, Pershing Co., Nevada auf und kommt auch in Petaca, Rio Arriba Co., Neu-Mexiko sowie Harlem, New York vor, wird als Aluminium-Rohstoff in Riverside, Kalifornien (USA) gefördert. Es wird von den Lokalitäten Morga (Indien), Nebekura (Japan), Soavina (Madagaskar), Etembo und Kalkfontein (Namibia), Katschan (Afghanistan), aus der Umgebung von Taschkent (Usbekistan) und aus Jakutsk (Russland) beschrieben. Ursprungslokalität ist Beaunan* bei Lyon (Frankreich), blaue, bis 2 cm große Kristalle stammen aus Val Schiesone (Italien), es ist auch aus der Umgebung von Aberdeen, Schottland (Großbritannien) und aus dem Riesengebirge (Polen) bekannt. Andere Vorkommen im Schwarzwald, in Pleystein-Hagendorf, bei Reichenbach, Vogtland (Deutschland). **Verwendung**: Keramik.

Dumortierit, 50 mm, Minas Gerais, Brasilien

Dumortierit, 60 mm, Dehesa, San Diego Co., Kalifornien, USA

# 164 Ilvait
## Lievrit

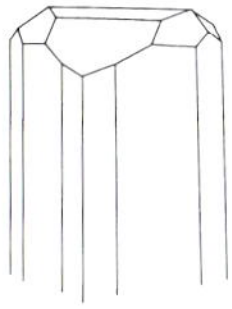

Benennung nach dem lateinischen Namen der Insel Elba, *Ilva*
Steffens, 1811
$CaFe_2^{2+}Fe^{3+}Si_2O_8(OH)$ rhombisch

**H** 5,5-6; **St** schwarz, schwarzgrün; **D** 4,1; **F** braunschwarz, schwarz; **T** undurchsichtig; **G** glasig, fettig, halbmetallisch; **Sp** gut nach (010) und (001); **B** muschelig, uneben; **LBl** $N_{p,m,g}$ = 1,830, 1,920, 1,925; **Db** 0,095; **Di** stark; **Pl** dunkelgrün, braun, dunkelbraun; **A** Kristalle, radiale, strahlige und faserige, auch massive und körnige Aggregate; **Kf** prismatisch (gefurcht), isometrisch; **Ch** CaO 13,69%, FeO 35,20%, $Fe_2O_3$ 19,55%, $SiO_2$ 29,36%, $H_2O$ 2,20%

**Genese**: kontaktmetamorph, an Eisen-, Zink- und Kupfer-Lagerstätten; **Paragenese**: Epidot, Calcit, Hämatit, Pyrit, Magnetit, Amphibol, Augit; **Ähnliche Minerale**: Ludwigit, Aktinolith, Turmalin; **Unterscheidung**: Härte, Dichte, chemisch, mit Röntgen; **Vorkommen**: Schöne, bis 8 cm große Kristalle sind aus der Grube Laxey, Owyhee Co., Idaho, oder von der Zinklagerstätte Hannover Empire, Grant Co., Neu-Mexiko (USA) bekannt, tritt auch in der Grube Kamioka (Japan) auf. Häufig in Dalnegorsk, Primorje-Region, wo bis 5 cm große Kristalle vorkommen, des Weiteren an der Lagerstätte Turja (Russland), wurde auch bei Fossum (Norwegen) und auf dem Berg Thyrill (Island) gefunden, tafelige Kristalle gibt es bei Kangerlussuaq, Grönland (Dänemark). Klassische Ilvait-Lokalitäten, die schöne schwarze, bis 10 cm große, säulige Kristalle liefern, sind Rio Marina* und Cabo Calamita, Elba, oder Campiglia Marittima, Toskana (Italien), bis 15 cm große Kristalle gibt es auf der Insel Serifos (Griechenland) oder in Trepča, Kosovo (Jugoslawien). Ist auch aus St. Andreasberg und Herborn (Deutschland) bekannt.

Ilvait, xx 3 mm, Dalnegorsk, Russland

Ilvait, 55 mm, Dalnegorsk, Russland

# 165 Bertrandit

Benennung nach dem französischen Mineralogen E. Bertrand
Damour, 1883
$Be_4Si_2O_7(OH)_2$

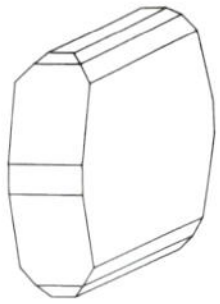

rhombisch

**H** 6,5-7 (spröde); **St** weiß; **D** 2,6; **F** farblos, weiß, hellgelb; **T** durchsichtig, durchscheinend; **G** glasig, perlmutterartig, matt; **Sp** vollkommen nach (001), gut nach (110) und (101); **B** muschelig, uneben; **LBl** $N_{p,m,g}$ = 1,587, 1,603, 1,612; **Db** 0,025; **Di** schwach; **A** Kristalle, körnige Aggregate, Pseudomorphosen nach Beryll; **Kf** tafelig, prismatische, radialstrahlige Aggregate, Zwillingsverwachsungen; **Ch** BeO 42,02%; $SiO_2$ 50,42%, $H_2O$ 7,56%

**Genese**: Pegmatite, pneumatolytisch, hydrothermal; **Paragenese**: Bavenit, Beryll; **Ähnliche Minerale**: Albit; **Unterscheidung**: Härte, chemisch; **Vorkommen**: Ist bekannt von Stoneham, Maine und Mount Antero, Colorado, Thomas Range und Wah-Wah Mts., Utah (USA), tafelige, bis 5 cm große Kristalle gibt es in Conselheira Pena, Minas Gerais, weiße kristalline, bis 4 cm große Aggregate in der Grube Golconda (Brasilien) und auch in Aguachile (Mexiko). Große Kristalle kommen von der Koreanischen Halbinsel. Schöne weiße, bis 3 cm große Kristalle stammen aus Kara-Oba und Kounrad (Kasachstan), wird auch aus Iveland (Norwegen) und vom St. Gotthard (Schweiz) beschrieben. Ursprungslokalität ist Petit-Port* bei Nantes, kommt auch in Ambazac und La Villeder, Morbihan (Frankreich) vor. Wird außerdem im Obersulzbachtal und in Böckstein bei Badgastein (Österreich), bei Henneberg, Epprechtstein und Tittling (Deutschland) gefunden. **Verwendung**: gelegentlich Beryllium-Gewinnung.

Bertrandit, 34 mm, Governador Valadares, Minas Gerais, Brasilien

# 166 Epidot
## Pistazit

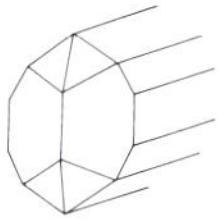

Benennung nach dem griechischen *epidosis* – Verewigung

Haüy, 1801

$Ca_2(Al,Fe^{3+})_3Si_3O_{12}(OH)$ monoklin

**H** 6-7(spröde); **St** grau; **D** 3,38-3,49; **F** dunkelgrün (*Puschkinit*), blaugrün, schwarzgrün, gelbgrün, rot (*Piemontit*); **T** durchsichtig, durchscheinend; **G** glasig; **SP** nach (001) sehr gut; **B** muschelig, uneben, splitterig; **LBI** $N_{p,m,g}$ = 1,715-1,751, 1,725-1,784, 1,734-1,797; **Db** 0,015-0,049; **Di** 0,036; **Pl** stark, mit bloßem Auge erkennbar, farblos bis gelblich, gelblich grün, goldgelb; **A** Kristalle, körnige, strahlige und massive Aggregate, Pseudomorphosen; **Kf** prismatisch, isometrisch, tafelig, Zwillingsverwachsungen; **Ch** CaO 23,04%, $Al_2O_3$ 20,32%, $Fe_2O_3$ 17,75%, $SiO_2$ 37,04%, $H_2O$ 1,85% (bei $Fe^{3+}$ : Al = 1 : 2), Beimengungen von Cr (*Tawmawit*), Fe, Mn

266

**Genese**: Metamorphite, alpine Klüfte, hydrothermal; **Paragenese**: Quarz, Aktinolith, Albit, Calcit, Skapolith, Granat; **Ähnliche**

Epidot auf Quarz, xx 3 mm, Daschkesan, Aserbaidschan

**Minerale**: Verdelith, Vesuvian, Aktinolith; **Unterscheidung**: Härte, Dichte, optisch; **Vorkommen**: Am Kap Prince of Wales in Alaska; über 15 cm große Kristalle gibt es in Nevada (USA), bis 8 cm große Kristalle in Pampa Blanca (Peru), bis 11 cm große an der Lokalität Capelinha, Minas Gerais (Brasilien), kommt auch in Australien und auf Neuseeland vor. Schöne Epidote stammen aus dem Gebiet Tawmaw (Birma), aus Sri Lanka und Afghanistan, sie kommen auch in Alchuri, Shigar (Pakistan), Moçambique, Kenia und Simbabwe vor. Bis 20 cm große Kristalle gibt es im Ural (Russland), dunkelgrüne Epidote treten in Arendal (Norwegen) auf. Eine weltbekannte Epidotlokalität ist die Knappenwand mit über 20 cm großen Kristallen (Österreich). Bis 14 cm große Kristalle gibt es in Sobotín (Tschechien). Andere Vorkommen in Frankreich und in der Schweiz, auch in Pöhla, Erzgebirge und in Plauen, Vogtland (Deutschland).

Epidot auf Quarz, 111 mm, Ica, Peru

287
288

L

# 167 Zoisit

Benennung nach dem slowenischen Naturwissenschaftler S. Zois (1747-1819)
Jameson, 1804
$Ca_2Al_3Si_3O_{12}(OH)$

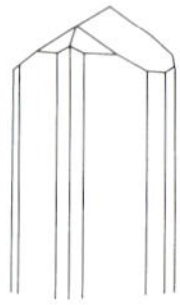

rhombisch

**Genese**: Metamorphite, Pegmatite; **Paragenese**: Amphibol, Epidot, Vesuvian, Quarz, Granat; **Ähnliche Minerale**: Pumpellit, Saphir, Spinell, Cordierit, Dumortierit; **Unterscheidung**: Härte, Dichte, optisch; **Vorkommen**: Grüne Kristalle gibt es in Ducktown, Tennessee (USA), hübsche, bis 4 cm große Zoisite in Shigar, dunkelgrüne in Alchuri (Pakistan). *Tansanite* kommen im Gebiet Gerevi Hills, in der Umgebung der Städte Arusha und Moshi in Tansania vor, wo sie bis 7 cm große prismatische Kristalle bilden, des Weiteren in Lilani (Kenia). *Thulit* tritt in Souland und Leksvik (Norwegen) auf und ist auch von der Lokalität Traversella (Italien) bekannt. Große Zoisitkristalle gibt es in Rauris und in der Saualpe (Österreich), in Zermatt (Schweiz), in Gefrees und Nieder-Beersbach, Odenwald (Deutschland). **Verwendung**: Tansanit und Thulit im Juwelierhandwerk.

**H** 6-6,5 (spröde); **St** weiß; **D** 3,35; **F** grauweiß, grün (*Anyolith*), braun, rosa (*Thulit*), rötlich, gelblich, blau (*Tansanit*), grünblau, blauviolett, braun, selten auch gelb und farblos; **BM** gelegentlich Katzenaugen- und Alexandrit-Effekt; **T** durchsichtig, durchscheinend, undurchsichtig; **G** glasig, perlmutterartig; **Sp** (100) vollkommen; **B** uneben; **LBl** $N_{p,m,g}$ = 1,692, 1,693, 1,700; **Db** 0,009; **Di** 0,019; **Pl** sehr stark, entsprechend der Färbung, mit bloßem Auge wahrnehmbarer Trichroismus; **A** Kristalle, radiale und kompakte Aggregate; **Kf** prismatisch; **Ch** CaO 24,69%, $Al_2O_3$ 33,66%, $SiO_2$ 39,68%, $H_2O$ 1,97%, Beimengungen von Cr, Fe, Mn, V, Ti, Na, K; **Lu** bei Thulit manchmal hellbraun

Zoisit, 64 mm, Pakistan

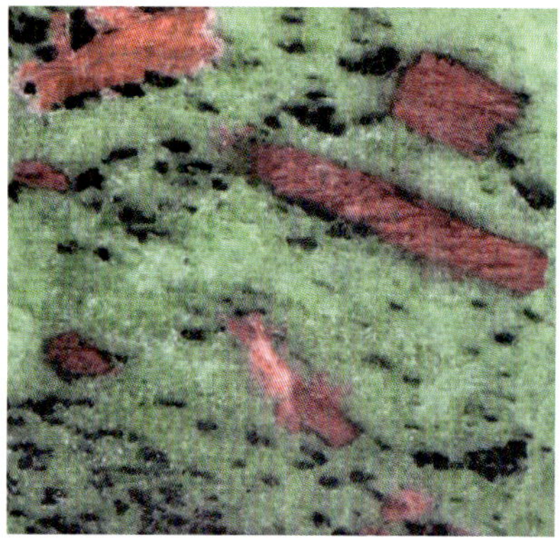

Zoisit mit Rubin, Anschliff 45 mm, Tansania

# 168 Vesuvian
## Idokras

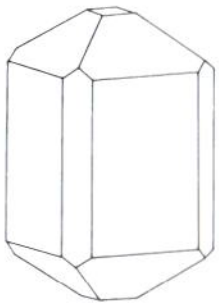

Benennung nach der Typenlokalität auf dem Vesuv in Italien
Werner, 1795
$Ca_{19}(Al,Mg,Fe)_{13}Si_{18}O_{68}(OH,F,O)_{10}$ tetragonal

**Genese**: metamorph und hydrothermal in kontaktmetamorphosierten, calciumreichen Gesteinen wie Skarnen und Marmoren, selten auch magmatisch; **Paragenese**: Granat, Chlorit, Wollastonit, Diopsid, Epidot, Quarz; **Ähnliche Minerale**: Epidot, Grossular, Zirkon; **Unterscheidung**: Härte, Dichte, chemisch, mit Röntgen; **Vorkommen**: In Franklin, New Jersey, Crestmore, Kalifornien (USA); bis 7 cm große hellviolette und bis 18 cm große gelbe oder grüne Kristalle gibt es im Steinbruch Jeffrey, Asbestos, Quebec (Kanada), kurzprismatische, bis 10 cm große Kristalle kommen bei Lake Jaco, Chihuahua (Mexiko) vor. Braunrote, bis 2 cm große Kristalle wurden in Vis (Namibia), schwarze, bis 1 cm große mit Mangangehalt an der Lokalität N'Chwaning (Republik Südafrika) gefunden. Schöne Kristalle treten auf dem Vesuv* und in Monzoni (Italien) auf, bis 6 cm große in Totenkopf, Stubachtal (Österreich), bis 3 cm große in Rimpfischwäng (Schweiz). So genanntes *Cyprin* gibt es in Ovstebö*, Kristalle davon in Drammen (Norwegen), weitere Vesuvianvorkommen in Schwarzenberg, Pöhla, Auerbach und Pleystein (Deutschland).

**H** 6,5; **St** weiß, grau; **D** 3,3-3,5; **F** braun, grün, blau (*Cyprin*), gelb (*Xantit*), rötlich; **T** durchscheinend, undurchsichtig; **G** glasig, fettig; **Sp** unvollkommen nach (110), (100) und (001); **B** uneben, splitterig; **LBl** $N_{o,e}$ = 1,703-1,752, 1,700-1,747; **Db** 0,006; **Di** 0,019; **A** Kristalle, körnige, massive (*Kalifornit*) und radiale Aggregate (*Egeran*); **Kf** prismatisch, nadelig, dipyramidal und isometrisch; **Ch** unbeständig und variabel, Beimengungen von Mn, K, Na, B

Vesuvian, 33 mm, Vera Cruz, Mexiko

Vesuvian, 41 mm, Aosta, Italien

# 169 Wiluit

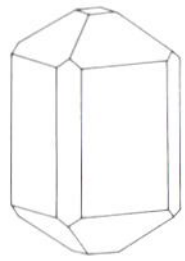

Benennung nach dem Fundort am Wiljuj-Fluss in Russland
Severgin, 1802
$Ca_{19}(Al,Mg)_{13}B_5Si_{18}O_{68}(O,OH)_{10}$

tetragonal

**Genese**: metamorph, in der Kontaktzone zwischen Marmor- und Diabasskarnen; **Paragenese**: Grossular, Andradit, Serpentin; **Ähnliche Minerale**: Vesuvian; **Unterscheidung**: chemisch, mit Röntgen; **Vorkommen**: Vollkommen entwickelte, bis 4 cm große Kristalle kommen in gelockerten metamorphosierten Gesteinen, in der feinkörnigen Matrix, die aus Mineralen der Serpentinit-Gruppe und Carbonaten mit limonitisiertem Pyrit besteht, am Ufer des Wiljuj-Flusses* vor, unweit des Achtaranda-Zuflusses, Jakutsk (Russland). Wiluit wurde schon 1790 von E. Laxmann entdeckt und ursprünglich dem Vesuvian zugeordnet. Als selbstständiges Mineral wurde es 1802 von Severgin beschrieben, jedoch erst im Jahre 1999 endgültig als neues Mineral bestätigt. In der letzten Zeit wurde es auch an den Lokalitäten Templeton Township, Quebec (Kanada) und in der Grube Bill Valley, Kalifornien (USA) entdeckt.

**H** 6; **St** weiß; **D** 3,4; **F** dunkelgrün, graubraun; **T** durchsichtig bis durchscheinend; **G** glasig bis matt; **Sp** unvollkommen; **B** uneben; **LBl** $N_{o,e}$ = 1,703-1,752, 1,700-1,747; **Db** 0,006; **Di** 0,019; **A** Kristalle; **Kf** prismatisch, dipyramidal mit interessantem Bau der Kristallflächen, die einerseits an Ziegelsteine, zum anderen an Briefumschläge erinnern; **Ch** unbeständig, variabel

Wiluit, Kristalle 20 mm, Wiljuj, Russland

Wiluit im Muttergestein, xx 6 mm, Russland

# 170 Benitoit

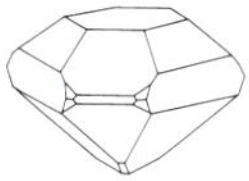

Benennung nach der Fundstelle in San Benito Co., Kalifornien
Louderback, 1907
$BaTiSi_5O_9$ trigonal

**H** 6,5 (spröde); **St** weiß; **D** 3,64-3,70; **F** farblos, blau, blaugrau (schwankt auch auf einem einzigen Kristall), gelb; **T** durchscheinend bis undurchsichtig; **G** glasig; **Sp** unvollkommen nach $(10\bar{1}1)$; **B** muschelig; **LBl** $N_{o,e}$ = 1,756, 1,802; **Db** 0,046; **Pl** sehr stark, farblos, sattblau; **A** Kristalle, Körner; **Kf** dipyramidal; **Ch** BaO 37,09%, $SiO_2$ 43,59%, $TiO_2$ 19,32%; **Lu** blau

**Genese**: hydrothermal an Adern, die die Serpentinite durchdringen; **Paragenese**: Neptunit, Natrolith, Anatas; **Vorkommen**: Ursprünglicher Fundort ist die Grube Benitoit Gem* in Mt. Diablo in San Benito Co., Kalifornien, wo es im alternierten Serpentinit zusammen mit schwarzem Neptunit, braunorangem Joaquinit und schneeweißem Natrolith vorkommt. Hier bildet es bis 3 cm große Kristalle. Es kommt auch im Basalt in Junnila Claims vor, ungefähr 8 km von der ursprünglichen Lokalität entfernt, wo es bis 1 cm große Kristalle bildet und zusammen mit Neptunit, Albit und Strontiojoaquinit in den Gruben Numero Uno bzw. Victor Claim auftritt. Selten kommt es auch in den Syenithohlräumen im Steinbruch Diamond Jo bei Hot Springs, Arkansas vor, des Weiteren in den eozänen Sanden im Südwesten von Texas (USA) und in den Sanden im Tal des Flusses Owithe (Belgien). Bekannt sind außerdem Vorkommen in Assoziation mit Ohmit, Baryo-Orthojoaquinit und Leuko-sphenit in Ohmi, Niigata (Japan) und in Broken Hill, Neusüdwales (Australien).

Benitoit, x 28 mm, San Benito Co., Kalifornien, USA

L

# 171 Eudialyt

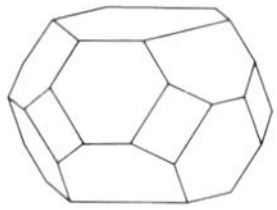

Benennung nach dem griechischen *eu* – gut und *dialytos* – zerlegbar
Stromeyer, 1819
$Na_4(Ca,Fe,Ce,Mn)_2ZrSi_6O_{18}(OH,Cl)$ trigonal

**Genese**: magmatisch, vor allem in Nephelinsyeniten und ihren Pegmatiten; **Paragenese**: Lamprophyllit, Ägirin, Nephelin, Ramsayit, Zirkon, Mikroklin; **Ähnliche Minerale**: einige Granate; **Unterscheidung**: Härte, chemisch; **Vorkommen**: Dicktafelige Kristalle wurden in Bear Paw Mts., Montana (USA) gefunden, bis 5 cm große Kristalle gibt es in Mt. Saint Hilaire, Quebec (Kanada). Eudialyt wurde in Kangerlussuaq* im Illimaussaq-Massiv, Grönland (Dänemark) erstmals gefunden und beschrieben. In grobtafeligen, schwarzroten, bis 1,5 cm großen Kristallen kommt es häufig am Berg Eweslogtschorr vor, bis 8 cm große Kristalle gibt es in Kukiswumtschorr, Chibinsker Massiv, Halbinsel Kola (Russland). Kommt auch auf der Inselgruppe Los (Guinea), in der Südafrikanischen Republik und auf Madagaskar vor. Dunkelbrauner *Eukolith* ist vom Langesundsfjord (Norwegen) bekannt, kommt auch in Norra Karr bei Gräuna (Schweden) und in Carlingford bei Dundalk (Irland) vor. **Verwendung**: Gewinnung seltener Erden.

**H** 5-5,5 (spröde); **St** weiß; **D** 2,8-3,0; **F** rosa, rot, gelb, gelbbraun, violett; **T** durchscheinend; **G** glasig; **Sp** unvollkommen nach (0001); **B** muschelig, uneben, splitterig; **LBI** $N_{o,e}$ = 1,606, 1,602; **Db** 0,004; **Pl** schwach, rosa, gelblich; **A** Kristalle, körnige und massive Aggregate; **Kf** tafelig, rhomboedrisch und prismatisch; **Ch** sehr variabel und kompliziert, Beimengungen von Nb (*Eukolith*)

Eudialyt, 25 mm, Chibinsker Massiv, Kola, Russland

Eudialyt, 50 mm, Chibinsker Massiv, Kola, Russland

# 172 Axinit

Gruppe mit den Randgliedern *Ferro-* und *Manganaxinit*

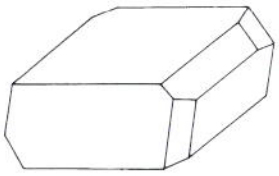

Benennung nach dem griechischen *axe* – beilförmig (die Kristallform betreffend)
Haüy, 1797
$(Ca,Fe,Mg,Mn)_3Al_2BSi_4O_{15}$ triklin

**H** 6,5-7 (spröde); **St** weiß; **D** 3,18-3,36; **F** braun, orangegelb (*Tinserit*), grau, violett, grün, blau (*Magnesioaxinit*); **BM** selten Alexandrit-Effekt; **T** durchsichtig, durchscheinend; **G** glasig; **Sp** nach (010) vollkommen; **B** muschelig; **LBI** $N_{p,m,g}$ = 1,693, 1,701, 1,704; **Db** 0,010-0,012; **Di** groß; **Pl** stark, zeigt Trichroismus, der mit bloßem Auge sichtbar ist, farblos bis schwach gelblich, hellviolett; **A** Kristalle, körnige und massive Aggregate, Imprägnationen; **Kf** Tafeln, klinoedrisch; **Ch** unbeständig und variabel, Beimengungen von Mn, Mg; **Lu** manchmal violett bis orange

**Genese**: kontaktmetamorph, hydrothermal in alpinen Klüften; **Paragenese**: Chlorit, Epidot, Prehnit, Klinozoisit, Calcit, Aktinolith; **Ähnliche Minerale**: Titanit, Rauchquarz; **Unterscheidung**: Härte, Dichte, optisch; **Vorkommen**: Thoruberry Mt., Madera Co., Kalifornien, Grube Iron Cap, Arizona, Franklin, New Jersey (USA). In Grey Cloud Claim, Yukon (Kanada) gibt es braungrüne Kristalle, an der Lokalität Brumado, Bahia (Brasilien) bis 10 cm große braunviolette *Ferroaxinite*, bis 20 cm große Kristalle kommen in Mexiko vor, violette stammen aus Tasmanien (Australien), blaue, zoisitähnliche Kristalle aus Tansania. Bis 15 cm große Ferroaxinitkristalle gibt es in Dodo, Nord-Ural (Russland), braunviolette in Obira (Japan) und in Bourg d'Oisans (Frankreich), bis 4 cm große Kristalle in La Catoque, Martigny (Schweiz). *Manganaxinite* kommen in Strzegom (Polen), Botallack, Cornwall (England), Treseburg und Radautal (Deutschland) vor.

Axinit, xx 3 mm, Dalnegorsk, Russland

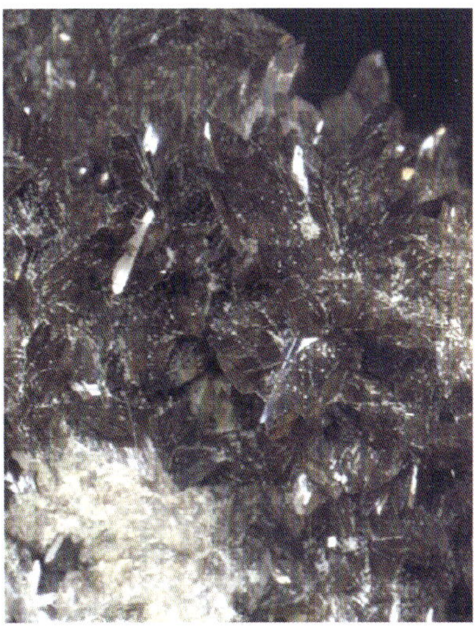

Ferroaxinit, 59 mm, Ica, Peru

L

238
239
240
241
L

# 173 Beryll

Benennung nach dem griechischen *beryllos,* das nach Plinius blaugrüne Edelsteine bezeichnete
Plinius der Jüngere
$Be_3Al_2Si_6O_{18}$

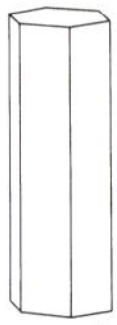

hexagonal

**Genese**: magmatisch, hydrothermal, metamorph; **Paragenese**: Orthoklas, Quarz, Turmalin, Topas; **Ähnliche Minerale**: Apatit, Turmalin, Topas; **Unterscheidung**: Härte, Dichte, optisch, mit Röntgen, chemisch; **Vorkommen**: Gelbe und grüne, bis 7,5 cm große Kristalle gibt es in Dos Barras, Minas Gerais (Brasilien), rote Kristalle (Bixbit) in Violet Claims, Wah-Wah Mt., Utah, blaugrüne in Etta, Keystone, Süd-Dakota (USA). Rosa Kristalle stammen aus der Grube Gushak, Kunar, aus Nuristan (Afghanistan), dunkelgrüne aus Xinjiang, blaue aus Pingwu, Sichuan (China), grüne Kristalle gibt es in Thak Hoa (Vietnam). Bis 20 cm große Smaragde wurden in Mursinka, Ural, (Russland) gefunden. Große Kristalle gib es auch in Alto Ligonha (Moçambique). Andere Vorkommen in Iveland (Norwegen), Cervadona (Italien), Basodino (Schweiz), grüne Kristalle im Habachtal (Österreich). **Verwendung**: Beryllium-Gewinnung, Juwelierhandwerk.

**H** 7,5-8 (spröde); **St** weiß; **D** 2,67-2,90; **F** farblos (*Goshenit*), weiß, gelbweiß, goldgelb (*Goldberyll*), gelb, gelbgrün (*Heliodor*), grün, smaragdgrün (*Smaragd*), rosa (*Morganit, Worobjewit*), blau, grünblau (*Aquamarin*), rot (*Bixbit*); **BM** Katzenaugeneffekt, selten Asterismus; **T** durchsichtig bis durchscheinend, undurchsichtig; **G** glasig, matt; **Sp** unvollkommen nach (0001); **B** muschelig, uneben; **LBI** $N_{o,e}$ = 1,564-1,595, 1,568-1,602; **Db** 0,006-0,009; **Di** 0,014; **Pl** dem Farbton entsprechend; **A** Kristalle, körnige, kompakte und radialstrahlige Aggregate; **Kf** prismatisch, gelegentlich tafelig, Drillinge; **Ch** BeO 13,96%, $Al_2O_3$ 18,97%, $SiO_2$ 67,07%, Beimengungen von Fe, Mn, Mg, Ca, Cr, Na, Li, Cs, V, OH; **Lu** gelegentlich rot

Morganit mit Elbait, x 35 mm, Conselheira Pena, Minas Gerais, Brasilien

Beryll im Pegmatit, x 12 mm, Maršíkov, Tschechien

# 174 Cordierit

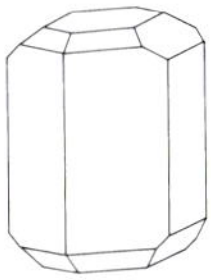

Benennung nach dem französischen Geologen P. L. Cordier (1777-1862)
Lucas, 1813
$Mg_2Al_4Si_5O_{18}$

rhombisch

**H** 7-7,5; **St** weiß; **D** 2,53-2,78; **F** blau, grünblau, grau, violett, graubraun; **BM** manchmal Katzenaugeneffekt, Aventurisieren, selten Asterismus; **T** durchsichtig (*Iolith*), durchscheinend; **G** glasig, fettig; **Sp** nach (100) gut; **B** muschelig, uneben; **LBl** $N_{p,m,g}$ = 1,522-1,558, 1,524-1,574, 1,527-1,578; **Db** 0,005-0,018; **Di** 0,017; **Pl** sehr stark, mit bloßem Auge wahrnehmbar, gelb, dunkelviolett, hellblau; **A** Kristalle, körnige und massive Aggregate, Rollstücke in Anschwemmungen; **Kf** kurzprismatisch, Zwillingsverwachsungen; **Ch** MgO 13,78%, $Al_2O_3$ 34,86%, $SiO_2$ 51,36%, Beimengungen von Fe, Mn

**Genese**: magmatisch in Graniten und Granitpegmatiten, metamorph in Migmatiten und Gneisen, Seifen; **Paragenese**: Turmalin, Granat, Andalusit, Sillimanit, Spinell, Korund, Quarz; **Ähnliche Minerale**: Quarz, Sekaninait, Saphir, Aquamarin; **Unterscheidung**: Dichte, optisch, chemisch; **Vorkommen**: Haddam, Connecticut (USA), Thompson, Manitoba (Kanada), kommt in Brasilien, in den Seifen von Ratnapura auf der Insel Sri Lanka, in Ihosy und Lamboany (Madagaskar) vor, des Weiteren in Tansania, Namibia, in Harts Range, Nordterritorium (Australien). Ist bekannt aus Masljanka bei Murzinka, Ural, von der Halbinsel Kola (Russland) und aus dem Pamir (Tadschikistan). Bis 20 cm große Kristalle gibt es in Näverberg bei Falun (Schweden), bei Tvedestrand und Kragerö (Norwegen), in Orijärvi (Finnland), Cabo de Gata (Spanien), auch in Bodenmais und Wechselburg (Deutschland).

Cordierit, Körner 20 mm, Dolní Bory, Tschechien

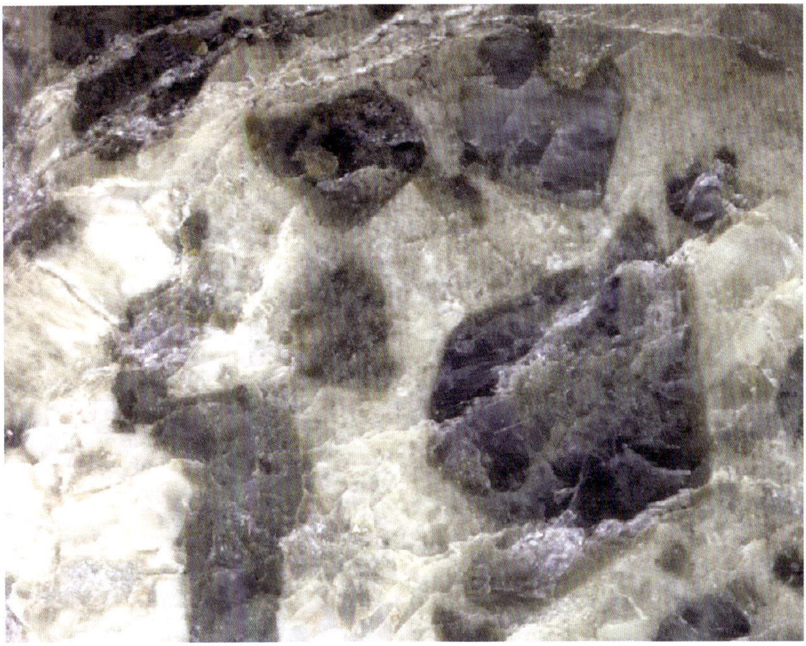

246

# 175 Dravit

Turmalin-Gruppe

Benennung nach dem Fluss Drave
Tschermak, 1881
$NaMg_3Al_6(BO_3)_3Si_6O_{18}(OH)_4$

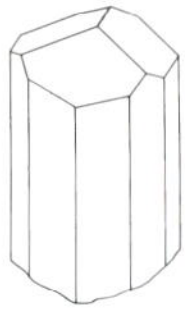

trigonal

**H** 7-7,5; **St** weiß; **D** 3,02-3,41; **F** farblos, hell bis dunkel rotbraun, blau, grün, gelbbraun; **T** durchsichtig bis undurchsichtig; **G** glasig; **Sp** nach (1011) unvollkommen; **B** uneben, muschelig; **LBl** $N_{o,e}$ = 1,610-1,632, 1,635-1,661; **Db** 0,021-0,026; **Di** 0,017; **Pl** stark, dem Farbton entsprechend; **A** Kristalle, körnige, strahlige Aggregate; **Kf** prismatisch, nadelig; **Ch** kompliziert; **AM** ist pyro- und piezoelektrisch; **Lu** manchmal gelb

**Genese**: metamorph in Gneisen, Migmatiten, Glimmerschiefern, Marmoren und in kontaktmetasomatischen Gesteinen, magmatisch in Granitpegmatiten, hydrothermal, Seifen; **Paragenese**: Sillimanit, Granat, Orthoklas, Quarz; **Ähnliche Minerale**: Skoryl, Buergerit, Uvit (siehe Foto); **Vorkommen**: Braune bis dunkelbraune, vollkommen entwickelte, bis 20 cm große Kristalle sind in den Glimmerschiefern in Dragowar* (Slowenien) enthalten. Dravite werden auch von der Insel Gouverneur, New York (USA), aus Wilberforce, Ontario (Kanada) und Brumado, Bahia (Brasilien) beschrieben. Gelbe und zimtgelbe Dravite sind als so genannte *Ceylon-Peridote* von Sri Lanka bekannt, rotbraune gibt es in Osarara (Kenia), smaragdgrüne in Tansania. Braune, bis 15 cm große Kristalle stammen von der Lokalität Zinnietharre (Australien), dunkelblaue Dravite gibt es in China, schöne durchscheinende, bis 5 cm große, dunkelbraune Kristalle in Gujarkot (Nepal). Dravite kommen auch im Pamir (Tadschikistan) und im Ural (Russland) vor, ebenfalls in Unterdrauberg (Österreich) und Eibenstock (Deutschland).

Uvit, x 33 mm, Brant Lake, New York, USA

Dravit, 45 mm, Grube Michajlowskoje, Tschita, Russland

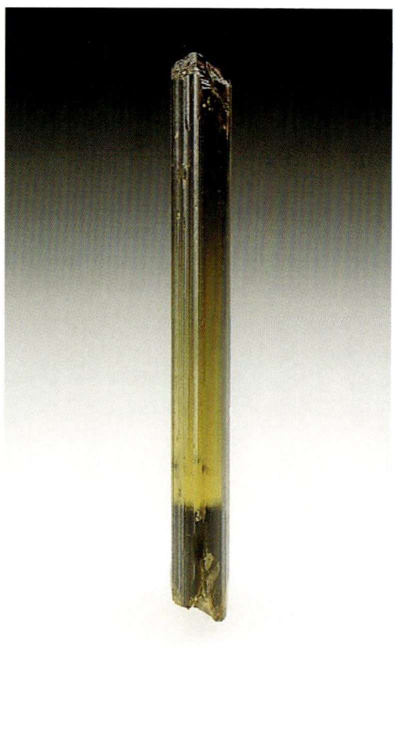

# 176 Skoryl

Turmalin-Gruppe

Alte Bezeichnung unbekannter Herkunft
Mathesius, 1524
$NaFe_3Al_6(BO_3)_3Si_6O_{18}(OH)_4$

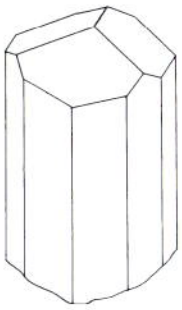

trigonal

**H** 7-7,5; **St** weiß; **D** 3,3; **F** schwarz, schwarzbraun, grünschwarz, blauschwarz; **T** durchscheinend bis undurchsichtig; **G** glasig, matt; **Sp** unvollkommen nach (10$\bar{1}$1); **B** uneben, muschelig; **LBl** $N_{o,e}$ = 1,620-1,675, 1,638-1,698; **Db** 0,016-0,046; **Di** 0,017; **Pl** stark, dem Farbton entsprechend; **A** Kristalle, halm- und nadelförmige Aggregate, körnig, Stücke; **Kf** lang- bis kurzsäulig, vertikal gefurcht; **Ch** kompliziert, Beimengungen von Cr, V; **AM** ist pyro- und piezoelektrisch

256

**Genese**: das verbreitetste Mineral der Turmalin-Gruppe, magmatisch in Graniten, Apliten und in Granitpegmatiten, hydro-

Skoryl mit Clevelandit, 35 mm, Brasilien

thermal in Greisen, an Quarz- und Erzadern, metamorph in Gneisen, Migmatiten, Glimmerschiefern, in alpinen Klüften, ist auch aus Seifen bekannt. **Paragenese**: Quarz, Albit, Muskovit; **Ähnliche Minerale**: Dravit, Ilvait; **Unterscheidung**: chemisch, mit Röntgen; **Vorkommen**: Schöne und große Kristalle wurden in Conselheira Pena und Galileia (Brasilien) und im Gebiet Ramona, San Diego Co., Kalifornien (USA) gefunden. Langsäulige Kristalle treten an den Lokalitäten Kaatiala (Finnland), Skrumpetorp (Schweden), Arendal, Kragerö (Norwegen) auf. Schöne Kristalle gibt es in den Pegmatiten bei Cyrilov (Tschechien). Andere Vorkommen in Zlatá Idka (Slowakei), in Spittal und St. Leonhard (Österreich), in Campolungo (Schweiz), in Sonnenberg und Bodenmais, Spessart (Deutschland). **Verwendung**: Elektrotechnik, gelegentlich im Juwelierhandwerk.

Skoryl mit Albit und Quarz, x 56 mm, Shigar, Pakistan

253
254
255

L

# 177 Elbait

Turmalin-Gruppe

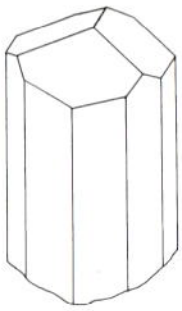

Benennung nach der
Insel Elba
Vernadskij, 1913
$Na(Li_{1,5}Al_{1,5})Al_6(BO_3)_3Si_6O_{18}(OH)_3F$ trigonal

**Genese**: magmatisch in Granitpegmatiten, manchmal hydrothermal und in Seifen; **Paragenese**: Lepidolith, Albit; **Ähnliche Minerale**: Liddicoatit, Tsilaisit; **Unterscheidung**: mit Röntgen; **Vorkommen**: Grüne, bis 25 cm große Kristalle wurden in Dunton, Newry, Maine gefunden. Bekannte Lokalitäten, an denen Elbait, vor allem Rubellit gefördert wird, sind die Gruben Stewart, Tourmaline King und Pala Chief, Pala, Kalifornien (USA). Prächtige blaugrüne, bis 35 cm große Elbaite gibt es in den Gruben Jonas und Lavra da Sapo, Goiabeira, grünblaue in der Grube Benedito, Minas Gerais (Brasilien). Grüne, oft zonige Kristalle stammen aus Paprok (Afghanistan) und Ostnepal, Rubellite aus Malchan (Russland) und Gilgit (Pakistan). Hübsche Kristalle gibt es an der Lokalität Anjanabonoina (Madagaskar), in Alto Ligona (Moçambique) und Kaffo (Nigeria). Klassische Elbaitlokalität ist die Insel Elba* (Italien), kommt auch in Utö (Schweden) vor. **Verwendung**: Juwelierhandwerk.

**H** 7; **St** weiß; **D** 3,0; **F** schwankt nach der Varietät, farblos (*Achroit*), rosa und rosarot (*Rubellit*), blau bis grünblau (*Indigolith*), grün bis dunkelgrün (*Verdelith*), gelb, braun bis schwarz, mehrfarbig (*Mohrenköpfchen*); **T** durchsichtig bis durchscheinend; **G** glasig bis matt; **Sp** unvollkommen nach $(10\bar{1}1)$; **B** uneben, muschelig; **LBl** $N_{o,e}$ = 1,640-1,655, 1,615-1,620; **Db** 0,025-0,035; **Di** 0,017; **Pl** stark, dem Farbton entsprechend; **A** Kristalle, stängel- und nadelförmige Aggregate, körnig, Stücke; **Kf** lang- und kurzsäulig, vertikal gefurcht; **Ch** kompliziert; **AM** ist pyro- und piezoelektrisch; **Lu** manchmal grün oder blau

Elbait auf Albit, 112 mm, Kunar, Afghanistan

Elbait, 90 mm, Himalaya Mine, Kalifornien, USA

# 178 Liddicoatit

Turmalin-Gruppe

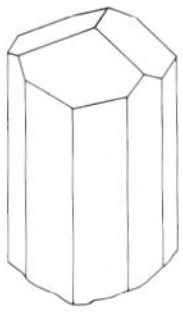

Benennung nach dem amerikanischen Gemmologen R. T. Liddicoat (geb. 1918)
Dunn, 1977
$Ca(Li_2Al)Al_6(BO_3)_3Si_6O_{18}(OH)_3F$ trigonal

**H** 7,5; **St** weiß; **D** 3,02-3,08; **F** schwankt entsprechend der Varietät, ist rosa, grün, grünbraun bis gelbbraun; **T** durchsichtig bis durchscheinend; **G** glasig bis matt; **Sp** unvollkommen nach $(10\bar{1}1)$; **B** uneben, muschelig; **LBl** $N_{o,e}$ = 1,637, 1,621; **Db** 0,016; **Di** 0,017; **Pl** stark, dem Farbton entsprechend; **A** Kristalle, stängel- und nadelförmige Aggregate, körnig, Stücke; **Kf** prismatisch, vertikal gefurcht; **Ch** kompliziert; **AM** ist pyro- und piezoelektrisch; **Lu** blau, grün



●●●

257

L

**Genese**: magmatisch in Granitpegmatiten; **Paragenese**: Lepidolith, Spodumen, Albit; **Ähnliche Minerale**: Elbait; **Unterscheidung**: chemisch, mit Röntgen; **Vorkommen**: Bis 25 x 10 cm große braune, grüne und rote Kristalle befinden sich in den Hohlräumen der Pegmatite, die den Marmor im Sahatany-Tal durchdringen, an den Lokalitäten Tsarafara, Ilapa, Ampatsikaitra, Manjaka (in Assoziation mit Rhodisit und Berthierit), Maharitra (in Assoziation mit Bityit und Hambergit) und Antanodrokomba. Hier kommt es gemeinsam mit Lepidolith, Elbait, Danburit, Beryll und Kolumbit vor. Oft treten dabei mehrfarbige Kristalle auf, die farbige Zonen bilden. In einem Hohlraum konnten sogar 2 t Liddicoatit gewonnen werden. Es kommt gemeinsam mit Beryll in Pegmatiten bei Tsilaisina, Anjanabonoina bei Antsirabe (Madagaskar) vor und ist auch aus Sri Lanka bekannt. **Verwendung**: Juwelierhandwerk.

Liddicoatit, 41 mm, Anjanabonoina, Madagaskar

Liddicoatit, 60 mm, Anjanabonoina, Madagaskar

## 179 Dioptas

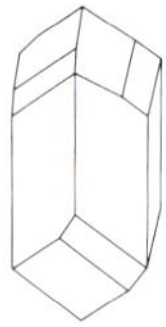

Benennung nach dem griechischen *dia* – durch und *optasia* – Sehen
Haüy, 1797
$Cu_6Si_6O_{18} \cdot 6H_2O$
rhombisch

**H** 5 (spröde); **St** grün; **D** 3,3; **F** smaragdgrün, dunkelgrün; **T** durchsichtig, durchscheinend; **G** glasig; **Sp** sehr gut nach $(10\bar{1}1)$; **B** muschelig bis uneben; **LBI** $N_{o,e}$ = 1,644-1,658, 1,697-1,709; **Db** 0,053; **Di** 0,022; **Pl** schwach, dunkel smaragdgrün, hell smaragdgrün; **A** Kristalle, Drusen, massive Aggregate; **Kf** kurzprismatisch, isometrisch; **Ch** CuO 50,48%, $SiO_2$ 38,09%, $H_2O$ 11,43%

**Genese**: sekundär in den Oxidationszonen von Kupferlagerstätten, auch in Seifen; **Paragenese**: Calcit, Chrysokoll, Malachit, Wulfenit, Limonit; **Ähnliche Minerale**: Atacamit, Euchroit; **Unterscheidung**: Härte, Dichte, Kristallformen; **Vorkommen**: In der Grube Mammoth, Tiger, Arizona, in Blue Bell, Kalifornien (USA), in Chiviquin (Argentinien), Copiapó, Atacama (Chile). Die schönsten, bis 5 cm großen Kristalle gibt es in Tsumeb, auch in Guchab und Kaokoveld (Namibia), in Renéville, Mindouli (Kongo), an den Fundorten Tantara, Mashamba (Zaire), Mauoyo (Angola). Kommt auch an der Lokalität Altyn Tjube* (Kasachstan) vor, wo an Kalksteinklüften bis 5 cm große Kristalle zu finden sind, wird auch aus Nishapur (Iran) beschrieben. **Verwendung**: Bestandteil komplexer Kupfer-Erze.

Dioptas, xx 3 mm, Altyn Tjube, Kasachstan

Dioptas, 38 mm, Tsumeb, Namibia

# 180 Sugilith

Benennung nach dem japanischen Geologen K. Sugi (1901-1948)
Murakami et al., 1976
$KNa_2(Fe,Mn,Al)_2Li_3Si_{12}O_{30}$

hexagonal

**H** 6-6,5; **St** weiß; **D** 2,74; **F** blauviolett, rotviolett, braungelb, grünlich; **T** durchsichtig, durchscheinend bis undurchsichtig; **G** glasig, matt; **Sp** nach (0001) unvollkommen; **B** uneben, muschelig; **LBl** $N_{o,e}$ = 1,595-1,611, 1,590-1,607; **Db** 0,003-0,005; **Pl** schwach; **Ch** kompliziert, Beimengungen von Ti

293

**Genese**: hydrothermal in alkalischen Syeniten und Pegmatiten, metamorph; **Paragenese**: Albit, Ägirin, Pektolith, Titanit, Andradit; **Ähnliche Minerale**: Tscharoit, Stichtit; **Unterscheidung**: Härte, Dichte, chemisch, mit Röntgen; **Vorkommen**: Wurde erstmals in Form kleiner Körner gefunden, die bis zu 8% im Ägirinsyenit auf der Insel Iwagi*, Ehime (Japan) vertreten waren, hier kommt das Mineral zusammen mit Albit, Ägirin und Pektolith vor. Auch in Mt. Saint Hilaire, Quebec (Kanada), im Staat Madhya (Indien) und in der Grube Woods, Neusüdwales (Australien). Die besten, kompakten Aggregate von violettem Sugilith, die zur Herstellung von Schmuck verwendet werden, stammen aus den Gruben Wessels und N'Chwaning, Kuruman (Republik Südafrika), ist auch aus Namibia bekannt und wird von der Grube Cerchiarea, Foggiona (Italien) beschrieben. **Verwendung**: Juwelierhandwerk.

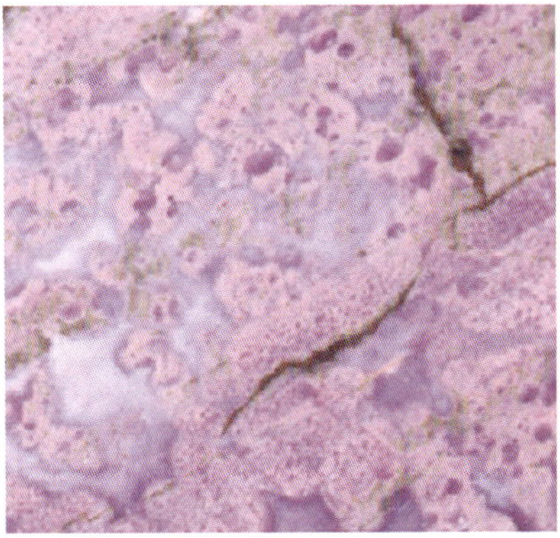

Sugilith, 25 mm, Hotazel, Südafrikanische Republik

Sugilith, 70 mm, Hotazel, Südafrikanische Republik

289

L

# 181 Diopsid

Pyroxen-Gruppe

Benennung nach dem griechischen *dis* – doppelt und *opsis* – Einblick
d'Andrada, 1800
$CaMgSi_2O_6$

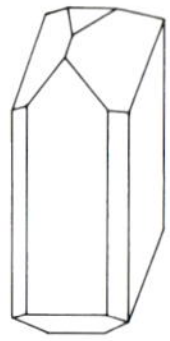

monoklin

**Genese**: Magmatite, gesteinsbildendes Mineral in basischen Gesteinen, Metamorphiten, in Gesteinen mit erhöhtem Gehalt an Calcium wie Erlane und Marmore, pyroxene Gneise, Skarne, metamorphosierte Lagerstätten, alpine Klüfte, ist auch in Seifen enthalten; **Paragenese**: Chlorit, Plagioklas, Biotit, Magnetit, Epidot, Granate; **Ähnliche Minerale**: Augit, Hiddenit, Peridot, Vesuvian; **Unterscheidung**: Dichte, Härte, optisch, mit Röntgen, chemisch; **Vorkommen**: Braungelbe, bis 14 cm große Kristalle gibt es in der Grube Orford Nickel, Quebec (Kanada), bis 30 cm große Kristalle in Corrego Setuba, Minas Gerais (Brasilien). *Jeffersonit* kommt in Franklin, New Jersey (USA) vor. Schöne grüne, bis 9 cm große Kristalle gibt es in Chamach, Baltistan, bis 4 cm große in Peak Leila, Haramosh (Pakistan), sehr schöne Kristalle kommen in Achmatowsk (Russland) vor, des Weiteren in Outokumpu (Finnland). **Verwendung**: Chromdiopsid im Juwelierhandwerk.

**H** 5,5-6,5 (spröde); **St** weiß; **D** 3,22-3,31; **F** farblos, gelb, grün bis smaragdgrün (*Chromdiopsid*), grünschwarz, grau, weiß, violett (*Violan*), braun, selten blau; **BM** manchmal Asterismus, Katzenaugeneffekt; **T** durchsichtig bis durchscheinend; **G** glasig, matt; **B** uneben, muschelig; Sp nach (110) gut; **LBI** $N_{p,m,g}$ = 1,664-1,695, 1,672-1,701, 1,695-1,721; **Db** 0,024-0,035; **Pl** schwach, graugrün, gelbgrün, hellgrün; **A** Kristalle, körnige Aggregate, auch massiv und radialstrahlig; **Kf** kurz- und langprismatisch, tafelig, Zwillingsverwachsungen; **Ch** CaO 25,9%, MgO 18,6%, $SiO_2$ 55,5%, Beimengungen von Na (*Ägirindiopsid*), Cr (*Chromdiopsid*), Fe (*Salit*), Fe oder Al (*Fassait*), Mn (*Schafferit*), Mn oder Zn (*Jeffersonit*); **Lu** grünweiß, cremefarben, blau

Diopsid, x 26 mm, St. Lawrence Co., New York, USA

Chromdiopsid, 70 mm, Inagli, Russland

# 182 Hedenbergit

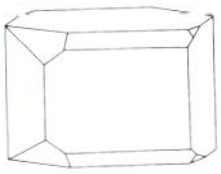

Pyroxen-Gruppe

Benennung nach dem schwedischen Chemiker M. A. L. Hedenberg
Bertelius, 1819
$CaFeSi_2O_6$ monoklin

**Genese**: metamorph in calciumreichen Gesteinen, z.B. in Pyroxengneisen, in Skarnen, selten magmatisch in einigen Graniten und Syeniten; **Paragenese**: Magnetit, Augit, Grossular, Epidot, Ilvait, Pyrit; **Ähnliche Minerale**: Augit; **Unterscheidung**: Kristallformen, optisch, mit Röntgen; **Vorkommen**: Bis 5 cm große Kristalle in Franklin, New Jersey, massive Aggregate an der Bleilagerstätte in Laxey, Owyhee Co., Idaho (USA), des Weiteren in Ontario (Kanada), Broken Hill, Neusüdwales (Australien). Die schönsten, vollkommenen Kristalle kommen selten in Dalnegorsk vor, das Mineral ist auch aus den Jaspiliten von Kriwoj Rog (Russland) bekannt. Es kommt in den Skarnen im Banat (Rumänien), in Rio Marina und an weiteren Lokalitäten auf Elba (Italien) vor. Schöne Kristalle stammen aus Arendal (Norwegen), die erste Beschreibung erfolgte in Nordmark* (Schweden).

**H** 6 (spröde); **St** weiß bis grau; **D** 3,5; **F** dunkelgrau, dunkelgrün, braun, schwarzgrün, schwarz; **T** undurchsichtig; **G** glasig bis matt; **Sp** gut nach (110); **B** uneben bis muschelig; **LBI** $N_{p,m,g}$ = 1,702-1,745, 1,713-1,755, 1,735-1,772; **Db** 0,018; **Di** schwach; **Pl** blassgrün, gelblich grün, grün; **A** Kristalle, körnige und massive Aggregate, radialstrahlige Aggregate; **Kf** lang- und kurzprismatisch; **Ch** CaO 22,6%, FeO 29,0%, $SiO_2$ 48,4%, Beimengungen von Mg

Hedenbergit, 35 mm, Dalnegorsk, Russland

Hedenbergit, 70 mm, Korschunicha, Russland

# 183 Augit

Pyroxen-Gruppe

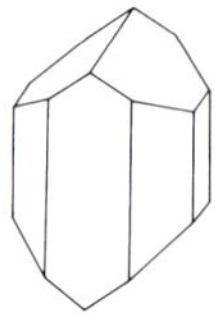

Benennung nach dem griechischen *auge* – Glanz
Werner, 1792
(Ca,Mg,Fe)$_2$(Si,Al)$_2$O$_6$

monoklin

**H** 5,5-6 (spröde); **St** graugrün; **D** 3,3-3,5; **F** schwarz, braunschwarz, dunkelgrün; **T** durchscheinend bis undurchsichtig; **G** glasig; **Sp** vollkommen nach (110); **B** uneben, muschelig; **LBl** $N_{p,m,g}$ = 1,673-1,735, 1,678-1,745, 1,704-1,766; **Db** 0,021-0,025; **Pl** hellgrün, bräunlich; **A** Kristalle, körnige, massive Aggregate, Imprägnationen; **Kf** kurzprismatisch, grobtafelig, Zwillingsverwachsungen; **Ch** unbeständig, Beimengungen von Ti (*Titanaugit*), Na

**Genese**: magmatisch, vor allem in basichen Eruptivgesteinen (Basalte, Diabase, Melaphyre, Tuffe), selten metamorph in Skarnen; **Paragenese**: Amphibol, Olivin; **Ähnliche Minerale**: Amphibol; **Unterscheidung**: Kristallformen, Spaltbarkeit, optisch; **Vorkommen**: Bis 15 cm große Kristalle bei Lake Clear, Ontario (Kanada). Ursprüngliche Beschreibung von Rifugio Taramelli* im Monzoni-Massiv über dem Fassatal, auch auf dem Vesuv, auf dem Stromboli, Liparische Inseln und auf dem Ätna, Sizilien (Italien), Kristalle sind aus den Basalten in Mézenc, Haute-Loire (Frankreich) bekannt. Wird auch von Zlatá Baňa (Slowakei) beschrieben, hübsche, bis 5 cm große Kristalle gibt es in den Tuffen bei Lukov, weltbekannt sind die bis 3 cm großen Kristalle von Paškopole, Böhmisches Mittelgebirge (Tschechien). Kommt auch beim Laacher See und Kaiserstuhl (Deutschland) vor.

Augit, xx 18 mm, Paškopole, Tschechien

# 184 Jadeit

Pyroxen-Gruppe

abgeleitet vom spanischen *piedra de ijada* – Lendenstein
Damour, 1863
$NaAlSi_2O_6$

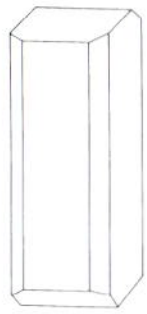

monoklin

**Genese**: Metamorphite, vor allem alkalische, Seifen; **Paragenese**: Glaukophan, Albit, Almandin; **Ähnliche Minerale**: Nephrit, Amazonit, Avanturin, Prehnit, Grossular, Serpentin, Agalmatolith; **Unterscheidung**: Härte, Dichte, mit Röntgen, chemisch; **Vorkommen**: Große Blöcke in Ben Suru, Kalifornien (USA), weitere bedeutende Lokalitäten sind Tawmaw, Mainmaw (*Mawsitsit*), Pangvaw, im Tal des Flusses Uru, und in der Provinz Myitkyina (Birma), kommt auch in Tibet und in der Provinz Yun-nan (China) vor. Kleinere Vorkommen gibt es in Japan, Indien, Guatemala, Mexiko und Kolumbien, auch im südlichen Australien, in Papua-Neuguinea und Neuseeland. Bekannt sind die Vorkommen im Ural und in Sajana (Russland), in Armenien, auf der Insel Siros, Grönland (Dänemark). Kommt auch in Italien, Frankreich und der Schweiz vor. **Verwendung**: Juwelierhandwerk.

**H** 6,5-7; **St** weiß, **D** 3,25-3,36; **F** grünweiß, grün, hellgrün (*Albitjadeit*), smaragdgrün (*Imperialjadeit*), grau, selten rötlich, braun, violett, grünschwarz (*Chloromelanit*), rot, orange; **T** durchscheinend bis undurchsichtig; **G** glasig, fettig; **Sp** nach (110) gut; **B** uneben bis muschelig; **AM** zäh; **LBl** $N_{p,m,g}$ = 1,640-1,658, 1,645-1,663, 1,652-1,673; **Db** 0,012-0,020; **A** massive, körnige und faserige Aggregate, kryptokristallin; **Kf** säulige Kristalle; **Ch** $Na_2O$ 20,0%, $Al_2O_3$ 25,0%, $SiO_2$ 55,0%, Beimengungen von Ca, Mg, Fe, Cr; **Lu** manchmal schwach weiß

Jadeit, Anschliff 100 mm, Russland

Jadeit, Anschliff 30 mm, China

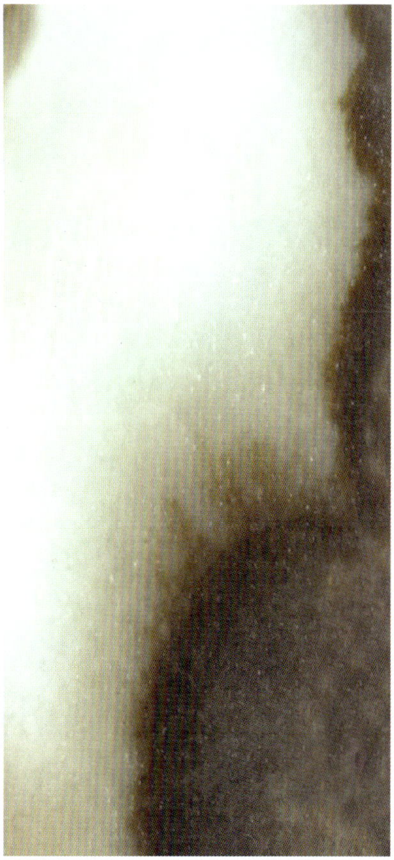

# 185 Ägirin
## Akmit
Pyroxen-Gruppe

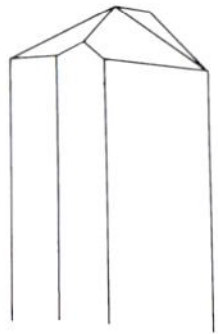

Benennung nach dem nordischen Meeresgott Ägire
Esmark, 1835
$NaFe^{3+}Si_2O_6$ monoklin

**H** 6-6,5; **St** gelbgrau, dunkelgrün; **D** 3,5; **F** dunkelgrün, schwarz, rotbraun, braunschwarz; **T** undurchsichtig bis schwach durchscheinend; **G** glasig, fettig; **Sp** gut nach (110); **B** uneben; **LBl** $N_{p,m,g}$ = 1,750-1,776, 1,780-1,820, 1,800-1,836; **Db** 0,048; **Pl** stark, dunkelgrün, gelbgrün, braungrün; **A** Kristalle, radialstrahlige, faserige und körnige Aggregate; **Kf** langprismatisch, Zwillingsverwachsungen; **Ch** $Na_2O$ 13,4%, $Fe_2O_3$ 34,6%, $SiO_2$ 52,0%

**Genese**: magmatisch, in alkalischen Syeniten, ihren Pegmatiten, Karbonatiten, hydrothermal, metamorph; **Paragenese**: Leucit, Nephelin, Arfvedsonit, Astrophyllit, Analcim; **Ähnliche Minerale**: Aktinolith, Arfvedsonit; **Unterscheidung**: chemisch; **Vorkommen**: Bis 20 cm große, säulige Kristalle stammen aus Magnet Cove, Arkansas (USA), ähnliche gibt es in Mt. Saint Hilaire, Quebec (Kanada), bis 8 cm große Kristalle kommen am Mt. Malosa (Malawi) vor und auch auf der Inselgruppe Los (Guinea). Langsäulige Kristalle sind in den alkalischen Syeniten auf dem Berg Karnasurt im Lowosersker Massiv, Halbinsel Kola (Russland) zu finden. Ägirin gibt es auch im Ilmengebirge, Ural (Russland), in Kangerlussuaq, Grönland (Dänemark), in den Pegmatiten im Langesundsfjord, bis 30 cm große Kristalle kommen in Eker bei Kongsberg (Norwegen) und in Elfdalen (Schweden) vor. Ist auch aus der Serra de Monchique (Portugal) bekannt.

Ägirin, 39 mm, Mt. Malosa, Zomba, Malawi

Ägirin im Muttergestein, 30 mm, Kola, Russland

# 186 Spodumen

Pyroxen-Gruppe

Benennung nach dem griechischen *spodoumenos* – aschfahl
d'Andrada, 1800
$LiAlSi_2O_6$

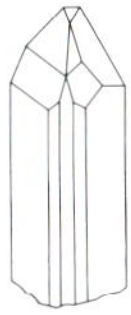

monoklin

**Genese**: magmatisch in Granitpegmatiten, Kontaktzonen; **Paragenese**: Lepidolith, Quarz, Beryll, Turmalin; **Ähnliche Minerale**: Skapolith, Amethyst; **Unterscheidung**: Dichte, Härte, optisch, chemisch, mit Röntgen; **Vorkommen**: In Haddam, Connecticut, wurde ein 60 t schwerer Spodumenkristall gefunden, ein fast 6 m großer in der Grube Etta, Keystone, Süd-Dakota. Spodumen gibt es auch in Kongs Mountain, Hiddenitkristalle kommen in Adams Property, Nord-Carolina vor, bis 25 cm große Kunzitkristalle in der Grube Pala Chief, Pala, Kalifornien (USA). Schöne Kunzitkristalle gibt es in Araçuai, Hiddenitkristalle in Resplendor, Minas Gerais (Brasilien). Große durchsichtige Hiddenitkristalle stammen aus Mawi, Laghman (Afghanistan) und aus Madagaskar. Das Mineral ist auch aus Killiney (Irland), Petershead, Schottland (Großbritannien) und Brandrücken, Kärnten (Österreich) bekannt. **Verwendung**: Lithium-Gewinnung, keramischer Rohstoff, Juwelierhandwerk.

Hiddenit, 276 mm, Nuristan, Afghanistan

**H** 6,5-7 (spröde); **St** weiß; **D** 3,1-3,2; **F** gelblich weiß, grün (*Hiddenit*), rosa bis violett (*Kunzit*), grau; **BM** manchmal Katzenaugeneffekt; **T** durchsichtig bis durchscheinend; **G** glasig bis matt; **Sp** vollkommen nach (110), gut nach (100); **B** halbmuschelig, uneben; **LBI** $N_{p,m,g}$ = 1,651-1,668, 1,665-1,657, 1,677-1,681; **Db** 0,013-0,027; **Di** 0,017; **Pl** bei den farbigen Varietäten stark; **A** Kristalle, kompakte, grobstrahlige und schaligspaltende Aggregate; **Kf** langtafelig, prismatisch, Zwillinge; **Ch** $Li_2O$ 8,1%, $Al_2O_3$ 27,4%, $SiO_2$ 64,5%, Beimengungen von Na; **Lu** gelb, cremefarben, orange

Kunzit, 188 mm, Afghanistan

268
269
L

# 187 Karpholith

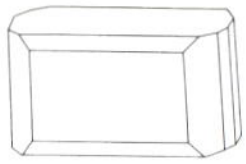

Benennung nach dem griechischen *karphos* – Stroh und *lithos* – Stein
Werner, 1817
$MnAl_2Si_2O_6(OH)_4$ rhombisch

**Genese**: hydrothermal an Greisen durchdringenden Adern, in metamorphosierten Gesteinen; **Paragenese**: Fluorit, Quarz, Kassiterit; **Ähnliche Minerale**: Skolezit, Wavellit, Phillipsit; **Unterscheidung**: Härte, Dichte, optisch, mit Röntgen; **Vorkommen**: Bei Meuville, Ardennen (Belgien), Radobilny bei Prilep (Makedonien) und in den Mangangruben in Gambatesa, Chiavari (Italien), in Cornwall (Großbritannien), in Japan. Erstmals wurde es in Horní Slavkov* (Tschechien) gefunden, wo es häufig in Form von radialstrahligen, goldgelben Aggregaten und bis zu 1 cm großen, nadeligen Kristallen als Füllung von mehrere Zentimeter breiten Adern vorkommt. Bei Wippra, Harz (Deutschland) gibt es schmutzig grüne Nadeln, die in Quarznestern enthalten sind.

**H** 5,5 (spröde); **St** weiß; **D** 2,9; **F** strohgelb, graugelb, gelbbraun; **T** durchscheinend; **G** seidig; **Sp** unvollkommen; **B** uneben; **LBl** $N_{p,m,g}$ = 1,613, 1,630, 1,632; **Db** 0,019; **Di** stark; **Pl** hellgelb, farblos; **A** Kristalle, faserige, radialstrahlige und kompakte Aggregate; **Kf** nadelig, faserig; **Ch** MnO 21,56%, $Al_2O_3$ 30,98%, $SiO_2$ 36,52%, $H_2O$ 10,94%, Beimengungen von Mg, Fe

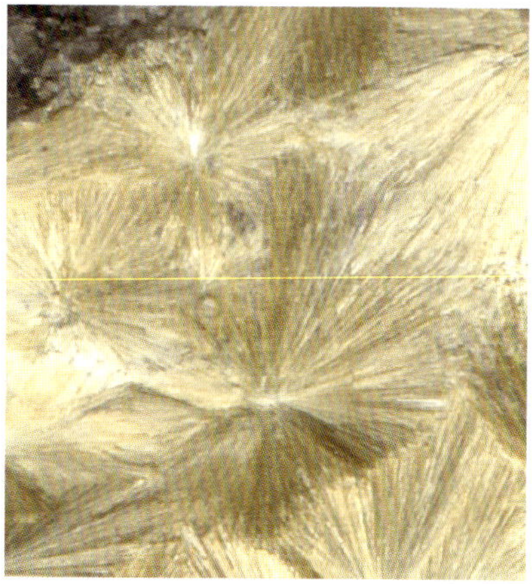

Karpholith, 35 mm, Horní Slavkov, Tschechien

Karpholith, 60 mm, Horní Slavkov, Tschechien

# 188 Aktinolith

Amphibol-Gruppe

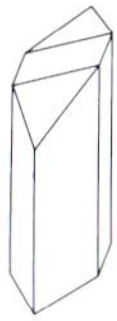

Benennung nach dem griechischen *aktis* – Strahl und *lithos* – Stein
Kirwan, 1794
$Ca_2(Mg,Fe)_5Si_8O_{20}(OH)_2$ monoklin

**Genese**: metamorph, kontaktmetamorph in Dolomiten, Hornblenden, in desilifizierten Pegmatiten; **Paragenese**: Steatit, Chlorit, Serpentin, Epidot, Calcit, Albit; **Ähnliche Minerale**: Akmit, Epidot, Turmalin; **Unterscheidung**: Härte, mit Röntgen, chemisch; **Vorkommen**: Aggregate großer Kristalle sind von der Insel Santa Margarita (Mexiko) bekannt, wird auch aus Brumado, Bahia (Brasilien) beschrieben, kommt in den Provinzen Kuen-lun und Kuang-si (China) vor, des Weiteren in Serpentiniten in Südkorea und am Chara-Schelga-Bach westlich des Baikalsees (Russland). Berühmte Fundorte von stängeligen Aggregaten und Kristallen bis zu 25 cm Größe sind Zillertal und Knappenwand, Tirol (Österreich), Val Malenca und Passo di Vizza (Italien). **Verwendung**: Nephrit im Juwelierhandwerk.

**H** 5-6 (spröde); **St** weiß; **D** 3,0-3,2; **F** grün, graugrün, smaragdgrün (*Smaragdit*), dunkelgrün; **T** durchscheinend, undurchsichtig; **G** glasig, seidig; **Sp** vollkommen nach (110); **B** uneben bis muschelig; **LBI** $N_{p,m,g}$ = 1,615-1,643, 1,625-1,650, 1,640-1,665; **Db** 0,020; **Pl** farblos, hellgrün; **A** Kristalle, radiale, parallelfaserige und körnige Aggregate; massive und mikrokristalline Aggregate werden *Nephrit* genannt, filzige bis watteartige Aggregate heißen *Amiant, Byssolith*; **Kf** langprismatisch, nadelig, haarförmig; **Ch** CaO 12,59%, MgO 11,31%, FeO 20,15%, $SiO_2$ 53,93%, $H_2O$ 2,02%, Beimengungen von Cr (*Smaragdit*), Mn (*Manganaktinolith*)

286

Aktinolith, 60 mm, Sobotín, Tschechien

Aktinolith, 67 mm, Alpen, Schweiz

# 189 Gemeiner Amphibol

**Gemeine Hornblende**

Amphibol-Gruppe

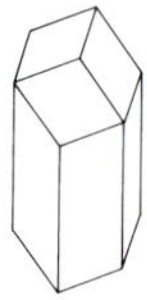

Benennung nach dem griechischen *amphibolos* – zweideutig

Werner, 1789 monoklin

$(CaNa)_2(Mg,Fe,Al)_5(Si,Al)_8O_{22}(OH,F)_2$

**H** 5-6 (spröde); **St** grauweiß, braun; **D** 2,9-3,4; **F** grünschwarz, schwarz; **T** durchscheinend bis undurchsichtig; **G** glasig, matt; **Sp** gut nach (110), unvollkommen nach (101); **B** muschelig; **LBI** $N_{p,m,g}$ = 1,614-1,675, 1,618-1,691, 1,633-1,701; **Db** 0,019-0,026; **Di** schwach; **Pl** gelblich, braun, dunkelgrün; **A** Kristalle, körnige, massive oder radiale Aggregate, Pseudomorphosen; **Kf** prismatisch, Zwillingsverwachsungen; **Ch** sehr kompliziert und unbeständig, Beimengungen von Ti, Fe

**Genese**: metamorph in verschiedenen Schiefern, Amphibolgneisen, Amphiboliten, magmatisch in Granodioriten, Dioriten, Syeniten, Gabbros, Andesiten, Basalten und Trachyten; **Paragenese**: Biotit, Magnetit, Epidot, Quarz, Pyroxene, Plagioklase; **Ähnliche Minerale**: Augit, Turmalin, Biotit; **Unterscheidung**: Spaltbarkeit, Härte, optisch; **Vorkommen**: Hornblende ist ein sehr verbreitetes gesteinsbildendes Mineral. Bis 1 m große Kristalle wurden in Silver Crater gefunden, bekannt sind auch die Lokalitäten High Falls und Bathurst oder Bancroft, Ontario (Kanada), wo bis 10 cm große Kristalle auftraten. Schöne Kristalle gab es in Edenville, New York (USA). Kristalle werden ebenfalls vom Berg Sokolowa Gora, Isow, Ural (Russland), aus Pargas (Finnland), Taberg und Filipstadt (Schweden) und Arendal (Norwegen) beschrieben. Das Mineral kommt auch auf dem Vlčí Hora bei Černošín (Tschechien), im Zillertal (Österreich), auf dem Vesuv (Italien), in Auerbach, Ranstadt, Heyroth und Oberwiesenthal (Deutschland) vor.

Amphibol, xx 8 mm, Černošín, Tschechien

# 190 Wollastonit

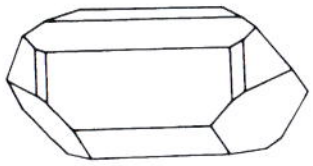

Benennung nach dem englischen Mineralogen und Chemiker W. H. Wollaston (1766-1828)
Lehman, 1818
$CaSiO_3$ triklin

**Genese**: metamorph, charakteristisches Mineral kontaktmetamorpher Gesteine wie Marmore, Erlane und Skarne; **Paragenese**: Vesuvian, Quarz, Diopsid, Granat, Calcit; **Ähnliche Kristalle**: Pektolith, Tremolit; **Unterscheidung**: Härte, mit Röntgen, chemisch; **Vorkommen**: Bis 18 cm große, stängelige Kristalle kommen im Steinbruch Strickland, Connecticut vor, desgleichen in Crestmore, Kalifornien, große weiße Kristalle wurden an der Lokalität Diana, Lewis Co., New York (USA) gefunden, des Weiteren auch in Greenville (Kanada), rosafarbene, bis 3 cm große Kristalle gibt es in Las Chiapas, Sonora und Pichucalco (Mexiko), Wollastonit ist auch aus Karibib (Namibia) bekannt. Das Mineral kommt in Pargas (Finnland) vor, in den vulkanischen Bomben des Monte Somma, auf dem Vesuv und in Capio di Bove (Italien), an der Lagerstätte Turjinsk, Ural (Russland), kurzsäulige Kristalle gibt es in Ciclova (Rumänien), schöne Wollastonite sind auch in Gegenbach, Auerbach (Deutschland) zu finden. **Verwendung**: Keramik, Elektroisolation, Metallurgie, Farben.

**H** 4,5-5 (spröde); **St** weiß; **D** 2,8-2,9; **F** farblos, weiß, gelb, grau; **T** durchscheinend; **G** glasig, perlmutterartig, seidig; **Sp** vollkommen nach (100) und gut nach (001); **B** uneben bis muschelig, **LBI** $N_{p,m,g}$ = 1,620, 1,632, 1,634; **Db** 0,014; **A** Kristalle, radialstrahlige, blättrige und faserige Aggregate; **Kf** Tafeln, oft in einer Richtung verlängert; **Ch** CaO 48,3%, $SiO_2$ 51,7%, Beimengungen von Fe, Na, Mg, Al; **Lu** gelegentlich rotorange

Wollastonit, 60 mm, Transbaikalien, Russland

Wollastonit, 55 mm, Žulová, Tschechien

L

# 191 Pektolith

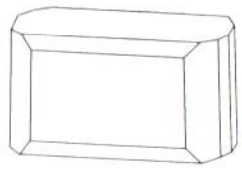

Benennung nach dem griechischen *pektós* – geronnen und *lithos* – Stein
von Kobell, 1828
$NaCa_2Si_3O_8(OH)$ triklin

**H** 5 (spröde); **St** weiß; **D** 2,8; **F** weiß, grau, hellrosa, hellgrün, blau (*Larimar*); **T** durchscheinend bis undurchsichtig; **G** glasig, perlmutterartig, seiden; **Sp** vollkommen nach (100) und (001); **B** muschelig, uneben; **LBl** $N_{p,m,g}$ = 1,631, 1,636, 1,660; **Db** 0,029; **Di** stark; **A** Kristalle, massive, radiale und faserige Aggregate; **Kf** prismatisch, nadelig, Zwillingsverwachsungen; **Ch** $Na_2O$ 9,31%, CaO 33,68%, $SiO_2$ 54,31%, $H_2O$ 2,70%, Beimengungen von Mn (*Manganopektolith*); **Lu** manchmal gelb bis orange

**Genese**: hydrothermal, an Basaltklüften, manchmal an Marmoren; **Paragenese**: Zeolithe, Calcit; **Ähnliche Minerale**: Wollastonit, Zeolithe; **Unterscheidung**: chemisch; **Vorkommen**: Sehr schöne igelige, bis 18 cm große Aggregate gibt es in West Paterson und Bergen Hill, New Jersey, *Manganopektolith* in Magnet Cove, Garland Co., Arkansas (USA), säulige, bis 5 cm große Kristalle in Mt. Saint Hilaire, Quebec (Kanada). Bekannt sind die Lokalitäten Tierno bei Rovereto und Monte Baldo, Lombardei (Italien), in Slowenien, Ayrshire und Edinburghshire (*Walkerit*), Schottland (Großbritannien). *Larimar* kommt aus der Dominikanischen Republik. Hübsche rosa getönte, langstängelige bis radialstrahlige Pektolithe wurden in den Melaphyren im Želechov-Tal bei Libštát (Tschechien) gefunden. Faseriger Pektolith (*Osmelith*) stammt aus Wolfstein, Bayern, und kommt auch in Niederkirchen bei Kaiserslautern (Deutschland) vor. **Verwendung**: Larimar im Juwelierhandwerk.

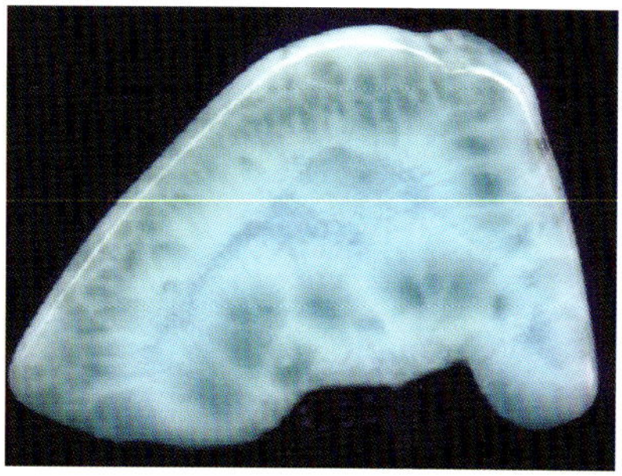

Larimar, 40 mm, Dominikanische Republik

Pektolith, 40 mm, Želechov-Tal, Tschechien

L

# 192 Tscharoit

Benennung nach der Fundstelle, dem Fluss Tschara in Sibirien (Russland)
Rogova et al., 1978
$K(CaNa)_2Si_4O_{10}(OH,F) \cdot H_2O$ triklin

**Genese**: metasomatisch, an Kontakten alkalischer magmatischer und karbonatischer Gesteine; **Paragenese**: Ägirin, Nephelin, Canasit, Tinaksit, Apophyllit; **Ähnliche Minerale**: Sugilith; **Unterscheidung**: Härte, Dichte, optisch; **Vorkommen**: Bis jetzt ist weltweit nur ein einziger Fundort von Tscharoit bekannt, er liegt im alkalischen Murunsky-Massiv im Raum von Jakutsk. Die bedeutendste Lokalität ist Sirenjevij Kamen am Mittellauf der Tschara (ein Zufluss der Lena). Tscharoit bildet hier in den Syeniten ader- und linsenförmige Körper, die sich durch verschiedene Gesteinstexturen auszeichnen. Besonders beliebt sind Tscharoite mit faseriger, radialstrahliger Textur und Seidenglanz. Seltener tritt auch Perlmuttglanz auf. Die Gesteine weisen fast monomineralische Zusammensetzung auf, wobei sie zu 90% aus Tscharoit bestehen und der Rest von dunkelgrünen Ägirinnadeln, honiggelbem Tinaksit, grünweißem Nephelin und Körnern roter Minerale (Idait, Sperrylith u.ä.) gebildet wird.

**H** 5-6; **St** weiß; **D** 2,54-2,58; **F** hell- bis dunkelviolett, blauviolett, braun; **BM** manchmal Katzenaugeneffekt; **T** durchscheinend bis undurchsichtig; **G** glasig, seidig; **Sp** nach (001) vollkommen; **B** uneben; **AM** zäh; **LBI** $N_{p,m,g}$ = 1,550, 1,553, 1,559; **Db** 0,009; **Pl** deutlich, rosa bis farblos; **A** faserige Aggregate, Stücke; **Ch** kompliziert und veränderlich

294

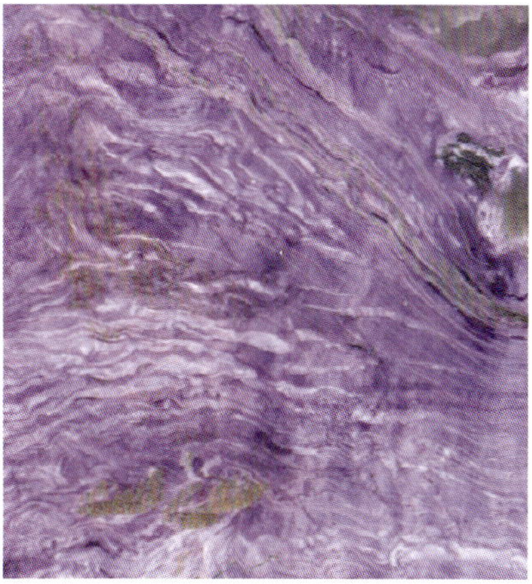

Tscharoit, Anschliff 50 mm, Sirenjevij Kamen

Tscharoit mit Apophyllitinklusion, Anschliff 60 mm, Sirenjevij Kamen, Russland

# 193 Okenit

Benennung nach dem deutschen Naturwissenschaftler L. Ocken (1779-1851) von Kobell, 1828

$Ca_5Si_9O_{23} \cdot 9H_2O$

triklin

**H** 4,5-5; **St** weiß; **D** 2,3; **F** weiß, gelbweiß, blauweiß; **T** durchsichtig bis durchscheinend; **BM** oft Opaleszenz; **G** perlmutterartig, gelegentlich matt; **Sp** nach (010) gut; **B** muschelig bis uneben; **LBl** $N_{p,m,g}$ = 1,530, 1,535, 1,540; **Db** 0,010; **A** Kristalle, massive und faserige Aggregate; **Kf** schuppig, klingenförmig; **Ch** CaO 28,51%, $SiO_2$ 55,00%, $H_2O$ 16,49%; **Lu** cremefarben

**Genese**: hydrothermal, vor allem in Basalthohlräumen postvulkanisch; **Paragenese**: Zeolithe, Apophyllit, Chalcedon; **Ähnliche Minerale**: Natrolith, Thomsonit; **Unterscheidung**: mit Röntgen, chemisch; **Vorkommen**: Bedeutendste Lokalität ist gegenwärtig Synhandree Mts., Maharashtra (Indien), wo zusammen mit schönen Apophyllitkristallen in den Basalthohlräumen radialstrahlige Kugeln von 2 bis 7 cm vorkommen. Die klassischen Fundorte liegen auf der Insel Disco bei Grönland (Dänemark) und auf den Färöer-Inseln, wo das Mineral als *Dysklasit* bezeichnet wird. In Stückform kommt Okenit auf Island vor, des Weiteren in Antrim, Nordirland (Großbritannien), es tritt auch am Fluss Rio Putagan (Chile) auf und ist aus Bramburg und Teichelsberg (Deutschland) bekannt.

L

Okenit auf Gyrolith, 125 mm, Bombay, Indien

# 194 Rhodonit

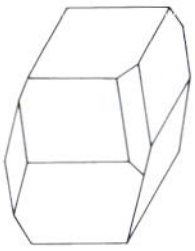

Benennung nach dem griechischen *rhodon* – rosa
Jasche, 1819
$CaMn_4(Si_5O_{15})$ triklin

**H** 5,5-6,5 (spröde); **St** weiß; **D** 3,57-3,68; **F** rosa, rot, rotbraun, grau und auch schwarz; die Farbe ist unbeständig, dunkelt oft nach, weist schwarze Manganoxidadern auf; **T** durchsichtig bis undurchsichtig; **G** glasig, an den Spaltflächen perlmutterartig; **Sp** nach (110) und (1$\bar{1}$0) vollkommen; **B** uneben bis muschelig; **LBl** $N_{p,m,g}$ = 1,711-1,738, 1,716-1,741, 1,724-1,751; **Db** 0,011-0,014; **Pl** schwach bis deutlich, rotgelb, rosarot; **A** Kristalle, körnige und massive Aggregate; **Kf** prismatisch, tafelig; **Ch** CaO 8,76%, MnO 44,31%, $SiO_2$ 46,93%, Beimengungen von Mg, Al, Ca, Fe (*Fowlerit*); **Lu** manchmal dunkelrot, rosa

**Genese**: metamorph in manganreichen Gesteinen, hydrothermal; **Paragenese**: Hausmannit, Magnetit, Spessartin, Manganoxide; **Ähnliche Minerale**: Rhodochrosit, Thulit; **Unterscheidung**: Dichte, Härte, optisch; **Vorkommen**: Ein bedeutender Fundort ist Franklin, New Jersey (USA), von wo bis 20 cm große, vollkommen ausgebildete und gelegentlich auch klare Kristalle stammen. Rhodonit gibt es in Ouro Preto, Minas Gerais (Brasilien) und in Mexiko sowie sehr schöne Kristalle an der Lokalität Huanzala (Peru). Berühmt ist der Fundort Broken Hill, Neusüdwales (Australien), wo auch durchsichtige, bis 10 cm große Kristalle auftraten. Schöne rote Kristalle gibt es an der Lokalität Mwenbe (Tansania). Eine bedeutende Lagerstätte war Maloje Sedjelnikowo, Ural (Russland), wo Blöcke mit Gewichten von mehreren Tonnen gefunden wurden. Rhodonit wird auch aus Pajsberg, Långban (Schweden) beschrieben, kleinere Vorkommen gibt es in Laasphe und Lautenthal (Deutschland). **Verwendung**: Juwelierhandwerk.

Rhodonit, Anschliff 40 mm, Ural, Russland

Rhodonit, 46 mm, Huanuco, Peru

295

L

# 195 Neptunit

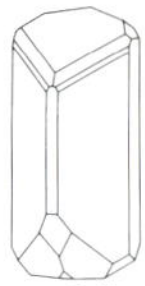

Benennung nach dem römischen Meeresgott Neptun
Flink, 1893
$KNa_2Li(Fe^{2+},Mn^{2+})_2Ti_2Si_8O_{24}$ monoklin

**H** 5,5; **St** rotbraun; **D** 3,2; **F** schwarz, schwarzbraun, schwarzrot; **T** durchsichtig, undurchsichtig; **G** glasig bis halbmetallisch, **Sp** vollkommen nach (110); **B** muschelig; **LBI** $N_{p,m,g}$ = 1,690, 1,693-1,700, 1,719-1,736; **Db** 0,033; **Di** stark; **Pl** goldorange, orange, rot, dunkelrot; **A** Kristalle; **Kf** prismatisch, Zwillingsverwachsungen; **Ch** $K_2O$ 5,48%, $Na_2O$ 7,21%, $Li_2O$ 3,48%, FeO 4,18%, MnO 5,06%, $TiO_2$ 18,61%, $SiO_2$ 55,98%

**Genese**: magmatisch, hydrothermal, in den Massiven alkalischer Syenite; **Paragenese**: Natrolith, Eudialyt, Benitoit; **Ähnliche Minerale**: Ilvait, Turmalin; **Unterscheidung**: Dichte, Paragenese; **Vorkommen**: Zu den schönsten Vorkommen gehören die vollkommen entwickelten, bis 7,5 cm großen Neptunitkristalle (*Carlosit*), die auf schneeweißes Natrolith aufgewachsen sind und von Benitoit, gelbbraunem Joaquinit und Crossit begleitet in der Grube Benitoit Gem, San Benito Co., Kalifornien und auch in den Sweetgrass Hills, Montana (USA) auftreten. Andere Vorkommen in Mt. Saint Hilaire, Quebec (Kanada), bis 2 cm große Kristalle gibt es in Narssarssuaq*, zusammen mit Analcim, Pyrochlor und dem seltenen Tschkalovit kommt es in Kangerlussuaq bzw. Ilimaussaq, Grönland (Dänemark) vor, in Begleitung von Saschinit oft in den Karbonatiten des Lowosersker Massivs, Halbinsel Kola (Russland). Ist auch bekannt aus Woodsreef, Neusüdwales (Australien).

Neptunit, 89 mm, Dallas Gem Mine, San Benito Co., Kalifornien, USA

# 196 Prehnit

Benennung nach dem niederländischen Oberst H. von Prehn (1733-1785)
Werner, 1789
$Ca_2Al_2Si_3O_{10}(OH)_2$

rhombisch

**Genese**: hydrothermal in den Hohlräumen basischer und metamorpher Gesteine, in alpinen Klüften; **Paragenese**: Calcit, Zeolithe, Axinit, Quarz, Epidot; **Ähnliche Minerale**: Wavellit, Stilbit, Hemimorphit, Datolith, Thomsonit, Lawsonit; **Unterscheidung**: Härte, Dichte, chemisch, mit Röntgen; **Vorkommen**: Große Aggregate sind bekannt aus Bergen Hill und Paterson, New Jersey, wo Prehnit zusammen mit Datolith und Apophyllit auftritt, es kommt in Westfield, Hampsden Co., Massachusetts (USA) und im Steinbruch Asbestos, Quebec (Kanada) vor. Schöne Kristalle stammen aus Copper Valley, Brandberg (Namibia), Dschebel Meleh (Marokko), vor allem aber aus den Basalten der Dekkan-Hochebene in Poona (Indien). Prehnit ist bekannt aus Val di Fassa (Italien), Renfrew, Schottland (Großbritannien) und Dauphiné (Frankreich). Es wird auch aus Markovice (Tschechien), Haslach und Oberstein (Deutschland) beschrieben.

**H** 6-6,5; **St** weiß; **D** 2,8-3,0; **F** farblos, weiß, grün, grau, gelbgrün; **T** durchsichtig bis durchscheinend; **G** glasig, wachsartig, perlmutterartig; **Sp** gut nach (001); **B** uneben; **LBl** $N_{p,m,g}$ = 1,612-1,632, 1,618-1,642, 1,641-1,665; **Db** 0,020-0,033; **A** Kristalle, nierige, massive und körnige Aggregate, Krusten, Pseudomorphosen; **Kf** Tafeln, prismatisch; **Ch** CaO 27,1%, $Al_2O_3$ 24,8%, $SiO_2$ 43,7%, $H_2O$ 4,4%, Beimengungen von Fe

Prehnit, 32 mm, Bourg d'Oisans, Frankreich

Prehnit, 66 mm, Southbury, Kalifornien, USA



299

# 197 Astrophyllit

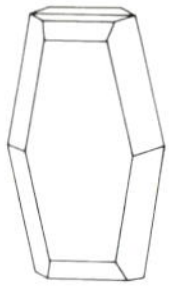

Benennung nach dem griechischen *aster* – Stern und *phýllon* – Blatt
Scheerer, 1854
$(KNa)_3(Fe,Mn)_7Ti_2Si_8O_{24}(O,OH)_7$ triklin

**H** 3,5-4 (spröde); **St** gelbbraun; **D** 3,3-3,4; **F** braun, braunrot, goldgelb, orange; **T** durchsichtig bis durchscheinend; **G** glasig, perlmutterartig bis halbmetallisch; **Sp** gut nach (010), unvollkommen nach (100); **B** uneben; **AM** biegsam; **LBl** $N_{p,m,g}$ = 1,678, 1,703, 1,733; **Db** 0,055; **Di** stark; **Pl** dunkelorange, orange, hellgelb; **A** Kristalle, tafelige, sternförmige Aggregate; **Kf** Tafeln, Schuppen, Nadeln; **Ch** kompliziert und unbeständig, Beimengungen von Zr

**Genese**: magmatisch in alkalischen Pegmatiten; **Paragenese**: Amphibole, Glimmer, Zirkon; **Ähnliche Minerale**: Lamprophyllit, dunkle Glimmer, Ottrelith, Staurolith; **Unterscheidung**: Spaltbarkeit, optisch, chemisch mit Röntgen; **Vorkommen**: Zu den schönsten Vorkommen gehören die tafeligen Kristalle und ihre bis 10 cm großen Aggregate, die in den Nephelin-Syenit-Pegmatiten auf dem Berg Eveslogtschorr, Chibinsker Massiv, Halbinsel Kola (Russland) vorkommen und ähnlich auch auf der Insel Laven im Langesundfjord (Norwegen) gefunden wurden. Kristalle gibt es in Kangerlussuaq, Grönland (Dänemark), Mt. Saint Hilaire, Quebec (Kanada) und El Paso Co., Colorado (USA). Kleinere Kristalle wurden von der Inselgruppe Los (Guinea) beschrieben. Besonders interessant ist die akzessorische Anwesenheit des Minerals im Albit-Riebeckit-Granit in Jos Plateau (Nigeria).

Astrophyllit, xx 30 mm, Chibinsker Massiv, Halbinsel Kola, Russland

Astrophyllit, 50 mm, Chibinsker Massiv, Kola, Russland

# 198 Apophyllit

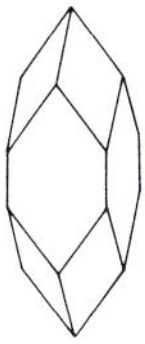

Minerale der isomorphen Fluorapophyllit-Hydroxidapophyllit-Natroapophyllit-Reihe

Benennung nach dem griechischen *apophylliso* – sich schälen

Haüy, 1806

$KCa_4Si_8O_{20}(F,OH)\cdot 8H_2O$ tetragonal

**H** 4,5-5 (spröde); **St** weiß; **D** 2,3-2,4; **F** farblos, weiß, rot, grün, violett; **T** durchsichtig bis durchscheinend; **G** glasig, perlmutterartig; **Sp** vollkommen nach (001), unvollkommen nach (110) **B** uneben; **LBI** $N_{o,e}$ = 1,535-1,543, 1,537-1,542; **Db** 0,001-0,002; **A** Kristalle, massive und körnige Aggregate; **Kf** grobtafelig, bipyramidal, pseudokubisch; **Ch** veränderlich; **Lu** manchmal gelb, grünweiß oder blaugrün

**Genese**: hydrothermal in den Hohlräumen vulkanischer Gesteine, alpine Klüfte, Erzadern, Skarne; **Paragenese**: Calcit, Phillipsit, Harmotom; **Ähnliche Minerale**: einige Zeolithe; **Unterscheidung**: mit Röntgen; **Vorkommen**: Weiße, bis 20 cm große, aber auch durchsichtige, grünliche und manchmal fast smaragdgrüne, bis 5 cm große prismatische Kristalle gibt es in den Basalten in Jalgaon und Poona, Maharashtra (Indien), schöne Kristalle auch in Bento Gonçalves, Rio Grande do Sul (Brasilien), tafelige, bis 7 cm große Kristalle in Centreville und Fairfax, Virginia (USA) und weiße, 4 cm große Kristalle im Steinbruch Maze, Niigata (Japan). Apophyllit kommt auch in Teigarhorn und Berufjord (Island), in Kornsnäs (Schweden), Kongsberg (Norwegen) und auf den Färöer-Inseln (Dänemark) vor, des Weiteren im Val di Fassa (Italien), in Ciclova, Banat (Rumänien), mit bis 2 cm großen Kristallen in Ústí nad Labem (Tschechien) und auch in St. Andreasberg (Deutschland) vor.

Fluorapophyllit, 53 mm, Maharashtar, Indien

L

314

L

# 199 Pyrophyllit

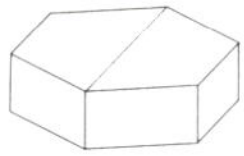

Benennung nach dem griechischen *pyr* – Feuer und *phyllon* – Blatt
Hermann, 1829
$Al_2Si_4O_{10}(OH)_2$ monoklin

**Genese**: hydrothermal an Adern mit Quarz und Glimmern, metamorph in aluminiumreichen Gesteinen; **Paragenese**: Steatit, Quarz, Hämatit, Andalusit, Cyanit; **Ähnliche Minerale**: Steatit; **Unterscheidung**: Glanz, chemisch; **Vorkommen**: In Tres Cerritos, Mariposa Co., in der Grube Champion, Kalifornien, in Staley, Randolph Co., Robins, an der Lagerstätte Deep River, Guilford Co., Carbonton und Chesterfield, Nord-Carolina, in Lincoln Co., Georgia. Große kristalline Aggregate gibt es an der Lokalität Ibitiara, Bahia (Brasilien) und in der Präfektur Nagano (Japan). Bekannt sind die Vorkommen von Beresowsk* und Pyschminsk, Ural (Russland), Ottré (Belgien), Zermatt (Schweiz), langsäulige Aggregate gibt es in Västanå, Skåne (Schweden) und in Vigľašská Huta (Slowakei). *Agalmatolith* wird aus China, aus Sutherland, Schottland (Großbritannien) und vom Ochsenkopf bei Bockau, Sachsen (Deutschland) beschrieben. **Verwendung**: feuerfester Rohstoff, chemische Industrie.

**H** 1-1,5; **St** weiß; **D** 2,8; **F** weiß, silberweiß, grau, grün, gelblich; **T** durchscheinend; **G** glasig, perlmutterartig; **Sp** vollkommen nach (001); **B** uneben; **AM** biegsam, aber nicht elastisch; **LBl** $N_{p,m,g}$ = 1,552, 1,588, 1,600; **Db** 0,048; **A** blättrig, kompakt (*Agalmatolith*), Sphärolithe, radialblättrige Aggregate, Pseudomorphosen; **Kf** selten Tafeln; **Ch** $Al_2O_3$ 28,3%, $SiO_2$ 66,7%, $H_2O$ 5,0%, Beimengungen von Mg, Fe, Ca, Ti; **AM** fühlt sich fettig an; **Lu** manchmal weiß, gelb, orange

Pyrophyllit, 69 mm, Indian Gulch, Kalifornien, USA

Pyrophyllit, 40 mm, Indian Gulch, Kalifornien, USA

# 200 Talk
**Steatit, Speckstein**

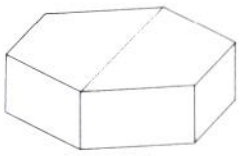

Benennung nach den Eigenschaften – fühlt sich fettig an
Agricola, 1546
$Mg_3Si_4O_{10}(OH)_2$ monoklin

**H** 1; **St** weiß; **D** 2,2-2,8; **F** weiß, grünlich, bräunlich, leicht rosa; **T** durchsichtig, durchscheinend; **G** fettig, perlmutterartig; **Sp** nach (001) vollkommen; **B** uneben; **AM** biegsam, aber nicht elastisch; **LBI** $N_{p,m,g}$ = 1,539-1,550, 1,589-1,594, 1,589-1,600; **Db** 0,039-0,050; **A** Schuppen, Kristalle, kompakt, blättrig, körnig; **Kf** Tafeln; **Ch** MgO 31,70%, $SiO_2$ 63,50%, $H_2O$ 4,80%, Beimengungen von Fe, Al, Ni; **AM** fühlt sich fettig an; **Lu** gelegentlich weiß, gelbweiß, grünweiß, blauweiß, cremefarben

**Genese**: an Adern hydrothermal, metamorphosiert in Metabasiten und Dolomiten; **Paragenese**: Aktinolith, Dolomit, Magnesit, Hämatit, Calcit, Chlorit; **Ähnliche Minerale**: Agalmatolith; **Unterscheidung**: chemisch; **Vorkommen**: Tafelige Kristalle sind bekannt von den Lokalitäten Brumado, Bahia (Brasilien), Chester, Massachusetts, Rochester, Vermont, Gouverneur, New York (USA), kommt auch in Ontario und Quebec (Kanada) vor. Große Talklagerstätten existieren in Korea und China, grüner Talk bei Schabri, Ural (Russland). In Europa gibt es Talk in Bamle und Snarum (Norwegen), tafelige, bis 5 mm große Kristalle in Trimous (Frankreich), weitere Vorkommen in Passo di Vizze (Italien), in Zermatt (Schweiz), in Großgreiner (Österreich), in Hnúšťa (Slowakei) sowie in Zöblitz und Lobsdorf (Deutschland). **Verwendung**: Schmiermittel, Papier-, Textil-, chemische und keramische Industrie, feuerfester Rohstoff, Kosmetik.

Talk mit schwarzem Hämatit, 50 mm, Jekaterinenburg, Russland

L

# 201 Muskovit

Glimmer-Gruppe

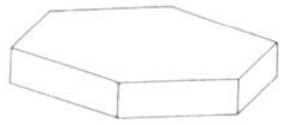

Benennung nach der altenglischen Bezeichnung für Moskau, *Muskov*
Dana, 1850
$KAl_3Si_3O_{10}(OH,F)_2$ monoklin

**Genese**: wichtiges gesteinsbildendes Material, metamorph in verschiedenen Gesteinstypen (Glimmerschiefer, Gneise), magmatisch in Pegmatiten und Graniten, hydrothermal in Erzadern oder deren Umgebung; **Paragenese**: Biotit, Quarz, Feldspat; **Ähnliche Minerale**: andere Glimmer; **Unterscheidung**: chemisch, mit Röntgen; **Vorkommen**: Die größten Kristalle, die Ausmaße von einigen Metern und Gewichte bis über 80 t erreichen, stammen aus der Glimmergrube Inikurti, Nellore (Indien). Metergroße Kristalle gibt es auch in Custer Co., Süd-Dakota, oder in Pennsbury, Pennsylvania und Mt. Mica, Maine (USA). Andere Vorkommen in der Grube Cruzeiro, Minas Gerais (Brasilien). Klassische Lokalität schöner, bis 10 cm großer Muskovitkristalle ist Alabaschka* bei Mursinka (Russland). Muskovit ist auch aus den Pegmatiten in Österreich und Deutschland bekannt. **Verwendung**: Isolationsmaterial, Bauwesen.

Muskovit, 120 mm, Minas Gerais, Brasilien

**H** 2-2,5; **St** weiß; **D** 2,7-2,8; **F** weiß, grau, silberweiß, bräunlich, grünlich (*Fuchsit, Damourit*), gelbgrün, rötlich (*Alurgit*); **T** durchsichtig bis durchscheinend; **G** perlmutterartig, glasig, seidig; **Sp** ausgezeichnet nach (001); **B** uneben; **AM** die Schuppen sind biegsam und elastisch; **LBl** $N_{p,m,g}$ =1,550-1,552, 1,582-1,611, 1,588-1,615; **Db** 0,036-0,041; **A** Kristalle, schuppige, körnige, massive Aggregate, kryptokristallin (*Serizit*); **Kf** Tafeln, prismatisch, pyramidal; **Ch** kompliziert und variabel, Muskovit mit mehr OH und weniger K (*Hydromuskovit*), mit mehr Si und weniger $H_2O$ (*Damourit, Phengit*), mit mehr Si und bis 1% $Cr_2O_3$ (*Mariposit*), mit bis 5% $Cr_2O_3$ (*Fuchsit*), mit Anteilen von Na und Ca (*Margarodit*)

Muskovit mit Mangandendriten, 90 mm, Brasilien

Fuchsit, xx 3 mm, Murgab, Pamir, Tadschikistan

# 202 Biotit

Glimmer-Gruppe

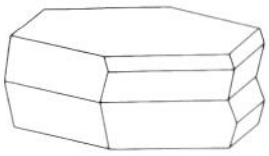

Benennung nach dem französischen Physiker J. B. Biot (1774-1862)
Hausmann, 1874
$K(Fe,Mg)_3AlSi_3O_{10}(OH,F)_2$ monoklin

**Genese**: wichtiges gesteinsbildendes Mineral, metamorph in verschiedenen Gesteinstypen (Gneise, Glimmerschiefer, Migmatite), magmatisch in Graniten, Dioriten, Syeniten, Pegmatiten; **Paragenese**: Feldspat, Muskovit, Quarz; **Ähnliche Minerale**: Phlogopit (siehe Foto), Vermiculit; **Unterscheidung**: optisch, mit Röntgen, chemisch; **Vorkommen**: Tafelige Kristalle in Monroe, New York und Easton, Pennsylvania (USA), Silver Crater, Ontario (Kanada), andere Vorkommen in Uluguru Mts. (Tansania). Bis 50 cm große Kristalle sind aus Miass, Ural (Russland) bekannt. Bis zu einige Meter große Kristalle wurden in Evje (Norwegen) gefunden. Biotit ist auch aus Persberg (Schweden), vom Monte Somma und Vesuv (Italien) sowie aus Bessnes (Frankreich) bekannt und kommt auch am Laacher See (Deutschland) vor. **Verwendung**: Isolationsmaterial.

Phlogopit, x 30 mm, Sludjanka, Russland

**H** 2,5-3; **St** weiß, grau; **D** 2,8-3,2; **F** dunkelbraun, braungrün, braunschwarz, braunrot (*Rubellan*), bei Verwitterung bis goldbraun (*Katzengold*); **T** durchsichtig bis durchscheinend; **G** glasig, perlmutterartig, metallisch; **Sp** ausgezeichnet nach (001); **B** uneben; **AM** die Schuppen sind elastisch, aber spröde; **LBl** $N_{p,m,g}$ = 1,565-1,625, 1,605-1,696, 1,605-1,696; **Db** 0,036-0,060; **Pl** hellgelb, dunkelbraun; **A** Kristalle, schuppige, körnige, massive Aggregate; **Kf** Tafeln, kurzprismatisch; **Ch** kompliziert und variabel, Beimengungen von Ti (*Wodanit*), Na, Li (*Protolithionit*), Ba (*Baryotbiotit*), Sr, Cs, Mn (*Manganophyllit*), Fe (*Lepidomelan*), ohne Fe (*Hydroxyl-Biotit*)

Biotit im Muttergestein, 30 mm, Krkonoše, Tschechien

Biotit in Anthophyllit, „Heřmanov-Kugel", 80 mm, Heřmanov, Tschechien

## 203 Zinnwaldit

Glimmer-Gruppe

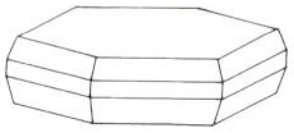

Benennung nach der Typenlokalität Zinnwald im Erzgebirge
Heidinger, 1845
$KLiFeAl_2Si_3O_{10}(OH,F)_2$ monoklin

**Genese**: hydrothermal an Quarzadern und in Greisen, magmatisch in Graniten und Pegmatiten; **Paragenese**: Fluorit, Wolframit, Quarz, Kassiterit, Topas, Scheelit; **Ähnliche Minerale**: Muskovit, Lepidolith; **Unterscheidung**: chemisch, mit Röntgen; **Vorkommen**: Erstbeschreibung von der Zinnlagerstätte in Zinnwald* (Erzgebirge, Deutschland/Tschechien), wo an den Rändern der Adern bis 10 cm große blättrige Aggregate auftreten. Kommt auch in Pikes Peak, Colorado, Pala, Kalifornien, Black Hills, Süd-Dakota und Amelia, Virginia (USA) vor. Große schuppige Kristalle und bis 15 cm große Aggregate stammen aus den Pegmatithohlräumen in Virgem da Lapa, Minas Gerais (Brasilien). Bekannt aus Antaboaka, Ambatofinandrahana (Madagaskar). Wird auch aus Baveno (Italien), Panasqueira (Portugal), den Zinn-Kupfer-Adern von Cornwall (Großbritannien) und aus Tördal (Norwegen) beschrieben. Gemeinsam mit Topas kam es häufig in Altenberg vor und ist auch aus Epprechtstein und Waldstein (Deutschland) bekannt. **Verwendung**: gelegentlich Lithium-Erz.

**H** 2,5-4 (spröde); **St** weiß; **D** 2,9-3,1; **F** hellbraun, silberweiß, gelblich, grünlich, fast schwarz (*Rabenglimmer*), durchsichtig bis durchscheinend; **G** perlmutterartig; **Sp** sehr gut nach (001); **B** uneben; **AM** biegsam; **LBl** $N_{p,m,g}$ = 1,550, 1,560-1,595, 1,560-1,597; **Db** 0,030; **Pl** hellgelb, graubraun; **A** Kristalle, schuppige und tafelige Aggregate; **Kf** Tafeln, Schuppen, Zwillingsverwachsungen; **Ch** kompliziert, sehr variabel, Beimengungen von Fe

Zinnwaldit mit Quarz, 60 mm, Cínovec/Zinnwald, Tschechien

Zinnwaldit mit Hämatit gefärbt, 110 mm, Cínovec/Zinnwald, Tschechien

# 204 Lepidolith

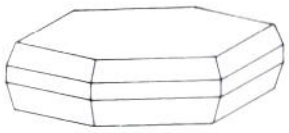

**Trilithionit**

Glimmer-Gruppe

Benennung nach dem griechischen *lepidion* – kleine Schuppe und *lithos* – Stein

Klaproth, 1792

$KLi_{1,5}Al_{2,5}Si_3O_{10}(OH,F)_2$ monoklin

**H** 2,5-3; **St** weiß, hellrosa; **D** 2,8-2,9; **F** farblos, violett, hellrot, blau, grau, grünlich, weiß; **T** durchscheinend bis durchsichtig; **G** perlmutterartig; **Sp** sehr gut nach (001); **B** uneben; **AM** die Schuppen sind elastisch; **LBl** $N_{p,m,g}$ = 1,535-1,543, 1,548-1,575, 1,554-1,579; **Db** 0,020; **A** Kristalle, schuppige, körnige, massive Aggregate; **Kf** Tafeln; **Ch** kompliziert und variabel, Beimengungen von Cs, Rb, Tl; **Lu** grün

**Genese**: magmatisch in Granitpegmatiten, hydrothermal; **Paragenese**: Quarz, Feldspat, Elbait, Spodumen, Petalit; **Ähnliche Minerale**: Zinnwaldit; **Unterscheidung**: chemisch, mit Röntgen; **Vorkommen**: Bis 2 cm große Kristalle sind aus Ramona bekannt, violette, schuppige Aggregate gibt es zusammen mit Rubellit in Pala und Mesa Grande, San Diego Co., Kalifornien, kommt auch in Hebron, Maine (USA) vor und ist in Manitoba (Kanada) häufig. Große kugelige Aggregate gibt es im Gebiet des Sambesi-Flusses (Moçambique), bis 10 cm große Kristalle auf Madagaskar. Häufig sind Vorkommen feinschuppiger, violettlicher Aggregate in der Umgebung von Alabaschka bei Mursinka, Ural (Russland). Lepidolith wurde erstmalig aus Rožná* (Tschechien) beschrieben, wo es bis 50 cm große Nester mit bis zu 3 cm großen Schuppen bildet, es wird auch auf Elba (Italien), in Varuträsk (Schweden) und in Penig (Deutschland) gefunden. **Verwendung**: Lithium-Gewinnung.

Lepidolith, körniges Aggregat, 40 mm, Dolní Rožná, Tschechien

Lepidolith, 80 mm, Urupuca, Minas Gerais, Brasilien

L

# 205 Klinochlor

Chlorit-Gruppe

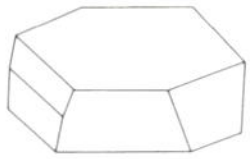

Benennung nach dem griechischen *klino* – schräg und *chloros* – grün
Blake, 1851
$(MgFe)_5Al_2Si_3O_{10}(OH)_8$ monoklin

**Genese**: bedeutendes gesteinsbildendes Mineral, metamorph in verschiedenen Schiefertypen und in Marmoren, alpine Klüfte, hydrothermal an Quarzadern; **Paragenese**: Chlorit, Steatit, Aktinolith, Albit, Phlogopit, Calcit, Diopsid, Epidot; **Ähnliche Minerale**: sonstige Chlorite; **Unterscheidung**: mit Röntgen; **Vorkommen**: Große, schuppige, stellenweise bis 5 cm große Kristalle stammen aus Tilly Foster, Brewster, New York und Chester, Pennsylvania (USA), bis 40 cm große Schuppen gibt es in Beramy (Madagaskar). Sehr schöne Kristalldrusen wurden an den Klüften der Chloritschiefer in den Gruben bei Achmatowsk gefunden, *Kotschubeit* in der Region von Ufalejsk, Ural (Russland), *Kämmererit* gibt es in Kop Daglari, Erzerum (Türkei). Bekannt sind auch die Funde im Val d'Ala, Val Malenco (Italien) und die *Leuchtenbergit*-Vorkommen im Zillertal (Österreich). Klinochlor gibt es auch in Ojén (Spanien).

**H** 2-2,5; **St** weiß; **D** 2,5-2,7; **F** schwarzgrün, blaugrün, grün, hellgrün (*Leuchtenbergit*), rotviolett (*Kämmererit*), weiß, **T** durchscheinend; **G** glasig, perlmutterartig bis fettig; **Sp** sehr gut nach (001); **B** uneben; **AM** die Schuppen sind biegsam, aber nicht elastisch, manchmal Alexandrit-Effekt; **LBl** $N_{p,m,g}$ = 1,535-1,543, 1,548-1,575, 1,554-1,579; **Db** 0,030; **Pl** hell gelbgrün, gelbgrün, farblos; **A** Kristalle, schuppige, körnige, massive Aggregate; **Kf** hexagonale Tafeln, Zwillingsverwachsungen; **Ch** kompliziert und unbeständig, Beimengungen von Ca, Mn, Cr (*Kämmererit, Kotschubeit*); **Lu** manchmal orange

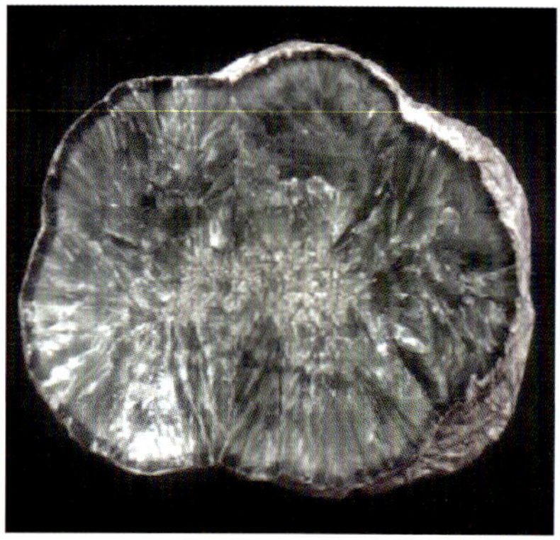

Klinochlor, Anschliff eines Aggregats, 22 mm, Korschunowskoje, Russland

Kämmererit, 90 mm, Erzerum, Türkei

## 206 Chrysokoll

Benennung nach dem griechischen *chrýsos* – Gold und *kólla* – Leim
Theophrastos, 315 v.Chr.
$(Cu,Al)_2H_2Si_2O_5(OH)_4 \cdot nH_2O$ monoklin

**Genese**: sekundär in den Oxidationszonen an Kupferlagerstätten; **Paragenese**: Cuprit, Azurit, Malachit; **Ähnliche Minerale**: Dioptas, Plancheit, Shattuckit, Türkis; **Unterscheidung**: Härte, Dichte, optisch; **Vorkommen**: Bedeutende Chrysokollkonzentrationen treten in Globe, Miami, Morenci, Arizona, Santa Rita, Neu-Mexiko und Tintic, Utah (USA) auf. Es kommt auch an den Fundorten Cananea (Mexiko), Chuquicamata, Copiapó, Coquimbo (Chile) und Mina Acari (Peru) vor. Schöne Chrysokolle gibt es in Eilat (Israel), Likasi, Kakanda (Zaire), Kaokoveld (Namibia) und in Chillagoe, Queensland (Australien). Bekannt sind die Chrysokollvorkommen von Mednorudjansk, Ural (Russland) und Dsheskasgan (Kasachstan), desgleichen in Halsbach und Wittichen (Deutschland).

**H** 2-4 (in Durchwachsungen mit Quarz bis 6); **St** hellgrün; **D** 2,0-2,2; **F** grünblau bis blau, auch smaragdgrün, türkisblau, braun bis schwarz; **T** durchscheinend bis undurchsichtig; **G** glasig, wachsartig, matt; **B** muschelig, uneben; **LBl** $N_{p,m,g}$ = 1,575-1,585, 1,597, 1,598-1,635; **Db** 0,023-0,040; **Pl** schwach; **A** Sinter, Tropfsteine, traubige Aggregate, Krusten, massiv, erdig, Pseudomorphosen; **Kf** mikroskopische Nadeln; **Ch** variabel, Beimengungen von Al (*Pilarit*), Fe, P (*Demidovit*)

311

Chrysokoll, 50 mm, Ilmenau-Gehren, Deutschland

Chrysokoll mit Pseudomalachit, Anschliff 30 mm, Arizona, USA

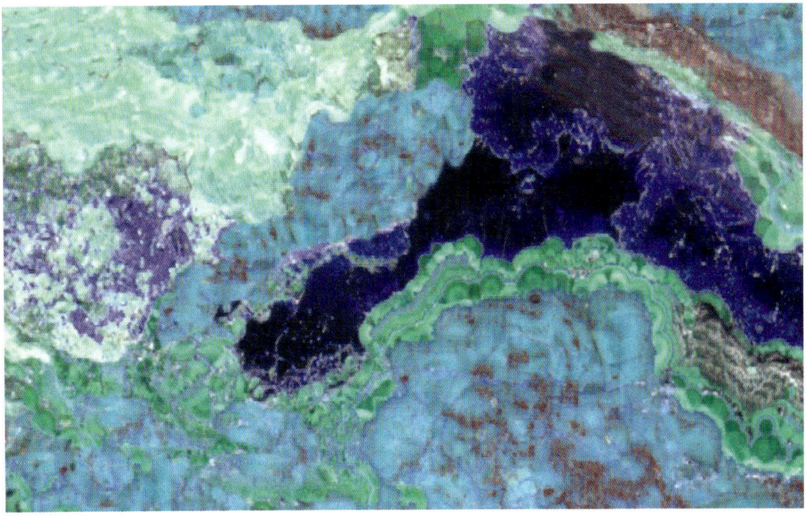

# 207 Palygorskit
## Bergleder, Bergkork

Benennung nach der Typenlokalität im Ural in Russland
Sawtschenkow, 1862
$(Mg,Al)_2Si_4O_{10}(OH)\cdot 4H_2O$ monoklin

**H** 2-2,5; **St** weiß; **D** 2,1-2,2; **F** weiß, grau, gelbgrau, bräunlich; **T** durchscheinend bis undurchsichtig; **G** matt; **Sp** gut nach (110); **B** uneben; **AM** feine Bruchstücke sind leicht biegsam; **LBl** $N_{p,m,g}$ = 1,528, 1,546, 1,548; **Db** 0,020; **A** kryptokristallin, verflochten faserige, massive Aggregate (sie haben das Aussehen von Leder, Klebpapier, Papier, Kork), erdig; **Kf** langprismatisch, faserig; **Ch** unbeständig und variabel, Beimengungen von Fe (*Xylotil*), Mn, Ni; **BM** stark porös, schwimmt auf dem Wasser

**Genese**: entsteht sekundär bei der Verwitterung manganreicher Gesteine, hydrothermal, alpine Klüfte, selten sedimentär in Form von Nestern; **Paragenese**: Chlorit, Titanit, Magnesit, Opal, Chalcedon, Epidot; **Vorkommen**: Ursprüngliche Beschreibung von der Lokalität Palygorskaja*, Ural (Russland). Kommt in der Grube Mammoth, Tiger, Arizona vor, ist in den lagunaren Sedimenten in der Umgebung von Attapulgus, Georgia (USA) häufig. Es wird aus Korosten und Kurcy, Simferopolsk, Krim (Ukraine) beschrieben, bekannt sind auch mehrere Vorkommen in den Alpen, wie zum Beispiel in Schneeberg, Tirol (Österreich). Zahlreiche Fundorte befinden sich in Frankreich, Großbritannien sowie in Deutschland bei Zwickau und Waldheim. **Verwendung**: wärme- und schalldämmendes Material.

Palygorskit, 84 mm, Tiger, Arizona, USA

# 208 Cavansit

Benennung nach der chemischen Zusammensetzung
Staples et al., 1973
$Ca(VO)Si_4O_{10} \cdot 4H_2O$ rhombisch

**Genese**: hydrothermal in den Hohlräumen vulkanischer Gesteine; **Paragenese**: Calcit, Apophyllit, Zeolithe; **Ähnliche Minerale**: Pentagonit; **Unterscheidung**: Kristallformen, chemisch, mit Röntgen; **Vorkommen**: Häufig in den Hohlräumen und Adern der Tuffe von Owyhee Dam*, Malheur Co., oft auch in den Hohlräumen tuffitischer Brekzien in Assoziationen mit Calcit im Steinbruch Chapman, Oregon (USA). Die schönsten Muster stammen aus den Steinbrüchen in der Umgebung von Wagholi, Poona, Maharashtra (Indien), wo in Basalthohlräumen zahlreiche kugelförmige und radialstrahlige Aggregate von bis 3 cm Durchmesser vorkommen, die auf Zeolithe (Stilbit, Heulandit) in Assoziation mit Calcit aufgewachsen sind.

**H** 3-4 (spröde); **St** hellblau; **D** 2,2; **F** grünblau, blau; **T** durchsichtig; **G** glasig; **Sp** nach (010) gut; **B** uneben; **LBI** $N_{p,m,g}$ = 1,542, 1,544, 1,551; **Db** 0,009; **Di** stark; **Pl** farblos, blau; **A** Kristalle, kugelige und strahlige Aggregate; **Kf** langprismatisch, nadelförmig; **Ch** CaO 12,42%, $VO_2$ 18,38%, $SiO_2$ 53,24%, $H_2O$ 15,96%

Cavansit auf Stilbit, 76 mm, Waghali Quarry, Indien

Cavansit, Aggregate 10 mm, Poona, Indien

# 209 Orthoklas

Feldspat-Gruppe

Benennung nach dem griechischen *orthos* – gerade und *klas* – Bruch
Breithaupt, 1823
$KAlSi_3O_8$

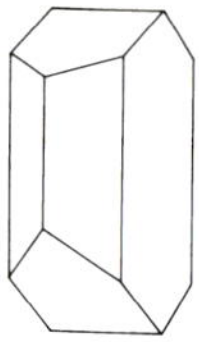

monoklin

281
282
284

L

**Genese**: magmatisch, metamorph, pegmatitisch, hydrothermal, Seifen; **Paragenese**: Quarz, Glimmer, Plagioklase, Amphibole; **Ähnliche Minerale**: Mikroklin, Plagioklase, Chalcedon; **Unterscheidung**: Härte, Dichte, optisch, mit Röntgen, chemisch; **Vorkommen**: Bis 20 cm große Kristalle sind aus Twentynine Palms, Kalifornien und den Black Hills, Süd-Dakota (USA) bekannt, bis 7 cm große, oft klare Kristalle stammen aus Itrongahy und kommen auch an den Lokalitäten Ampandrandara und Fianaratsoa (Madagaskar) vor. *Mondstein* gibt es in den Seifen in der Umgebung von Ratnapura (Sri Lanka). Ein bedeutender Orthoklasfundort ist Wolodarsk (Ukraine), schöne Kristalle treten in Strzegom (Polen) auf, desgleichen in Baveno (Italien), *Adular* gibt es am St. Gotthard (Schweiz), in Karlovy Vary (Tschechien), in Hagendorf, Epprechtstein und Manebach (Deutschland). **Verwendung**: Keramik- und Glasindustrie, Edelstein.

**T** 6-6,5 (spröde); **St** weiß; **D** 2,54-2,63; **F** farblos (*Adular*), weiß, gelb, rötlich (*Sonnenstein*), bläulich (*Mondstein*); **BM** Katzenaugeneffekt, Asterismus, Irisieren (*Sonnen-* und *Mondstein*); **T** durchsichtig, durchscheinend, undurchsichtig; **G** glasig, perlmutterartig; **Sp** nach (001) vollkommen, gut nach (010); **B** uneben, muschelig, splitterig; **LBI** $N_{p,m,g}$ = 1,520-1,528, 1,524-1,533, 1,525-1,537; **Db** 0,004-0,010; **Di** 0,012; **Pl** schwach oder nicht vorhanden; **A** Kristalle, Stücke, körnige Aggregate, Verwachsungen mit Quarz (*Schriftgranit*); **Kf** prismatisch, grobtafelig, sehr oft gesetzmäßige Zwillingsverwachsungen; **Ch** $K_2O$ 16,93%, $Al_2O_3$ 18,35%, $SiO_2$ 64,72%, Beimengungen von Fe, Na, Rb, Ca; **Lu** schwach gelb, weiß, grün, bläulich

Orthoklas, „Karlsbader Zwillinge“, 40 mm, Bečov, Tschechien

Orthoklas, x 32 mm, Oro Grande, Neu-Mexiko, USA

Adular, 152 mm, St. Gotthard, Schweiz

# 210 Mikroklin

Feldspat-Gruppe

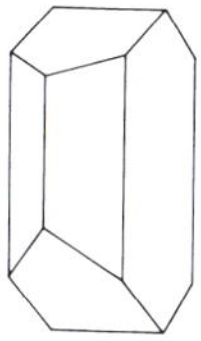

Benennung nach dem griechischen *mikron* – klein und *klinein* – sich neigen
Breithaupt, 1830
$KAlSi_3O_8$ triklin

**H** 6 (spröde); **St** weiß; **D** 2,5-2,6; **F** weiß, grau, gelb, grün bis blaugrün (*Amazonit*), **T** durchsichtig, durchscheinend; **G** glasig, perlmutterartig; **Sp** nach (001) vollkommen, gut nach (010); **B** uneben, muschelig, splitterig; **LBI** $N_{p,m,g}$ = 1,514-1,529, 1,518-1,533, 1,521-1,539; **Db** 0,005-0,008; **Di** 0,012; **Pl** schwach oder nicht vorhanden; **A** Kristalle, Stücke, körnige Aggregate; **Kf** kurzprismatisch, grobtafelig, Zwillingsverwachsungen; **Ch** $K_2O$ 16,93%, $Al_2O_3$ 18,35%, $SiO_2$ 64,72%, Beimengungen von Fe; **Lu** schwach blauweiß, graugrün

**Genese**: magmatisch, metamorph, Pegmatite, hydrothermal; **Paragenese**: Muskovit, Biotit, Orthoklas, Quarz; **Ähnliche Minerale**: Orthoklas, Plagioklas; **Unterscheidung**: optisch, mit Röntgen; **Vorkommen**: Bis 40 cm große *Amazonit*-Kristalle kommen in den Pegmatiten in Crystal Peak, Teller Co., Colorado vor, Mikroklin gibt es in Haddam, Connecticut und mit schönen Kristallen in Amelia, Amelia Co., Virginia, bis mehrere Meter große Kristalle wurden in den Black Hills, Süd-Dakota gefunden, ein anderer Fundort ist Pala, San Diego Co., Kalifornien (USA). Hübsche Kristalle gibt es in Baja California (Mexiko) und in Virgem da Lapa, Morro Velho, Minas Gerais (Brasilien). Mikroklin ist aus Wolhynien (Ukraine), Mursinka, Miass und Kejwy, Halbinsel Kola (Russland), aus Kaatiala (Finnland), Hundholmen bei Narvik (Norwegen) und Strzegom (Polen) bekannt. Es wird auch aus Hagendorf, Bayern (Deutschland) beschrieben. **Verwendung**: Keramik- und Glasindustrie, Edelstein.

Amazonit, 120 mm, Keyhole Vug, Colorado, USA

Mikroklin mit Rauchquarz, 113 mm, Two Point Claim, Lake George, Colorado, USA

283

L

# 211 Albit

## Plagioklas, Soda-Feldspat

Feldspat-Gruppe

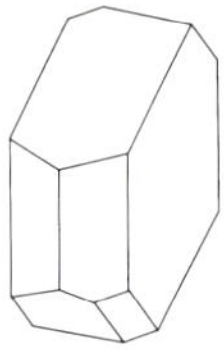

Benennung nach dem lateinischen *albus* – weiß
Gahn, Berzelius, 1815
$NaAlSi_3O_8$ triklin

284

L

**Genese**: bedeutendes gesteinsbildendes Mineral; magmatisch in Graniten, Syeniten, oft in den Alterationszonen dieser Gesteine (z.B. der Albitisierungszone) oder in ihren Pegmatiten, oft auch metamorph in verschiedenen Typen von Migmatiten, Gneisen und Schiefern, in alpinen Klüften, hydrothermal in Erzadern; **Paragenese**: Muskovit, Biotit, Orthoklas, Quarz; **Ähnliche Minerale**: Orthoklas, Mikroklin, Sanidin, Amblygonit; **Unterscheidung**: Härte, Dichte, optisch; **Vorkommen**: Die schönsten Albitkristalle stammen aus den Pegmatiten von Amelia*, Amelia Co., Virginia, wo neben den klaren, tafeligen Albitkristallen auch bis 15 cm große *Clevelandit*-Kristalle vorkommen. Schöne Kristalle gibt es auch in Pala, Kalifornien (USA) und in Virgem da Lapa, Morro Velho, Minas Gerais (Brasilien). Weitere Albitvorkommen in Mursinka, Ural (Russland) und Baveno (Italien), *Periklin* gibt es in Großgreiner (Österreich), bei Tröstau, in Tittling, Bayern (Deutschland).

**H** 6-6,5 (spröde); **St** weiß; **D** 2,57-2,77; **F** farblos, grauweiß, bläulich (*Clevelandit, Mondstein*), grün (*Hyposklerit*), goldgelb (*Sonnenstein*), leicht rosa; **BM** Irisieren (*Mond-* und *Sonnenstein*); **T** durchsichtig, durchscheinend bis undurchsichtig; **G** glasig, perlmutterartig; **Sp** nach (001) und (010) sehr gut; **B** uneben, muschelig; **LBl** $N_{p,m,g}$ = 1,525-1,532, 1,529-1,537, 1,536-1,542; **Db** 0,009-0,011; **Di** 0,012; **Ch** $Na_2O$ 11,8%, $Al_2O_3$ 19,5%, $SiO_2$ 68,7%; **A** Kristalle, körnige, schuppige (*Clevelandit*) und massive Aggregate, manchmal sehr feinkörnig, wie Zucker aussehend (*Clevelandit*); **Kf** prismatisch in der Vertikalen oder in der Achse b (*Periklin*), tafelig, oft Zwillingsverwachsungen; **Lu** manchmal weiß, grünlich

Albit (Clevelandit), 152 mm, Minas Gerais, Brasilien

Periklin mit Adular, 69 mm, Krimmler Achental, Österreich

# 212 Labradorit
## Spektrolith
Feldspat-Gruppe

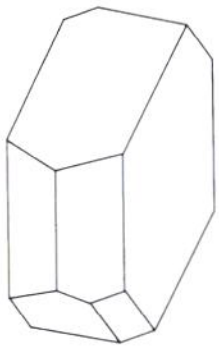

Benennung nach der kanadischen Halbinsel Labrador
Werner, 1780

$Ca_{0,7-0,5}Na_{0,3-0,5}Al_{1,5-1,7}Si_{2,5-2,3}O_8$ triklin

**H** 6,5-6 (spröde); **St** weiß; **D** 2,57-2,77; **F** farblos, grauweiß, bläulich, grünlich, goldgelb, rötlich (*Spektrolith*); **BM** Labradorisieren – Farbveränderung infolge submikroskopischer Einflechtung der Lamellen anderer Plagioklase; **T** durchsichtig, durchscheinend; **G** glasig, perlmutterartig; **Sp** nach (001) und (010) sehr gut; **B** uneben, muschelig; **LBI** $N_{p,m,g}$ = 1,554-1,564, 1,558-1,568, 1,562-1,573; **Db** 0,008-0,009; **Di** 0,012; **Pl** schwach; **A** Kristalle, körnige und massive Aggregate; **Kf** Tafeln, oft Zwillingsverwachsungen; **Ch** $Na_2O$ 4,7%, CaO 12,1%, $Al_2O_3$ 29,8%, $SiO_2$ 53,4%

279
280

**Genese**: magmatisch in Gabbros, Noriten, Basalten, Andesiten, metamorph in Amphiboliten; **Paragenese**: Amphibol, Pyroxen, Plagioklase; **Ähnliche Minerale**: Orthoklas, Bronzit, Enstatit, Amblygonit; **Unterscheidung**: Härte, Dichte, optisch; **Vorkommen**: Große Labradoritkristalle treten an der Ostküste von Labrador auf, insbesondere an der Lokalität Nain und auf der Insel St. Paulus*, Quebec (Kanada), wo angeblich bis 1 m große Kristalle gefunden wurden. Andere Fundorte liegen in den USA und sind auch aus Sonora (Mexiko), aus Australien und Madagaskar bekannt, des Weiteren aus der Gegend von Kosoj Brod bei Kiew im Korostener Massiv (Ukraine) und vor allem aus Ilämaa bei Lammenpaa (Finnland), von wo Labradorite mit Vielfarbeffekten (auch roten – so genannte *Spektrolithe*) stammen. Kristalle sind bekannt aus Roşia Montana (Rumänien), seltene Vorkommen auch in Bad Harzburg, Auerbach und Etzdorf (Deutschland). **Verwendung**: Bauwesen, Spektrolith im Juwelierhandwerk.

Labradorit, Anschliff 50 mm, Finnland

271

L

# 213 Danburit

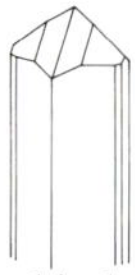

Benennung nach der Typenlokalität Danbury, Connecticut, USA
Shepard, 1839
$CaB_2Si_2O_8$

rhombisch

**Genese**: hydrothermal in Pegmatiten, Erzadern, alpine Klüfte, metamorph, Sedimente; **Paragenese**: Calcit, Datolith, Apophyllit, Quarz, Dolomit, Augit, Turmalin; **Ähnliche Minerale**: Datolith, Citrin, Apatit, Topas; **Unterscheidung**: Härte, Dichte, optisch; **Vorkommen**: Danburit wurde erstmalig aus Danbury*, Fairfield Co., Connecticut beschrieben, wunderschöne, bis 25 cm große Kristalle gibt es in Russel, New York (USA), honiggelbe Kristalle in Baja California, klare bis rosa getönte, bis 10 cm große Kristalle in Charcas, San Luis Potosí (Mexiko). Danburit kommt auch in Rio Cristalmayu bei Chapare (Bolivien) vor. Klare, bis 9 cm große Kristalle gibt es in der Grube Obira, Oita, bis 25 cm große wurden in der Grube Toroko, Mijazaki (Japan) gefunden, große weiße und gelbe Kristalle stammen aus den Anschwemmungen in Mogok (Birma), große gelbbraune aus Maharitra (Madagaskar). Farblose, über 20 cm große Kristalle treten in den Polymetalladern in Dalnegorsk, Region Primorje (Russland) auf, andere Vorkommen bei Eisenach, Thüringen und Annaberg, Erzgebirge (Deutschland).

**H** 7-7,5; **St** weiß; **D** 2,97-3,03; **F** farblos, weiß, grünlich, weingelb, grau, braun und rosa; **T** durchsichtig, durchscheinend; **G** glasig, fettig, matt; **Sp** nach (001) unvollkommen; **B** muschelig, uneben; **LBl** $N_{p,m,g}$ = 1,630, 1,633, 1,647; **Db** 0,006-0,008; **Di** 0,017; **Pl** schwach, bei farbigen Steinen gelblich; **A** Kristalle, körnige und kompakte Aggregate; **Kf** prismatisch; **Ch** CaO 22,8%, $B_2O_3$ 28,4%, $SiO_2$ 48,8%; **Lu** manchmal blau, grünblau, weiß

Danburit, 40 mm, Mina Aurora, Charcas, Mexiko

Danburit, 60 mm, Mina Aurora, Charcas, Mexiko

# 214 Sodalith

Benennung nach der chemischen Zusammensetzung (Soda) und dem griechischen *lithos* – Stein
Thomson, 1810
$Na_8Al_6Si_6O_{24}Cl_2$ kubisch

**H** 5,5-6 (spröde); **St** weiß, bläulich; **D** 2,14-2,40; **F** farblos, weiß, blau, grün, selten auch hellrosa (*Hackmanit*); **T** durchsichtig, durchscheinend bis undurchsichtig; **G** glasig, fettig; **Sp** nach (110) vollkommen; **B** muschelig, uneben; **LBl** *N* = 1,48; **Di** 0,018; **A** Kristalle, körnige und massive Aggregate; **Kf** isometrisch, Zwillingsverwachsungen; **Ch** $Na_2O$ 25%, $Al_2O_3$ 31%, $SiO_2$ 37%, Cl 7%, Beimengungen von S (*Hackmanit*); **Lu** manchmal orange bis violett

**Genese**: magmatisch in Nephelinsyeniten und Phonolithen, metasomatisch in Marmoren und Erlanen; **Paragenese**: Nephelin, Zirkon, Titanit, Cancrinit; **Ähnliche Minerale**: Dumortierit, Hauyn, Lasurit, Nosean, Azurit; **Unterscheidung**: Härte, Dichte, optisch; **Vorkommen**: Bis 6 cm große Kristalle gibt es in Mt. Saint Hilaire, Quebec, körnige Aggregate in der Grube Princes Sodalite, Bancroft (Kanada), bis 10 cm große Kristalle in Kangerdluarsuk, Grönland (Dänemark). Die rosafarbene Abart *Hackmanit* wird in Minas Gerais (Brasilien) gefördert und kommt auch in Cerro Sapo (Bolivien) vor. Schöne Sodalithe stammen aus Birma und Radshastan (Indien), kleinere Vorkommen befinden sich in Korea und auf der Inselgruppe Los (Guinea). Durchsichtiges Sodalith stammt von der Lokalität Gopogo (Namibia). Bedeutende Sodalithfundorte liegen im Ural und auf der Halbinsel Kola (Russland), bekannt sind die Vorkommen in Tadschikistan. Von geringerer Bedeutung sind die Lokalitäten Monte Somma (Italien), Ditrau, Transsilvanien (Rumänien), Serra de Monchique (Portugal), Langesundsfjord (Norwegen), Laacher See und Bellerberg, Eifel (Deutschland).

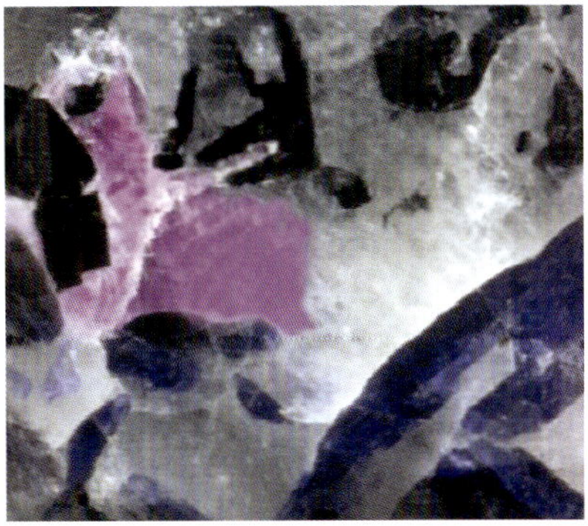

Sodalith (violett) mit Saphir und Augit, 15 mm, Chibinsker Massiv, Halbinsel Kola, Russland

Sodalith, x 4 mm, Kanada

297
L

300

L

# 215 Lasurit

## Lapislazuli

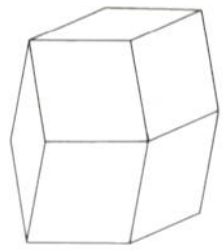

Benennung aus dem Persischen, nach anderer Meinung vom arabischen *lázhwárd* – blau
de Boot, 1647

$(NaCa)_8Al_6Si_6O_{24}(S,SO_4)$ kubisch

**Genese**: kontaktmetamorph in Marmoren, oft in Begleitung von Pyrit; **Paragenese**: Calcit, Pyrit, Diopsid, Dumortierit; **Ähnliche Minerale**: Sodalith, Hauyn, Nosean, Lazulith; **Unterscheidung**: Härte, Dichte, optisch; **Vorkommen**: Die bedeutendsten und am längsten abgebauten Lagerstätten befinden sich im Gebiet von Badachshan, wo in Sar-e-Sang (Afghanistan) bis 5 cm große Kristalle gefunden wurden, von Bedeutung sind auch die Vorkommen im Pamir (Tadschikistan) oder in Sljudjanka und Malobystrinskoje, Baikal (Russland). Lasurit wird auch aus Ontario Peak und Cascade Canyon, Kalifornien (USA) beschrieben, Kristalle gibt es in Lake Harbour, Baffinland (Kanada), in Dattas und Tijuco, Minas Gerais (Brasilien), hellblaue bis grünblaue Kristalle stammen aus den Provinzen Coquimbo und Aconcagua (Chile). Lasurit ist auch aus Thabapin und Mogok (Birma), aus der Südafrikanischen Republik, aus Angola und Ruanda bekannt, kleinere Vorkommen treten am Monte Somma, Albaner Berge (Italien) auf.

**H** 5-6 (spröde); **St** hellblau; **D** 2,38-2,45 (für das Mineral), 2,7-2,9 (für Gestein mit überwiegend Lasurit); **F** dunkelblau, blaugrün, hellblau; **T** undurchsichtig, selten durchsichtig; **G** matt, fett, glasig; **Sp** nach (110) unvollständig; **B** muschelig; **LBI** $N$ = 1,500-1,522; **A** selten Kristalle, massive, kompakte und feinkörnige Aggregate; **Kf** dodekaedrisch; **Ch** kompliziert und unbeständig, Beimengungen von Cl, Ca, $SO_4$; **Lu** manchmal orangerot, hellrosa, weiß

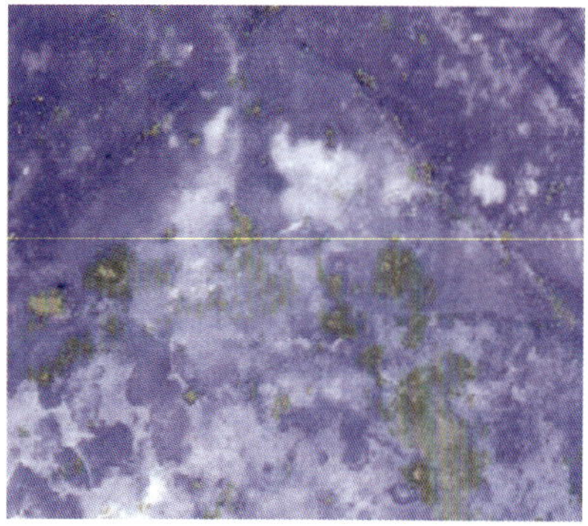

Lasurit mit Pyritinklusionen, 30 mm, Afghanistan

Lasurit, xx 61 mm, Sar-e-Sang, Badachshan, Afghanistan

# 216 Skapolith

Minerale der isomorphen Marialith-Mejonit-Reihe

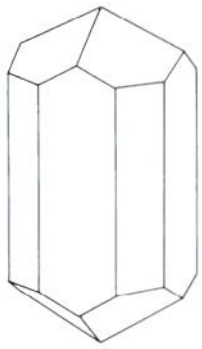

Benennung nach dem griechischen *skapos* – Stiel und *lithos* – Stein
d'Andrada, 1800
$Na_8(Al_3Si_3O_8)_6(Cl_2,SO_4)$
$Ca_8(Al_3Si_3O_8)_6(CO_3,SO_4)$ tetragonal

**Genese**: metamorph in Marmoren, Skarnen, hydrothermal in Adern, die alkalisches oder kalkiges Gestein durchdringen, in Pegmatiten, die ultrabasisches Gestein durchdringen; **Paragenese**: Granate, Pyroxene, Vesuvian, Epidot; **Ähnliche Minerale**: Feldspat, Heliodor, Topas, Quarz, Amblygonit; **Unterscheidung**: Härte, Dichte, optisch; **Vorkommen**: Kristalle in Franklin, New Jersey, Crestmore, Kalifornien (USA), Bear Lake, Quebec und Bancroft, Ontario (Kanada). Hellgelbe, bis 40 cm große Kristalle stammen aus Brasilien. Hellgelbe, rosa und violette Kristalle gibt es in Mpwapwa am Umba-Fluss (Tansania), ähnliche auch in Kenia, auf Madagaskar und in Moçambique. Bekannte Fundorte liegen im Gebiet von Sljudjanka (Russland). Kristalle gibt es auch in Finnland, Schweden, Norwegen, Italien und am Laacher See, Eifel (Deutschland).

**H** 5-6 (spröde); **St** weiß; **D** 2,50-2,62 (*Marialith*), 2,78 (*Mejonit*); **F** farblos, weiß, grau, grüngrau, bläulich (*Glaukolith*), rosa, violett, grüngelb (*Stroganovit*), braun, orange; **BM** Katzenaugeneffekt; **T** durchsichtig, durchscheinend; **G** glasig, perlmutterartig, manchmal fettig; **Sp** nach (100) vollkommen, nach (110) unvollkommen; **B** muschelig, uneben; **LBl** $N_{e,o}$ = 1,537-1,557, 1,539-1,596; **Db** 0,010-0,036; **Di** 0,017; **Pl** mit bloßem Auge entsprechend der Farbtöne erkennbar; **A** Kristalle, faserige, körnige und massive Aggregate; **Kf** säulig, prismatisch; **Ch** die Zusammensetzung ist im Rahmen der isomorphen Marialith-Mejonit-Reihe variabel; **Lu** manchmal gelblich, gelb oder orange



298

L

Skapolith, 32 mm, Otter Lake, Quebec, Kanada

Skapolith (Marialith), 50 mm, Tadschikistan

# 217 Leucit

Benennung nach dem griechischen *leukós* – weiß
Werner, 1791
$K[AlSi_2O_6]$

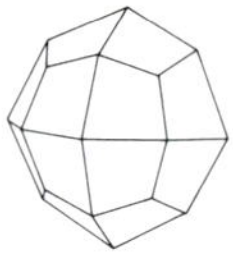

tetragonal

**H** 5,5-6 (spröde); **D** 2,45-2,50; **F** farblos, weiß, aschgrau, gelb, grünlich, blaugrün, braun, rot; **T** durchsichtig, durchscheinend bis undurchsichtig; **G** glasig, fettig; **Sp** unvollkommen nach (110); **LBl** $N_{e,o}$ = 1,508, 1,509; **Db** 0,001; **A** Kristalle, körnige Aggregate, Pseudomorphosen; **Kf** isometrisch, Zwillingsverwachsungen; **Ch** $K_2O$ 21,58%, $Al_2O_3$ 23,36%, $SiO_2$ 55,06%, Beimengungen von Na, Ca, $H_2O$; **Lu** manchmal orange

**Genese**: magmatisch in Ergussgesteinen, die reich an Alkalien und arm an $SiO_2$ sind (Basalt, Phonolith, Trachyt); **Paragenese**: Nephelin, Sanidin, Ägirin; **Ähnliche Minerale**: Analcim, Granat; **Unterscheidung**: Härte, Dichte, chemisch; **Vorkommen**: In den Leucite Hills und Absaroka Range, Wyoming, Magnet Cove, Hot Springs Co., Arkansas, Highwood Mts., Montana (USA). Ist bekannt aus der Provinz Kivu (Zaire), vom Kilimandscharo (Tansania), vom Ruwenzori (Uganda), aus West Kimberley, Neusüdwales (Australien), aus Taschkent (Usbekistan). Große, vollendet ausgebildete Kristalle gibt es in den Lavamassen auf dem Monte Somma*, dem Vesuv, in Roccamonfina, Ariccia, Poggio Nibbio (Italien), am Kaiserstuhl, Baden und am Laacher See, Rheinland-Pfalz (Deutschland). **Verwendung**: gelegentlich zur Aluminium- und Kalium-Gewinnung.

L

Leucit, 21 mm, Italien

# 218 Analcim

Zeolith-Gruppe

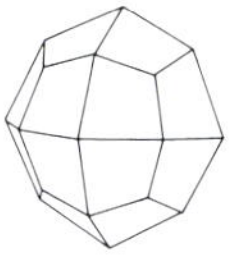

Benennung nach dem griechischen *análkis* – schwach

Haüy, 1797

$Na[AlSi_2O_6]\cdot H_2O$ kubisch

**H** 5-5,5 (spröde); **St** weiß; **D** 2,22-2,29; **F** farblos, weiß, gelb, rötlich, grau; **T** durchsichtig, durchscheinend; **G** glasig, matt; **Sp** sehr unvollkommen nach (001); **B** uneben, muschelig; **LBl** $N$ = 1,508-1,509; **A** Kristalle, massive und körnige Aggregate, Pseudomorphosen; **Kf** trapezoedrisch; **Ch** $Na_2O$ 14,07%, $Al_2O_3$ 23,29%, $SiO_2$ 54,47%, $H_2O$ 8,17%, Beimengungen von K, Ca, Mg

**Genese**: hydrothermal, magmatisch in Vulkaniten, in Pegmatiten, manchmal auch sedimentär; **Paragenese**: Zeolithe, Calcit; **Ähnliche Minerale**: Leucit; **Unterscheidung**: Härte, optisch, chemisch, mit Röntgen; **Vorkommen**: Schöne Kristalle in West Paterson und Bergen Hill, New Jersey, Pribce Creek, Oregon, Lake Superior, Michigan (USA), bis 11 cm große Kristalle gibt es in Cape Blomidon, Neuschottland, in Mt. Saint Hilaire, Quebec, in der Grube Tanco, Manitoba (Kanada). Andere Vorkommen an der Lokalität Flinders, Victoria (Australien) und auf den Färöer-Inseln (Dänemark), große Kristalle gibt es bei Dumbarton, Schottland (Großbritannien). Bekannt sind die Vorkommen von rötlichen, bis 10 cm großen Kristallen an den Lokalitäten Drio le Pale im Fassatal, in Alpe di Suisi und auf den Zyklopeninseln* bei Catania (Italien). Bis 10 cm große Kristalle gibt es bei Nidym, Sibirien (Russland). Analcim kommt auch im Böhmischen Mittelgebirge (Tschechien) und in St. Andreasberg (Deutschland) vor.

Analcim, xx 3 mm, Zálezly, Tschechien

Analcim, 45 mm, Tunguska, Russland

# 219 Mesolith

Zeolith-Gruppe

Benennung nach dem griechischen *mésos* – mittel und *lithos* – Stein
Gehlen und Fuchs, 1813
$Na_{16}Ca_{16}[Al_{48}Si_{72}O_{240}]\cdot 64H_2O$ rhombisch

**Genese**: hydrothermal in den Hohlräumen vulkanischer Gesteine; **Paragenese**: Calcit, Chabasit, Epistilbit, Natrolith; **Ähnliche Minerale**: Natrolith, Skolezit; **Unterscheidung**: mit Röntgen, chemisch; **Vorkommen**: Schöne, bis 10 cm große Kristalle an der Lokalität Skookumchuk Dam, Washington, andere Vorkommen in Goble, Oregon (USA) und Cape d'Or*, Neuschottland (Kanada). Bekannt sind die Funde auf den Färöer-Inseln Nolsoy und Streymoy (Dänemark), bis 15 cm große, nadelige Aggregate in Berufjord und Teigarhorn (Island), auf der Insel Skye, Schottland, Giant's Causeway, Nordirland (Großbritannien). Schöne Kristalle gibt es in Nasik, igelige, bis 25 cm große Aggregate in den Pashan Hills in der Umgebung von Poona, Maharashtra (Indien). Weitere Vorkommen von Mesolith befinden sich in Puy de Marman (Frankreich), Rupe di Aci Castello, Sizilien (Italien) und in Pflasterkaute bei Eisenach (Deutschland).

**H** 5 (spröde); **St** weiß; **D** 2,2-2,4; **F** weiß, grau, gelblich; **T** durchsichtig, durchscheinend, undurchsichtig; **G** glasig, seidig, perlmutterartig; **Sp** vollkommen nach (110), deutlich nach (001); **B** uneben; **LBl** $N_{p,m,g}$ = 1,504-1,507, 1,505-1,507, 1,506-1,507; **Db** 0,003; **Di** stark; **A** Kristalle, massive, kugelige, strahlige, feinfaserige Aggregate, erdig; **Kf** dünnsäulig bis nadelig; **Ch** $Na_2O$ 5,32%, CaO 9,63%, $Al_2O_3$ 26,26%, $SiO_2$ 46,42%, $H_2O$ 12,37%

Mesolith, 50 mm, Horseshoe Dam, Arizona, USA

## 220 Thomsonit

Zeolith-Gruppe

Benennung nach dem schottischen Chemiker T. Thomson (1773-1852)
Brooke, 1820
$Ca_2Na[Al_5Si_5O_{20}]\cdot 6H_2O$ rhombisch

**H** 5-5,5 (spröde); **St** weiß; **D** 2,3-2,4; **F** farblos, weiß, gelb, rötlich; **T** durchsichtig, durchscheinend; **G** glasig, an den Spaltflächen perlmutterartig; **Sp** vollkommen nach (010), gut nach (100); **B** muschelig bis uneben; **LBl** $N_{p,m,g}$ = 1,507-1,530, 1,509-1,532, 1,516-1,545; **Db** 0,006-0,020; **A** Kristalle, radiale, nierige und kompakte Aggregate; **Kf** Tafeln, kurzprismatisch, vertikal gefurcht; **Ch** $Na_2O$ 2,42%, CaO 19,74%, $Al_2O_3$ 29,91%, $SiO_2$ 35,25%, $H_2O$ 12,68%

**Genese**: hydrothermal in den Hohlräumen vulkanischer Gesteine; **Paragenese**: andere Zeolithe, Calcit; **Ähnliche Minerale**: Natrolith; **Unterscheidung**: mit Röntgen, chemisch; **Vorkommen**: West Paterson, New Jersey, Goble, Oregon, Grand Marais, Cook Co., Minnesota, wo verschiedenfarbige, massive, konzentrisch gebaute Aggregate (*Lintonit*) auftreten, Table Mountain, Colorado (USA). Bis 5 cm große, strahlige Aggregate gibt es in Peters Point, Neuschottland (Kanada), in Flinders, Victoria (Australien). Thomsonit wird auch von den Färöer-Inseln und vom Langesundsfjord (Norwegen) beschrieben. Bis 5 cm große, strahlige Aggregate stammen aus Kilpatrick*, Dumbartonshire, Schottland, braunrotes massives *Chalilit* von County Antrim, Nordirland (Großbritannien). Schöne Kristalle in den Hohlräumen der Nephelinbasalte in Pflasterkaute bei Eisenach und in Roßberg bei Darmstadt (Deutschland).

Thomsonit, 50 mm, Pustý vrch, Folknáře, Tschechien

# 221 Laumontit

Zeolith-Gruppe

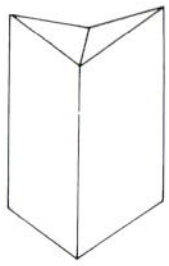

Benennung nach dem französischen Mineralogen G. de Laumont
Werner, 1805
$Ca_4[Al_8Si_{16}O_{48}]\cdot 18H_2O$ monoklin

**H** 3-3,5 (spröde); **St** weiß; **D** 2,3; **F** farblos, weiß, grau, gelb, rot; **T** durchscheinend bis undurchsichtig; **G** glasig, perlmutterartig, matt; **Sp** vollkommen nach (110) und (010); **B** uneben bis muschelig; **LBl** $N_{p,m,g}$ = 1,504-1,513, 1,514-1,524, 1,516-1,525; **Db** 0,011-0,016; **Di** stark; **A** Kristalle, faserige, radialstrahlige, massive und auch erdige Aggregate; **Kf** prismatisch; **Ch** CaO 11,92%, $Al_2O_3$ 21,67%, $SiO_2$ 51,09%, $H_2O$ 15,32%; **Lu** weiß

**Genese**: hydrothermal in den Hohlräumen vulkanischer Gesteine, alpine Klüfte, Erzadern, Sedimente; **Paragenese**: Zeolithe, Calcit; **Ähnliche Minerale**: Bavenit; **Unterscheidung**: Härte, chemisch; **Vorkommen**: Die schönsten, bis 3 cm großen Kristalle stammen aus den Basalten bei Veronopolis und Bento Gonçalves, Rio Grande do Sul (Brasilien), bis 15 cm große Kristalle gibt es in Pine Creek, Bishop, Kalifornien (USA), nadelförmige, weiße Kristalle, deren Ausmaße oft 30 cm überschreiten, kommen im Steinbruch Pandulena Hill vor und wurden auch in Malabo bei Bombay (Indien) gefunden. Laumontit gibt es auch in der Grube Aschio, Totshigi (Japan). Bekannt sind Vorkommen am St. Gotthard (Schweiz), in Huelgoat* (Frankreich), in Bergen Hill, Schottland (Großbritannien), im Fassatal (Italien), im Val Sarentino, Tirol (Österreich), in Wolfstein, Bayern, in Plauen, Sachsen, in Dillenburg, Rheinland-Pfalz (Deutschland).



Laumontit mit Gyrolith, 100 mm, Poona, Maharashtra, Indien

# 222 Heulandit

Zeolith-Gruppe

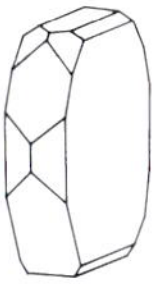

Benennung nach dem englischen Mineraliensammler J. H. Heuland (1778-1856)

Brooke, 1822

$(Ca_{0,5},Sr_{0,5},Ba_{0,5},Mg_{0,5},Na,K)_9$ $-[Al_9Si_{27}O_{72}]\cdot 24H_2O$ monoklin

**H** 3,5-4 (spröde); **St** weiß; **D** 2,2; **F** weiß, grau, rot, braun; **T** durchsichtig, durchscheinend; **G** glasig, perlmutterartig; **Sp** vollkommen nach (010); **B** uneben bis muschelig; **LBI** $N_{p,m,g}$ = 1,496-1,499, 1,497-1,501, 1,501-1,505; **Db** 0,001-0,007; **A** Kristalle, strahlige und blattförmige Aggregate; **Kf** Tafeln, Schuppen; **Ch** kompliziert, Beimengungen von Sr, Ba, Na, K; **Lu** manchmal hellblau

**Genese**: hydrothermal in den Hohlräumen vulkanischer Gesteine, alpine Klüfte, Erzadern, Sedimente; **Paragenese**: Stilbit, Chabasit, Calcit; **Ähnliche Minerale**: Stilbit, Prehnit; **Unterscheidung**: Kristallformen, Härte, Dichte, mit Röntgen, chemisch; **Vorkommen**: Kristalle in West Paterson, New Jersey, in Goble, Oregon, in Skookumchuck, Washington (USA), rosa Kristalle in Wasson's Bluff, Neuschottland (Kanada). Bedeutende Fundorte von Heulandit liegen in Bento Gonçalves, Rio Grande do Sul (Brasilien), rosa Kristalle gibt es auch in Gunnedah, Neusüdwales (Australien), bis 7 cm große Kristalle wurden in den Basalthohlräumen in Teigahorn, Berufjord (Island) gefunden. Weitere Vorkommen wurden auf Haldarsvik, Färöer-Inseln (Dänemark) verzeichnet. Klare tafelige, bis 10 cm große Kristalle gibt es in Nasik, rote bis 6 cm große in Jalgaoda (Indien). Schöne rote Kristalle stammen aus dem Fassatal (Italien). Weitere Vorkommen von Heulandit gibt es in Kilpatrick und Campsi, Schottland (Großbritannien), ebenso wird es auch aus Oberstein (Deutschland) beschrieben.

Heulandit mit Stilbit, 80 mm, Maharashtra, Indien

L

# 223 Klinoptilolith

Zeolith-Gruppe

Benennung nach dem griechischen *klino* – umbiegen, *ptylon* – Feder, *lithos* – Stein

Pirsson, 1890 monoklin

$(Na,K,Ca_{0,5},Ba_{0,5},Mg_{0,5})_6[Al_6Si_{30}O_{72}]\cdot 20H_2O$

**H** 3,5-4; **St** weiß; **D** 2,1-2,2; **F** weiß, rot; **T** durchsichtig, durchscheinend; **G** glasig; **Sp** vollkommen nach (010); **B** uneben bis muschelig; **LBl** $N_{p,m,g}$ = 1,474-1,478, 1,480, 1,481; **Db** 0,003; **Di** stark; **A** kristalline Aggregate; **Kf** Tafeln; **Ch** kompliziert

**Genese**: hydrothermal und in vulkanosedimentären Gesteinen; **Paragenese**: andere Zeolithe; **Ähnliche Minerale**: Brewsterit, Heulandit; **Unterscheidung**: Härte, Dichte, optisch, chemisch, mit Röntgen; **Vorkommen**: Schöne Kristalle aus Agate Beach, Lincoln Co., Succot Creek, Malheur Co. und Richardson Ranch, Jefferson Co., Oregon, von Bedeutung sind die abbaubaren Akkumulationen von Klinoptilolith in den Pyroklasten in San Luis Obispo Co. und Keer Co., Kalifornien, bekannt sind die Vorkommen Mt. Hoodoo*, Park Co., Wyoming, Bowie, Cochise Co., Wikieup, Mohawe Co., Arizona, Cuchillo Deposit Winstone, Sierre Co., Neu-Mexiko (USA), Kamloops Lake, British Columbia (Kanada). Große Lagerstätten gibt es in Neuseeland und in Australien. Klinoptilolith ist auch aus Itaji, Fukushima auf Honshu (Japan) bekannt und wird aus dem Fassatal und aus Alpe di Siusi (Italien), Tokaj (Ungarn), Krdschali (Bulgarien) und Kapfenberg (Österreich) beschrieben, kommt aber auch in Nižný Hrabovec (Slowakei), Hončova Hůrka (Tschechien) und am Vogelsberg in Hessen (Deutschland) vor. **Verwendung**: Bauwesen, chemische und Papierindustrie, Landwirtschaft.

Klinoptilolith, xx 2 mm, Hončova Hůrka, Tschechien

Klinoptilolith, xx 1 mm, Hončova Hůrka, Tschechien

# 224 Stilbit
## Desmin
Zeolith-Gruppe

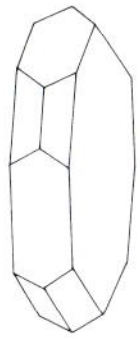

Benennung nach dem griechischen *stilbe* – Glanz
Haüy, 1796
$(Ca_{0,5},Na,K)_9[Al_9Si_{27}O_{72}]\cdot 28H_2O$ monoklin

**H** 3,5-4 (spröde); **St** weiß; **D** 2,1-2,2; **F** farblos, weiß, rot, gelb, braun; **T** durchsichtig, durchscheinend; **G** glasig, perlmutterartig, seiden; **Sp** vollkommen nach (010), deutlich nach (100); **B** uneben bis muschelig; **LBl** $N_{p,m,g}$ = 1,482-1,492, 1,491-1,500, 1,493-1,502; **Db** 0,007-0,013; **A** Kristalle, radialstrahlige, garbige Aggregate; **Kf** Tafeln, Säulen, Verwachsungen; **Ch** kompliziert und variabel

**Genese**: hydrothermal in den Hohlräumen vulkanischer Gesteine, alpine Klüfte, Erzadern, Sedimente, in heißen Quellen; **Paragenese**: Heulandit, Laumontit, Chabasit; **Ähnliche Minerale**: Heulandit, Prehnit; **Unterscheidung**: Kristallformen, Härte, Dichte, mit Röntgen; **Vorkommen**: Große weiße und braune garbenförmige Kristalle gibt es in Horseshoe Cove, Two Islands und Partridge Island, Neuschottland (Kanada), bis 8 cm große, hellbraune garbige Kristalle kommen in West Paterson, Great Notch, New Jersey und auf der Insel Kupreanof, Alaska (USA) vor, ähnliche dann in Assoziation mit Heulandit und Apophyllit in Rio Grande do Sul (Brasilien). Die klassischen Stilbit-Lokalitäten sind Kilpatrick und die Insel Skye, Schottland (Großbritannien), Staffu, Färöer-Inseln (Dänemark), schneeweiße, bis 5 cm große Kristallbündel wurden in Teigarhorn, Helgurstadir und Bernfjord (Island) gefunden. Schöne, bis 20 cm große Garben stammen aus Pandulena Hill, bis 8 cm große aus Shakur (Indien). Stilbit gibt es auch in St. Andreasberg (Deutschland).

Stilbit, xx 10 mm, Šiatorská Bukovina, Slowakei

Stilbit auf Fluorapophyllit, 83 mm, Nasik, Maharashtra, Indien

# 225 Phillipsit

Zeolith-Gruppe

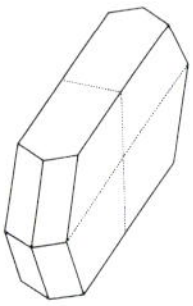

Benennung nach dem englischen Mineralogen W. Phillips (1775-1828)
Lévy, 1825 monoklin
$(K,Na,Ca_{0,5},Ba_{0,5})_{4-7}[Al_{4-7}Si_{12-9}O_{32}]\cdot 12H_2O$

**H** 4-4,5 (spröde); **St** weiß; **D** 2,2; **F** farblos, weiß, gelb, rötlich; **T** durchsichtig, durchscheinend; **G** glasig; **Sp** gut nach (010) und (001); **B** uneben; **LBI** $N_{p,m,g}$ = 1,493-1,498, 1,497-1,500, 1,500-1,503; **Db** 0,005-0,007; **A** Kristalle, Körner und Stücke; **Kf** prismatisch, oft Verwachsungen; **Ch** kompliziert

**Genese**: hydrothermal in den Hohlräumen vor allem basischer Vulkangesteine, selten alpine Klüfte, Sedimente und in heißen Quellen; **Paragenese**: andere Zeolithe, Calcit; **Ähnliche Minerale**: Harmotom, Stilbit; **Unterscheidung**: optisch, mit Röntgen und chemisch; **Vorkommen**: Cape Lookout, Park Co., Spray, Wheeler Co., Wall Creek, Mount Vernon, Oregon (USA), Richmond, Victoria, Gads Hill und Doughboys, Tasmanien (Australien), Maze, Niigata (Japan). Berühmt sind die Fundorte Aci Castello*, Sizilien oder Capo di Bove bei Rom mit bis zu 2 cm großen Kristallen, andere Vorkommen sind auf dem Monte Somma und dem Vesuv (Italien). Phillipsit wird auch von Island, von Giant's Causeway, Antrim Co., Nordirland (Großbritannien) und vom Massif Central (Frankreich) beschrieben. Große Kristalle wurden in Limberg bei Sasbach, Baden, gefunden. Das Mineral ist auch von Stempel und Annerod, Hessen (Deutschland) bekannt und ist Bestandteil der roten Ozeanschlamme in der Umgebung der Hawaii-Inseln (USA).

Phillipsit, 30 mm, Vallerano, Italien

# 226 Chabasit

Zeolith-Gruppe

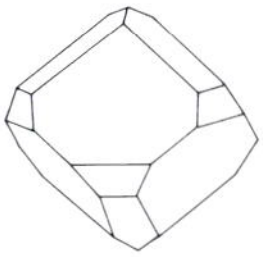

Historischer griechischer Name, der den von Orpheus besungenen Stein bezeichnete
Bosc d'Antic, 1788

$(Ca_{0,5},Na,K)_4[Al_4Si_8O_{24}]\cdot 12H_2O$ trigonal

**H** 4,5 (spröde); **St** weiß; **D** 2,1; **F** weiß, gelb, rötlich; **T** durchsichtig, durchscheinend; **G** glasig bis matt; **Sp** unvollkommen nach ($10\bar{1}1$); **B** uneben; **LBl** $N_{o,e}$ = 1,460-1,515, 1,462-1,516; **Db** 0,002-0,010; **A** Kristalle, Kristalldrusen; **Kf** Rhomboeder, Zwillingsverwachsungen; **Ch** Kompliziert; **Lu** grün

**Genese**: hydrothermal in den Hohlräumen vulkanischer Gesteine und Pegmatite, alpine Klüfte, heiße Quellen; **Paragenese**: Calcit, Stilbit, Heulandit, Analcim; **Ähnliche Minerale**: Calcit, Dolomit; **Unterscheidung**: Härte, Dichte, mit Röntgen, chemisch; **Vorkommen**: Schöne Kristalle in West Paterson, Great Notch, New Jersey und Goble, Oregon (USA), in Wasson's Bluff, Neuschottland (Kanada) wurden braune, bis 4 cm große Kristalle gefunden. Weitere Vorkommen in Panvil (Indien), Kristalle in Richmond, Collingwood, Victoria (Australien). Bekannt sind die Fundorte Haeddin, Dalsnipa, Skutin, Färöer-Inseln (Dänemark), wo es bis 6 cm große Kristalle gibt, oder Bernfjord (Island), Kilmalcom und die Insel Skye, Schottland, Giant's Causeway, Nordirland (Großbritannien). Schöne Proben stammen aus Rifugio Taramelli im Fassatal (Italien), bis 4 cm große grüne Rhomboeder wurden in Maglovec bei Prešov (Slowakei) gefunden, eine bedeutende Lokalität ist auch Řepčice (Tschechien), wo es bis 2 cm große Kristalle gibt. Chabasit wurde erstmals in Zweibrücken* gefunden und beschrieben und kommt auch in Idar-Oberstein (Deutschland) vor.

Chabasit, 27 mm, New Street, Paterson, New Jersey, USA

Chabasit, 43 mm, Prospect Park, New Jersey, USA

## 227 Whewellit

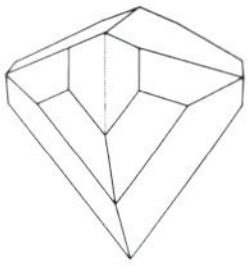

Benennung nach dem amerikanischen Forscher W. Whewell (1794-1866)
Brooke und Miller, 1852
$CaC_2O_4 \cdot H_2O$ monoklin

**H** 2,5 (spröde); **St** weiß; **D** 2,2; **F** farblos, weiß, gelblich, leicht grau; **T** durchsichtig bis durchscheinend; **G** glasig, perlmutterartig; **Sp** sehr gut nach (101); **B** muschelig; **LBl** $N_{p,m,g}$ = 1,491, 1,555, 1,654; **Db** 0,163; **Di** schwach; **A** Kristalle, körnige Aggregate; **Kf** kurzprismatisch, isometrische herzförmige Verwachsungen; **Ch** CaO 38,38%, $CO_2$ 49,28%, $H_2O$ 12,34%

**Genese**: sedimentär in Kohlelagerstätten, selten hydrothermal; **Paragenese**: Baryt, Ankerit, Steinkohle; **Ähnliche Minerale**: Calcit, Baryt; **Unterscheidung**: Härte, Dichte, Form der Verwachsungen; **Vorkommen**: Bis mehrere Zentimeter große Kristalle stammen aus Haure*, Montana, bis 20 cm große Kristalle gab es in Erl Creek, Süd-Dakota (USA). Ist auch aus Mooloo Downs, Westaustralien (Australien), aus Hulach (Israel), aus Slawjansk (Russland) und aus Nikitowka (Ukraine) bekannt. Interessant sind die Vorkommen in den Ölfeldern bei Majkop (Aserbaidschan). Bis 10 cm große herz- und schmetterlingsförmige Verwachsungen kommen im Kohlenbecken bei Kladno und Břešťany (Tschechien) vor, ähnliche wurden auch in Burg bei Dresden, 8 cm große in Zwickau und Schlema (Deutschland) gefunden. Radialstrahlige Kristalle gibt es in den Tonen bei Most (Tschechien). Hydrothermale, bis 7 cm große Kristalle befinden sich in Příbram (Tschechien), ähnliche in Cavnic (Rumänien), bis 2 cm große in Freiberg (Deutschland).

Whewellit, Zwilling 21 mm, Burgk, Sachsen, Deutschland

# 228 Mellit

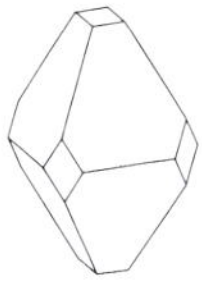

Benennung nach dem lateinischen *mel* – Kupfer, nach der Farbe des Minerals
Gmelin, 1793
$Al_2[C_6(COO)_6]\cdot 18H_2O$ tetragonal

**H** 2-2,5 (spröde); **St** weiß; **D** 1,55-1,65; **F** farblos, honiggelb, bräunlich bis rötlich; **T** durchsichtig bis durchscheinend; **G** glasig, seidig; **Sp** unvollkommen nach (011); **B** muschelig; **LBl** $N_{o,e}$ = 1,540, 1,512; **Db** 0,028; **Pl** schwach, farblos, hellgelb; **A** Kristalle, massive und körnige Aggregate; **Kf** pyramidal; **Ch** $Al_2O_3$ 14,30%, C 20,15%, O 20,15%, $H_2O$ 45,40%; **Lu** blau

**Genese**: sekundär an Braunkohle- und Lignitklüften; **Paragenese**: Kohle; **Ähnliche Minerale**: Calcit, in Aggregaten Bernstein; **Unterscheidung**: Härte, Dichte, chemisch; **Vorkommen**: Die schönsten Proben stammen gegenwärtig aus dem Lignit in Csordakút bei Tatabanya (Ungarn), wo es bis 4 cm große honigbraune Kristalle gibt. Andere Vorkommen in Trbovlje (Slowenien), in der Steinkohle an der Lokalität Malovka bei Tula (Russland) und im Pariser Becken (Frankreich). Wird häufig in der Braunkohle in Vernířovice bei Bílina gefunden, körnige Aggregate schließlich in den Kohleflözen bei Valchov (Tschechien). Honiggelbe, bis 1 cm große Kristalle wurden in der Braunkohle in Artern*, in Thüringen, in Bitterfeld und Drausfeld (Deutschland) gefunden. **Behandlung**: Achtung, Mellit ist in warmem Wasser löslich!

Mellit, xx 5 mm, Csordakút, Ungarn

# 229 Evenkit

Benennung nach dem sibirischen Volk
der Evenken
Skropyschew, 1953
$C_{24}H_{50}$ monoklin

**H** 1; **St** weiß; **D** 0,9; **F** farblos, weiß, gelblich, gelbgrün, weingelb; **G** fettig, glasig, wachsartig; **Sp** blättrig nach der Basis; **BM** plastisch, biegsam; **LBl** $N_{p,m,g}$ = 1,504, 1,504, 1,553; **Db** 0,049; **A** Kristalle, körnige und massive Aggregate, Imprägnierungen; **Kf** pseudohexagonale Tafeln; **Ch** C 85,09%, H 14,91%; **Lu** stark, blauweiß

**Genese**: hydrothermal, postvulkanisch; **Paragenese**: Idrialin, Markasit, Calcit, Chalcedon; **Ähnliche Minerale**: Idrialin, Bernstein, Calcit; **Unterscheidung**: Härte, Dichte, Spaltbarkeit; **Vorkommen**: Dieses seltene Mineral kommt nur an einigen Lokalitäten vor. Erstmals entdeckt wurde es in den Fünfzigerjahren des 20. Jahrhunderts in der autonomen Evenkij-Region an einer Quecksilberlagerstätte im Stromgebiet des Tunguska-Flusses beim Dorf Dolna Tunguska*, Sibirien (Russland). Es kommt hier in den zum Teil mit Quarz und Chalcedon ausgefüllten Geoden in blasigen Tuffen vor. Selten tritt es auch in Form von bis 4 cm großen Kristallen in den Klüften hydrothermal zersetzten Andesits bei Dubník und auch bei Merník (Slowakei) auf. **Behandlung**: Achtung, ist in warmem Wasser löslich, verdunstet schon bei 45 °C, vor Sonneneinstrahlung schützen!

Evenkit, 50 mm, Dubník, Slowakei

L

# 230 Bernstein

Benennung nach dem arabischen Wort *anbar,* zahlreiche Vorkommen tragen lokale Bezeichnungen

Kohlenwasserstoffgemisch (C,H,O) amorph

**H** 2-2,5; **St** weiß; **D** 1,05-1,096; **F** honiggelb, orange, gelbweiß, hyazinthrot, selten auch blau, grünlich und schwarz; **T** durchsichtig, durchscheinend, undurchsichtig; **G** fettig, matt; **B** muschelig; **LBI** $N$ = 1,537-1,545; **A** kompakte Aggregate von unregelmäßiger, tropfenähnlicher und traubiger Form, Rollsteine, Knollen; **Ch** unbeständig, oft ist $H_2S$ anwesend; **AM** lädt sich durch Reiben elektrostatisch auf; **Lu** bläulich, grün

**Genese**: fossiles Harz tertiärer und mesozoischer Bäume; **Vorkommen**: Am bekanntesten ist die so genannte Bernsteinprovinz an der Ostseeküste. Sie ist 2 000 km lang und 500 km breit. Die Vorkommen liegen hier vor allem in Polen, Litauen, Lettland, Estland, Russland, Deutschland und Dänemark. Vereinzelte Knollen erreichten Gewichte bis 10 kg. In der Gegenwart ist die Dominikanische Republik ein bedeutender Produzent, hier werden auch blaue Bernsteine gefunden. Weitere Lokalitäten befinden sich auf der Arabischen Halbinsel, in Birma (sog. *Birmit*), in Kanada (sog. *Cedarit*), in den USA, in Mexiko und Argentinien (sog. *Ambrit*). Bernstein ist auch aus der Südafrikanischen Republik, aus Simbabwe, Sierra Leone, Ghana, Angola, Zaire, Nigeria und Madagaskar (sog. *Kopal*) bekannt. Er kommt des Weiteren an zahlreichen Lokalitäten in Russland, in der Ukraine, in Armenien und Aserbaidschan vor, auch in Rumänien (sog. *Rumenit*) und Tschechien (sog. *Duxit, Valchovit, Neudorfit*). Fossile Harze entstehen auch in der Gegenwart aus den Harzen des Baumes *Dammara orientalis*. **Verwendung**: Juwelierhandwerk.

Kopal mit eingeschlossenem Insekt, 30 mm, Madagaskar

Duxit, 40 mm, Vršany bei Most, Tschechien

Bernstein mit Insekteninklusion, 22 mm, Dominikanische Republik

316

L

## Geschichte der Edelsteine

Die Geschichte der Gewinnung und Bearbeitung von Edelsteinen ist schon sehr alt. Die Entwicklung der Kenntnisse von den Edelsteinen verlief jedoch recht unterschiedlich. Während wir zum Beispiel in Mittel- und Nordeuropa in den Epochen vor unserer Zeitrechnung eher von vereinzelten, unvollkommenen Versuchen zur Bearbeitung und Aufbereitung der Edelsteine bzw. ihrer Verwendung als Schmuckstücke sprechen können, zeigten ihre Gewinnung, Veredelung und weitere Nutzung in Mittel- und Ostasien, in Mesopotamien, Babylon, Ägypten und auch Mittelamerika schon ein recht hohes Niveau. Große Bewunderer und Kenner von Edelsteinen waren später die Griechen und nach ihnen die Römer und Byzantiner, was auch die ersten vollständigeren schriftlichen Aufzeichnungen bestätigen. Auf dem europäischen Kontinent erfreuten sich die Edelsteine im 15. und 16. Jahrhundert im Zusammenhang mit der Entfaltung des Handels und der Wissenschaften und auch des Glaubens an ihre Verbindung mit den verschiedenen astrologischen Tierkreiszeichen eines stärkeren Interesses. Seinen Höhepunkt erreichte dieses Interesse aber erst im 18. und 19. Jahrhundert, als massenhaft neue Edelsteinlagerstätten entdeckt oder alte, schon in Vergessenheit geratene wiedergefunden wurden.

## Was ist ein Edelstein?

Edelsteine gehören zweifellos zu den schönsten und beliebtesten Naturmaterialien. Ihre Besonderheit steht vor allem mit ihrer Schönheit (Farbe, Glanz, Transparenz) oder ihrer Seltenheit in Verbindung, wird aber noch durch das geheimnisvolle Fluidum gesteigert, aufgrund dessen die Steine schon von alters her als Talismane, magische Glücks- und Liebesbringer und Reichtumsgaranten dienten. Einige Edelsteine fanden sogar in der Heilkunde Verwendung und kommen dort noch heute zur Geltung. Ihre große Schönheit bestimmte sie schon vom Anfang der Menschheitsgeschichte an als Schmuckgegenstände. Sie inspirierten Künstler und Handwerker und wurden immer glanzvoll an Insignien von Würdenträgern und auf kirchlichen und weltlichen Reliquien präsentiert. Ihr Wert hatte zur Folge, dass sie bald auch Zahlungsmittel und Symbol für Reichtum und Macht wurden. Wegen ihrer außergewöhnlichen physikalischen und optischen Eigenschaften kamen sie später auch in der Technik zur Anwendung.

Die Vorstellung vom Begriff „Edelstein“ hängt von der Stellung des Menschen auf dem Weg ab, den die Edelsteine von Hand zu Hand durchlaufen. Prospektoren, die Edelsteine suchen, werden sie anders betrachten als Zwischenhändler, Bearbeiter, Juweliere, Händler und schließlich auch die eigentlichen Kunden. Der Besitzer nimmt sie anders wahr als jene, für die Edelsteine einstweilen noch unerreichbar sind. Der Wert eines Edelsteins ist somit eigentlich von der Mühe abhängig, die wir aufbringen müssen, um ihn zu erwerben.

Den Edelsteinen wurden vor allem solche Steine zugeordnet, die den Menschen mit ihrem Aussehen, ihrem Glanz, ihrer Farbe, der Transparenz, der Widerstandsfähigkeit oder Seltenheit fesselten und die neben ihrer ästhetischen Wirkung auch einen bestimmten Nutzwert hatten und kommerziellen Anforderungen entsprachen. Allmählich wurden in diese Skala der Naturmaterialien auch Steine eingefügt, denen einige dieser Eigenschaften fehlten. Oft handelte es sich dabei um lediglich modische oder geheimnisvolle Steine oder um solche, die gewisse lokale Interessen charakterisierten.

Den meisten Menschen ist die klassische Einteilung in *Edelsteine* und *Halbedelsteine* bzw. Schmucksteine, gegebenenfalls synthetische Steine geläufig. Die grundlegenden Kriterien für die Einordnung der einzelnen Steine in die eine oder andere Kategorie sind hierbei die äußere Schönheit, die Intaktheit, die Seltenheit und die Mode. Von der ganzen breiten Palette oft recht attraktiver Minerale erfüllt aber nur eine sehr kleine Gruppe diese Bedingungen. In einigen Fällen werden die oben angeführten Kriterien (insbesondere die Unversehrtheit) nicht einmal von einigen Edelsteinen erfüllt, die üblicherweise der höchsten Kategorie zugeordnet werden (z.B. der Edelopal). Und so war die Grenze, die die Edelsteine und die Halbedelsteine voneinander trennte, immer recht undeutlich. In den Nachkriegsjahren, in denen es vor allem unter den Sammlern zu einer regelrechten Explosion des Interesses an Edelsteinen kam, wurden in diese schon traditionelle Skala charakteristischer Edelsteine weitere Minerale eingeordnet, im Prinzip alle, die sich schleifen oder auf irgendeine Art bearbeiten lassen. Das Kriterium der Verwendbarkeit dieser Steine, gleich ob für Juwelier- oder andere praktische Zwecke, verlor völlig an Bedeutung und es überwogen deutlich die Gesichtspunkte des Sammelwerts. In die Kategorie der Edelsteine drangen darüber hinaus auch verschiedene Gesteine und einige organische Materialien vor (Perlen, Korallen, Elefanten- bzw. Mammutelfenbein), die ähnlich wie undurchsichtige Halbedelsteine bearbeitet und verwendet werden.

Die so geschaffene mannigfaltige und breite Palette der Edelsteine und Naturmaterialien verwischte mit der Zeit die Grenze zwischen Edelsteinen und Halbedelsteinen vollkommen, so dass die Gemmologen eine allgemeine Definition für edle Steine festlegten. Zu ihnen gehören:

*alle Minerale, Gesteine oder organischen Substanzen, aus denen ein geschliffener Stein für Schmuck- oder Sammelzwecke hergestellt werden kann oder die sich im natürlichen Zustand in Schmuckstücken, zur Herstellung dekorativer Gegenstände, Mosaike oder künstlerischer Produkte verwenden lassen.*

Diese Definition wurde in den Siebziger- und Achtzigerjahren des 20. Jahrhunderts im Wesentlichen zur Grundlage für die Einteilung der edlen Steine. Die so weit gefasste Bedeutung des Begriffs Edelstein hatte jedoch rückwirkend seine erneute Verschleierung oder, direkt gesagt, den Verlust des ursprünglichen Sinnes zur Folge und wurde damit völlig unspezifisch und irreführend. Auf diese Weise gerieten Steine mit außergewöhnlichen Eigenschaften, Qualitäten bzw. Werten neben verschiedene Gesteine, Quarzmassen, Mineralgemische und organische Naturmaterialien. Diese Vereinfachung diskreditierte den Begriff Edelstein. Die so künstlich gebildete Gruppe wurde dann noch weiter in verschiedene Klassen unterteilt – in Schmucksteine, Schmuck-Dekorationssteine, Dekorationssteine usw. Diese Unterteilung ist jedoch meistens sehr unübersichtlich, und die Fachleute begannen deshalb eine einfachere und möglichst unproblematische Methode zur Klassifikation der Edelsteine zu suchen und zu schaffen. Grundlage war dabei die komplexe statistische Verarbeitung ausgewählter physikalischer Eigenschaften und einiger allgemeiner Parameter unter Berücksichtigung der Tatsache, ob es sich um ausschließliche, charakteristische oder nur nebensächliche Eigenschaften handelt. Sie unterteilten alle edlen Steine in vier bzw. fünf verhältnismäßig gut zu definierende Komplexe:

*Edelsteine im eigentlichen Sinn, Edelsteine im weiteren Sinn, Schmucksteine, Raritäten und synthetische Edelsteine.*

Auch bei dieser Einteilung treten bei der Einordnung einiger Steine vereinzelte Unklarheiten auf. Als Ganzes erfasst sie vielleicht aber die gegenseitigen Beziehungen zwischen den Edelsteinen am besten und ist auch für praktische gemmologische Zwecke verständlicher. Gleichzeitig dient sie ebenso als grundlegende Klassifikation für Sammleraktivitäten. Diese Einteilung wird auf den folgenden Seiten beibehalten, auf denen nur natürliche Edelsteine beschrieben werden.

## Bewertung der Edelsteine

Hauptkriterien für die Bewertung der Edelsteine sind ihre Schönheit, Seltenheit, Unversehrtheit und Größe. Eine wichtige Rolle spielen natürlich auch die Mode und die Art und Weise der Verarbeitung. Für die einzelnen Edelsteine wurde ein System entwickelt, nach dem jedes Exemplar exakt bewertet werden kann. Am bekanntesten ist

das Bewertungssystem der Diamanten, das so genannte System der vier C:
**Colour** (Farbe), so werden zum Beispiel bei farblosen Steinen sieben Abstufungen (Schattierungen) unterschieden;
**Carat** (Gewicht), ein Karat (ct) ist 0,2 g;
**Clarity** (Reinheit), bezieht sich auf eventuelle Verunreinigungen durch Inklusionen; als rein gilt zum Beispiel ein Stein, in dem auch bei 10-facher Vergrößerung keine Einschlüsse zu erkennen sind;
**Cut** (Schliff), bewertet die Verarbeitungsweise des Steines und seine ästhetische Gesamtwirkung.

Andere Edelsteine werden nach anderen Kriterien beurteilt; allgemein ist aber der ästhetische Eindruck entscheidend.

## Die Benennung der Edelsteine

Edelsteine tragen oft ihre eigenen Namen, obwohl es sich vom mineralogischen Standpunkt aus nur um Abarten handelt. So sind zum Beispiel Bergkristall, Rosenquarz, Citrin, Rauchquarz oder Amethyst für den Mineralogen weiterhin lediglich verschiedenfarbige Quarzvarietäten. Die meisten chemischen und physikalischen Eigenschaften stimmen überein, die Zahl hinter dem Edelsteinnamen verweist auf die Nummer im Teil *Mineralien* (S. 8 ff.). Im Text werden die wichtigsten Synonyme sowie Lokal- und Handelsbezeichnungen genannt.

## Art und Weise der Bearbeitung

(Symbole im Kopftitel)
Allgemein gilt, dass durchsichtige Steine zu Facetten geschliffen werden. Die Wahl der Schliffart hängt vom Lichtbrechungsindex ab, Brillantschliff eignet sich bei einem hohen Brechungsindex (Diamant, Zirkon), Steine mit niedrigerem Brechungsindex erhalten meistens Treppenschliff (Smaragd). Undurchsichtige Steine werden zu kugeligen Cabochons oder Tafeln geschliffen. Cabochonschliff erhalten auch die meisten Steine mit Katzenaugeneffekt oder Asterismus.

**Links** Rubellit, 120 mm, Minas Gerais, Brasilien

## Besondere Merkmale

(Symbole im Kopftitel)
Es handelt sich um Effekte, die durch die Lichtbrechung an den mikroskopischen Verwachsungen faseriger Minerale hervorgerufen werden. Diese Nadeln sind auf die optische Achse des Kristalls ausgerichtet. Tritt am geschliffenen Stein eine schlitzartige Lichterscheinung auf, handelt es sich um Katzenaugeneffekt. Wenn am Stein Strahlen auftreten, die Kreuze oder Sterne bilden, sprechen wir von Asterismus.

## Die Tierkreiszeichen

(Symbole im Kopftitel)
Nach uralter Tradition wurden den Zeichen des Tierkreises einzelne Edelsteine zugeordnet. Jede Kultur bevorzugte aber bestimmte Steine, die von der heutigen Zuordnung abweichen können. Am bekanntesten war der im Alten Testament erwähnte Brustschild des Hohepriesters, der mit zwölf Edelsteinen besetzt war. In diesem Buch halten wir uns an die in der Gegenwart übliche Zuordnung, stärker interessierten Lesern empfehlen wir Publikationen, die sich dieser Thematik speziell widmen.

## Härte (H)

Die Härte ist eine der wichtigsten Eigenschaften der Edelsteine. Obwohl sie bei den Mineralen infolge von Beimengungen oder Verwitterung schwankt, liegt sie bei den Edelsteinpartien meistens an der oberen Grenze. Die höhere Härte macht es auch möglich, Edelsteine in Schmuckstücken zu tragen, ohne dass sie Schaden nehmen.

## Farbe (F)

Die Farbe ist eine weitere sehr wichtige, manchmal bestimmende Eigenschaft der Edelsteine. Ein Amethyst muss immer violett sein, andersfarbige Quarze haben ihre eigenen Namen. In historischer Zeit wurde die Farbe als entscheidendes Element angesehen. Deshalb nannte man noch im Mittelalter alle roten Steine Carbunculus, gleich ob es sich dabei um Rubine, Granate, Spinelle oder andere in der Farbe ähnliche

Steine handelte. Es gibt jedoch Edelsteine, die die verschiedensten Farben haben können, so treten zum Beispiel die Granate mit Ausnahme von Blau wohl in allen Farben auf. Einige sind auch mehrfarbig (polychrom), bestes Beispiel dafür sind die Turmaline. Die Farbe der Edelsteine ändert sich jedoch auch abhängig von der Orientierung gegenüber der optischen Achse. Diese so genannten dichroitischen Steine sind beim Betrachten quer zu dieser Achse meistens heller. Diese Eigenschaften werden bei der Orientierung des Schliffs genutzt. Sie beeinflussen wesentlich auch die Ausbeute des Rohstoffs. Eine besondere Erscheinung ist der so genannte Alexandrit-Effekt, das heißt die Steine sind bei Tageslicht anders gefärbt als bei künstlicher Beleuchtung. Dieser Effekt tritt nicht nur beim Alexandrit auf, sondern auch bei Turmalinen, Granaten oder beispielsweise beim Fluorit. Mit der Farbe der Edelsteine hängt auch ihre traditionelle Zuordnung zu den einzelnen Energiezentren – den Chakras – zusammen. Da es sich hier um ein uraltes Heilsystem handelt, kann vereinfacht gesagt werden, dass die Steine nach ihrer Farbe den einzelnen Farben der Energiezentren zugeordnet werden.

Saphir, schwarz asterisch, 10,45 ct, Thailand

## Veredelung

Unter diesem Stichwort erwähnen wir einige der wesentlichsten Methoden zur Aufbesserung der Edelsteine. Es handelt sich vor allem um die Beeinflussung der Farbe durch Bestrahlung oder Erhitzen. Hierher gehören auch das Imprägnieren mit Öl und Farbstoffen und die so genannte Rekonstruktion, bei der kleinere Stücke zu größeren Steinen verbunden werden (Bernstein).

## Imitationen

Wie allein schon aus diesem Begriff hervorgeht, waren Edelsteine seit eh und je Mangelware und wurden als solche gefälscht und durch minderwertige Nachahmungen ersetzt. Andere, ähnliche Steine wurden als Edelsteine deklariert. In der Gegenwart kann diese Art des Betrugs dank moderner Identifikationsmethoden leicht aufgedeckt werden. Es wurden aber auch synthetische Edelsteine geschaffen, deren physikalische Eigenschaften denen der natürlichen Originale gleichen. Ihre Unterscheidung ist manchmal recht schwierig, für den Fachmann aber nicht unmöglich. Es gibt synthetische Diamanten, Rubine, Saphire, Smaragde, aber auch Edelopale und Steine mit Asterismus. Eine andere Gruppe der Imitationen sind synthetische Mineralien, die in der Natur nicht vorkommen (zum Beispiel die synthetischen Granate – YAG, Cubic Zirkonia). Oft werden aber auch gewöhnliches Glas oder Kunststoffe als Edelsteine ausgegeben.

## Pflege

Edelsteine unterliegen wie auch alles andere dem Zahn der Zeit und müssen deshalb gepflegt werden. Oft droht ihnen mechanische Beschädigung; so kann zum Beispiel der Diamant, obwohl das härteste Naturmaterial, Schaden erleiden, da er spröde ist. Die Steine müssen oft auch vor Sonnenlicht geschützt werden, weil sie sonst ihre Farbe verlieren. Zur Reinigung der Edelsteine muss man die geeignetste Art und Weise kennen, denn einige von ihnen sind temperaturempfindlich, andere reagieren auf Säuren.

# SCHEMA DES VORKOMMENS DER EDELSTEINE IN DER ERDRINDE

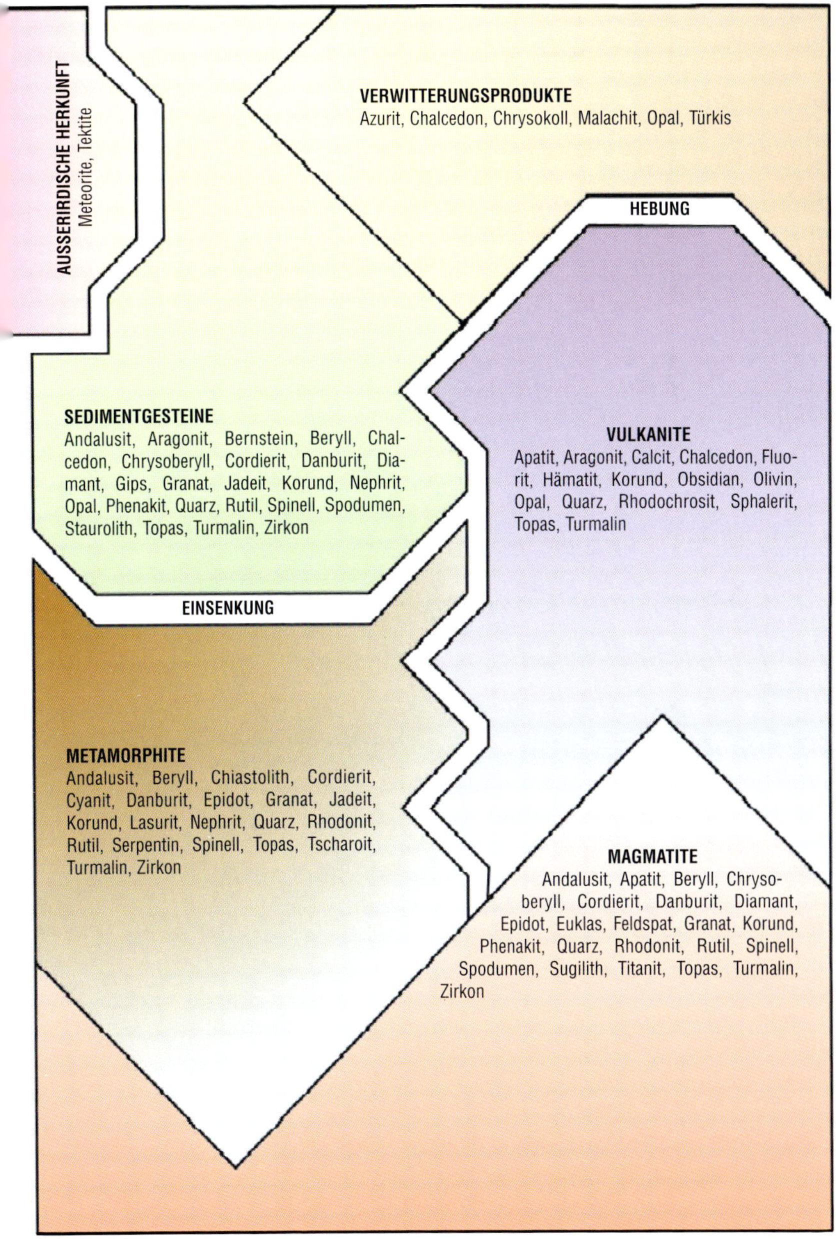

# 231 Diamant (10)

**H** 10; **F** farblos, gelb, bläulich, schwach rosa, grünlich. Der Diamant ist der bekannteste und am höchsten bewertete Edelstein. Nur ungefähr 20% aller geförderten Diamanten hat Edelsteinqualität im eigentlichen Sinn. Die überwiegende Mehrheit ist nicht größer als 1 ct. Praktisch alle historischen Steine stammen aus Indien. Zu den bekanntesten gehören der Koh-i-Noor mit einem Gewicht von 105,60 ct oder der dunkelblaue Hope (44 ct). Der größte Diamant mit Edelsteinqualität, der bisher gefunden wurde, ist der Cullinan (3106 ct), er stammt von den südafrikanischen Feldern und wurde nach 1867 entdeckt. Aus ihm wurden 104 Steine geschliffen, der größte mit einem Gewicht von 531 ct. Der Diamant widerstand aufgrund seiner Härte lange Zeit jeglicher Formgebung, denn er kann wiederum nur mit einem Diamanten bearbeitet werden. Den typischen Schliff, den so genannten Brillantschliff, hatte der französische Kardinal Mazarin erst im 17. Jahrhundert vorgeschlagen, und er führte zu der irrigen Synonymbezeichnung Brillant für Diamant. Gegenwärtig kommen die meisten qualitätvollen Steine aus Afrika. Dabei handelt es sich nicht nur um die Fundstätten in der Südafrikanischen Republik, sondern auch in Zaire, Namibia, Kongo und Angola. Andere wichtige Produzenten sind Brasilien, Australien und nicht zuletzt auch Russland. Sehr qualitätvolle Steine stammen vor allem aus Jakutsk, zum Beispiel der Stern von Jakutsk, der 232 ct wiegt. Der Preis der Diamanten steigt ständig und man kann annehmen, dass auch in Zukunft Mangel an guten Steinen herrschen wird. **Veredelung**: durch Bestrahlung ändert sich die Farbe; **Imitationen**: Zirkon, Leukosaphir, Topas, Bergkristall, synthetischer Diamant, Moissanit, Rutil, CZ, YAG, Glas; **Pflege**: vor Stoß schützen, ist spröde.

Diamant, Brillanten 3 ct, xx 5 mm, Kongo

Diamant, x 7 mm, Cherokee, Butte Co., Kalifornien, USA

Diamant, Treppenschliff 5,21 ct, Kolumbien

## 232 Rubin (63)

**H** 9; **F** verschiedene Rottöne. Am wertvollsten sind Steine, die die Farbe von Taubenblut haben. Der Rubin gehört zu den klassischen Edelsteinen. Die historischen Exemplare stammen überwiegend aus Asien und wurden zu unregelmäßigen Formen geschliffen. Gegenwärtig kommt der größte Teil der Produktion aus Thailand, Birma, Sri Lanka, Kambodscha, Afghanistan und Pakistan. In Afrika werden Rubine in Tansania (undurchsichtige, in grünem Zoisit eingeschlossen), in Sambia und auf Madagaskar gefördert. Die meisten qualitätvollen Steine sind nicht schwerer als 1 ct, asterische Rubine sind in der Regel größer. In der Smithsonian Institution in Washington befindet sich ein asterischer 139 ct schwerer Rubin aus Sri Lanka. Eine große Rarität sind die *Trapp-Rubine* aus Mong Hsu, Birma. Es besteht weiterhin Mangel an guten Rubinen, sie werden oft mit qualitätvollen synthetischen Steinen gefälscht. **Veredelung**: durch Erhitzen oder Bestrahlung ändert sich die Farbe, rissige Steine werden oft mit Öl imprägniert; **Imitationen**: synthetischer Korund und Spinell, Glas; **Pflege**: unter Wärmeeinwirkung kann sich die Farbe ändern.

Rubin, Briolett 5,88 ct

Saphir, Antik 8,85 ct, Sri Lanka

## 233 Saphir (63)

**H** 9; **F** verschiedene Blautöne, violett, blauviolett und grün, gelb und farblos (*Leukosaphir*), orange (*Padparadscha*), mehrfarbig. Die Fundorte stimmen mehr oder weniger mit denen der Rubine überein, Saphire treten aber einigermaßen häufiger auf und erreichen auch größere Ausmaße. Der asterische Stern von Indien wiegt 536 ct. Das heißt jedoch nicht, dass ein Überfluss an guten Saphiren bestünde. Der einzige historische Fundort Europas ist die Iseraue in Tschechien, wo kleinere blaue Saphire gefunden wurden. Schon seit alters her werden Saphire in Sri Lanka (unter anderem sehr gute Steine mit Asterismus), in Birma, Thailand, Laos, Vietnam (blaurote Saphire aus Luc Yen) und in Kambodscha gefördert. In Afrika kommen sie in Moçambique, Ruanda, Tansania, Simbabwe und Madagaskar vor. Hübsche blaugrüne Steine stammen aus Anakie, Australien. In den USA werden sehr schöne verschiedenfarbige Saphire an der Lokalität Yogo-Gulch, Montana gefördert. **Veredelung, Imitationen** und **Pflege** wie beim Rubin.

## 234 Chrysoberyll (61)

**H** 8,5; **F** farblos, gelb, goldgelb, grün, braun. Die durchsichtigen Formen gehören zu den seltenen Edelsteinen, so genannte *Cymophane* sind häufiger. Die bedeutendsten Fundorte von Chrysoberyll liegen in Brasilien (Minas Gerais) und Sri Lanka (Ratnapura). Von hier stammen auch die qualitätvollsten Cymophane. Wichtige Lokalitäten befinden sich auch in Indien und auf Madagaskar. Die Steine sind meistens nicht größer als 5 ct, in Sammlungen tauchen aber auch Exemplare auf, die über 200 ct wiegen. **Veredelung**: ist nicht bekannt; **Imitationen**: Andalusit, Citrin, synthetischer Korund, Zirkon; **Pflege**: ist hart und sehr widerstandsfähig.

Chrysoberyll, größter Treppenschliff 8 ct, Brasilien

## 235 Alexandrit (61)

**H** 8,5; **F** dunkel- bis smaragdgrün (im Tageslicht), violettrot bis purpur (bei Kunstlicht). Gehört zu den begehrten Edelsteinen. Der erste Fund wurde in den Seifen des Tokowaja-Flusses im Ural (Russland) gemacht, wo Alexandrite bis heute gefördert werden. Andere Fundstätten liegen in Brasilien (dunkelgrüne Steine), in Sri Lanka (Latpandura), auf Madagaskar und in Tansania am Manyarasee. Die Steine sind nur selten größer als 50 ct. Vereinzelt tritt auch Katzenauge auf, jedoch in der Regel nicht größer als 2 ct. An qualitätvollen Steinen herrscht Mangel. Alexandrite werden vor allem in Gold gefasst. **Veredelung**: ist nicht bekannt; **Imitationen**: Korund, Spinell mit Alexandrit-Effekt, synthetischer Alexandrit und Spinell; **Pflege**: bei Erhitzen verliert er die Farbe, ist spröde.

Alexandrit, 30 mm, Tokowaja, Russland

## 236 Spinell (59)

**H** 8; **F** farblos, gelb, grün, blau, rot, violett, rosa, auch braun und schwarz. In der Vergangenheit kamen Spinelle vor allem aus den edelsteinhaltigen Kiesen in Birma und Sri Lanka. In der letzten Zeit tauchten

Spinell, Antik 7,24 ct

auf dem Markt herrliche Spinelle aus dem Pamir (Tadschikistan) auf, die Gewichte von über 50 ct erreichen. Zu den bekanntesten Steinen gehört der 398,7 ct schwere dunkelrote Spinell in der Herrscherkrone im Diamantenfond Russlands. Steine, die Gewichte von einigen hundert Karat erreichen, sind selten. Auf dem Markt werden vor allem synthetische Steine angeboten. Sie werden in Gold gefasst. **Veredelung**: ist nicht bekannt; **Imitationen**: Granat, synthetischer Spinell; **Pflege**: verliert bei Einwirkung von Wärme die Farbe, ist spröde.

Topas, x 16 mm, Treppenschliff 1,5 ct, Ouro Preto, Minas Gerais, Brasilien

## 237 Topas (158)

**H** 8; **F** farblos, gelb, goldgelb, rosa, bläulich, rot, orange, violett, grünlich, braun, manchmal mehrfarbig. Geschätzt werden vor allem rosafarbene und blaue Steine. Der historische Fundort Schneckenstein in Sachsen lieferte in der Vergangenheit herrliche gelbliche Topase, die mehrere Dutzend Karat schwer waren. Sie sind heute im Grünen Gewölbe in Dresden zu sehen. Reiche Rohstoffvorkommen befinden sich jetzt vor allem in Brasilien (Minas Gerais), wo der Stein selten mit den Goldverwachsungen von Rutil (so genanntes *Venushaar*) auftritt. In Sri Lanka gibt es farblose Topase, die leicht farbig aufbereitet werden können. Weitere Fundstätten von Schmucktopasen liegen in den USA, in Mexiko, Australien, Pakistan (rötliche Steine aus der Gegend von Madran) und Nigeria (Plato Jos). In der Ukraine (Wolynien) werden erstklassige Steine mit Gewichten von mehreren Kilogramm gefunden. Topase gehören zu den größten geschliffenen Steinen, die im allgemeinen einige Dutzend Karat schwer sind. Die farblose „Prinzessin von Brasilien", die im American Museum of Natural History in New York aufbewahrt wird, hatte nach dem Schleifen ein Gewicht von über 22000 ct. Qualitätvolle farbige Steine sind in der Regel jedoch kleiner. Die seltenen rosafarbigen Topase aus den historischen Seifen des Flusses Sanarka im Ural (Russland) sind nur einige Karat schwer. Durchsichtige farbige Steine werden vor allem mit Treppenschliff versehen, klare Exemplare erhalten Brillantschliff. Sie werden in Gold gefasst. **Veredelung**: durch Erwärmung oder Bestrahlung kann die Farbe betont oder geändert werden; **Imitationen**: Bergkristall, Citrin, gebrannter Amethyst, synthetischer Korund, Glas; **Pflege**: im Sonnenlicht verlieren einige Steine die Farbe (vor allem die russischen Topase), ist spaltbar, muss vor Stoß geschützt werden, ist gegenüber Schwefelsäure empfindlich.

Topas, x 45 mm, Pendeloque 10,76 ct, Tarryall Mts., Colorado, USA

## 238 Smaragd (173)

**H** 8; **F** smaragdgrün, dunkelgrün. Vollkommen ausgebildete, transparente und ungeschliffene Steine haben oft größeren Wert als Diamanten. Die historischen Fundstätten in Oberägypten (Jabel-Zabarah und Jabel-Sikat) versorgten schon die alten Ägypter. Die Römer förderten Smaragde in den Alpen, im Habachtal (Österreich). Die späteren Lokalitäten im Ural (Ismrudnyje Kopi, Russland) wurden von amerikanischen Funden in den Schatten gestellt. In der Gegenwart stammt der größte Teil der qualitätvollen Produktion aus Kolumbien, aus dem Gebiet Muzo, Chivor oder Coscuez. Die Steine erreichen im Allgemeinen hunderte von Karat, reine Steine sind in der Regel aber nicht schwerer als einige Dutzend Karat. Eine Seltenheit sind so genannte *Trapp-Smaragde*. Weniger bedeutende Fundstätten befinden sich in Brasilien (Bahia, meistens Goias), in Sambia, in der Südafrikanischen Republik, in Indien, Pakistan und Australien. Für hochwertige Steine wird der so genannte Smaragdschliff angewendet (ein spezieller Treppenschliff). **Veredelung**: Sättigung mit Öl, gegebenenfalls Färbung; **Imitationen**: Verdelith, synthetischer Smaragd (*Chatham-Smaragd, Linde-Smaragd, Gilson-Smaragd*); **Pflege**: nicht mit Ultraschall reinigen, heftige Temperaturschwankungen vermeiden, Ölen des Steines kann zum Verlust der Farbe führen, ist spröde.

Smaragd, x 18 mm, Boyacá, Kolumbien

Aquamarin, x 120 mm, Shigar, North Areas, Pakistan

## 239 Aquamarin (173)

**H** 8; **F** hellblau bis dunkelblau (*Maxix*), auch grünblau. Kommt häufiger vor als Smaragd. Weltbekannte Aquamarinvorkommen befinden sich in Brasilien, wo Kristalle vorkommen, die über 100 kg wiegen. Sehr schöne Schmuck-Aquamarine stammen auch aus Madagaskar, aus den USA und aus Russland. In letzter Zeit setzen sich auf dem Markt Aquamarine aus Pakistan, Afghanistan und China durch. Aquamarine wurden immer geschliffen und in Krönungskleinodien eingesetzt. Der

Aquamarin, Treppenschliffe im Ganzen 24 ct, Nord-Pakistan

größte geschliffene Aquamarin hat angeblich ein Gewicht von 2594 ct. **Veredelung**: durch Erhitzen und Bestrahlen wird die Farbe intensiviert; **Imitationen**: Topas, synthetischer Spinell und Korund, Glas; **Pflege**: verblasst im Sonnenlicht, ist spröde.

## 240 Heliodor (173)

**H** 8; **F** gelb mit grünlicher oder honigfarbener Tönung, goldgelb, zitronengelb (*Goldberyll*, *Davidsonit*). Wurde erstmals aus Namibia, aus der Umgebung von Otavi und Rössing beschrieben. In Afrika gibt es Heliodore auch auf Madagaskar, in Simbabwe und Botswana. Die Hauptvorkommen befinden sich in Brasilien im Staat Minas Gerais. Heliodore werden auch in den USA (Mount Mica, Maine), in Indien und Sri Lanka gefunden. In der Ukraine kommen in Wolynien reine Kristalle mit Gewichten von einigen Kilogramm vor. In Russland wird der Stein im Ural (in der Umgebung von Mursinka) und in Transbaikalien gefunden. In den Sammlungen der Museen werden allgemein geschliffene Steine aufbewahrt, deren Gewicht 100 ct übersteigt. **Veredelung**: bei Erhitzen verändert sich die Farbe, durch Bestrahlung Umwandlung in Aquamarin; **Imitationen**: Quarz, Topas, synthetischer Spinell, YAG, Fianit, Glas; **Pflege**: ist spröde, namibische Heliodore sind schwach radioaktiv.

Heliodor, x 61 mm, Morgab, Tadschikistan

## 241 Morganit (173)

**H** 8; **F** rosa, rosarot, violett, rot (*Bixbit*). Morganit wurde das erste Mal in den USA aus dem Gebiet Ramona und Pala im Staat Kalifornien beschrieben. Es kommt in den USA auch im Staat Maine vor. Bedeutende Fundorte gibt es in Brasilien (Alto do Gis im Staat Minas Gerais). Auf Madagaskar ist es an der Lokalität Anjanabonoina anzutreffen. Andere Fundorte befinden sich in Moçambique (Alto Ligonha), Simbabwe und Namibia. Geschliffene Steine erreichen Gewichte bis zu mehreren hundert Karat. Selten und hoch geschätzt sind Steine mit Verdelitheinwachsungen. In Russland kommt es im Ural vor und wird *Worobjewit* genannt. Das seltene Bixbit gibt es nur an einem einzigen Fundort in Wah-Wah Mountain, Utah, USA, geschliffene Steine sind nicht schwerer als 10 ct. **Veredelung**: mit Erhitzen und Bestrahlen; **Imitationen**: Rosenquarz, synthetischer Spinell, CZ, YAG, Glas; **Pflege**: ist spröde, durch Wärme- und Lichteinwirkung verliert Morganit die Farbe.

Morganit, 16 mm, Lithia Dike, Kalifornien, USA

## 242 Phenakit (145)

**H** 7,5-8; **F** farblos, gelb, rosa, braun. Obwohl schon 1833 beschrieben, wird Phenakit im Juwelierhandwerk selten benutzt. Die Härte genügt zwar den Anforderungen, die Farben sind aber nicht ausdrucksvoll. Die Hauptfundorte liegen in Brasilien (rötliche oder gelbliche Steine), in den USA, Mexiko, Namibia und Tansania. Jetzt wird aus dem russischen Ural, aus dem Stromgebiet des Tokowaja-Flusses qualitätvolles farbloses oder bräunliches Rohmaterial geliefert, aus dem Steine über 10 ct geschliffen werden. **Veredelung**: bei Bestrahlung tritt Farbwechsel ein, das Material dunkelt nach; **Imitationen**: Bergkristall, synthetischer Phenakit; **Pflege**: problemlos.

Phenakit, Rohstein 30 mm, Tokowaja, Russland

## 243 Zirkon (154)

**H** 6,5-7,5; **F** farblos (*Matura-Diamant*), gelb (*Jargon*), rot, orangerot (*Hyazinth*), grün, blau (*Starlit*). In der Natur kommt Zirkon sehr häufig vor, bildet aber nur selten große Schmuckedelsteinkristalle. Zirkon wird schon seit alters her aus den Seifen in den Gebieten Ratnapura und Matara in Sri Lanka gewonnen. In Südostasien kommt er im Gebiet von Kha in Thailand (goldgelbe und blaue Steine), im Vietnam, in Kambodscha und Birma vor. In Australien (Harts Range) gibt es gelbe und gelbbraune Zirkone, in Russland, im Raum von Jakutsk bräunliche und im Fernen Osten (Wostrecowo) rote. In Afrika kommen sie in Tansania und in der Südafrikanischen Republik vor. Geschliffene Exemplare können über 100 ct schwer sein. In der Smithsonian Institution in Washington gibt es einen braunen ge-

Zirkon, größter Stein 12 ct, verschiedene Fundorte

Andalusit, Rohstein 20 mm, Brasilien

Chiastolith, Tafelschliff 20 mm, China

schliffenen Stein aus Sri Lanka mit einem Gewicht von 118,1 ct. In der Regel sind die Steine aber nicht schwerer als 10 ct. **Veredelung**: durch Erhitzen oder Bestrahlung können Farbveränderungen erzielt werden; **Imitationen**: Saphir, Kassiterit, Hessonit, Aquamarin, Topas, synthetischer Spinell und Rutil, Glas; **Pflege**: kann durch Lichteinwirkung die Farbe verlieren, einige Steine können radioaktiv sein.

## 244 Andalusit (156)

**H** 6,5-7,5; **F** grau, rotbraun, braun, rosa, violett-blau, grün (*Viridin*). Ist vor allem wegen seines starken Pleochroismus beliebt. Bei geschliffenen Steinen gehen die Farben von Olivgrün über Gelb in Rot über. Obwohl Andalusit ein verhältnismäßig häufiges Mineral ist, kommt es als Edelstein nur recht selten vor. Das meiste Rohmaterial stammt aus Brasilien, kommt aber auch in den Seifen in Sri Lanka, in Birma, in Russland und in Australien vor. Die Steine sind meistens nicht schwerer als 10 ct, in der Smithsonian Institution befindet sich ein brauner geschliffener Stein von 28,3 ct. **Veredelung**: durch Erhitzen; **Imitationen**: Rauchquarz, Glas; **Pflege**: er ist beständig.

## 245 Chiastolith (156)

**H** 6,5-7,5; **F** grau, braun. Es handelt sich um eine Varietät des Andalusits mit der Besonderheit eines dunklen Kreuzes im Querschnitt des Kristalls. Er war ein beliebter Stein der Pilger, denn er kam im Gebiet von Santiago de Compostela (Spanien) vor. Jetzt stammen die besten Steine aus Australien (Bimbowrie), in letzter Zeit auch aus China. **Veredelung**: ist nicht bekannt; **Imitationen**: Glas; **Pflege**: er ist beständig.

## 246 Cordierit (174)

**H** 7-7,5; **F** blau, grünblau, grau, graubraun, violett. Die Edelsteinvarietät des Minerals wird *Iolith*, manchmal auch „*Wassersaphir*" genannt. Zeichnet sich durch sehr starken Trichroismus aus. Wichtigste Rohstoffquelle ist Madagaskar, kommt aber auch in Tansania, Sri Lanka und Indien vor, wo einige Steine ausgerichtete Hämatitschuppen enthalten, was zu Katzenaugeneffekt führt. Qualitätvolle Steine sind meistens nicht schwerer als 10 ct. **Veredelung**: ist nicht bekannt; **Imitationen**: keine; **Pflege**: wärmeempfindlich.

Cordierit, Rohstein 17 mm, Slocan Valley, British Columbia, Kanada

## 247 Pyrop (148)

**H** 6,5-7,5; **F** feurig blutrot. Der in Böhmen beliebteste Granat. Er wird hier in der Umgebung von Třebenice und Třebívlice seit dem 16. Jahrhundert gefördert *(Böhmischer Granat)*. Steine, die sich durch gleichmäßige Färbung auszeichnen, sind jedoch verhältnismäßig klein, die größten von ihnen sind selten schwerer als 10 ct. Der größte Böhmische Granat wiegt 13,2 ct. Größere Steine kommen in der Südafrikanischen Republik in der Kapprovinz vor, die so genannten *Kap-Rubine*. **Veredelung**: ist nicht bekannt; **Imitation**: die übrigen Granate, synthetischer Korund und Spinell, Glas; **Pflege**: widerstandsfähig gegen alle Einflüsse.

## 248 Rhodolith (148)

**H** 6,5-7,5; **F** rosa, violettrot. Dieser Granat ist ein Gemisch von Pyrop und Almandin. Gegenwärtig kommen die meisten qualitätvollen Rhodolithe aus Afrika. Die Fundstellen sind überwiegend Seifen in Moçambique, Tansania und Kenia. Die Steine wiegen oft über 10 ct, größere Steine sind meistens dunkel. **Veredelung, Imitationen, Pflege**: wie bei den übrigen Granaten.

Rhodolith, kombinierter Schliff 14,32 ct, Tansania

Almandin, violetter Rohstein 20 mm, Tansania; Pyrop, 3 mm, Tschechien

## 249 Almandin (149)

**H** 6,5-7,5; **F** rot, violettrot, rotbraun. Almandin ist die geläufigste Varietät der Edelsteingranate. Er ist wie alle übrigen roten Steine seit alters her unter der Bezeichnung *Carbunculus* bekannt und stammt meistens aus Indien oder von Schürfstätten Sri Lankas (Ratnapura). Er kommt aber auch in den USA, in Australien und an zahlreichen afrikanischen Lokalitäten vor. Die Steine sich ziemlich groß, wiegen sie über 10 ct, sind sie in der Regel dunkel. In der Smithsonian Institution wird ein geschliffener, 174 ct schwerer Stein aufbewahrt. Almandine werden zu Cabochons, Rauten oder Brillanten geschliffen. **Veredelung, Imitationen, Pflege**: wie bei den übrigen Granaten; zerspringt im Feuer.

## 250 Grossular (151)

**H** 6,5-7,5; **F** farblos, gelb, braun, grün (*Tsavorit*), rosa, rot, schwarz. Tsavorit ist vor allem wegen seiner Farbe ein überaus beliebter und geschätzter Granat. Er stammt aus Afrika, wo er das erste Mal aus dem Gebiet von Tsavo (Kenia) beschrieben wurde. Er kommt aber auch im benachbarten Tansania in den Merelani Hills vor. Orangefarbene Steine stammen aus Asbestos, Quebec (Kanada). Verschiedenfarbige Grossulare werden in den Seifen in Sri Lanka, Kenia und Tansania gefunden. In der Südafrikanischen Republik wird der massive, bunte *Hydrogrossular* gefördert, der oft Jadeit imitiert. **Veredelung, Imitationen, Pflege**: wie bei den übrigen Granaten; zerspringt im Feuer.

Grossular, ovaler Brillantschliff 12,09 ct

## 251 Andradit (152)

**H** 6,5-7,5; **F** gelbgrün, hell- bis dunkelgrün (*Demantoid*), braungrün (*Topasolith*), schwarz (*Melanit*). Klassischer Fundort der Demantoide ist das Val Malenco in Italien. In Russland wird im Ural in der Umgebung des Flusses Borowka ständig sehr gutes Rohmaterial gefördert. Die Steine sind meistens kleiner als 1 ct und nur sehr selten größer als 5 ct. Sie enthalten oft typische haarige Aktinolitheinschlüsse, so genannte Pferdeschwänze. Aus Tschukotka und Kasachstan stammen neue Funde. Der Stein wird nicht nur wegen seiner lebhaften Färbung, sondern vor allem wegen seiner hohen Dispersion geschätzt. Die meisten Granate haben keine eindeutige chemische

Demantoid, größter Stein 8 mm, Russland

Zusammensetzung. Oft handelt es sich um ein Gemisch verschiedener Komponenten. *Grossularandradit*, der erst vor kurzem auf dem Markt auftauchte, stammt aus dem Gebiet Diakon in Mali. Aus bis über 10 cm großen Kristallen werden reine Steine gewonnen, die meistens nicht mehr wiegen als 5 ct. **Veredelung, Imitationen, Pflege**: wie bei den übrigen Granaten.

## 252 Spessartin (150)

**H** 6,5-7,5; **F** orange, braun, rot. Manche Steine weisen starken Dichroismus auf, vor allem die Steine aus Ostafrika. Selten tritt auch Alexandrit-Effekt auf. Der beste Rohstoff stammt aus Brasilien und Madagaskar. Die Steine können über 100 ct wiegen. Die Steine aus den USA (Kalifornien) sind in der Regel kleiner. **Veredelung, Imitationen, Pflege**: wie bei den übrigen Granaten.

Spessartin, Nigeria

## 253 Elbait (177)

**H** 7-7,5; **F** schwankt entsprechend den Beimengungen, farblos (*Achroit*), rot (*Rubellit*), blau (*Indigolith*), grün (*Verdelith*), braun, schwarz (*Skoryl*), oft mehrfarbig. Die einzelnen Farbvarietäten werden im Juwelierhandwerk als selbstständige Arten angesehen. Am interessantesten sind die mehrfarbigen Elbaitvarietäten, die so genannten *Mohrenköpfchen*, farbige, schwarz endende Kristalle. Ursprünglich wurde Elbait von der Insel Elba (Italien) beschrieben, es kommt aber auch in Brasilien (Minas Gerais), Afghanistan (Paprok) und anderswo vor. Beliebt sind auch die so genannten *Watermelon-Turmaline*, Kristalle, deren Querschnitt in der Mitte andere Farben aufweist als am Rand. Sie stammen überwiegend aus Brasilien. **Veredelung**: mit Wärme und Bestrahlung; **Imitationen**: synthetischer Spinell, Korund, Glas; **Pflege**: ist spröde.

Elbait, 66 mm, Barra do Salinas, Minas Gerais, Brasilien

Rubellit, kombinierter Schliff 8,46 ct, Nigeria

## 254 Rubellit (177)

**H** 7-7,5; **F** verschiedene Rottöne. Rubellit ist vielleicht der am längsten verwendete Edelstein der Turmalin-Gruppe. Im 18. Jahrhundert brachten ihn die Holländer erstmals von Ceylon mit nach Europa. Die bedeutendsten Fundorte liegen in Brasilien (Minas Gerais). Sehr schöne Stücke gibt es auch im Gebiet von Pala in Kalifornien (USA). In Russland kommt Rubellit im Ural, wo er *Sibirit* genannt wird, oder in Transbaikalien vor. Er wird auch in Moçambique, auf Madagaskar und in Sambia gefunden. Die Steine sind oft schwerer als 100 ct, in der reinen Form dann aber viel kleiner. Weniger durchsichtiges Material wird zu Cabochons geschliffen. **Veredelung**: mit Wärme und Bestrahlung; **Imitationen**: synthetischer Spinell, Korund, Glas; **Pflege**: ist spröde.

Verdelith, kombinierter Schliff 11,06 ct, Nigeria

Skoryl auf Mikroklin, 47 mm, North Areas, Pakistan

## 255 Verdelith (177)

**H** 7-7,5; **F** verschiedene Grüntöne. Verdelithe sind, obwohl ihre grüne Farbe keine kräftig strahlenden Töne erreicht, verhältnismäßig beliebt. Die Fundorte stimmen meistens mit denen des Rubellits überein. In den letzten Jahren wird ein großer Teil von ihnen aus Pakistan und Afghanistan geliefert. Größere Steine sind jedoch verhältnismäßig dunkel. Oft tritt Polychromie auf. **Veredelung**: mit Wärme und Bestrahlung; **Imitationen**: synthetischer Spinell, Korund, Glas; **Pflege**: ist spröde.

## 256 Skoryl (176)

**H** 7-7,5; **F** schwarz. Dieser geläufigste aller Turmaline wird im Juwelierhandwerk allein nur sehr selten verwendet. In der Viktorianischen Zeit wurde aus ihm Trauerschmuck hergestellt. Beliebt sind jedoch seine in Bergkristall eingewachsenen Nadeln. Der Rohstoff stammt meistens aus Brasilien, kommt aber auch anderswo vor, etwa in Sri Lanka oder auf Madagaskar. Qualitätvolle Rohstoffstücke erreichen Gewichte von einigen Kilogramm. **Veredelung**: ist nicht bekannt; **Imitationen**: sind nicht bekannt; **Pflege**: erfordert keine besondere Behandlung.

## 257 Liddicoatit (178)

**H** 7-7,5; **F** oft mehrere Farben an einem Kristall. Fast alle Liddicoatite mit Juwelqualität stammen aus Madagaskar. Sie bilden Kristalle mit konzentrischen verschiedenfarbigen Zuwachszonen. Sehr dekorativ sind Kristallquerschnitte, an denen die bunten Streifen deutlich hervortreten. Größere Steine sind nur sehr selten frei von Rissen. Bewertet werden aber vor allem die Farbigkeit und die Zeichnung. **Veredelung**: ist nicht bekannt; **Imitationen**: sind nicht bekannt; **Pflege**: erfordert keine besondere Behandlung.

Liddicoatit und polychrome Turmaline, größter Stein jeweils 20 mm, Nigeria

## 258 Bergkristall (68)

**H** 7; **F** farblos, manchmal schwach getrübt (*Milchquarz*). In der Vergangenheit sahen die Römer Bergkristall, das aus den Alpen stammte, als versteinertes Eis an. Im Mittelalter schnitt man aus ihm Behälter für Klosterschätze. Es kommt an vielen Lokalitäten in der ganzen Welt vor, wird aber vor allem aus Brasilien und Madagaskar geliefert. Einzelne Rohstoffstücke erreichen Gewichte von einigen Dutzend Kilogramm; sie werden manchmal zu Kugeln geschliffen, die ausnahmsweise über 50 kg wiegen können. Bergkristall enthält oft verschiedene Einschlüsse (meistens Rutil oder Turmalin), die seine Schönheit betonen. Die größten geschliffenen Stücke wiegen bis 7000 ct. **Veredelung**: tritt nicht auf; **Imitationen**: Glas, synthetischer Quarz; **Pflege**: erfordert keine besondere Behandlung.

Bergkristall („Herkimer Diamant"), x 19 mm, Little Falls, New York, USA

Ametrin, Barionschliff 91,23 ct, Bolivien

## 259 Amethyst (68)

**H** 7; **F** hell- bis dunkelviolett, rotviolett. Dieser beliebteste Quarz wird vor allem nach der Sattheit der Farben beurteilt. Er wird auch Bischofsstein genannt. Am meisten werden Steine mit Rottönen geschätzt, die ursprünglich im Ural (Russland) vorkamen. Die berühmtesten Fundorte liegen in Brasilien (Minas Gerais, Mato Grosso), sie reichen bis nach Uruguay. Amethyst wird auch in Sri Lanka, Birma, Simbabwe, Moçambique, auf Madagaskar und in Australien gefördert. Reine, gut gefärbte Steine wiegen selten über 100 ct. Der größte bekannte, geschliffene Stein wiegt 1362 ct. In der letzten Zeit wird aus Bolivien der so genannte *Ametrin* geliefert, bei dem sich Amethyst mit gelbem Citrin abwechselt, geschliffene Steine erreichen Gewichte von mehreren Dutzend Karat. **Veredelung**: mit Wärme und Bestrahlung; **Imitationen**: synthetischer Amethyst und Korund, Glas; **Pflege**: kann durch Lichteinwirkung verblassen.

## 260 Citrin (68)

**H** 7; **F** verschiedene Gelbtöne. Obwohl Citrin in der Natur verhältnismäßig häufig vorkommt, erhält man schöne, satt gefärbte

Steine vor allem durch das Brennen von Amethysten. Er wird oft als Rollstein in Seifen gefunden, ist jedoch meistens nur schwach gefärbt. Hauptlieferanten sind Brasilien (Minas Gerais), Madagaskar, die USA, Russland und Kasachstan. In Tschechien kommt Citrin in den mährischen Pegmatiten vor (Suky, Sklené). Reine geschliffene Steine erreichen allgemein ein Gewicht von mehreren hundert Karat. **Veredelung**: mit Wärme und Bestrahlung; **Imitationen**: synthetischer Quarz und Korund, Glas; **Pflege**: kann durch Lichteinwirkung verblassen.

## 261 Rauchquarz (68)

**H** 7; **F** verschiedene Brauntöne, graubraun, schwarz (*Morion*). Ist verhältnismäßig häufig, Hauptproduzenten sind Brasilien (Minas Gerais, Goiás), die USA (Maine, Arkansas, Colorado), Madagaskar (Vohémar, Mahanoro) und Moçambique (Alto Ligonha). Er kommt auch in Tschechien in den mährischen Pegmatiten vor (Dolní Bory). Undurchsichtige Morione stammen vor allem aus Arkansas (USA), aus Hu-nan (China) und Kasachstan. Qualitätvoll geschliffene Steine erreichen allgemein Gewichte von mehreren tausend Karat. **Veredelung**: mit Wärme und Bestrahlung; **Imitationen**: synthetischer Quarz und Korund, Glas; **Pflege**: kann durch Lichteinwirkung verblassen.

## 262 Rosenquarz (68)

**H** 7; **F** rosa bis rosarot. Ist wegen seiner Farbe beliebt, oft ist Asterismus vorhanden, was beim Schleifen zu Kugeln besonders in Erscheinung tritt. Der qualitätvollste Rohstoff stammt aus Madagaskar (Ambositra) und Brasilien (Jequitinhonha, Governador Valadares). Kommt aber auch an zahlreichen anderen Lokalitäten in Kenia, Moçambique und Namibia vor, in Tschechien in Dolní Bory. Rosenquarz erreicht erhebliche Ausmaße, reine, mit Facettenschliff bearbeitete Steine, die über 20 ct wiegen, sind jedoch selten. **Veredelung**: keine; **Imitationen**: Glas; **Pflege**: kann durch Lichteinwirkung verblassen.

Bergkristall (farblos), Citrin (gelb), Rauchquarz (braun), Amethyst (violett), Prasiolith (grün), größter Stein 20 ct, Brasilien

## 263 Tigerauge und Falkenauge (68)

**H** 6-7; **F** goldgelb bis gelbbraun (Tigerauge), graublau (Falkenauge). Diese so genannten *Quarzaugen* sind eigentlich Pseudomorphosen von Quarz nach den faserigen Aggregaten des Riebeckits. Der charakteristische schwankende Glanz und Katzenaugeneffekt entsteht durch die Reflexion des Lichts an den einzelnen Fasern. Beim Schleifen spielt die Ausrichtung des Steines eine wichtige Rolle. Der Rohstoff stammt vor allem aus der Südafrikanischen Republik, aus dem Gebiet von Griquatown, wo er seit 1876 gewonnen wird. Ursprünglich wurden die Steine mit Augeneffekt hoch geschätzt und in Gold gefasst. Jetzt gibt es sie in großen Mengen, und sie werden meistens zur Herstellung von Schmuckartikeln verwendet. Weitere Fundorte befinden sich in China, Indien, Birma und den USA (Kalifornien). Beliebt ist auch *Tigereisen*, bei dem Tigerauge mit Goethit und Hämatit

Pietersit, Anschliff 40 mm, Namibia

abwechselt. Es stammt meistens aus der Südafrikanischen Republik oder Australien. **Veredelung**: mit Wärme; **Imitationen**: Glas; **Pflege**: erfordert keine besondere Behandlung.

## 264 Stierauge (68)

**H** 6-7; **F** rotbraun bis rot. Stieraugen werden meistens erzeugt, indem man Tigeraugen von guter Qualität mit Wärme behandelt. Bei kontrolliertem Erhitzen verfärben sich die Tigeraugen rot, die so entstandene

Tiger- (gelb), Stier- (rot), Falkenauge (grau), größter Stein 30 mm, Südafrikanische Republik

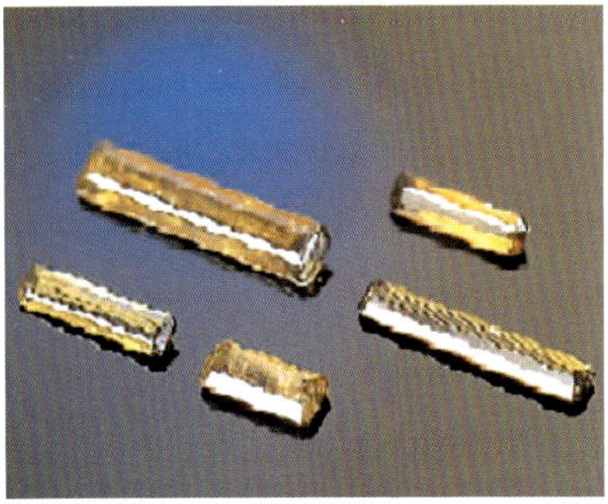

Epidot, Treppenschliff 4 ct, Pakistan

Farbe ist beständig. Das Material stammt meistens aus der Südafrikanischen Republik, aus dem Gebiet von Griquatown. **Veredelung**: mit Wärme; **Imitationen**: Glas; **Pflege**: erfordert keine besondere Behandlung.

## 265 Pietersit (68)

**H** 6-7; **F** goldgelb bis graublau. Pietersit taucht auf dem Edelsteinmarkt erst in den letzten Jahren auf; es handelt sich eigentlich um eine Brekzie, deren einzelne Körner unterschiedlich ausgerichtete und verschiedenfarbige Tiger- oder Falkenaugen sind. Es stammt aus Namibia, andere Fundorte sind nicht bekannt. **Veredelung**: ist nicht bekannt; **Imitationen**: sind nicht bekannt; **Pflege**: erfordert keine besondere Behandlung.

## 266 Epidot (166)

**H** 6-7; **F** gelbgrün, dunkelgrün, blaugrün, rot. Die klassische Lokalität, die schleiffähiges Rohmaterial liefert, ist die Knappenwand in Österreich. Epidot kommt auch in Alaska, auf der Insel Prince of Wales (USA), in Shigar (Pakistan) und Tawmaw (Birma) vor. Sehr qualitätvolle Steine mit starkem Dichroismus stammen aus Kacennoj Jama (Russland) oder aus Machala (Bulgarien). Geschliffene Steine sind in der Regel nicht größer als 10 ct, größere Exemplare sind undurchsichtig. Epidot ist auch Bestandteil des dekorativen Gesteins *Unakit*. **Veredelung**: ist nicht bekannt; **Imitationen**: sind nicht bekannt; **Pflege**: ist spröde.

## 267 Rutil (72)

**H** 6-6,5; **F** gelb, rot bis schwarz. Rutil allein wird nur sehr selten als Edelstein verwendet. Das Material ist in größeren Stücken undurchsichtig, die aus ihm geschliffenen Steine wiegen nicht über 5 ct. Der Rohstoff kommt entweder aus Brasilien (Itacanbira) oder aus Madagaskar. Umso beliebter sind aber seine faserigen Einwachsungen im Quarz (*Sagenit*), gegebenenfalls im Topas. Sie werden *Venushaare* oder *Liebespfeile* genannt. Am häufigsten treten epitaktische Verwachsungen mit Hämatit auf, die wunderschöne sechszackige, glänzende Sterne bilden. Sie stammen meistens aus dem brasilianischen Ibitiara. Der Rohstoff wird überwiegend aus Brasilien und Madagaskar geliefert. Schöne Steine gibt es auch im Nord-Ural (Russland) und in Kasachstan. **Veredelung**: ist nicht bekannt; **Imitationen**: sind nicht bekannt; **Pflege**: erfordert keine besondere Behandlung.

Sagenit, größter Stein 30 mm, gelbe: Brasilien, rote: Ural, Russland

## 268 Kunzit (186)

**H** 6,5-7,5; **F** gelbweiß bis gelb (*Triphan*), rosa bis violett, bläulich (*Nuristanit*). Wichtigste Rohstoffquelle für Kunzite ist Brasilien (Minas Gerais). Von hier stammen auch die größten geschliffenen Steine, die 880 und 663 ct wiegen und in der Smithsonian Institution in Washington hinterlegt sind. Weitere Fundorte befinden sich in den USA in Kalifornien (Pala), Massachusetts und Connecticut, außerdem auf Madagaskar, in China, Birma und Russland. In der letzten Zeit werden herrliche Steine aus Afghanistan (Gebiet Nuristan) geliefert. Kunzit weist oft Katzenaugeneffekt auf, vor allem die Steine aus Sri Lanka. Das Material lässt sich nur schwer schleifen und ist wärmeempfindlich, eine weitere Schwierigkeit ist seine vollkommene Spaltbarkeit. Die Steine müssen in Anbetracht des starken Pleochroismus beim Schleifen sorgfältig ausgerichtet werden. **Veredelung**: mit Bestrahlung; **Imitationen**: Rosenquarz, synthetischer Spodumen, Glas; **Pflege**: sehr empfindlich gegenüber Temperaturschwankungen, spröde und spaltbar, kann unter Lichteinwirkung die Farbe verlieren.

Kunzit, x 120 mm, Afghanistan

Kunzit, Rohstein 50 mm, Afghanistan; Hiddenit (grün), Brasilien

## 269 Hiddenit (186)

**H** 6,5-7,5; **F** gelbgrün, grün. Hiddenit ist in der Natur viel seltener als Kunzit. Seit 1879 wird es im Gebiet Stony-Point in Nord-Carolina (USA) gefördert und kommt auch in Süd-Dakota und in Kalifornien (USA) vor. Aus Resplendor, Minas Gerais (Brasilien) stammen bis 25 cm große Kristalle. Qualitätvolle geschliffene Steine sind in der Regel nicht schwerer als 20 ct. Viele auf dem Markt angebotene Hiddenite sind bestrahlte Kunzite, diese sind dann jedoch nicht farbbeständig. **Veredelung**: mit Bestrahlung; **Imitationen**: synthetischer Spodumen, Glas; **Pflege**: sehr empfindlich gegenüber Temperaturschwankungen, spröde und spaltbar, kann unter Lichteinwirkung die Farbe verlieren.

Staurolith, 15 mm, Kejwy, Halbinsel Kola, Russland

## 270 Staurolith (159)

**H** 7-7,5; **F** rotbraun, braun, selten auch blau (*Lusakit*). Die rechtwinklig kreuzförmigen Verwachsungen wurden in natürlicher Form als Talisman verwendet. Schöne Verwachsungen stammen aus Aschaffenburg (Deutschland) und Monte Campione (Schweiz). Staurolith kommt des Weiteren in Frankreich, Sambia (Lusakit), Indien, Brasilien und in den USA vor. Die wahrscheinlich schönsten Steine kommen von der Halbinsel Kola (Russland), ausnahmsweise sind sie größer als 10 cm. **Veredelung**: ist nicht bekannt; **Imitationen**: sind nicht bekannt; **Pflege**: erfordert keine besondere Behandlung.

Olivin, x 79 mm und Antik 64,57 ct, Nord-Pakistan

Danburit, Rohstein 50 mm: Malchan, Russland, farblos: Dalnegorsk, Russland, gelb: Madagaskar

## 271 Danburit (213)

**H** 7-7,5; **F** farblos, gelblich, braun und rosa. Sehr gute, oft rosa getönte Steine stammen aus Charcas, in Baja California (Mexiko) werden gelbe gefunden. Farblose Steine kommen aus Dalnegorsk (Russland), gelbbraune aus Madagaskar. Reine, geschliffene Steine können über 200 ct wiegen. **Veredelung**: mit Bestrahlung; **Imitationen**: Quarz, Glas; **Pflege**: erfordert keine besondere Behandlung.

## 272 Olivin (147)

**H** 6,5-7; **F** gelbgrün, grün, grünbraun. Wird oft unter der Bezeichnung *Chrysolith* angeboten. Der klassische Fundort befindet sich auf der Insel Zebirget (Ägypten). Olivin kommt im Ganzen recht häufig vor, Hauptquellen sind die Fundorte in den USA (San Carlos, Arizona). In letzter Zeit werden die Steine auch aus Pakistan (Kohistan) geliefert. In Tschechien gibt es Olivin in Smrčí bei Semily. Der größte geschliffene Stein wiegt 310 ct und wird in der Smithsonian Institution aufbewahrt. Bei der Bearbeitung kommt meistens Treppenschliff zur Anwendung. Wird in Gold gefasst. **Veredelung**: ist nicht bekannt; **Imitationen**: synthetischer Spinell und Korund, Glas; **Pflege**: ist spröde.

## 273 Chalcedon (69)

**H** 6-7; **F** gelblich, grau, blau, grün (*Plasma*). Chalcedon, eine kryptokristalline Quarzvarietät, wird im Juwelierhandwerk unter zahlreichen selbstständigen Namen verwendet. Reiner, blauer Chalcedon kommt verhältnismäßig selten vor, das beste Material stammt aus Namibia. **Veredelung**: mit Wärme, durch Färben; **Imitationen**: Glas; **Pflege**: erfordert keine besondere Behandlung.

## 274 Karneol (69)

**H** 6-7; **F** verschiedene Rottöne. Karneol ist eigentlich mit Eisenverbindungen gefärbter Chalcedon. Er ist seit alters her beliebt, aus ihm wurden früher vor allem Siegelstöcke geschnitzt. Das Rohmaterial stammt aus Indien, Saudi-Arabien und Ägypten. Darüber hinaus kommt es häufig auch in Brasilien, in den USA (Colorado, Utah) und in Russland (Ferner Osten) vor. In Tschechien wird es im Vorland des Riesengebirges gefunden. Die durchscheinenden Steine sind in der Regel nicht groß. **Veredelung**: ist nicht bekannt; **Imitationen**: Glas; **Pflege**: kann unter Lichteinwirkung die Farbe verlieren.

## 275 Chrysopras (69)

**H** 6-7; **F** verschiedene Grüntöne. Die Farbe des Chrysopras wird von Nickelverbindungen verursacht. Der klassische Fundort liegt in Szkłary (Polen), die von hier stammenden Steine sind apfelgrün. Australische Steine, die sich großer Beliebtheit erfreuen, sind deutlich dunkler. Chrysoprase werden auch in den USA (Arizona, Kalifornien), in Tansania, Simbabwe, der Südafrikanischen Republik, Russland und in letzter Zeit in Kasachstan gefördert. Das Rohmaterial wird in großen Stücken gefunden, qualitätvolle Steine sind in der Regel jedoch nicht größer als einige Zentimeter. **Veredelung**: ist nicht bekannt; **Imitationen**: gefärbter Chalcedon, Glas; **Pflege**: verliert unter der Einwirkung von Licht und Wärme seine Farbe.

Chalcedon (blau), größter Stein 30 mm, Namibia; Karneol (rot), Indien; Chrysopras (grün), Polen

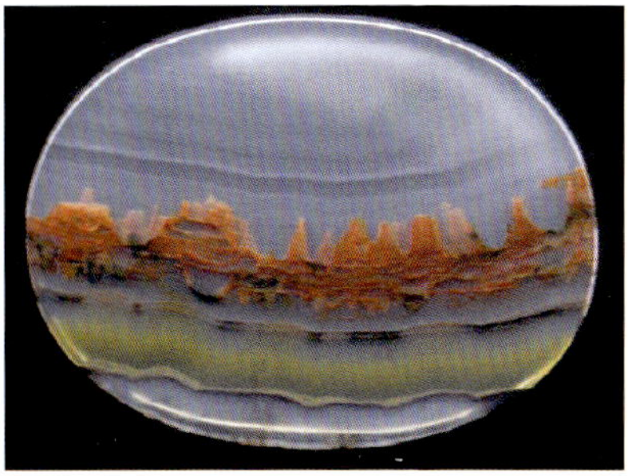

Landschaftsachat, 30 mm, Brasilien

## 276 Achat (69)

**H** 6-7; **F** bunt, die Farben wechseln in typischen Streifen. Achat gehört zu den am längsten verwendeten Edelsteinen und wird wegen seiner einzigartigen Texturzeichnung und Farbigkeit geschätzt. Er kommt an zahlreichen, über die ganze Welt verstreuten Lokalitäten vor. Der Zeichnung oder dem Irisieren entsprechend unterscheidet man *Augen-* und *Moosachate* (Indien), *Dendriten-* und *Sternachate* (St. Egidien, Deutschland), *Ruinenachate* (Schlottwitz, Deutschland), *Korallenachate* (Florida,

Dendritenachat, 20 mm, Montana, USA

USA), *Feuerachate* (Arizona, USA), *Polygonalachate* (Brasilien) und viele andere. Entsprechend der Farbe unterscheidet man den *Onyx* (schwarzweiß), den *Sard-Onyx* (braunweiß) und den *Karneol-Onyx* (rotweiß). Achate erhielten ihren Namen im Altertum nach dem ursprünglichen Fundort im Fluss Achates auf Sizilien (Italien). Sie wurden in der Bildhauerei verwendet und im antiken Griechenland und Rom zu Meisterwerken höchster Qualität verarbeitet. Von den mitteleuropäischen Fundstätten wurde Idar-Oberstein in Deutschland berühmt. Hier entstand ein Zentrum der Edelsteinverarbeitung mit Weltruf. Auch die böhmischen Fundstätten im Riesengebirgsvorland und bei Turnov haben eine weit

Moosachat, 20 mm, Indien

zurückreichende Tradition. Obwohl diese historischen Lokalitäten noch nicht erschöpft sind, werden qualitätvolle Steine jetzt hauptsächlich aus Brasilien geliefert. Dort kommen Achate auf einer riesigen Fläche vor und erreichen gelegentlich auch metergroße Ausmaße. Sehr gute, bunt gefärbte Achate stammen aus Australien (Agate Creek), sie wurden neuerdings auch in Argentinien (Feuerland) entdeckt. Achate kommen außerdem in Mexiko, Nicaragua und an zahlreichen Lokalitäten in Afrika (Marokko, Botswana, Madagaskar, Namibia) vor. **Veredelung**: mit Wärme, durch Färben; **Imitationen**: Glas; **Pflege**: erfordert keine besondere Behandlung.

Achat, Cabochons 20 mm, verschiedene Fundorte

## 277 Jaspis (69)

**H** 6-7; **F** verschieden, überwiegend weiße, gelbe, rote, braune und grüne Töne. Grüner Jaspis mit roten Flecken wird *Heliotrop* genannt. Vor kurzem wurde bei Chabarowsk (Russland) ein blauer Jaspis, *Irnimit*, entdeckt. Jaspis ist einer der am längsten verwendeten Edelsteine, der schon in prähistorischer Zeit zur Herstellung steinerner Werkzeuge diente, später wurden aus ihm Siegelstöcke und Kameen geschnitten. Er kommt an vielen Lokalitäten vor und hat oft verschiedene Handelsnamen. Die klassischen Fundorte befinden sich in Russland im Ural. Erzeugnisse aus diesen Steinen wiegen oft einige Tonnen. Gegenwärtig kommt das Material vor allem aus Indien, den USA, Australien und der Südafrikanischen Republik. Der Rohstoff ist verhältnismäßig billig und auch in großen Stücken zugänglich. **Veredelung**: ist nicht bekannt; **Imitationen**: Glas; **Pflege**: erfordert keine besondere Behandlung.

Jaspis, Cabochons 20 mm, verschiedene Fundorte

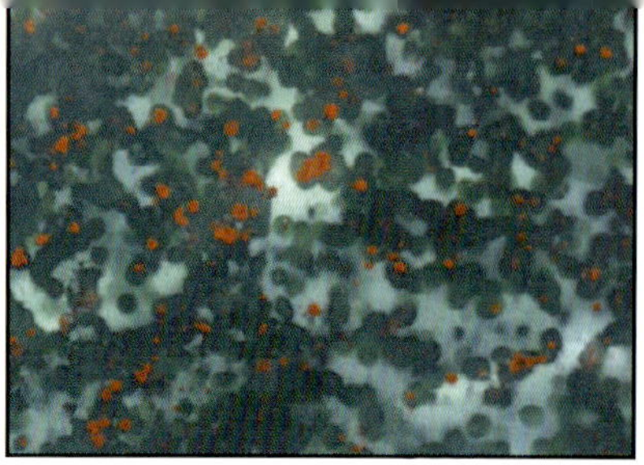

Heliotrop, Anschliff 30 mm, Indien

## 278 Quarzsubstanzen (69)

**H** 6-7; **F** bunt, entspricht den Farben des Jaspis. Sie kommen praktisch auf der ganzen Welt vor und tragen zahlreiche Lokalbezeichnungen. Es handelt sich um *Eisenquarze* (Hořovicko, Tschechien), *Hornsteine* (Ägypten, Polen), *Feuersteine* (Nordmeerküste), *silifiziertes Holz* (Arizona, USA), *Dinosaurierknochen* (USA), versteinerte Anhäufungen von Weichtiergehäusen, so genannter *Turitella-Achat* (USA) und viele andere. Sie kommen oft in großen Massen vor. **Veredelung**: ist nicht bekannt; **Imitationen**: Glas; **Pflege**: erfordert keine besondere Behandlung.

Turitella-Achat, Silicit, verkieseltes Holz und Eisenquarz, 35 mm, verschiedene Fundorte

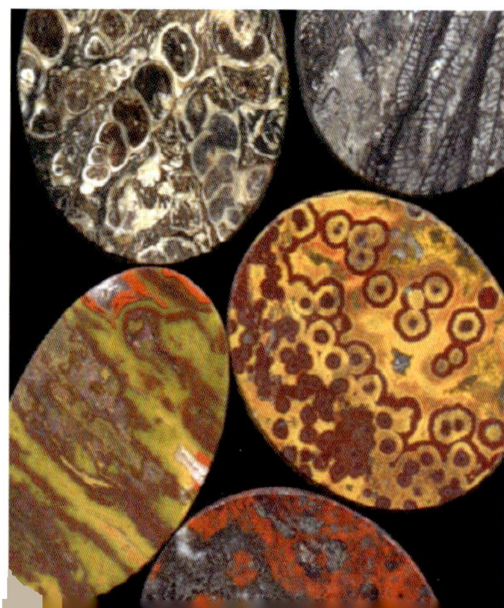

## 279 Spektrolith (212)

**H** 6; **F** grau, gelb, blau, rot, oft von einer Farbe in die andere übergehend. Geläufiger ist die Bezeichnung *Labradorit*, denn die ursprünglichen Funde wurden auf der Halbinsel Labrador (Kanada) gemacht.

Spektrolith, Anschliff 45 mm, Finnland

Sehr schöne Proben stammen aus Korosten (Ukraine), kommt auch in den USA, in Mexiko und Australien vor. Aus Madagaskar sind durchsichtige Spektrolithe mit starker Farbveränderung bekannt. Die schönsten Spektrolithe stammen jedoch aus Finnland. Das Rohmaterial ist verhältnismäßig häufig. **Veredelung**: ist nicht bekannt; **Imitationen**: Glas; **Pflege**: ist spröde.

## 280 Labradorit (212)

**H** 6; **F** farblos, gelb, rot, manchmal grün. Das meiste Rohmaterial stammt von den Fundstätten in Oregon (USA). Es wird unter dem Handelsnamen *Sunstone* verkauft. Die Steine erreichen Gewichte von einigen Dutzend Karat. Manchmal enthalten sie ausgerichtete Kupfereinwachsungen, die einen besonderen Glanz, so genanntes Schillern, verursachen. Man schleift auch gelbe durchsichtige Steine, die keine Farbeffekte aufweisen, sie stammen meistens aus Mexiko und wiegen manchmal mehrere hundert

Labradorit („Sunstone"), größter Anschliff 12,15 ct, Plush, Oregon, USA

Karat. **Veredelung**: ist nicht bekannt; **Imitationen**: die übrigen Feldspäte, Quarz, Glas; **Pflege**: ist spröde.

## 281 Adular (209)

**H** 6; **F** farblos, gelb, grau, bläulich, bräunlich. Der Stein ist wegen seines schwankenden Glitzerns – des so genannten Adularisierens – beliebt. In Europa kommt er in den Alpen vor. Die meisten Adulare stammen aus Sri Lanka und Indien und werden zu Cabochons geschliffen. Rohstoff ist in ausreichender Menge vorhanden, qualitätvolles Material jedoch nur für erhebliche Preise zu haben. Geschliffene Steine können einige hundert Karat wiegen. **Veredelung**: ist nicht bekannt; **Imitationen**: Glas; **Pflege**: ist spröde.

Adular, Cabochons 20 mm, Sri Lanka

## 282 Orthoklas (209)

**H** 6; **F** farblos, gelb, grünlich. Orthoklas ist weit verbreitet. Als gesteinsbildendes Mineral bildet er zusammen mit Quarz in Pegmatiten den dekorativen *Buchstabengranit*. In Edelsteinqualität tritt er jedoch seltener auf. Als solcher kommt er in Sri Lanka, Birma, Mexiko, Kenia und den USA (Virginia, Colorado) vor. Die prächtigsten Orthoklase stammen von den Fundstätten auf Madagaskar (Itronganha). Sie sind wunderschön gelb und manchmal grünlich angehaucht. Der größte von hier stammende geschliffene Stein befindet sich in der Smithsonian Institution in Washington und wiegt fast 250 ct. **Veredelung**: mit Bestrahlung; **Imitationen**: Quarz, Glas; **Pflege**: ist spröde.

## 283 Amazonit (210)

**H** 6; **F** graugrün, grün bis bläulich. Als undurchsichtiger Stein ist er durch seine Farbe interessant. Gelegentlich bildet er auch *Buchstabengranit*. Er wird in großen Mengen in Colorado (USA) gefördert, sehr schönes Rohmaterial liefert die Halbinsel Kola (Russland). Er kommt auch in Brasilien und Indien vor und kann in großen Mengen erworben werden. **Veredelung**: ist nicht bekannt; **Imitationen**: Glas; **Pflege**: ist spröde.

Orthoklas, größter Anschliff 25 ct, Madagaskar

Amazonit, größter Stein 20 mm, Kola, Russland

## 284 Sonnenstein (209, 211)

**H** 6; **F** orange bis rot. Das charakteristische Glitzern wird von ausgerichteten Kupfer- oder Hämatitinklusionen verursacht. Kommt nicht so häufig vor wie die übrigen Feldspäte und erreicht auch nicht deren Ausmaße. Qualitätvolles Rohmaterial wird aus Indien geliefert, die Steine wiegen Dutzende von Karat. Schöne Steine mit Hämatitinklusionen stammen aus Russland, von der Lokalität Kyschtym im Ural. **Veredelung**: ist nicht bekannt; **Imitationen**: Glas; **Pflege**: ist spröde.

Sonnenstein, 7 mm, Indien, 25 mm, Norwegen

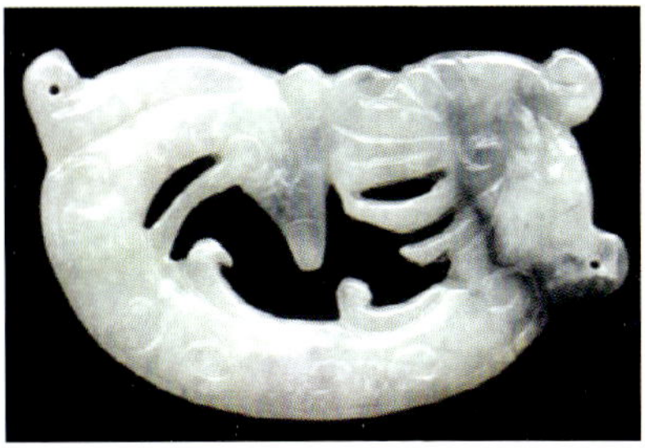

Jadeit, 50 mm, China

Mawsitsit, 20 mm, Birma

## 285 Jadeit (184)

**H** 6,5-7; **F** weiß, grau, verschiedene Grüntöne, rot, violett, braun, grünschwarz (*Chloromelanit*). Er wurde von den alten Chinesen über alles geschätzt, insbesondere seine weiße Varietät. Gegenwärtig sind bunte Farben am begehrtesten. Jadeit wird seit alters her in Birma, in China (Tibet) und in Japan gefördert. Lagerstätten befinden sich auch in den USA (Kalifornien), in Mexiko und in Kolumbien. In Russland wird er im Ural (Pusiorka) und im Sajany-Gebirge gefördert. Die einzelnen Blöcke wiegen oft Dutzende Tonnen. Jadeit wird vor allem zum Schnitzen von Figuren verwendet. Im Norden Birmas (Tawmaw, Mainmaw) gibt es smaragdgrüne *Mawsitsite*, sie sind sehr geschätzt und werden nach einzelnen Karaten gewogen. **Veredelung**: durch Erhitzen, durch Färben; **Imitationen**: Nephrit, Hydrogrossular, Serpentin, Glas; **Pflege**: erfordert keine besondere Behandlung.

## 286 Nephrit (188)

**H** 6-6,5; **F** selten weiß, gelb, grau, verschiedene Grüntöne, braun und schwarz. Nephrit ist die kompakte Varietät des faserigen Aktinoliths. Aufgrund seiner Zusammensetzung ist es sehr widerstandsfähig. Seit eh und je wurden seine Eigenschaften bei der Herstellung von Werkzeugen und Waffen genutzt, die oft sehr dekorativ gestaltet waren. Nephrit war im präkolumbischen Amerika beliebt und wurde auch auf Neuseeland durch die eingeborenen Maori verwendet. In der Natur kommt er häufiger als Jadeit vor und bildet viele Tonnen schwere Blöcke. Nephrit wird in Birma, in China (Provinz Xinjiang), Brasilien, Mexiko und traditionsgemäß in Neuseeland gewonnen. In der letzten Zeit tauchte an der Fundstätte Osipinskoje, östliches Sajany-Gebirge, Russland, wunderschönes grünes Katzenauge auf. Bekannt ist auch der Fundort Jordanów in Polen. **Veredelung**: mit Färben; **Imitationen**: Hydrogrossular, Serpentin, Glas; **Pflege**: erfordert keine besondere Behandlung.

Nephrit, 45 mm, Jordanów, Polen

## 287 Tansanit (167)

**H** 6-6,5; **F** blau, grünblau, blauviolett, braun, selten gelb oder farblos. Tansanit ist ein verhältnismäßig neuer Edelstein. Er wurde erst 1967 vom indischen Prospektor M. de Sousa entdeckt. Ursprünglich hielt man ihn für einen Saphir, später wurde er als Zoisitvarietät bestimmt. Er kommt im Gebiet von Gerevi Hills bei der Stadt Arusha in Tansania, aber auch in Kenia (Lilani) vor. Die Steine weisen selten Alexandrit-Effekt auf. Hoch geschätzt sind auch Tansanite mit Katzenaugeneffekt, die offenbar Pleochroismus aufweisen. Das Rohmaterial wird meistens mit Wärme aufbereitet, um eine typische Farbe zu erzielen. Die größten Steine wiegen ausnahmsweise über 200 ct, die meisten Steine jedoch bis zu 3 ct. **Veredelung**: durch Erhitzen; **Imitationen**: Saphir, Cordierit, Spinell, synthetischer Spinell und Korund, Dubletten, Glas; **Pflege**: ist spröde, kann leicht mechanisch beschädigt werden.

Tansanit, Treppenschliff 8,95 ct, Tansania

## 288 Thulit (167)

**H** 6-6,5; **F** rosa, rot, rotbraun. Thulit, eine weitere Zoisitvarietät, ist wegen seiner angenehmen Farbe beliebt. Er kommt in Massen vor. Besonders wertvoll sind gut gefärbte, durchsichtige Steine. Die wichtigsten Vorkommen befinden sich in Norwegen (Leksvik), wo Thulit als Nationalstein angesehen wird. Er dient vor allem zur Herstellung von Schmuckgegenständen. **Veredelung**: Imprägnieren mit Öl; **Imitationen**: Rhodonit, Calcit; **Pflege**: erfordert keine besondere Behandlung.

Thulit, 50 mm, Leksvik, Norwegen

## 289 Diopsid (181)

**H** 5,5-6,5; **F** gelb, grün, smaragdgrün (*Chromdiopsid*), violett (*Violan*), schwarz. Von allen Varietäten ist Chromdiopsid am

Chromdiopsid (dunkel), Rohstein 15 mm, Inagli, Russland; Diopsid (hell), Österreich

beliebtesten. Es kommt vor allem im Inagli-Massiv (Russland) vor, aber auch auf Madagaskar und in Brasilien. Die Steine werden auf 10 ct geschliffen, größere Exemplare sind dunkel. Beliebt sind auch schwarze Diopside mit Asterismus (meistens mit vier, manchmal auch mit sechs Strahlen), die vor allem aus Indien stammen und Gewichte von mehreren hundert Karat erreichen. **Veredelung**: ist nicht bekannt; **Imitationen**: Glas; **Pflege**: ist spröde.

## 290 Pyrit (34)

**H** 6-6,5; **F** goldgelb. Obwohl er zu den undurchsichtigen Steinen gehört, ist er seit eh und je wegen seines Aussehens, das an Gold erinnert, beliebt. Hoch geschätzt wurde er in der Viktorianischen Zeit in Britannien. Das Rohmaterial kommt verhältnismäßig häufig vor. In der Gegenwart wird es vor allem aus Bolivien und Peru geliefert, in Europa ist der bekannteste Fundort Navajún in Spanien. **Veredelung**: ist nicht bekannt; **Imitationen**: Markasit; **Pflege**: ist spröde, reagiert mit Schweiß und Säuren (verliert den Glanz), ist empfindlich gegenüber Temperaturschwankungen.

## 291 Hämatit (64)

**H** 5-6,5; **F** grauschwarz, rotbraun, schwarz. Ist in der Gegenwart der beliebteste Stein mit metallischem Aussehen. Seit dem Altertum wurden aus ihm vor allem Siegelstöcke hergestellt. Rohmaterial von guter Qualität steht ausreichend zur Verfügung und tritt in großen Blöcken auf. Die Hauptfundorte befinden sich in den USA (Arizona, Alaska), Brasilien (Minas Gerais), Chile und Australien. In Tschechien kommt qualitätvoller „*Schädelstein*“ in Horní Blatná vor. **Veredelung**: ist nicht bekannt; **Imitationen**: gepresster oder synthetischer Hämatit; **Pflege**: ist spröde, reagiert auf HCl.

Pyrit, xx 10 mm, Spanien; Markasit, Anschliffe 12 mm, Tschechien

## 292 Markasit (37)

**H** 6-6,5; **F** messinggelb, manchmal grünlich schattiert. Er wurde früher mit Pyrit verwechselt, ist jedoch weniger beständig und korrodiert schneller an der Oberfläche. e war in Frankreich beliebt, wo er in volkstümlichen Schmuck eingearbeitet wurde. Die Fundorte befinden sich in den USA (Illinois), in Frankreich, Deutschland und Tschechien (Vintířov). **Veredelung**: ist nicht bekannt; **Imitationen**: Pyrit; **Pflege**: ist spröde, reagiert auf Schweiß und Säuren.

Hämatit, 25 mm, Indien

## 293 Sugilith (180)

**H** 6-6,5; **F** rotviolett bis blauviolett. Einer der neuesten Edelsteine. Er wurde im Jahre 1976 entdeckt und erlangte rasch Popularität, vor allem bei Esoterikern. Die praktisch einzige Quelle für qualitätvolles Rohmaterial liegt in der Südafrikanischen Republik (Hotazel, Kuruman). Er wird in Stücken gefördert, die einige Kilogramm schwer sein können. Mit Facettenschliff bearbeitete Steine übersteigen das Gewicht von einigen Karat nicht. Sie werden unter dem Namen „*Royal Azel*" gehandelt. **Veredelung**: ist nicht bekannt; **Imitationen**: Stichtit, Tscharoit; **Pflege**: ist spröde.

## 294 Tscharoit (192)

**H** 5-6; **F** verschiedene Violetttöne, manchmal mit blauer Schattierung. Tscharoit wurde 1978 entdeckt und ist bisher nur an einem einzigen Fundort, am Mittellauf des Tschara-Flusses (Sirenjevij-Stein) im Raum von Jakutsk, bekannt. Der Stein ist durch seine verschiedenartige Textur interessant, seinem Aussehen sind auch bunte Einschlüsse anderer Minerale zuträglich. Er wird in Blöcken gefördert, die Hunderte von Kilogramm wiegen können. **Veredelung**: Imprägnieren mit Öl; **Imitationen**: Stichtit; **Pflege**: ist spröde.

Tscharoit, 20 mm, Sirenjevij Kamen, Russland

Sugilith, Tafelschliff 25 mm, Südafrikanische Republik

## 295 Rhodonit (194)

**H** 5,5-6,5; **F** rosa, rot, braunrot. Er war wegen seiner Farbe und leichten Bearbeitbarkeit schon seit alters her beliebt, man stellte aus ihm vor allem Gefäße her. Zu seiner Schönheit tragen oft auch schwarze Mangandendrite bei. Rhodonit wird traditionsgemäß seit dem 18. Jahrhundert in Russland im Ural (Male Sedelnikowo) gefördert, hier erreichten die Blöcke Dutzende von Tonnen Gewicht. Die wichtigsten Rohstoffquellen liegen in den USA (Franklin, auch reine Steine), in Brasilien (Minas Gerais), in Australien (Broken Hill) und in der Südafrikanischen Republik. Das Material steht in ausreichender Menge zur Verfügung, facettierte Steine erreichen aber kaum ein Gewicht von über 5 ct. **Veredelung**: ist nicht bekannt; **Imitationen**: sind nicht bekannt; **Pflege**: facettierte Steine sind spröde.

Rhodonit, Cabochons 30 mm, Ural, Russland

# 296 Opal (71)

**H** 5,5-6,5; **F** farblos (*Hyalit*), fast durchsichtig, milchig, erinnert an den Adular (*Girasol*), praktisch alle Farben (*Gemeiner Opal*), rot (*Feueropal*), rosa, blau, grün (*Andenopal*), buntes Farbenspiel (*Edelopal*). Obwohl der Gemeine Opal verhältnismäßig weit verbreitet ist, werden nur seine bunten Varietäten verwendet, die in der

Opale, Cabochons 20 mm, verschiedene Fundorte

Regel sehr dekorativ sind. Unter ihnen treten *Dendritopale* und *Holzopale*, die durch die Opalisation von Holz entstanden sind, hervor. Der Andenopal, der aus Peru stammt, ist gewöhnlich durchsichtig und oft mit dunklen, dekorativen Dendriten versehen. Feueropale stammen meistens aus Mexiko, der bekannteste Fundort ist Zimapan, Hidalgo. In letzter Zeit tauchte er auch in Kasachstan (Wosnessenskoje) und Ungarn (Tokaj) auf. Opal wurde ursprünglich, schon zur Zeit der Römer, in Dubník (Slowakei) gefördert. Bis heute kommen hier die qualitätvollsten europäischen Opale vor. Hauptproduzent ist jedoch Australien

Edelopal, Cabochon 9,5 ct, Australien

mit seinen Fundstätten Coober Pedy, Südaustralien, White Cliffs, Neusüdwales und vielen anderen. Hier gibt es auch den seltenen *Schwarzen Opal*. Weitere Fundorte befinden sich in den USA (Virgin Valley, Nevada), Brasilien und Äthiopien. Qualitätvolle Opale erreichen ein Gewicht von mehreren hundert Karat, es werden aber auch kleine Adern verarbeitet, meistens als Dubletten. **Veredelung**: imprägnieren mit Farben; **Imitationen**: synthetische Opale, Glas; **Pflege**: ist spröde und empfindlich gegenüber Temperaturänderungen.

Opale, größter Stein 20 mm, Dubník, Slowakei; Feueropal, Mexiko

## 297 Sodalith (214)

**H** 5,5-6; **F** verschiedene Blautöne. Qualitätvolles Rohmaterial gibt es vor allem in Kanada. Es wird in der Provinz Ontario (Bancroft, Dungannon) gefördert. Andere Vorkommen befinden sich in den USA (Maine, Arkansas, Colorado), in Brasilien, in Birma und in Indien. Facettierte Steine sind selten, die geschliffenen Exemplare sind nicht schwerer als einige Karat. **Veredelung**: ist nicht bekannt; **Imitationen**: Glas; **Pflege**: ist spröde, verliert unter Einwirkung von Wärme die Farbe, reagiert auf HCl.

Sodalith, Cabochons 25 mm, Kanada

## 298 Skapolith (216)

**H** 5-6; **F** farblos, gelb, violett. Verschiedenfarbige Steine kommen in Birma und Sri Lanka vor. Die qualitätvollsten gelben Steine gibt es in Tansania (Mpwapwa, Umba-Fluss), auf dem Markt ist auch Material aus Madagaskar, Moçambique und Kenia zu haben. Violette Skapolithe stammen aus dem Pamir (Tadschikistan) und in letzter Zeit auch aus China (*Katzenauge*). Der Rohstoff steht verhältnismäßig häufig zur Verfügung, wobei violette Steine seltener und in kleineren Stücken vorkommen. Die geschliffenen Steine erreichen Gewichte von mehreren hundert Karat (ein farbloses, 288 ct schweres Exemplar befindet sich in der Smithsonian Institution). **Veredelung**: durch Bestrahlung; **Imitationen**: Quarz, Glas; **Pflege**: ist spröde, reagiert auf Säuren, bestrahlte Steine können verblassen.

## 299 Prehnit (196)

**H** 6-6,5; **F** farblos, gelb bis grün. Nach richtig ausgerichtetem Schliff weist Prehnit ein eigenartiges, schwankendes Glitzern auf. Qualitätvolle Steine gibt es vor allem in Namibia (Brandberg), Australien, den USA, China und Russland (Gebiet Tungusko). Ansonsten kommt er in den alpinen Klüften der ganzen Welt vor. Gute Steine können mehrere Dutzend Karat wiegen. **Veredelung**: ist nicht bekannt; **Imitationen**: sind nicht bekannt; **Pflege**: erfordert keine besondere Behandlung.

Skapolith, violett: Rohstein 25 mm, Tadschikistan, gelb: Tansania

Prehnit, Rohstein 30 mm: Namibia, Anschliffe: Australien

Lasurit, Anschliff 40 mm, Afghanistan

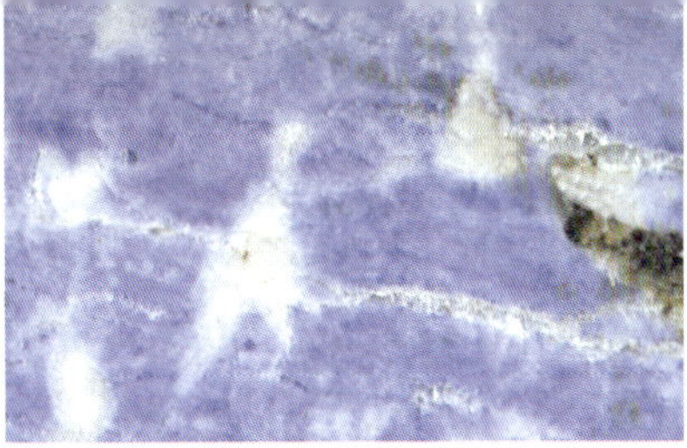

Lazulith, Anschliff 30 mm, Zobor, Nitra, Slowakei

## 300 Lasurit (215)

**H** 5-6; **F** verschiedene Blautöne. Es wird seit alters her unter dem Namen *Lapislazuli* gehandelt, war schon bei den Sumerern und Ägyptern beliebt und hat bis heute nichts von seiner Popularität eingebüßt. Größte Bedeutung haben auch weiterhin die historischen Fundorte im Gebiet Badachshan (Afghanistan), an denen er schon seit 7 000 Jahren gewonnen wird. Lasurit gibt es auch in Chile (Coquimbo), Pakistan, Birma, Indien (Kaschmir) und Russland (in der Umgebung des Baikalsees). Er kann in Blöcken gewonnen werden, die hunderte Kilogramm schwer sind. Dunkelblaue, oft mit goldenen Pyriteinschlüssen versehene Steine höchster Qualität sind jedoch sehr wertvoll und hoch geschätzt. Facettenschliff ist eine Rarität, geschliffene Steine wiegen kaum einige Karat. **Veredelung**: Imprägnieren mit Farbstoff; **Imitationen**: Lazulith, Sodalith, synthetischer Lasurit und Spinell, Glas; **Pflege**: vor Temperaturschwankungen und Säuren schützen.

## 301 Lazulith (122)

**H** 5,5-6; **F** verschiedene Blautöne. Wird oft mit Lasurit verwechselt, jedoch weniger oft gefunden. Er kommt in großen Stücken in Brasilien (Minas Gerais), Kanada (Yukon) und in den USA (Kalifornien) vor. Facettierte Steine sind selten und nicht schwerer als einige Karat. In massiver Form ist er verhältnismäßig häufig. **Veredelung**: Imprägnieren mit Farbstoff; **Imitationen**: Lasurit, Sodalith; **Pflege**: vor Temperaturschwankungen schützen.

## 302 Brasilianit (125)

**H** 5,5; **F** verschiedene Gelbtöne. Wurde erst im Jahre 1945 entdeckt und beschrieben. Praktisch alles Rohmaterial stammt von Fundorten in Brasilien (Conselheira Pena, Córrego Frio, Linopolis in Minas Gerais). Geschliffene Steine wiegen nur selten mehr als 20 ct. **Veredelung**: ist nicht bekannt; **Imitationen**: Quarz, Glas; **Pflege**: vor Temperaturschwankungen schützen, ist spröde und spaltbar.

Brasilianit, 45 mm, Còrrego Frio, Brasilien

## 303 Türkis (138)

**H** 5-6; **F** Blautöne, manchmal mit grüner Schattierung. Wurde schon früh im Gebiet des Iran (Nishapur) gefördert und war auch schon bei den Ägyptern beliebt (Fundstätten auf der Halbinsel Sinai), seine Popularität hat sich vor allem im Orient bis heute erhalten. In Tibet (China) wurde aus ihm traditioneller Schmuck hergestellt. Die amerikanischen Indianer, die den Stein bis heute an vielen Lokalitäten in Neumexiko, Colorado und Nevada (USA) gewinnen, fassen ihn traditionsgemäß in Silber. Das Rohmaterial ist verhältnismäßig häufig, die Stücke erreichen Gewichte von einigen Kilogramm. Besonders geschätzt sind blaue Steine mit regelmäßigen dunklen Dendriten, so genanntes *Spider Web*. **Veredelung**: Imprägnieren mit Farbstoffen und Bindemitteln; **Imitationen**: farbiger Howlith oder Dolomit, synthetischer Türkis, Glas, Kunststoff; **Pflege**: reagiert auf Wärme und Säuren, kann unter Lichteinwirkung die Farbe verlieren.

Fluorapatit, kombinierter Schliff 4,47 ct, Durango, Mexiko

Türkis, 20 mm, Iran; Smithsonit, 40 mm, Irak

## 304 Apatit (126)

**H** 5; **F** gelb, grün, blau. Die schönsten gelben Apatite stammen aus Durango in Mexiko. In Brasilien (Morro Velho) gibt es vor allem sehr schöne blaue Steine. Apatite kommen auch in den USA (Maine), Moçambique (grüne Steine), Kenia, Namibia und vor allem auf Madagaskar vor. Geschliffene Steine erreichen Gewichte von mehreren Dutzend Karat, blaue Exemplare sind gewöhnlich kleiner. **Veredelung**: ist nicht bekannt; **Imitationen**: synthetischer Apatit, Glas; **Pflege**: ist empfindlich gegenüber Wärme und Säuren.

## 305 Smithsonit (84)

**H** 4-4,5; **F** gelb, grün, blau, Rottöne. Geschätzt sind vor allem die gebändert gefärbten Varietäten, die aus bis 10 cm dicken Krustenbildungen stammen. Sie kommen aus Australien, Kasachstan, Namibia, Sambia, Kenia und Mexiko (rosafarbene Steine). In den USA liegen die Vorkommen in den Staaten Arkansas, Neu-Mexiko (blaugrüne Steine) und Kalifornien. In Europa werden die bedeutendsten Funde in Laurion (Griechenland) gemacht. **Veredelung**: ist nicht bekannt; **Imitationen**: Glas; **Pflege**: ist spröde, wärmeempfindlich, in HCl löslich.

## 306 Fluorit (56) ■

**H** 4; **F** sehr variabel, oft bunt gestreift. Traditionsgemäß wurde die blauviolette Varietät, der so genannte *Blue John*, aus Cumberland (Großbritannien) verarbeitet. In der Gegenwart sind bunt gestreifte Fluorite vor allem aus China und Chile beliebt. Von den einfarbigen Varietäten werden die rosafarbenen aus der Umgebung von Chamonix (Frankreich) am meisten geschätzt. Die anderen Farben kommen vereinzelt in Stücken vor, aus denen Steine geschliffen werden können, die mehrere hundert Karat wiegen. Sehr selten tritt auch Alexandrit-Effekt auf. **Veredelung**: durch Bestrahlung, Imprägnieren mit Farbstoffen und Ölen; **Imitationen**: Glas; **Pflege**: ist wärmeempfindlich, spröde, weich, in Schwefelsäure löslich.

Fluorit, x 26 mm, Dsheskasgan, Kasachstan

## 307 Rhodochrosit (86) ◪

**H** 3,5-4; **F** verschiedene Rottöne. Am beliebtesten sind die gebänderten Varietäten. Sie stammen vor allem aus Argentinien (Provinzen Catamarca und San Luis). Von hier kommen Tropfsteinquerschnitte mit konzentrischem Bau. Rohmaterial ist in großen Stücken genügend vorhanden. Facettierte Exemplare sind selten, das Rohmaterial für diese wird vor allem von der Sweet Home Mine, Colorado (USA) und aus Hotazel in der Südafrikanischen Republik geliefert. Die Steine wiegen nur ausnahmsweise über 50 ct. **Veredelung**: Imprägnieren mit Farbstoff und Ölen; **Imitationen**: Rhodonit; **Pflege**: ist wärmeempfindlich, spröde, weich, in HCl löslich, verliert die Farbe, verfärbt sich grau oder braun.

Rhodochrosit, 300 mm, Catamarca, Argentinien

## 308 Sphalerit (20) ■

**H** 3,5-4; **F** gelb, rot, grün. Das qualitätvollste Rohmaterial, gelbe bis rote Steine, stammt aus Picos de Europa (Spanien). Weitere Fundorte befinden sich in Bulgarien (Mandan) und in Kasachstan (Dsheskasgan), wo auch grüne Steine auftreten. Geschliffene Steine können mehrere hundert Karat wiegen. **Veredelung**: ist nicht bekannt; **Imitationen**: synthetischer Sphalerit; **Pflege**: ist wärmeempfindlich, spröde, spaltbar.

Sphalerit, größter Stein 20 ct, orange: Spanien, grün: Bulgarien

## 309 Malachit (94)

**H** 3,5-4; **F** verschiedene Grüntöne. Als Edelsteine werden vor allem gebänderte Steine verarbeitet. Malachit war bei den Ägyptern und Römern beliebt. Die historischen Lagerstätten Nischni Tagil und Gumeschewsk im Ural (Russland), die das Rohmaterial zum Beispiel für die Wandverkleidungen, die Gefäße, Tische und Vasen im Winterpalast in St. Petersburg lieferten, sind überschwemmt. Hauptproduzent ist in der Gegenwart der so genannte Copperbelt in Zaire und Sambia. Dort kommen Rohstoffblöcke vor, die einige Tonnen schwer sind. Weniger bedeutende Fundorte befinden sich in China, Australien, den USA (Colorado, Utah), Nicaragua und Mexiko. Mit Facettenschliff versehene Steine erreichen Gewichte von einigen Karat und sind eine Rarität. **Veredelung**: Imprägnieren mit Bindemitteln; **Imitationen**: Glas; **Pflege**: ist wärmeempfindlich, reagiert auf Säuren.

Malachit, 30 mm, Kongo; Azurit, 18 mm, USA

Chrysokoll, 25 mm, Australien und Arizona, USA

## 310 Azurit (93)

**H** 3,5-4; **F** verschiedene Blautöne. Homogene Azurite stammen vor allem aus den USA (Arizona). Hier kommen auch wunderschöne *Azurmalachit*-Konkretionen vor. Azurmalachit gibt es auch in Israel. Zahlreiche Fundorte befinden sich in Chile, Australien und Zaire. Facettierte Steine stammen meistens aus Marokko, sie wiegen nicht mehr als einige Karat, größere Steine sind undurchsichtig. **Veredelung**: Imprägnieren mit Bindemitteln; **Imitationen**: Glas; **Pflege**: ist wärmeempfindlich, reagiert auf Säuren.

## 311 Chrysokoll (206)

**H** 2-4; **F** grün bis blau. Wird vor allem aus den USA (Arizona, Neumexiko), aus Mexiko, Chile und Peru geliefert. Kommt auch in Israel (Eilat) vor, wo er mit Malachit gemischt ist und *Eilat Stone* genannt wird, des Weiteren in der Südafrikanischen Republik und in Zaire. Besonders geschätzt sind Chrysokolle, die Chalcedon durchdringen und färben, der Stein gewinnt dadurch an Härte. Gute, geschliffene Steine sind verhältnismäßig teuer, sie können Dutzende Gramm wiegen. **Veredelung**: Imprägnieren mit Bindemitteln; **Imitationen**: Glas; **Pflege**: ist wärmeempfindlich, reagiert auf Säuren.

Aragonit, 30 mm, verschiedene Fundorte

## 312 Aragonit (89)

**H** 3,5-4; **F** farblos, gelb bis grünlich, bläulich. Die undurchsichtigen, in Stücken auftretenden Varietäten sind bunt, beliebt sind die gebänderten Spielarten *(Sprudelstein)*. In Mexiko sind die Steine grün, in Marokko rot und in Griechenland blau. Bunte Steine stammen aus der Türkei und aus Pakistan. Die Vorräte sind praktisch unerschöpflich. Rohmaterial für den Facettenschliff ist jedoch verhältnismäßig selten. Das beste davon wird aus Hořenec bei Bílina (Tschechien) geliefert, die geschliffenen Exemplare können über 100 ct wiegen. **Veredelung**: Imprägnieren mit Farbstoffen; **Imitationen**: sind nicht bekannt; **Pflege**: ist weich, spröde und wärmeempfindlich, reagiert auf Säuren.

Ulexit, 30 mm, Kalifornien, USA

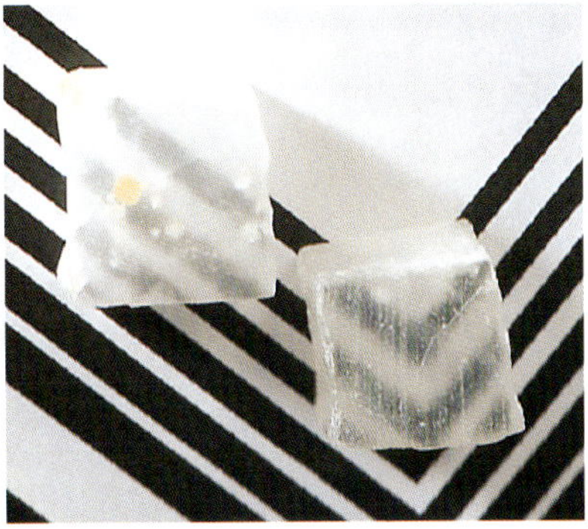

## 313 Ulexit (98)

**H** 2,5; **F** farblos, weiß. Infolge des inneren Faseraufbaus ist er optisch leitfähig und wird deshalb auch *TV Stone* genannt. Dieser Effekt muss bei der Ausrichtung des Schliffs berücksichtigt werden. Quer zu den Fasern entsteht Katzenaugeneffekt, in Faserrichtung hat der Stein schwankenden Glanz. Der meiste Rohstoff stammt aus den USA (Kalifornien). Die Steine können einige Zentimeter groß sein. **Veredelung**: ist nicht bekannt; **Imitationen**: optische Leiter aus Glas; **Pflege**: ist wärmeempfindlich, reagiert auf Säuren.

## 314 Agalmatolith (199)

**H** 1-2; **F** weiß, gelb, grün, rot bis braun. Dieser Stein ist schon seit eh und je wegen seiner leichten Bearbeitbarkeit beliebt. Die größten Vorräte befinden sich traditionsgemäß in China (Tibet), Korea und in der Mongolei. Es gibt genügend billigen Rohstoff. Aus ihm werden vor allem kleine Gefäße und Figuren geschnitzt. **Veredelung**: ist nicht bekannt; **Imitationen**: Speckstein; **Pflege**: ist weich, vor Abrieb schützen.

Agalmatolith, 50 mm, China

## 315 Gips (112)

**H** 1,5-2; **F** farblos, weiß, grau, blau, gelb, braun, rosa. Klarer Gips, der in großen Stücken vorkommt, wird selten verwendet. Aus seiner feinkörnigen Varietät *Alabaster* werden schon seit dem Altertum Gefäße und Statuetten hergestellt. Zentrum der Alabasterverarbeitung ist Italien. Die faserige Varietät mit Katzenaugeneffekt ist *Selenit*, sein bestes, bräunliches Rohmaterial wird jetzt aus Russland von der Fundstelle Asbest geliefert. **Veredelung**: Färben, Imprägnieren; **Imitationen**: Marmor (Alabaster); **Pflege**: ist weich, erleidet leicht Schaden, ist wärmeempfindlich, reagiert auf Säuren.

Bernstein, Schnitzerei 88 mm, Chiapas, Mexiko

Selenit, 70 mm, Jakutien, Russland

## 316 Bernstein (230)

**H** 2-2,5; **F** verschiedene Gelbtöne, orange bis rot, bläulich, grünlich. Bernstein ist einer der am längsten geförderten Edelsteine. Schon seit dem Paläolithikum wurde er aus dem Ostseeraum exportiert. Größter Bernsteinproduzent ist heute Polen. Qualitätvolle Bernsteinknollen sind allgemein 10 cm groß. Auch kleine Stücke werden verarbeitet, nach dem Erhitzen entsteht so genannter *rekonstruierter Bernstein* bzw. *Ambroid*. Neben dem Ostsee-Bernstein setzte sich auf dem Edelsteinmarkt zeitweilig auch der bläuliche Bernstein aus der Dominikanischen Republik durch. Allgemein bekannt ist auch der Bernstein aus Madagaskar mit zahlreichen Einschlüssen von Insekten. Lebeweseninklusionen erhöhen den Wert des Steines, dabei handelt es sich aber oft um Fälschungen. Es gibt viele Fundorte fossiler Harze, die dann lokale Bezeichnungen tragen. Einige davon treten auch in der Gegenwart hervor, zum Beispiel *Kopal*. Facettierte Steine erreichen Gewichte von mehreren hundert Karat. **Veredelung**: Erhitzen, Pressen; **Imitationen**: rekonstruierter Bernstein, Kopal, Kunststoffe; **Pflege**: ist wärmeempfindlich und brennbar, reagiert auf Chemikalien, altert mit der Zeit und wird an der Oberfläche rissig.

Obsidian, größter Stein 10 ct, Armenien

## 317 Obsidian

H 5-6; F grau, grün, rotbraun (*Mahagoniobsidian*), braun, schwarz. Er wurde seit dem Paläolithikum zur Herstellung von Werkzeugen verwendet und war vor allem bei den präkolumbischen Kulturen populär. Kommt an zahlreichen Fundorten in den USA (Arizona, so genannte *Apachentränen*), in Mexiko, Armenien und Äthiopien vor und hat oft silbrigen oder goldenen Glanz, der wunderschönen Katzenaugeneffekt hervorruft. Sehr beliebt ist der *Regenbogenobsidian*, der stark irisiert. Er kommt vor allem in Mexiko vor. Schwarzer Obsidian mit weißen Cristobalitkristallen heißt *Schneeflockenobsidian,* seine Hauptfundorte liegen in den USA und in Mexiko. Er ist allgemein in großen Stücken erhältlich. **Veredelung**: ist nicht bekannt; **Imitationen**: Glas; **Pflege**: ist spröde.

## 318 Moldavit

H 5,5-6,5; F grün, braungrün. Unter den Tektiten zeichnet sich der Moldavit durch seine Farbe, seine Durchsichtigkeit und seine charakteristische Skulptur aus. Seine Beliebtheit beruht vor allem auf seiner geheimnisvollen Herkunft. Er wird überwiegend im Stromgebiet der Moldau (Tschechien) gefunden, mährische Steine kommen seltener vor und sind meistens brauner. Moldavit wird oft in Naturform verwendet, geschliffene Steine wiegen nur selten mehr als 100 ct. Die übrigen Tektite sind allzu dunkel, eine Ausnahme bildet das so genannte *Libysche Glas*, das in den Wüsten Libyens und Ägyptens vorkommt. Es weist verschiedene Gelbtöne auf und ist durchsichtig. **Veredelung**: ist nicht bekannt; **Imitationen**: Glas; **Pflege**: ist spröde.

Moldavit, Rohstein 45 mm, Südböhmen, Tschechien

## Die Gesteine in der Geschichte

Auch mit den Gesteinen sind die Menschen schon immer in Berührung gekommen. Die ältesten bearbeiteten Artefakte von Werkzeugen und Waffen, die von den archäologischen Fundstellen aus der Zeit vor über zwei Millionen Jahren bekannt sind, wurden eben gerade aus Gestein hergestellt, und nach ihnen wird diese Epoche der Menschheitsgeschichte Steinzeit genannt. Im Verlaufe der Zeit wurden Gesteine auch zu Bau- und Dekorationszwecken verwendet.

Die erhalten gebliebenen Torsos der Baudenkmäler in Asien, im Mittleren Osten und in Amerika, die einige tausend Jahre v.Chr. entstanden, zeugen nicht nur von der erheblichen Fertigkeit der damaligen Baumeister und Steinmetze, sondern auch von ihren Kenntnissen über die einzelnen Gesteinsarten und ihrem Gefühl für sie. Es spricht alles dafür, dass der Mensch sehr bald begann, die einzelnen Gesteine zu unterscheiden. Er suchte jene aus, die für eine konkrete Nutzung geeignete Eigenschaften besaßen, und beurteilte dabei ihre Bearbeitbarkeit, Härte, Spaltbarkeit, Farbe und auch Beständigkeit. Gesteine waren viele Jahrhunderte hindurch wichtigster Rohstoff für das Bauwesen, und das eigentlich bis zum Anbruch der Ära des Betons, der den Stein allmählich aus seiner Stellung verdrängte. Die gegenwärtige Welle der Rückkehr zu den Naturmaterialien führt jedoch dazu, dass die Nutzung des Steines für Bau- und Dekorationszwecke und zum Beispiel auch zum Pflastern repräsentativer Plätze wieder in den Vordergrund rückt. Auch die Palette der Nutzung von Gesteinen zur Herstellung von Zier- und Schmuckgegenständen erweitert sich, darüber hinaus steigt ihre Bedeutung als Rohstoff für die keramische, chemische und Hüttenindustrie, oft werden sie auch in der Landwirtschaft verwendet.

## Entstehung und Einteilung der Gesteine

Gesteine sind Gruppierungen von Mineralen oder organischen Resten, gegebenenfalls von Gesteinsbruchstücken, die infolge natürlicher Prozesse entstehen, die sich in der Natur gesetzmäßig wiederholen. Sie bilden Schichten oder selbstständige

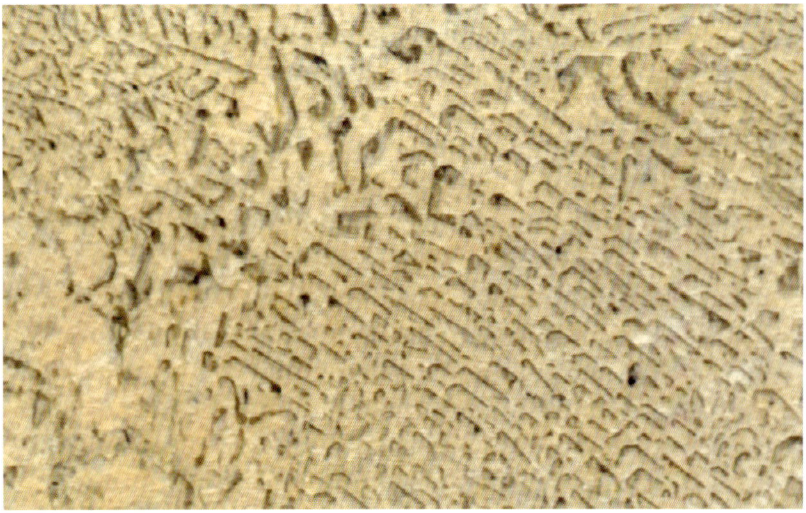

Schriftgranit, Anschliff 90 mm, Dolní Bory, Tschechien

Körper und beteiligen sich im Wesentlichen am Aufbau der Erdrinde. Meistens setzen sie sich aus einigen Mineralarten zusammen, können aber auch aus einem einzigen Mineral bestehen, wie zum Beispiel der Marmor, sind dann jedoch physikalisch nicht homogen. Minerale, die sich wesentlich an der Zusammensetzung der Gesteine beteiligen, werden **gesteinsbildend** genannt, hierzu gehören zum Beispiel Quarz (68), Feldspäte (209-212), Glimmer (201, 202), Pyroxene, Amphibole (189), Olivin (147), Nephelin. Im Unterschied zu den Mineralen haben die Gesteine eine veränderliche chemische Zusammensetzung, die mit keiner chemischen Formel ausgedrückt werden kann; auch ihre physikalischen Eigenschaften sind variabel. Die Zusammensetzung und die Struktur der Gesteine hängen von den geologischen Prozessen ab, in deren Verlauf sie entstanden. Mit der Erforschung der Gesteine befasst sich die Wissenschaftsdisziplin **Petrologie**.

Die Gesteine entstehen im Zuge komplizierter geologischer Prozesse, oft unter Einwirkung hoher Temperaturen und Drücke und im Verlaufe langer Zeiträume. Man geht davon aus, dass ihre Entstehung durch die Bewegungen der Festlandsschollen bedingt ist, die sich unter Ausbildung von Grabenbrüchen und Verwerfungszonen verschieben, absenken, anheben, aufwölben, durchbiegen und an den Rändern falten. Nach der Stelle und der Art und Weise der Entstehung unterscheidet man **Erstarrungsgesteine** (Magmatite, Eruptivgesteine), **Ablagerungsgesteine** (sedimentäre Gesteine) und **Umwandlungsgesteine** (Metamorphite). Zu diesem Kapitel gehören auch die Meteorite und Tektite.

Allgemein kann gesagt werden, dass die Erstarrungsgesteine durch das Erstarren und Auskristallisieren von Silikatschmelzen (Magma), die mit Dämpfen und Gasen angereichert sind, in der Tiefe der Erdkruste entstehen. Die Sedimentgesteine bilden sich unter dem Einfluss von geologischen Faktoren, die an der Erdoberfläche wirken – durch Verwitterung, Transport, Ablagerung und Verkittung. Die metamorphen Gesteine entstehen durch die Umwandlung von magmatischen, sedimentären und metamorphen Gesteinen unter Einwirkung hoher Temperaturen und Drücke beim Absinken in die Tiefe oder an den Kontaktstellen mit Ergussgesteinen. Von diesen drei Gruppen begegnet man den Sedimentgesteinen am häufigsten, sie nehmen ungefähr zwei Drittel der Erdoberfläche ein.

**Magmatische Gesteine** werden weiterhin danach eingeteilt, in welcher Tiefe und in welchen Körpern das Magma erstarrt ist. Davon hängt auch der Gehalt an einzelnen Mineralen und deren gegenseitige Anordnung ab (Textur und Struktur des Gesteins):

*Tiefengesteine* (Intrusivgesteine, Plutonite) sind in größerer Tiefe der Erdkruste und oft auch in größeren Körpern erstarrt;

*Ganggesteine* sind in geringen Tiefen in Form tafelförmiger Körper erstarrt;

*Ergussgesteine* (Effusivgesteine, Vulkanite) entstanden, als Magma bis zur Erdoberfläche vordrang und an der Luft oder im Wasser erstarrte.

**Sedimentgesteine** werden entsprechend der Entstehung unterteilt in:

*Trümmergesteine* (klastische Sedimente), entstanden durch die Ablagerung von Mineral- oder Gesteinsteilen;

*chemische* und *biochemische Sedimente*, entstanden durch das chemische oder biochemische Ausfällen von Stoffen, die im Wasser gelöst sind;

*biogene Sedimente* (organogene Sedimente), entstanden durch die Anhäufung abgestorbener Teile von Organismen.

**Metamorphe Gesteine** werden entsprechend dem Charakter des ursprünglichen Gesteins und der Intensität der Metamorphose, während der sie entstanden sind, eingeteilt. Jede Stufe der Metamorphose wird von einer bestimmten Paragenese der Minerale charakterisiert. Man unterscheidet:

*regional metamorphosierte Gesteine*, die unter der Einwirkung hoher Temperaturen und Drücke innerhalb langer Zeiträume und in großen Massen entstanden sind;

*kontaktmetamorphosierte Gesteine*, die unter Wärmezufuhr und Materialbewegung an den Kontaktstellen mit glühendem Magma in der Tiefe gebildet werden;

*kaustisch* (durch Wärme) *metamorphosierte Gesteine*, die an den Kontaktstellen der Lava an der Erdoberfläche entstehen.

Bei regionalen Metamorphosen kommt es manchmal zum Aufschmelzen der Gesteine und ihrer Verwandlung in Magma; in diesem Falle spricht man von Ultrametamorphose. In dieser Phase zerfließen die am leichtesten schmelzbaren Komponenten wie Quarz (68) oder Feldspäte (209-212), die die Reste der ursprünglichen Minerale umgeben, zuerst. Wenn in diesem Zustand die Temperatur sinkt, entstehen die so genannten *Migmatite*.

Bei kaustisch metamorphosierten Gesteinen, die vor allem bei gerichtetem Druck gebildet werden, spricht man von *dynamischen Metamorphiten*.

## Merkmale der Gesteine

**Farbe**: Sie ist bei den Gesteinen sehr variabel, es überwiegen graue, bräunliche oder grünliche Farbtöne. Manchmal sind sie aufgrund ihrer mineralischen Zusammensetzung bunt gefärbt. Im allgemeinen treten basische und ultrabasische Gesteine in grünen bis grünschwarzen Farbtönen auf, während saure Gesteine heller sind, grauweiß, rosa, oft mit deutlichen Kristallen der gesteinsbildenden Minerale. Metamorphe Gesteine sind meist graugrün bis dunkelgrün, während sedimentäre Gesteine verschiedene Gelb- bis Gelbbrauntöne aufweisen.

Die übrigen physikalischen Eigenschaften sind bei den Gesteinen nicht aufgeführt. Nur im Falle ihrer technologischen Verwendung werden Dichte, Druckfestigkeit, Abriebfestigkeit, Schlagfestigkeit, Polierbarkeit, Saugfähigkeit u.a. angegeben.

**Vorkommen**: Wir stellen hier vor allem Gesteine vor, die zur Herstellung von Zier- und Gebrauchsgegenständen, selten auch zur Anfertigung von Schmuck verwendet werden. Von den Erstarrungsgesteinen tauchen auf dem Markt zeitweilig basische Syenite aus Grönland und Russland (Halbinsel Kola), seltener auch aus Norwegen, Finnland und den USA auf, insbesondere sind es Chibinite, Kakortokite und Larvikite. Selten treten auch so genannte Amazonitgranite auf, die aus der Mongolei, Libyen, den USA und Kanada stammen. Manchmal finden Peridotite aus Russland, Marokko, der Südafrikanischen Republik und Oman Verwendung. Von den Ganggesteinen bearbeiteten seit alters her die Ägypter und Römer Dioritporphyrit (so genannter *Porfido Rosso Antico*) und die Griechen Gabbroporphyrit (so genannter *Porfido Verde Antico*). Oft werden Aplite und Pegmatite (vor allem Buchstaben- und Monzonitpegmatit) aus Russland, der Ukraine, Norwegen oder den USA verwendet. Amazonitpegmatite gibt es in der Mongolei und in den USA. Aus Grönland und der Südafrikanischen Republik stammt Unakit. Von den Metamorphiten sind irisierende Orthoamphibolite aus den USA (Staat Wyoming), aus Grönland (ähnliche so genannte Rummite) und aus Tansania (so genannter Zoisitamphibolit mit großen Rubinen, manchmal auch als Aniolit bezeichnet) bekannt. Häufig verarbeitet werden die Eklogite aus Spanien, Russland, den USA, Grönland und Venezuela. Aus Russland stammen auch die so genannten Wollastonit-Skarne (Lagerstätte Dalnegorsk), aus Finnland die Diopsid-Skarne (Lokalität Outokumpu) und aus Tschechien die Granat-Skarne (Lokalität Měděnec). Am stärksten kommen von den Metamorphiten jedoch die Marmore zur Geltung, sie werden aus Italien (Carrara-Marmor, Ruinenmarmor), Griechenland, Deutschland, Belgien, Frankreich, Tschechien, den USA, Kuba, Algerien und Marokko geliefert. Bekannt sind auch die nahe stehenden Ophicalcite aus Griechenland, Russland oder Italien. Von den anderen Metamorphiten sind der Hydrogrossular aus der Südafrikanischen Republik und die Jaspilite und Porzellanite aus Russland und Tschechien von Bedeutung. Raritäten sind die so genannten Grönlandite aus Grönland. Einen weiten Anwendungsbereich haben die verschiedensten Sedimentgesteine, vor allem Kalkstein. Mancherorts werden so genannte Limnoquarzite (Slowakei) und verschiedene Hornsteine aus den USA, Kuba und Libyen verarbeitet.

**Verarbeitung**: Tafeln, Cabochons, kleine Zier- und Gebrauchsgegenstände.

# SCHEMA DES VORKOMMENS DER GESTEINE IN DER ERDRINDE

**AUSSERIRDISCHE HERKUNFT**
Meteorite, Tektite

**VERWITTERUNGSPROZESS**
Geysirite, Limnoquarzite, Residuale Eisenerze, Sand, Schotter, Silicite, Staub, Töpfertone, Travertine

**SEDIMENTGESTEINE**
Agglomerate, Brekzien, Diatomite, Dolomite, Dolomittonschiefer, Eisensedimente, Evaporite, Hornsteine, Kalksinter, Kalksteine, Kalktonschiefer, Kaustobiolithe, Konglomerat, Mangansedimente, Mergel, Pelosiderite, Phosphorite, Radiolarite, Sandsteine, Sphärosiderite, Spongilite, Tonschiefer, Tuffe, Tuffite

HEBUNG

**VULKANITE**
Andesite, Basalte, Dazite, Kataklastite, Latite, Mylonite, Perlite, Phonolithe, Pikrite, Rhyolithe, Tephrite, Trachyte, Ultramylonite, Vulkanische Gläser

EINSENKUNG

**METAMORPHITE**

**Metamorphe Gesteine**
Amphibolite, Chloritschiefer, Eklogite, Glaukophanite, Glimmerschiefer, Granulite, Kristalline Dolomite, Kristalline Kalke, Kupferschiefer, Metakonglomerate, Metaquarzite, Orthogneise, Paraamphibolite, Paragneise, Phyllite, Porphyroide, Pyroxengranulite, Serpentinite, Talkschiefer

**Kontaktmetamorphosierte Gesteine**
Erlane, Kontakthornsteine, Kontaktschiefer, Porzellanite

**Metasomatische Gesteine**
Greisen, Skarne, Taktite

**MAGMATITE**

**Tiefengesteine**
Alkaligranitoide, Alkalische Syenite, Diorite, Dunite, Essexite, Foid-Syenite, Gabbro, Granodiorite, Granite, Hornblendite, Ijolithe, Karbonatite, Monzonite, Peridotite, Pyroxenite, Quarzdiorite, Quarzolithe, Quarzreiche Granitoide, Syenite

**Ganggesteine**
Aplite, Lamprophyre, Pegmatite, Porphyre, Porphyrite

# Magmatische Gesteine

Durch die Differenziation des Magmas (höchstwahrscheinlich infolge der Gravitation) kommt es zur Entstehung von Teilmagmen, und zwar von basischen bis sauren Magmen. Jedes dieser Teilmagmen hat eine andere Viskosität, was folglich auch ihre unterschiedliche Bewegung in der Erdkruste ermöglicht. Bei der Differenziation des Magmas kristallisieren zuerst die dunkleren Minerale aus, wodurch ein saureres Restmagma entsteht. Diese Reihenfolge, in der die Minerale aus dem Magma kristallisieren, wird Bowensches Kristallisationsschema genannt. Die dunklen Minerale kristallisieren gewöhnlich in der Reihenfolge Olivin (147), Pyroxene (183), Amphibole (189), Biotit (202) aus. Bei den hellen Mineralen ist die Reihenfolge Anorthit, Bytownit, Labradorit, Andesin, Oligoklas (212), Kalifeldspäte (209, 210), Quarz (68). Auf diese Weise kann die Entstehung der einzelnen Reihen von Erstarrungsgesteinen erklärt werden, die dann auch gesetzmäßige Beziehungen in der chemischen Zusammensetzung aufweisen. Das ursprüngliche Magma wird jedoch oft auch von Gesteinen beeinflusst, die es durchdringt und von denen es Substanzen übernimmt. In einem anderen Fall kann es zur so genannten Assimilation kommen, das heißt, das Magma nimmt mechanisch Teile der benachbarten Gesteine auf und zerschmilzt sie anschließend. Auf diese Weise kommt es zu gewissen mineralischen, strukturellen und chemischen Abweichungen.

Zur detaillierteren Gliederung der magmatischen Gesteine können wir entweder geologische Kriterien (Auftreten, Mineralzusammensetzung, Struktur) oder den Charakter ihres Chemismus heranziehen. Die Einteilung nach dem Chemismus würde jedoch eine aufwendige chemische Analyse erfordern; hier halten wir uns deshalb an die geologischen Kriterien. Nach dem Auftreten werden die magmatischen Gesteine, wie schon erwähnt, in **Tiefen-, Gang-** und **Ergussgesteine** unterteilt. Diese werden dann nach dem Vorhandensein der Minerale (Quarz, Alkalifeldspäte, Plagioklase, Foide und dunkle Minerale), die in den Erstarrungsgesteinen am häufigsten vorkommen, weiter gegliedert. Von den Klassifikationsschemata, denen das Vorhandensein der hauptsächlichen gesteinsbildenden Minerale zugrunde liegt, wird gegenwärtig das so genannte Streckeisen-Diagramm verwendet. Dieses Schema unterteilt die Tiefen- und Ganggesteine in fünf, die Ergussgesteine in vier Gruppen.

Rosa Granit, Anschliff 50 mm, Polen

Granit, Anschliff 50 mm, Mrákotín, Tschechien

Tiefengesteine: *Quarzolith* und *quarzreiche Granitoide, Granitoide, Syenite, Diorite* und *Gabbro, Peridotit.*

Ganggesteine: *Porphyre, Porphyrite, Pegmatite, Aplite, Lamprophyre.*

Ergussgesteine (sie haben kein Äquivalent in der ersten Gruppe): *Rhyolithe, Trachyte, Andesite und Basalte, Pikrite.*

# Tiefengesteine

## Quarzolith und quarzreiche Granitoide

Es handelt sich um eine Gruppe von Gesteinen, die verhältnismäßig selten vorkommen. Diese Gesteine enthalten 60% bis fast 100% Quarz. Als Neben- oder akzessorische Minerale sind Glimmer, Feldspäte, Topas, Fluorit, gegebenenfalls Apatit und Erzminerale anwesend. Diese Gesteine haben meistens helle Farben, sie sind weiß, leicht rosa, beige.

## Granitoide

Die Gesteine dieser Gruppe gehören zu den verbreitetsten Erstarrungsgesteinen. Zu ihnen gehören *alkalische Granite, Granite, Granodiorite* und *Quarzdiorite.*

*Alkalische Granite* sind helle Gesteine, die verhältnismäßig selten vorkommen. Ihre Farbe ist überwiegend Weiß und Rosa. Sie setzen sich aus Kalifeldspäten (Orthoklas 209, Mikroklin 210, Anorthoklas), Quarz (68) und selten auch Plagioklas (Albit 211) zusammen. Die dunklen Bestandteile werden von alkalischen Pyroxenen (183) und Amphibolen (189) bzw. Biotit (202) gebildet. Zu den Akzessorien gehören Zirkon, Apatit und Erzminerale.

*Granite* sind hellgrau, blau getönt, manchmal rosa und rot, einige auch grünlich. Die Hauptminerale sind Kalifeldspäte (Orthoklas 209, Mikroklin 210), Quarz (68) und saure Plagioklase (Oligoklas, Andesin). Von den dunklen Bestandteilen sind in der Regel Biotit (202), weniger Muskovit (201), Amphibol (189) und manchmal auch Turmalin anwesend. Akzessorisch kommen Apatit, Zirkon, Titanit, Magnetit, Ilmenit, Orthit,

Roter Granit, Anschliff 50 mm, Russland

Granat u.a. vor. An die Granite sind oft wichtige Lager mineralischer Rohstoffe wie Zinn, Wolfram und seltener Minerale gebunden. Durch die Verwitterung der Granite entstehen charakteristische block- und brockenförmige Aufschlüsse. Granite eignen sich mit ihren technologischen Parametern (Bearbeitbarkeit, Polierbarkeit, Saugfähigkeit, Klüftung) für Steinmetzarbeiten. Entsprechend der charakteristischen Farbe, der Struktur oder dem Ort ihres Vorkommens kommen verschiedene Granittypen auf den Markt, wie zum Beispiel Rapakivi (Finnland, Russland), orbikularer Granit (Finnland, Frankreich, Schweden), porphyrischer Granit (Tschechien), Charnockit (Indien, Norwegen).

*Granodiorite* sind zusammen mit den Graniten offenbar das verbreitetste Tiefengestein der Erdoberfläche. Beide kommen

Orbikularer Granit, Anschliff 100 mm, Schweden

Granodiorit, 50 mm, Olbramovice, Tschechien

meistens auch gemeinsam vor. Sie sind überwiegend hellgrau, bläulich, manchmal gefleckt und setzen sich vor allem aus Quarz, Plagioklasen (Oligoklas und Andesin 211) und Kalifeldspäten (209, 210) zusammen. Die Grenze zwischen den Graniten und den Granodioriten liegt bei 50% Plagioklasen und 50% Kalifeldspäten. (Bei den Graniten überwiegen die Kalifeldspäte über die Plagioklase, bei den Granodioriten sind beide Komponenten ausgewogen oder haben die Plagioklase das Übergewicht.) Von den dunklen Bestandteilen sind hier Amphibol (189), Biotit (202), Muskovit (201) und selten auch Pyroxen vertreten. Akzessorisch kommen Apatit, Zirkon, Titanit, Magnetit, Pyrit, Granat, Orthit u.a. vor. Die Struktur der Granodiorite ist ähnlich wie bei den Graniten gleichmäßig körnig oder porphyrisch (Kalifeldspäte oder Plagioklase bilden Auswüchse).

*Quarzdiorite* setzten sich vor allem aus Plagioklasen (Oligoklas, Andesin) und Quarz (68) zusammen. Kalifeldspäte spielen eine untergeordnete Rolle. Von den dunklen Bestandteilen sind Biotit (202), Amphibol (189) und Pyroxen anwesend, von den Akzessorien Apatit, Magnetit, Titanit, Ilmenit, Pyrit, Zirkon u.a. Quarzdiorite sind überwiegend grau bis schwarzgrau und haben eine gleichmäßige körnige Struktur. Es handelt sich um überaus zähe, widerstandsfähige Gesteine, die sich sowohl für Steinmetzarbeiten als auch zu Bauzwecken eignen.

Diorit, Anschliff 50 mm, Křižanov, Tschechien

## Syenite

Zu dieser Gruppe gehören *alkalische Syenite, Syenite, Monzonite, Syenite mit Foiden.*

*Alkalische Syenite* bestehen vor allem aus Kalifeldspäten (209, 210). Plagioklase kommen nur selten vor. Auch Quarz kann

Syenit, 50 mm, Ditrau, Rumänien

nur akzessorisch auftreten. Von den dunklen Mineralen sind Biotit (202) und manchmal alkalische Pyroxene oder Amphibol (189) vorhanden. Die Farbe ist überwiegend grau oder weißlich. Manchmal sind jedoch bei diesen Gesteinen die Farbe, die Struktur oder der Mineralgehalt recht ungewöhnlich; dann erhalten sie Spezialnamen, zum Beispiel Larvikit (Norwegen), der sich durch einen wunderschönen hellblauen Farbwechsel auszeichnet. Weitere bekannte Varietäten sind Nordmarkit und Umptekit. Eine ganze Reihe dieser alkalischen Syenite sind begehrtes Verkleidungsmaterial.

*Syenite* bestehen aus Kalifeldspäten (Orthoklas 209, Mikroklin 210, Perthit), die die Plagioklase (Oligoklas bis Andesin 211) überwiegen. Quarz ist nur akzessorisch vertreten. Von den dunklen Mineralen sind Amphibol (189) und Biotit (202) anwesend,

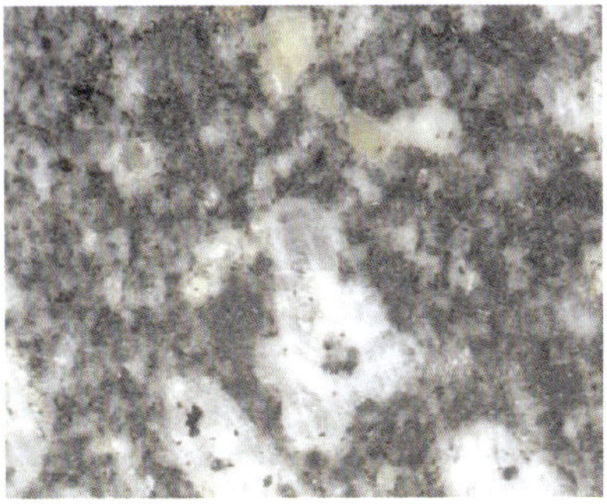

Porphyrischer Syenit, Anschliff 50 mm, Třebíč, Tschechien

weniger Pyroxen (183), sehr selten Olivin (147). Akzessorisch erscheinen Apatit, Zirkon, Titanit, Magnetit, Ilmenit, Pyrit, Granat u.a. Es handelt sich um gleichmäßig körnige oder porphyrische (mit Auswüchsen innerhalb der feinkörnigen Masse) Gesteine. Ihre Farbe hängt vom Vorhandensein dunkler Minerale ab, sie können grau, rosa, schwarzgrau und weiß gefleckt sein. Syenite sind oft geeignetes Material für anspruchsvolle Steinmetzarbeiten.

Für *Monzonite* ist der ungefähr gleiche Gehalt an Kalifeldspäten (209, 210) und Plagioklasen (211) und das Fehlen oder lediglich akzessorische Vorhandensein von Quarz oder Foiden charakteristisch. Die dunklen Minerale sind mit Amphibol (189), Pyroxen, Biotit (202) und selten auch mit Olivin (147) vertreten.

*Syenite mit Foiden* sind Gesteine, die überwiegend Alkalifeldspäte (Orthoklas 209, Mikroklin 210, Anorthoklas und Albit 211) enthalten. Wesentlichen Anteil an diesen Gesteinen haben Nephelin und Sodalith

Sodalithit, Anschliff 50 mm, Tansania

(214), manchmal auch Nosean, Cancrinit und Hauyn. Die dunklen Bestandteile werden von alkalischen Amphibolen (189) und Pyroxenen (183) und Biotit (202) vertreten. Charakteristisch für diese Gesteine ist die Anwesenheit von Mineralen, die Komponenten seltener Erden enthalten (Eudialyt 171, Loparit 66, Eukolith), des Weiteren von Apatit (126), Zirkon (154) u.a. Die Farbe dieser Syenite ist meistens fettig grau bis schwarzgrau; dort, wo im Gestein vor allem Sodalith (214) auftritt, ist es auch markant blau. Einige Syenite mit höherem Gehalt an Eudialyt sind rosa. Nach dem Fundort oder dem überwiegenden Auftreten eines bestimmten Foid-Typs erhielten diese Gesteine selbstständige Namen wie Lardalith (Norwegen), Chibinit, Lujawrit (Russland, Halbinsel Kola), Phoyait (Portugal), Miaskit (Russland, Ural), Ditroit (Rumänien) u.a. Syenite mit Foiden sind eine wichtige Quelle für die Komponenten seltener Erden. Farblich und strukturell interessante Syenite sind begehrte Rohstoffe für Steinmetzarbeiten.

Diorit, Anschliff 50 mm, Indien

Gabbro, 50 mm, Schweden

## Diorite und Gabbro

Zu dieser Gruppe gehören neben den *Dioriten* und *Gabbro* auch die *Essexite*.

*Diorite* sind überwiegend graue, grauschwarze oder grüngraue Gesteine. Mineralische Hauptkomponente der hellen Minerale ist Plagioklas (Andesin). Quarz und Kalifeldspäte fehlen oder sind nur akzessorisch vertreten. Von den dunklen Mineralen sind Amphibol (189) sowie in geringerem Maße Pyroxen und Biotit (202) vorhanden. Akzessorisch treten Apatit, Zirkon, Granat, Magnetit, Ilmenit, Pyrit u.a. auf. Diorite werden wegen ihrer Widerstandsfähigkeit oft für Steinmetzarbeiten und im Bauwesen verwendet.

*Gabbro* ist ein Gestein, das überwiegend aus basischen Plagioklasen (Labradorit 212, Bytownit) besteht. Als dunkle Bestandteile treten Pyroxene (183), manchmal Amphibol (189), Olivin (147) und selten auch Biotit (202) auf. Akzessorien sind Magnetit, Ilmenit, Apatit, Titanit, Spinell, Sulfide. Manchmal ist die Konzentration der Erzminerale so hoch, dass diese Gesteine für die Gewinnung einiger Metalle (z.B. Nickel) genutzt werden. Einige Gabbroarten sind begehrter Rohstoff für Steinmetzarbeiten, insbesondere als Verkleidungsmaterial. Gabbroarten, die nur rhombisches Pyroxen (Hypersthen) enthalten, werden *Norite* genannt. Werden die dunklen Minerale überwiegend nur von Olivin vertreten, heißen die Gesteine *Troktolithe* (Forellensteine); sie haben ein charakteristisches geflecktes Aussehen und sind als Dekorationssteine begehrt.

Troktolith, Anschliff 50 mm, Armenien

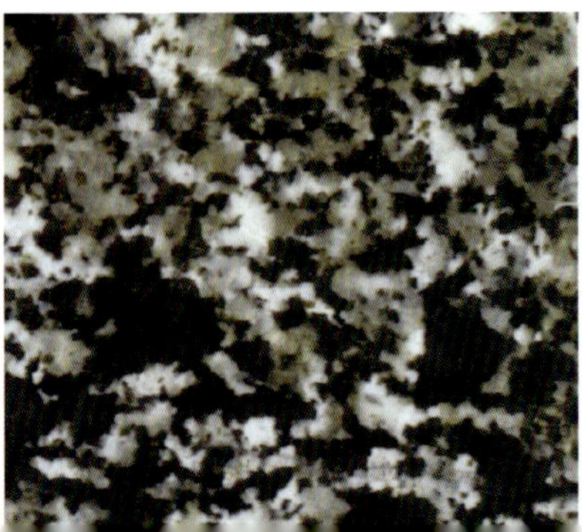

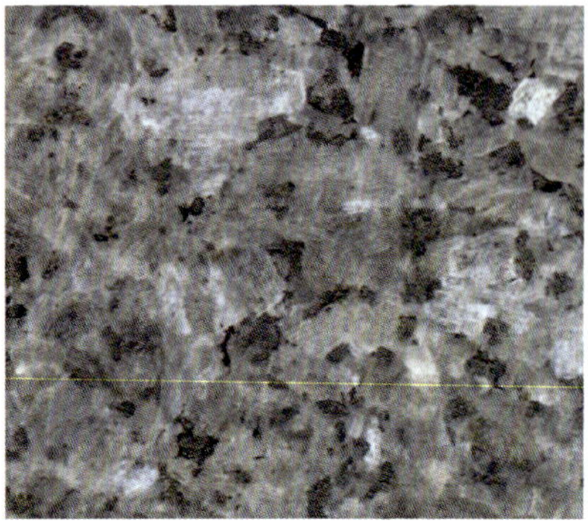

Labradorit, Anschliff 50 mm, Schweden

Gesteine, die praktisch nur von Plagioklasen gebildet werden, werden als *Anorthosite* bezeichnet. Die Plagioklase sind hierbei mit Labradorit (212) und Bytownit vertreten. Entsprechend ihrem überwiegenden Gehalt an Plagioklasen werden sie manchmal ebenfalls als *Labradorite* (Kanada, Norwegen, Ukraine, Finnland) oder *Bytownite* (Kanada, Polen) bezeichnet. Obwohl diese Gesteine überwiegend aus Plagioklasen bestehen, sind sie manchmal recht dunkel. Eine ganze Reihe von ihnen weist ein herrliches Farbenspiel auf, weshalb sie dann begehrter Dekorationsstein sind oder als Verkleidungsmaterial verwendet werden.

Zur Gruppe der Diorite und Gabbroarten gehören auch dunkelgraue bis schwarze feinkörnige Gesteine, die als *Essexite* bezeichnet werden. Sie unterscheiden sich von Dioriten und Gabbro lediglich durch die Anwesenheit von Kalifeldspäten (209, 210) und Foiden (Nephelin). Essexite ohne Kalifeldspäte werden als *Theralithe* bezeichnet.

## Peridotite

Zu dieser Gruppe gehören einerseits die mafischen Gesteine, die keine oder nur geringfügige Mengen heller Bestandteile aufweisen, zum anderen Gesteine, die nur aus Foiden bestehen. Mafische Gesteine werden vor allem nach dem Gehalt an Olivin unterteilt in *Dunite, Peridotite, Pyroxenite* und *Hornblendite*. Zu den Gesteinen aus Foiden gehören zum Beispiel die *Ijolithe* und *Fergussite*. Eine besondere Stellung haben die *Karbonatite*.

Mafische Gesteine sind meistens grün, grauschwarz oder grünschwarz. *Dunite* enthalten überwiegend nur Olivin (147). Akzessorisch vertreten sind Magnetit, Chromit, Ilmenit, Pyrrhotin, Spinell und Pyrop. Große Massive aus Dunit, aber auch Peridotit und Pyroxenit gibt es in Russland (Ural). An Dunit sind manchmal Vorkommen von Chrom, Platin und Nickel gebunden.

*Peridotite* enthalten neben Olivin auch eine bestimmte Menge Pyroxene (183), Amphibole (189) und andere Silikate. Nach dem Anteil dieser Minerale erhielten die Peridotite bestimmte spezielle Namen (Lherzolith, Wehrlit, Harzburgit u.a.). Zu ihren bedeutenden Komponenten gehören auch einige Erzminerale (Chromit, Magnetit 60, Ilmenit 65, Pyrrhotin 24). Oft ist Picotit anwesend.

Gesteine, die überwiegend aus Pyroxenen bestehen und nur einen bestimmten Anteil an Olivin (147), Amphibol (189), Biotit (202) bzw. Erzmineralen haben, werden *Pyroxenite* genannt. Sie können entweder monomineralisch (Bronzitite, Hypersthenite, Diallagite) sein oder zwei und mehrere Pyroxene enthalten (Websterit, Augit 183).

Gesteine, die ausschließlich aus Gemeinem Amphibol (Gemeine Hornblende 189) und akzessorisch aus Olivin, Pyroxen, Biotit und Erzmineralen bestehen, heißen *Hornblendite*. Sie kommen gewöhnlich in Form kleiner Körper in Gabbro vor.

*Karbonatite* sind Gesteine, die neben Silikatmineralen einen wesentlichen Anteil an Carbonaten (Calcit 87, Dolomit 88) aufweisen. Ihr Vorkommen ist eng mit alkalischen Syeniten verbunden. Karbonatite haben oft einen bedeutenden, abbaubaren Gehalt seltener Erden (Norwegen, russische Halbinsel Kola, Deutschland).

Peridotit mit Granaten, Anschliff 50 mm, Radenice, Tschechien

## Pikrite

Zur Gruppe der magmatischen ultrabasischen Gesteine rechnen wir meistens auch die so genannten *Pikrite*. Es handelt sich um Gesteine mit einem höheren Gehalt an Olivin (147), manchmal auch an Augit (183) und Amphibol (189). Zu den Pikritgesteinen gehören die Těšínite, aber vor allem auch die Kimberlite, die Muttergestein der Diamanten sind.

Kimberlit, Anschliff 50 mm, Südafrikanische Republik

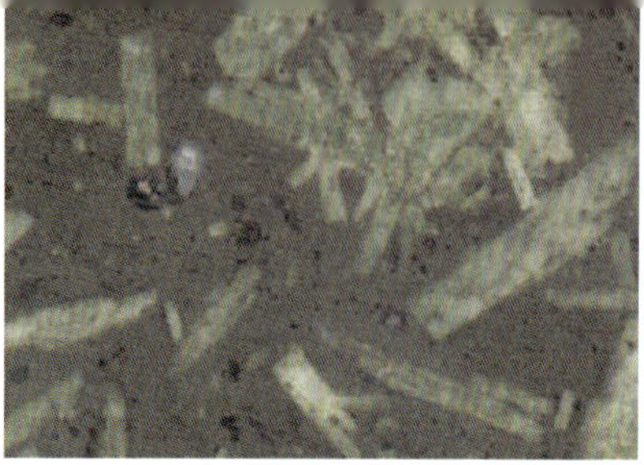

Porphyr, Anschliff 30 mm, Italien

## Ganggesteine

Durch die Erstarrung von Magma in Form plattenförmiger Körper entstehen Ganggesteine. Diese Körper können bei relativ geringer Mächtigkeit viele Kilometer lang sein. In Anbetracht der rascher verlaufenden Kristallisation zeichnen sich die meisten dieser Gesteine durch eine feinere Körnung aus. Aber oft enthalten sie auch früher ausgebildete Kristalle – porphyrische Auswüchse. Die meisten Ganggesteine weisen zonaren Aufbau und von den Rändern zum Zentrum hin gewisse Unterschiede in der Zusammensetzung der Gesteinsader auf. Die Zusammensetzung entspricht praktisch allen Typen der Tiefengesteine.

### Porphyre und Porphyrite

Sie sind Ganggesteine mit feinkörniger Grundmasse und porphyrischen Auswüchsen von Feldspäten (209-212) und Quarz (68). Gesteine, bei denen die Kalifeldspäte (209, 210) überwiegen, werden als *Porphyre*, Gesteine mit überwiegenden Plagioklasen (211, 212) als *Porphyrite* bezeichnet. Entsprechend den Tiefengesteinen tragen die Porphyre und Porphyrite ihr Attribut, wie Granitporphyre, Syenitporphyre, Dioritporphyrite usw. Einige Porphyrgesteine zeichnen sich durch eine angenehme Färbung aus (rot, grün) und wurden schon im Altertum als beliebte Zier- oder Dekorationssteine verwendet (z.B. Porfido Rosso Antico – Ägypten).

Amazonit-Pegmatit, Anschliff 50 mm, Schweden

Syenit-Aplit, Anschliff 50 mm, Ocmanice, Tschechien

### Aplite und Pegmatite

Sie entsprechen in ihrer Zusammensetzung wiederum verschiedenen Tiefengesteinen, überwiegend jedoch den Graniten. *Aplite* sind feinkörnig und haben eine charakteristische Struktur. *Pegmatite* zeichnen sich durch einen extrem grobkörnigen Aufbau aus, wobei einige Minerale in der so genannten Block-Zone Kristalle bilden können, die mehrere Kilogramm wiegen (Feldspäte, Turmaline, Berylle u.a.). Aplite und Pegmatite treten oft gemeinsam auf. Der Rand der Gesteinsadern besteht überwiegend aus Aplit, dem folgt die so genannte Buchstaben-Zone (das gesetzmäßige Durchwachsen von Quarzen und Feldspäten). Die Mitte ist in der Regel mit Pegmatiten gefüllt. Pegmatite und Aplite sind überwiegend weiß, beige, rötlich oder grünlich. Basische Pegmatite sind schwarzgrau bis grüngrau. Pegmatite sind allgemein eine wichtige Quelle von Edelsteinen oder einigen Elementen (Beryllium, Lithium, Niob, Tantal, Zirkonium). Aus ihnen werden Rohstoffe für die Keramik-, Glas- und chemische Industrie gewonnen.

### Lamprophyre

Sie gehören zu den Ganggesteinen, die basische Tiefengesteinskörper begleiten. Sie sind durchweg dunkel und manchmal porphyrisch (im Unterschied zu den Porphyriten bestehen die Auswüchse nur aus dunklen Mineralen). Ihre Zusammensetzung entspricht gewöhnlich den Syeniten oder Dioriten. Entsprechend der mineralischen Zusammensetzung werden sie in Minette und Vogesite (Kalifeldspat 209, 210) und in Kersantite und Spessartite (Plagioklas 211) unterteilt. Lamprophyre mit einem bestimmten Anteil an Foiden werden Camptonite, Monchiquite und Polzenite genannt.

## Ergussgesteine

Wenn Magma an der Erdoberfläche austritt und flüssig ist, entstehen Lavaströme und decken. Ist das Magma sehr viskos, halb erstarrt, dann entstehen Quellkuppen. Enthält Magma viele flüchtige Substanzen, dann explodiert es an der Oberfläche und die kleinen Teile erstarren in der Luft, wodurch vulkanische Asche, vulkanische Bomben u.ä. entstehen. Diese Gesteine werden *Pyroklastika* (vulkanische Tuffe, Agglomerate) genannt. Charakteristische Merkmale der Ergussgesteine sind Strukturen, die sich durch mehrere Kristallgenerationen auszeichnen. Während des ersten Stadiums – noch vor der Effusion – entstehen porphyrische Auswüchse, nach dem Erguss entsteht beim schnellen Erstarren eine feinkörnige Grundmasse, die den Raum zwischen den Auswüchsen ausfüllt. Sie hat oft den Charakter von Glas. Entsprechend dem Gehalt an dunklen Mineralen, aber auch der Körnung und Verwitterung bewegt sich die Farbe der Ergussgesteine von hellen bis sehr dunklen Tönen.

Rhyolith, Anschliff 50 mm, Australien

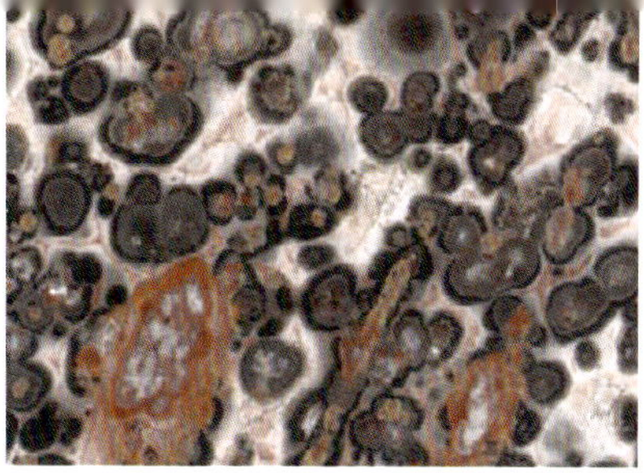

Rhyolith („Leopardenjaspis"), Anschliff 50 mm, Mexiko

Quarzhaltige Gesteine werden *Rhyolithe* (entspricht den Graniten) oder *Dazite* (Äquivalente der Granodiorite) genannt. Zu den Ergussgesteinen mit Alkalifeldspäten, die keinen oder nur einen geringen Quarzgehalt und eine bestimmte Menge Foide aufweisen, gehören die *Trachyte* (Äquivalent des Syenits), *Latite* (Äquivalent des Monzonits) und *Phonolithe* (Äquivalent des Syenits mit Foiden). Ergussgesteine mit Plagioklasen und geringem Anteil oder völligem Fehlen von Quarz und Foiden werden *Andesite* (Äquivalent der Diorite), *Basalte* (Äquivalent des Gabbros) und *Tephrite* (Äquivalent der Essexite) genannt. Ergussgesteine, die dem Peridotmagma angehören, sind *Pikrite*.

### Rhyolithe und Dazite

*Rhyolithe* gehören zu den wichtigen Ergussgesteinen. Die Auswüchse in den Rhyolithen bestehen meistens aus Sanidin, weniger häufig aus saurem Plagioklas (211) oder Quarz (68), gegebenenfalls aus Biotit (202), Amphibol (189) oder Pyroxen. Die Grundmasse setzt sich aus ähnlichen Mine-

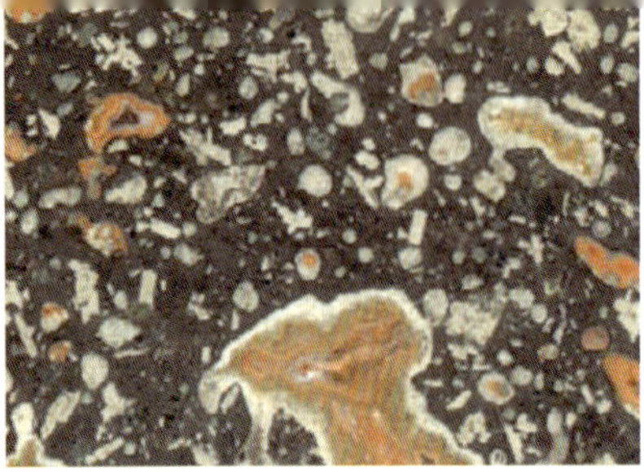

Melaphyr, Anschliff 70 mm, Idar-Oberstein, Deutschland

ralen bzw. Glas zusammen. Die Farbe ist rötlich bis violett. Rhyolithe zeichnen sich durch poröse Struktur aus. Sie bilden Ströme und nur selten Kuppen.

*Dazite* sind helle Gesteine, deren Auswüchse überwiegend aus saurem Plagioklas und Quarz bestehen, dunkle Minerale sind selten. Die Grundmasse hat die gleiche Zusammensetzung.

## Trachyte, Latite und Phonolithe

*Trachyte* bestehen aus Kalifeldspat (Sanidin) und Plagioklas. Von den dunklen Mineralen sind meistens Biotit (202), Amphibol (189) oder Pyroxen anwesend. Manchmal taucht in ihnen auch Olivin (147) auf. Sie sind ein wichtiger Rohstoff für die Glasherstellung.

Gesteine, die ungefähr die gleiche Menge Sanidin und Plagioklas (Oligoklas, Andesin) enthalten, werden als *Latite* bezeichnet.

Wenn auch Foide eine wesentliche Komponente der Gesteine sind, dann werden diese als *Phonolithe* (griech. „Klingsteine") beschrieben. Sie setzen sich überwiegend aus Sanidin und einem oder mehreren Foiden (Nephelin, Sodalith 214, Leucit 217) zusammen. Von den dunklen Mineralen sind Pyroxen (Ägirin 185) und alkalischer Amphibol anwesend, akzessorisch kommt Magnetit vor. Phonolith ist ein geeigneter Baustein und wird auch zur Herstellung von Lavaglas verwendet.

Basalt, 60 mm, Böhmisches Mittelgebirge, Tschechien

## Andesite und Basalte

Wenn in den Ergussgesteinen mit niedrigem Gehalt an Quarz und fehlenden Foiden Plagioklase (Andesin, Oligoklas) überwiegen, sprechen wir von *Andesiten*. Andesite

Mahagoniobsidian, Anschliff 80 mm, Mexiko

sind massive Gesteine, lediglich die helleren Typen sind porös. Die Hauptkomponenten sind neben den Plagioklasen noch Amphibol (189), Pyroxen (Hypersthen, Augit 183) und Biotit (202), die oft Auswüchse bilden. Die Grundmasse besteht aus den gleichen Mineralen. Andesite eignen sich in Anbetracht ihrer guten mechanischen Eigenschaften als Baumaterial und auch für anspruchsvolle Steinmetzarbeiten. Mit Andesiten sind oft die Lagerstätten polymetallischer Erzadern verbunden. Die verbreitetsten Ergussgesteine sind die *Basalte*. Es handelt sich um dunkle, überwiegend feinkörnige Gesteine (grauschwarz bis schwarz). Basalte mit gröberer Körnung werden *Dolerite* genannt. Die mineralische Zusammensetzung der Basalte ist alkalischer Plagioklas (Labradorit 212, Bytownit), womit sie sich von den Andesiten unterscheiden, das Pyroxen Augit (183), Olivin (147), weniger Basaltamphibol und Biotit (202). Alle diese Minerale können Auswüchse bilden, sie sind neben den Akzessorien (Magnetit, Ilmenit, Apatit) auch Bestandteile der Grundmasse. Diese enthält manchmal auch Glas. Dem Alter entsprechend werden Basalte in *Diabas* (älteres Paläozoikum und älter), *Melaphyr* (jüngeres Paläozoikum) und *Basalt* (Mesozoikum bis rezent) unterteilt. Diese Vulkanite bilden meistens Lavaströme. Für Basalt ist eine säulenförmige Absonderung charakteristisch. Basalt ist ein hervorragendes

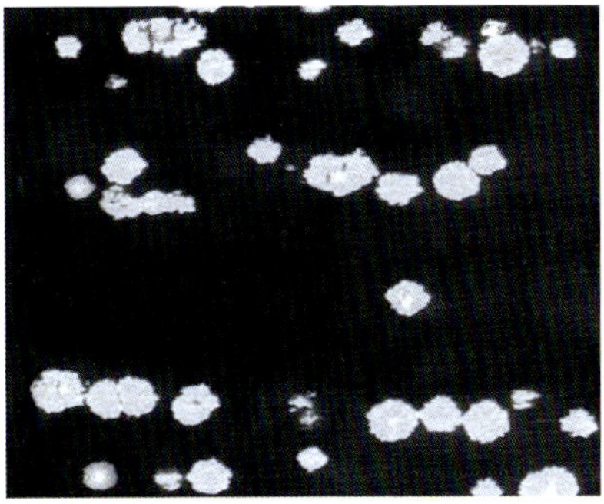

Schneeflockenobsidian, Anschliff 40 mm, Mexiko

Gestein zur Herstellung von Schotter, er wird oft auch zu Bauzwecken verwendet; aus geschmolzenem Basalt werden Rohre, Bodenbeläge und zu Isolationszwecken auch Basaltwolle hergestellt.

Enthalten Basalte Foide, werden sie *Tephrite* genannt. Es handelt sich um dunkle Gesteine, wo neben Plagioklas (Labradorit 212) und Foiden (Nephelin, Leucit 217 oder Sodalith 214) das Pyroxen Augit (183) und in kleineren Mengen auch Magnetit, Amphibol und Biotit vorkommen. Soweit Olivin anwesend ist, werden die Gesteine den *Basaniten* zugeordnet. Tephrite und Basanite enthalten in der Regel über 50% dunkle Bestandteile. Ihre Verwendung entspricht den Basalten.

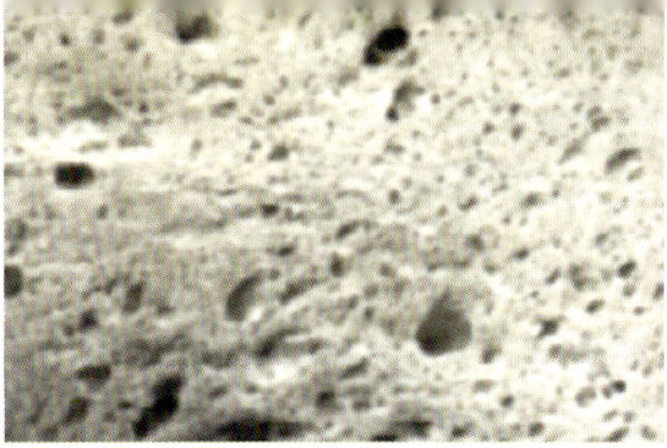

Bimsstein, 40 mm, Vulcano, Italien

## Vulkanische Gläser

Die vulkanischen Gläser nehmen eine besondere Stellung ein. Sie entstehen durch rasches Erstarren an den Rändern des Magmastroms der Ergussgesteine. Dabei handelt es sich überwiegend um saures Magma. Vulkanische Gläser haben meistens eine glasige Oberfläche, muscheligen Bruch und verschiedene Farben. Nach der Textur werden sie in *Obsidiane, Hyalite, Perlite* und *Bimsstein* unterteilt. Aufgrund ihrer Eigenschaften wurden Obsidiane schon in der Urzeit zur Herstellung einfacher Geräte verwendet. Bimsstein kommt als gewichtsvermindernder Betonzusatz, Leichtbaustein und als Schleifmittel zum Einsatz, ebenso Perlit bei der Herstellung von Blähbaustoffen – so genannten Expanditen.

## Pyroklastische Gesteine

*Pyroklastische Gesteine* entstehen bei heftigen Eruptionen, wenn Lava in vielen Partikeln in die Luft geschleudert wird, hier erstarrt und als Asche, Staub, Gesteinsbrocken und vulkanische Bomben auf die Erde zurückfällt. Diese erstarrten Partikel bestehen aus Glas, aus Gesteinstrümmern oder Mineralbruchstücken. Sind die Komponenten größer als 3 cm, dann spricht man von *Agglomeraten*, sind sie kleiner als 3 cm, von *Tuffen*. Wenn die pyroklastischen Gesteine weggespült und dabei mit klastischem Material vermischt wurden, dann werden diese Gesteine als *Tuffite* beschrieben. Verfestigte Tuffe sind ein gutes Baumaterial. Lose, lockere Tuffe können Sand ersetzen. Einige pyroklastische Gesteine können ein Übergangsglied zwischen den Effusivgesteinen und den Sedimentgesteinen bilden.

## Trümmergesteine

Nach der überwiegenden Fraktionsgröße werden die Trümmergesteine in *grobkörnige (Psephite), mittelgrobe (Psammite)* und *feinkörnige (Aleurite* und *Pelite)* unterteilt.

### Grobkörnige klastische Gesteine (Psephite)

Die Größe der klastischen Teilchen beträgt bei diesen Gesteinen 2 mm und mehr. Nach der Größe der Teilchen erhalten die Psephite das Attribut feinkörnig (2-10 mm), mittelkörnig (10-50 mm) und grobkörnig (50-250 mm). Für Psephite mit Teilen über 250 mm hat sich für lose Strukturen der Begriff Grobkies oder Geröll, für miteinander verkittete Gesteinstrümmer der Begriff Blockbrekzien eingebürgert. Bei den Psephiten ist der Raum zwischen den einzelnen Geröllbrocken entweder leer oder er ist mit kleineren klastischen Teilchen, gegebenenfalls auch mit chemogenem Kitt ausgefüllt.

Für *Brekzien* (Breccien) sind kleine abgerundete Gesteinstrümmer charakteristisch. Nicht verfestigte Brekzien entstehen durch den Zerfall von Gesteinen (Gesteinsschutt). Durch Diagenese verfestigte Brekzien werden Sedimentbrekzien genannt. Durch tektonische Prozesse entstehen Dislokationsbrekzien. Durch die Verkittung scharfkantiger Gesteinstrümmer in Vulkanschloten entstehen vulkanische Brekzien.

Brekzie, Anschliff 80 mm, Italien

*Kiese* werden vom fließenden Wasser gewöhnlich in Wasserläufen, Seen und Meeren abgelagert. Bei den Rollsteinen überwiegen die widerstandsfähigen Gesteine und verschiedene Arten von Quarz (68). Flusskiese sind meistens nicht vollkommen

Grauwacke, 40 mm, Hrabkov, Slowakei

sortiert. Verkittete Kiese werden *Konglomerate* genannt. Überwiegen bei ihnen Rollsteine, dann spricht man von Orthokonglomeraten, besteht ein wesentlicher Teil des Gesteins auch aus staubiger und toniger Grundmasse, dann handelt es sich um Parakonglomerate. Orthokonglomerate, deren Hauptbestandteil aus Quarz oder gegebenenfalls auch Hornstein besteht, sind oligomikt, bestehen die Konglomerate aus Geröllen verschiedener Gesteine und Minerale, dann sind sie polymikt. Die polymikten Konglomerate überwiegen.

### Mittelgrobe klastische Gesteine (Psammite)

Bei den Gesteinen dieser Gruppe beträgt die Korngröße 0,05 bis 2 mm. Detaillierter unterscheidet man feinkörnige (0,05-0,25 mm), mittelgrobe (0,25-0,5 mm) und grobkörnige (0,5-2 mm) Psammite. Lockere Psammite werden als *Sand* bezeichnet, verfestigte sind *Sandstein*.

*Sande* sind mit ihrem überwiegenden Anteil an Quarzkörnern charakteristisch, anwesend sind auch Feldspäte, Glimmer, Tonminerale und eine ganze Reihe akzessorischer Minerale. Man unterscheidet eluviale Sande (sind durch Verwitterung entstanden und wurden nicht transportiert), glaziofluviale Sande (sie entstanden durch Absonderung bei der Gletscherschmelze), Flusssande (sie sind überwiegend nicht sortiert), Flug- bzw. äolische Sande (sie entstehen durch Windtransport an Stellen ohne Pflanzenwuchs) und die große Gruppe der See- und Meeressande (Monzonit-, Ilmenit-, Glaukonitsand). Andere Unterscheidungen hängen mit der Verwendung der Sande zusammen (Glaser-, Gießereisande). Sande finden breite Anwendung im Bauwesen, aber auch in zahlreichen anderen Industriezweigen, sie sind Quelle einer ganzen Reihe wichtiger Minerale.

Grauwacke, Anschliff 70 mm, Russland

*Sandstein* wird gewöhnlich nach der mineralischen Kornzusammensetzung eingeteilt. Es handelt sich dabei einerseits um stabile Teilchen, zum Beispiel um Quarz (68), Quarzit- und Hornsteinkörner, zum anderen um instabile Teilchen, zum Beispiel Feldspat (209, 210) und die Trümmer instabiler Gesteine. Große Bedeutung hat auch der Tonanteil einschließlich Serizit, Muskovit (210) und Chlorit. Enthält Sandstein über 70-90% stabile Teilchen, weniger als 10% Feldspäte und unter 20% Tonpartikel, wird er *Quarzsandstein* genannt. Durch Verkieselung entstehen daraus *Quarzite*. Dort wo Sandstein 10-25% Feldspäte und instabile Gesteinstrümmer, weniger als 20% Tonkomponenten und unter 60-70% Quarz enthält, spricht man von *Arkosesandstein*. Wenn der Anteil der Feldspäte und instabilen Partikel 25% überschreitet und der tonige Anteil geringer als 20% ist, handelt es sich um *Arkose*. Gesteine, deren toniger Anteil über 20% liegt und deren Feldspäte und instabile Partikel höchstens 10% ausmachen, werden *Wackesandsteine* genannt. Überschreitet der Anteil der Feldspäte und instabilen Partikel die 10%-Grenze, dann handelt es sich um *Grauwacke*. Die Farbe der Sandsteine hängt in der Regel vom Vorhandensein bestimmter Minerale ab. Kommt z.B. Hämatit (64)

Feinkörniger Sandstein, 50 mm, Tschechien

Sandstein, 50 mm, Tabarka, Tunesien

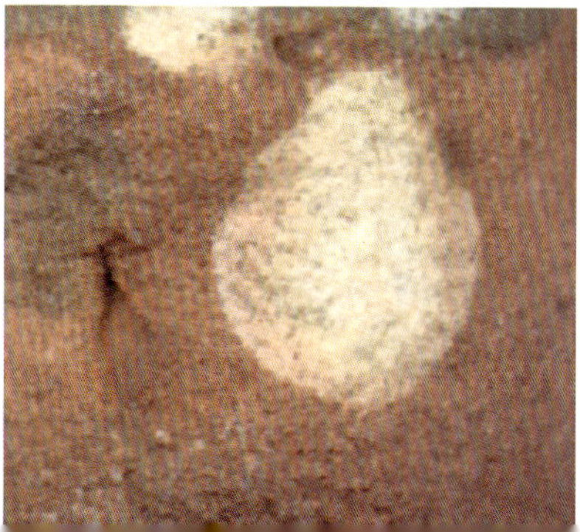

Arkosesandstein, 50 mm, Oslavany, Tschechien

vor, ist der Sandstein rot, bei Glaukonit ist er grün. Die Farbe wird auch vom Umfang des Tonanteils oder vom Charakter der instabilen Partikel (dunklere oder hellere Typen) beeinflusst. Eine große Rolle spielt hier auch die Anwesenheit einiger Oxide (Eisen, Mangan u.a.). Sandstein gehört zu den überaus wichtigen Rohstoffen im Bauwesen. Er wurde vor allem als Baustein, als Rohmaterial für anspruchsvolle Steinmetzarbeiten und auch als Mühlstein verwendet. Heute ist er begehrtes Verkleidungsmaterial. Einige Psammite werden auch als Schotter, Pflastersteine und zur Herstellung von Schleifsteinen verwendet.

## Feinkörnige klastische Gesteine (Pelite, Aleurite)

Zu den Peliten gehören *Ton* und *Tongestein*, *Löss* und *Lössgestein*.

Es handelt sich um Gesteine mit einer Korngröße unter 0,05 mm. Man unterscheidet hierbei unverfestigte klastische Sedimente (Ton, Löss) und verfestigte Sedimente (Tongestein, Lössgestein). Diese feinkörnigen klastischen Sedimente bestehen vor allem aus den Tonmineralen Kaolinit, Illit und Montmorillonit, oft treten organische Beimengungen und verschiedene Carbonate, Sulfate, Phosphate, Sulfide, Oxide und Hydroxide von Eisen und Aluminium auf. Eine wesentliche Komponente können auch verschiedene Modifikationen von $SiO_2$ sein. Von den klastischen Bestandteilen sind nichttonige Minerale, Quarz (68), Feldspäte (209, 210), Glimmer (201, 202) und Gesteinstrümmer vorhanden.

Kalkstein, Anschliff 50 mm, Slivenec, Tschechien

*Tone* sind meistens plastische Gesteine mit einem erheblichen Anteil an Tonmineralen. Nach der Art und Weise und dem Milieu der Entstehung unterscheidet man umgelagerte und residuale Tone. Zu den umgelagerten gehören die Fluss-, See- und Meerestone. Von den residualen Tonen sind die Kaolintone (sie entstanden durch die

Schiefer mit Abdrücken des Trilobiten *Elipsocephalus hoffi*, 50 mm, Jince, Tschechien

Verwitterung von Graniten, Arkosen oder Gneisen), die Laterite und Bauxite mit hohem $Al_2O_3$-Gehalt oder die Bentonite, die durch die Verwitterung vulkanischer Aschen und Tuffe entstanden, am bekanntesten. Durch die Verfestigung der Tone entsteht Tonstein. Bei einer markanteren Diagenese, die zu einer teilweisen Rekristallisation der Tonminerale führt, entstehen *Tonschiefer*. Gesellen sich zu den Tonmineralen in starkem Maße chemogene, biogene oder auch pyroklastische Kompo-

schiedenen Gesteinstypen, wo sie gewöhnlich Bestandteil des Kittmaterials sind oder auch selbstständige Konkretionen bilden.

## Salzgesteine (Evaporite, Evaporate)

Zu den bedeutenden chemogenen Sedimenten gehören auch die Chloride, Sulfate und Borate, die zusammenfassend *Evaporite* genannt werden. Es handelt sich meistens um leicht lösliche Salze, die durch Verwitterungsprozesse in Sedimentationsbecken transportiert wurden, wo die Verdunstung stärker war als der Zufluss (abflusslose Seen, Buchten, Lagunen). Die einzelnen Minerale werden nacheinander entsprechend ihrer Löslichkeit ausgefällt, wobei sich die schwerer löslichen Minerale früher absondern. Zuerst scheiden sich Anhydrit (104) und Gips (112) ab und bilden weißliche, graue oder rötliche feinkörnige Gesteine. Ihnen folgt Halit (54), ein feinkörniges, gewöhnlich farbloses oder durch Beimengungen grau, rot oder blau gefärbtes Mineral. Schließlich kristallisieren, praktisch erst nach dem Austrocknen des Beckens, Kali- und Magnesiumsalze wie zum Beispiel Sylvin und Carnallit aus. Evaporite sind wichtige Rohstoffe für die Lebensmittel-, die chemische und die Bauindustrie. Ein bedeutendes Evaporit ist Natriumsulfat (Mirabilit, Glaubersalz), das in bitteren und alkalischen Seen arider Gebiete vorkommt. Ähnlicher Genese ist auch Natriumcarbonat. Im Wasser von

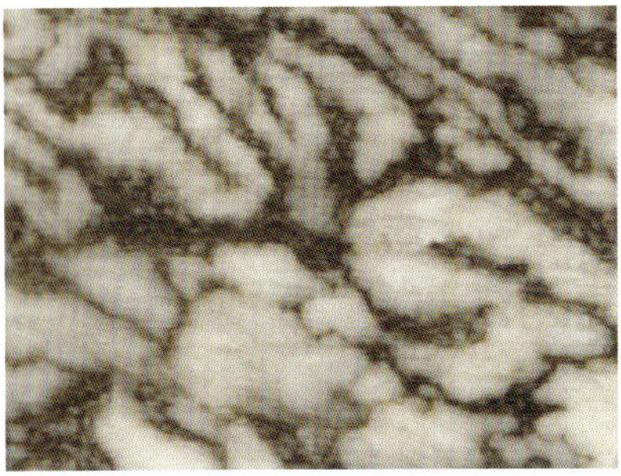

Evaporit, Anschliff 40 mm, Rottleben, Deutschland

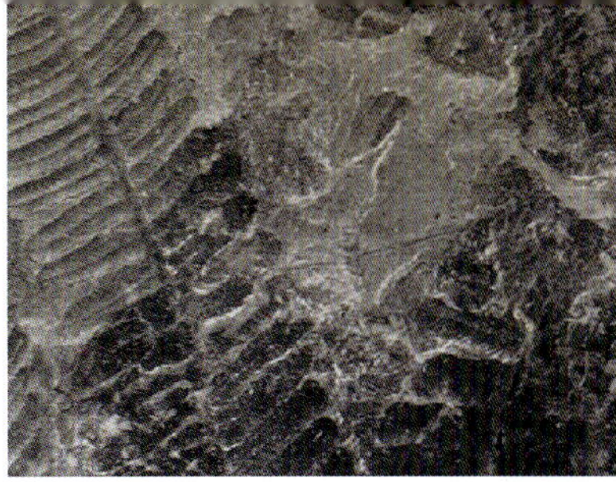

Kohle mit Farnkrautabdrücken, 50 mm, Tschechien

Thermalquellen oder einiger vulkanischer Seen kristallisieren in ariden Gebieten manchmal Borate, insbesondere Borax, seltener Colemanit (99), Kernit u.a. aus. Zusammen mit den Evaporiten tritt oft auch Schwefel auf, obwohl er nicht wie die Evaporite allein durch Verdunstung entsteht. Eine große Rolle spielt hier wahrscheinlich die Reduktion aus Sulfaten unter Mitwirkung bakterieller Tätigkeit.

## An organischem Kohlenstoff reiche Sedimente (Kaustobiolithe)

*Kaustobiolithe* unterteilt man in zwei grundsätzliche Gruppen, in die kohleartigen (humosen) und die bitumenartigen (bituminösen) Kaustobiolithe. Zu den Kohleartigen gehören vor allem Humus, Torf, Braun- und Steinkohle, Anthrazit, Liptobiolithe, zum Beispiel Bernstein (230), Gase, die die Kohlelager begleiten (Methan), Kohletone und Kohleschiefer.

Zur Gruppe der Bitumenartigen gehören Sapropelite, Ozokerit, Asphalt, Erdöl, Erdgas, bituminöse Schiefer und brennbare Schiefer.

Anthrazit, 70 mm, Velká Trňa, Slowakei

Der Einfachheit halber führen wir die metamorphen Gesteine hier entsprechend den Gesteinen an, aus denen sie ursprünglich hervorgegangen sind. Eine ganze Reihe von Metamorphiten hat nämlich seine Äquivalente in verschiedenen metamorphen Stufen (nur mit teilweisen Veränderungen der Mineralassoziationen).

## Metamorphe Äquivalente der Tonschiefer

Tonschiefer, die der schwächsten Metamorphose ausgesetzt waren, werden *Phyllite* genannt. Sie zeichnen sich durch schieferige Absonderung und charakteristischen seidigen Glanz aus. Sie sind meistens schwarz, grau, silbergrau und bestehen vor allem aus Quarz (68), Albit (211), Serizit und manchmal auch aus Chlorit und Biotit (201). Enthält Phyllit eine größere Menge irgendeines anderen Minerals, erhält es das entsprechende Attribut (Graphit-, Calcit-, Chloritoidphyllit). Phyllite werden oft als Dachschiefer, Füll- und Isolationsmaterial und wegen des Gehalts einiger Minerale auch als wichtiger Mineralrohstoff (Graphit, Magnetit, Pyrit) verwendet.

Bei stärkerer Metamorphose gehen die Phyllite in *Glimmerschiefer* über. Diese zeichnen sich durch markante Schieferstruktur und in der Regel durch silbrigen Glanz aus. Sie bestehen vor allem aus Quarz (68), Glimmer (201, 202) und weniger als 10% Feldspäten (saurer Plagioklas).

Glimmerschiefer, 50 mm, Sibirien, Russland

Für die Glimmerschiefer ist die Anwesenheit einer ganzen Reihe weiterer Minerale charakteristisch, die in ihnen oft Porphyroblasten bilden. Nach ihnen erhalten die Glimmerschiefer manchmal ihre spezifischen Bezeichnungen (Granat-, Staurolith-, Cyanit-, Calcit-Glimmerschiefer).

Tonschiefer, die noch stärkeren Metamorphosen unterliegen, heißen *Paragneise*. Sie sind fein- bis grobkörnige Gesteine mit schieferiger, waben- und manchmal maschenförmiger Textur. Sie setzen sich aus Quarz (68), Feldspäten (209, 210) sowie Muskovit- (201) und Biotitglimmern (202) zusammen. Oft sind auch Pyroxen, Amphibol (189), Cordierit (174), Granat (148) und Sillimanit anwesend. Paragneise werden entsprechend dem Verhältnis der Feldspäte (Plagioklas, Kalifeldspat) bzw. dem Vorhandensein der Glimmer oder einiger dunkler Minerale in Plagioklas-, Muskovit-, Biotit- und Sillimanit-Biotit-Gneise u.a. unterteilt.

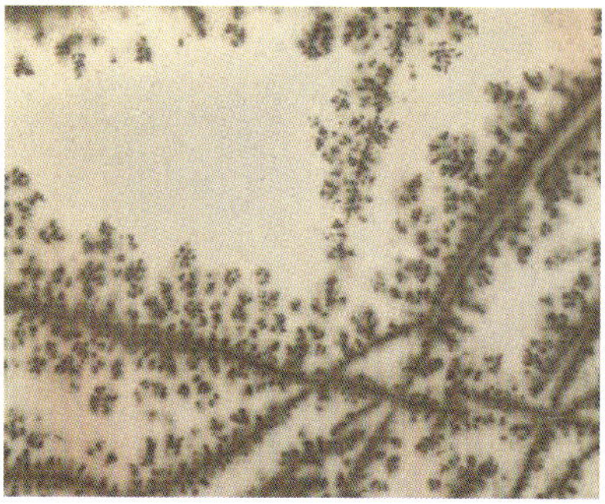

Porzellanit, Anschliff 40 mm, Komňa, Tschechien

Bei Kontaktmetamorphosen entstehen oft so genannte *Kontaktschiefer*, deren Aussehen dem der Phyllite sehr nahe kommt. Sie unterscheiden sich nur in der Zusammensetzung der Minerale bzw. durch charakteristische Flecken und Porphyroblasten aus Graphit, Magnetit (60), Chlorit, Cordierit

(174), Andalusit (156) und anderen Mineralen. Sie werden als Flecken- oder Fruchtschiefer bezeichnet. Bei höherer Temperatur und Druck entstehen *Kontakthornsteine*. Das sind feinkörnige, meistens schwarzgraue Gesteine, die manchmal Por-

Marmorbrekzie, Anschliff 70 mm, Křtiny, Tschechien

phyroblasten aus Cordierit und Andalusit enthalten. Kalksilikathornsteine heißen *Erlane*. Die mechanischen Eigenschaften dieser Gesteine ermöglicht ihre Verwendung als Schotter. Kompakte Gesteine mit muscheligem Bruch, die durch Kontaktmetamorphosen entstanden sind, werden *Porzellanite* (Porzellan-Jaspise) genannt. Sie sind in der Regel bunt gefärbt und haben oft interessante Strukturzeichnungen, die von Eisen- und Mangan-Hydroxiden verursacht werden.

## Metamorphe Äquivalente der Psephite und Psammite

Hierzu gehören die *Metakonglomerate*, die durch regionale oder Kontaktmetamorphose der Konglomerate entstanden sind. Sie unterscheiden sich untereinander nach dem Grad der Rekristallisation der Grundmasse, dem Korngrößenmaterial und selbstverständlich auch nach dem Charakter der ursprünglichen Zusammensetzung.

Eine weitere Gruppe sind die *Metaquarzite*, die durch die Metamorphose von Sandsteinen und Quarziten entstanden. Sie bestehen überwiegend aus Quarz (68). Nach der akzessorischen Anwesenheit von Mineralen, deren Vorhandensein den Grad der Metamorphose charakterisiert, erhalten auch sie ihre Spezialnamen (Serizit-, Muskovit-, Biotit-, Graphit-, Sillimanitquarzit). Metaquarzite haben manchmal einen erhöhten Anteil an Hämatit (64) oder Magnetit (60), dann heißen sie *Itabirite*. Nach dem Verhältnis, in dem Quarz vertreten ist, bestehen kontinuierliche Übergänge zu den Gneisen, Phylliten und Glimmerschiefern. Quarzite werden als gutes Baumaterial und manchmal auch in der Glasindustrie verwendet, Itabirite sind ein bedeutendes Eisenerz.

## Metamorphe Äquivalente der Carbonatsedimente

Metamorphosierte Gesteine, die überwiegend von Calcit und Dolomit gebildet werden, tragen die Bezeichnung *kristalline Kalke* und *Marmore* (*Dolomitmarmore*). Die Skala dieser Gesteine ist sehr breit, was sich nicht nur aus dem Verhältnis der bestimmenden Carbonate untereinander und der Carbonate und Silikate ergibt, sondern auch aus dem Vorhandensein verschiedener anderer Minerale. Eine große Rolle spielt hierbei nicht nur die ursprüngliche Mineralzusammensetzung des Gesteins, sondern auch der Grad der Metamorphose. Dementsprechend tragen diese Gesteine spezifische Bezeichnungen. Zum Beispiel enthalten Marmore in der Assoziation mit Glimmerschiefer oft Tremolit, sie werden deshalb Tremolitmarmore genannt; Marmore mit erhöhtem Anteil an Graphit sind dann

Grauer Marmor, Anschliff 70 mm, Griechenland

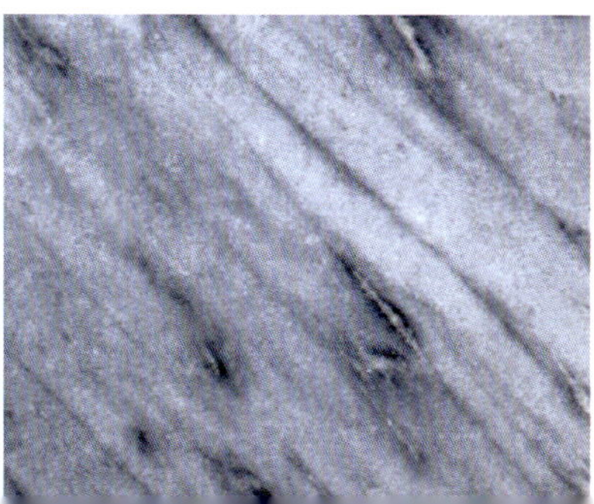

Ruinenmarmor, Anschliff 50 mm, Florenz, Italien

Graphitmarmore usw. Marmore bilden Lagen, die bis mehrere hundert Meter mächtig sind. Sie können abhängig von den Beimengungen weiß bis schwarz sein. Es sind auch pastellfarbene – rote, grüne und blaue – Marmore bekannt. Marmore sind fein- bis grobkörnig (gewöhnlich an den Kontaktstellen mit Tiefengesteinen, wo mit ihnen auch Wollastonit [190], Vesuvian [168] und Grossular [151] auftreten). Kristalline Kalksteine sind seit alters her ein hervorragendes Material für anspruchsvolle Steinmetzarbeiten, für die Herstellung von Plastiken und Ziergegenständen und sie werden auch im Juwelierhandwerk verwendet. Marmore sind ein wichtiger Rohstoff für das Bauwesen, für die chemische Industrie und die Landwirtschaft.

Zur Gruppe der metamorphen Karbonatgesteine gehören auch die *kristallinen Magnesite* und *Siderite*. Sie entstehen überwiegend metasomatisch, sind fein- oder grobkristallin und weisen meistens eine gelbe Färbung auf. Magnesite sind Rohstoff für die Herstellung feuerfester Ziegel, des

Bludovit, Anschliff 50 mm, Bludov, Tschechien

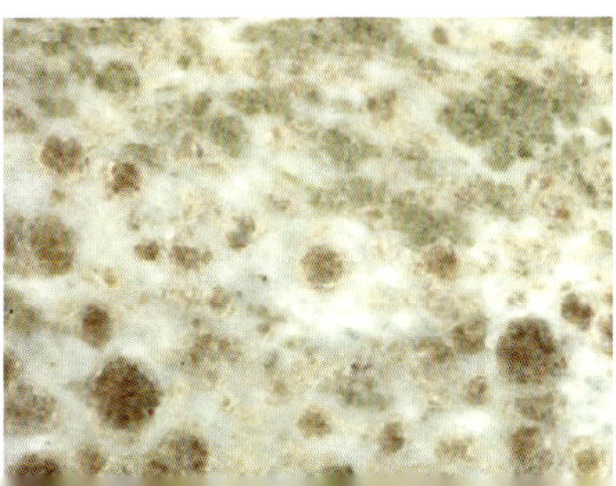

Weiteren werden sie in der chemischen Industrie verwendet. Siderite gehören zu den wichtigen Eisenerzen.

## Metamorphe Äquivalente der sauren Erstarrungsgesteine

Durch eine schwache Metamorphose der sauren Erstarrungsgesteine und ihrer Tuffe entstehen *Porphyroide*. Es handelt sich um Gesteine mit ursprünglichen Auswüchsen von Quarz (68) und Feldspäten (209-212), deren Grundmasse aus Quarz, Feldspat, Serizit und Chlorit besteht. In ihrem Aussehen ähneln sie zum Teil den Glimmerschiefern.

Durch die Metamorphose saurer und intermediärer Effusiv- und Intrusivgesteine entstanden *Orthogneise*. In diesen Gesteinen überwiegen die hellen Minerale (Quarz, Feldspat) die dunklen (Glimmer [201, 202], manchmal Amphibole [189] und Pyroxene). Der Anteil der dunklen Minerale ist nicht größer als 20%. Die Orthogneise werden entsprechend dem Verhältnis der Feldspäte (Kalifeldspäte und Plagioklase) bzw. nach

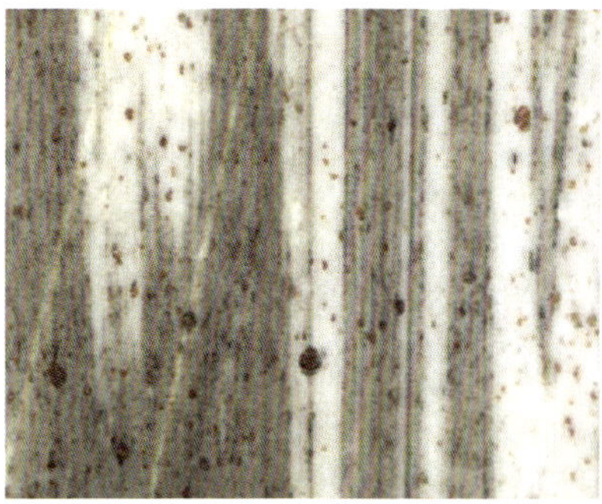

Granulit, Anschliff 50 mm, Mohelno, Tschechien

der Anwesenheit einiger weiterer charakteristischer Minerale in eine ganze Reihe von Teilvarietäten unterteilt. Orthogneise werden oft als guter Baustein verwendet.

*Granulite* (Weißsteine) gehören zu den Gesteinen, die einem hohen Metamorphosegrad unterworfen waren. Sie sind ähnlich wie die Orthogneise hell. Ihre Mineralzusammensetzung ist Quarz, Kalifeldspat,

Plagioklas, Granat (148) und Cyanit. Es können auch Biotit (202), Cordierit (174) Sillimanit und Amphibol (189) anwesend sein. Die Genese der Granulite ist bisher noch nicht eindeutig geklärt. Es überwiegt die Meinung, dass sie durch die intensive Metamorphose saurer Effusivgesteine entstanden sind. Granulite eignen sich sowohl als Schotter wie auch als Baustein. Strukturell interessante, helle Typen wurden schon im vergangenen Jahrhundert als Edelsteine verwendet.

Granulit, 60 mm, Rudolfov, Tschechien

## Metamorphe Äquivalente der alkalischen Erstarrungsgesteine

Zu den am wenigsten metamorphosierten Gesteinen dieser Gruppe gehören die so genannten *Grünschiefer*. Sie setzen sich meistens aus Albit (211), Epidot (166), Chlorit, Aktinolith (188), Calcit (87), Titanit (161) und Quarz (68) zusammen. Die ursprünglichen Gesteine der Grünschiefer sind alkalische Effusivgesteine und ihre Tuffe und Tuffite. Unter ähnlichen Bedingungen und zusätzlichem Einwirken von ausgerichtetem Druck entstehen auch so genannte *Glaukophanite*, die darüber hinaus Amphibol (189) und Glaukophan enthalten.

Schwarzgraue und schwarzgrüne metamorphosierte Gesteine, die sich vor allem aus Amphibol und Plagioklas zusammensetzen, werden *Amphibolite* genannt. Sie sind in der Regel kompakt, wabig und manchmal auch schieferig. Nach dem Vorhandensein bestimmter Mineralassoziationen, die gewöhnlich den Grad der Metamorphose charakterisieren, werden die einzelnen Amphibolite geordnet. Einige von ihnen erhalten entsprechend der Anwesenheit verschiedener dunkler Minerale auch genauere Bezeichnungen (Biotit-, Granatamphibolit). Amphibolite entstehen meistens durch die Regional- oder Kontaktmetamorphose alkalischer Erstarrungsgesteine. Sie werden seit alters her als hervorragende Schotter- und Bausteine verwendet. Einige strukturell ansprechende Typen, Steine mit den Auswüchsen interessanter Minerale oder mit farbigen Anomalien kommen als Verkleidungsmaterial und eventuell auch als Dekorations- oder Edelstein zur Geltung.

Als *Paraamphibolite* werden Gesteine bezeichnet, die durch die Metamorphose von Mergelsedimenten entstanden sind. Dunkle Gesteine mit Gehalt an Pyroxen und Plagioklas, ansonsten petrographisch mit den Granuliten übereinstimmend, die durch starke Metamorphose entstanden sind, wer-

Amphibolit mit Granaten, Anschliff 50 mm, Dalešice, Tschechien

Amphibolit, Anschliff 60 mm, Norwegen

Serpentinit mit Chrysotilasbest, Anschliff 30 mm, Hrubšice, Tschechien

den *Pyroxengranulite* (Trappgranulite) genannt. Ihre Entstehung hängt offenbar mit der Metamorphose alkalischer Erstarrungsgesteine zusammen. Sie treten gewöhnlich innerhalb von Granulitkomplexen auf.

Das grünliche Gestein mit massigem Gefüge, das überwiegend aus Omphacit (monoklines Pyroxen) und Granat (148) besteht, wird als *Eklogit* bezeichnet. Neben diesen Mineralen sind in der Regel auch Plagioklas (211), Glimmer, Cyanit (157), Rutil (72) und Amphibol (189) anwesend. Um die Granate besteht oft ein so genannter Kelyphitwulst (Aggregate feiner Kristalle aus Sekundärmaterial). Eklogite mit höherem Amphibolgehalt werden Amphibol-Eklogite genannt. Die Entstehung der Eklogite ist bisher noch nicht eindeutig geklärt. Die Gesteine wurden stellenweise als guter Schotter gefördert und auch als Zier- und Edelstein verwendet.

## Metamorphe Äquivalente ultrabasischer Gesteine

In Glimmerschiefern, Phylliten bzw. Serpentiniten treten manchmal Graupensteine, Talk- und Chloritschiefer auf. Graupensteine sind graue Gesteine, die Talk (200), in geringerem Maße Chlorit, Tremolit und Carbonate enthalten. Bei Gesteinen, bei denen der Talk überwiegt, spricht man von Talkschiefern. Chloritschiefer bestehen überwiegend aus Chlorit, weniger Talk, Tremolit und Magnetit. Alle diese Gesteine entstehen gewöhnlich durch die Umwandlung ultrabasischer Gesteine, können ihren Ursprung aber auch in Magnesit haben. Charakteristisch für diese Gesteine ist ihre markante Schiefrigkeit.

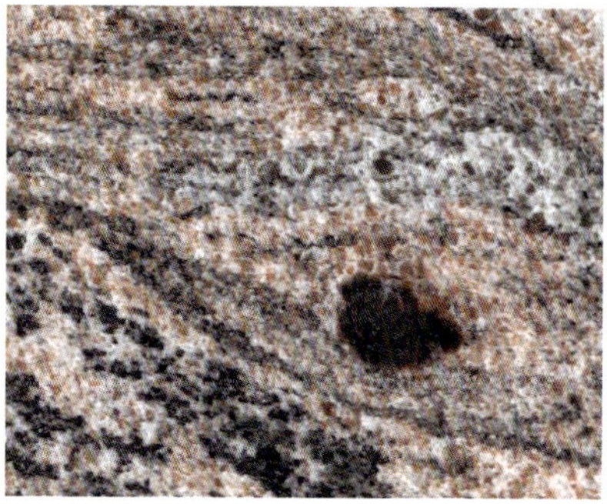

Migmatit, Anschliff 80 mm, Indien

Durch die Umwandlung von Peridotit entstehen *Serpentinite*. Diese setzen sich meistens aus Serpentin (Antigorit, Chrysotil), Granat (148), Pyroxen, Tremolit, Magnetit (60) und Chromit zusammen. Oft treten auch Reste von Olivin (147) auf. Serpentinite werden oft als Schottermaterial verwendet. Einige von ihnen eignen sich als gutes Verkleidungsmaterial, und oft kommen sie

Serpentinit, Anschliff 50 mm, Namibia

Skarn, Anschliff 70 mm, Líšná, Tschechien

auch als Edel- oder Dekorationsstein zur Anwendung. Außerdem sind sie auch Rohstoff für die Gewinnung von Chrysotilasbest.

### Migmatitisierte Gesteine

Für Gesteine gemischter Zusammensetzung, bei denen die Granitoidkomponente deutlich unterschieden ist, wird der Terminus *Migmatit* verwendet. Die Entstehung dieser Gesteine wird einerseits mit der Injektion magmatischer Schmelzen erklärt, zum anderen aber auch mit der Mobilisierung leicht schmelzender Komponenten des eigentlichen Gesteins und mit der Metasomatose. Nach der Textur werden homogene und heterogene Migmatite unterschieden.

### Metasomatite

So werden Gesteine genannt, die unter Einwirkung von Wärme und Druck durch Veränderungen der chemischen Zusammensetzung des ursprünglichen Gesteins entstehen. Dieser Prozess ist oft eng mit dem Magma verbunden.

Wollastonit-Skarn, Anschliff 50 mm, Dalnegorsk, Russland

Die bekanntesten Gesteine dieser Gruppe sind *Skarne*. Ihr Ursprung waren höchst wahrscheinlich Karbonatgesteine. Skarne sind gewöhnlich aus der Granatvarietät Andradit (152), dem Pyroxen Hedenbergit (182), Epidot (166), Amphibol (189) und manchmal auch aus einem bedeutenden Anteil Magnetit (60) zusammengesetzt.

Taktit, Anschliff 50 mm, Ocna de Fier, Rumänien

Ein anderer Gesteinstyp sind die so genannten *Taktite*, die am Kontakt von Erstarrungsgesteinen mit Karbonatgesteinen entstanden sind. In solchen Gesteinen ist oft in großer Menge Wollastonit (190), Vesuvian (168), Granat (148) und Plagioklas (211) enthalten.

Durch Verdrängung (Metasomatose) der Feldspäte aus sauren Magmatiten (z.B. Granit) oder Metamorphiten (Gneis) entstehen *Greisen*. Für diese ist ein erhöhter Anteil von Mineralen, die Bor, Lithium, Zinn und Wolfram enthalten, charakteristisch.

### Produkte der dynamischen Metamorphose

Bei dieser Form der Metamorphose kommt es zum Zerreiben einzelner Körner und Minerale. Entsprechend dem Stadium dieses Prozesses entstehen so genannte *Kataklastite* (einige Minerale weisen anomale Eigenschaften auf), *Mylonite* (die Körner sind zerrieben oder es bleiben nur noch Relikte der ursprünglichen Minerale bestehen – Porphyroklaste) und *Ultramylonite* (der ursprüngliche Charakter der Gesteine ist völlig verwischt).

Greisen, 50 mm, Cínovec (Zinnwald), Tschechien

# Meteorite und Tektite

Zu den Mineralaggregaten, deren Ursprung offenbar außerirdisch ist, gehören die *Meteorite*, gegebenenfalls auch die *Tektite* (Kosmisches Glas).

## Meteorite

Der Ursprung der Meteorite ist nicht eindeutig geklärt. Es wird angenommen, dass sie aus dem Asteroidengürtel, der sich zwischen Mars und Jupiter befindet, stammen. Ihre Größe ist sehr variabel und reicht von den Ausmaßen eines Staubkorns bis zu mehrere Tonnen schweren Giganten. Ihre Form ist meistens abgerundet, kann aber auch scharfkantig sein. Die Oberfläche der Meteorite ist mit einer charakteristischen, pechartig glänzenden, schwarzen oder grauen Kruste überzogen. Sie ist gewellt und hat verschiedene Vertiefungen und abgerundete Kanten. Nach der Zusammensetzung (dem Verhältnis von metallischem Eisen und Silikaten) und der Anordnung der Partikel werden Meteorite in Eisen-, Stein- und gemischte Stein-Eisen-Meteorite unterteilt.

Am weitesten verbreitet sind die *Steinmeteorite*. Sie sind vor allem aus Pyroxen und Olivin (147) zusammengesetzt, manchmal ist Plagioklas anwesend, selten auch Diamant (10), Graphit und eine ganze Reihe Minerale, die auf der Erde im natürlichen Zustand nicht vorkommen. Nach der Anwesenheit oder dem Fehlen der so genannten Chondren (kugelige Gebilde aus Silikatmineralien) werden die Steinmeteorite in *Chondrite* und *Achondrite* unterteilt. Bei beiden Gruppen gibt es eine ganze Reihe von Varianten.

*Stein-Eisen-Meteorite*, die auch *Siderolithe* genannt werden, sind eine Übergangsform zwischen Eisen- und Steinmeteoriten. Nach dem Gehalt an Nickel im Eisen unterscheidet man Pallasite und Mesosiderite.

Die bekannteste Gruppe sind die *Eisenmeteorite*, obwohl sie nur 6% der Gesamtzahl aller Meteorite ausmachen. Eisenmeteorite werden nach dem Nickelgehalt des Eisens und der Struktur in Hexaedrite, Oktaedrite und Ataxite unterteilt. Bei Ätzung der polierten Fläche eines Eisenmeteorits erscheinen charakteristische Linien und geometrische Gebilde, so genannte Widmannstättensche Figuren.

Eisenmeteorit, 53 mm, Sichote Alinj, Russland

Eisenmeteorit, Anschliff 40 mm, Gibeon, Namibia

Pallasit, 80 mm, Springwater, Kanada

## Tektite

Mit diesem Begriff wurde schon im 19. Jahrhundert homogenes Naturglas mit hohem Siliziumoxidgehalt und niedrigem Gehalt an Wasser und anderen flüchtigen Substanzen gekennzeichnet. Die Entstehung der Tektite und auch ihre Definition sind bis heute jedoch nicht zufriedenstellend geklärt. Gegenwärtig überwiegt die Meinung, dass Tektite durch einen Impakt (Meteoreinschlag) entstehen. Das heißt, dass ein verhältnismäßig großer Körper noch vor dem Aufschlagen auf dem Erdboden das Oberflächengestein umwandelte und in einer bestimmten Richtung wegschleuderte. Die Temperatur der geschmolzenen Masse erreichte in ihrem Maximum einige tausend Grad. Die Masse sonderte sich beim Erkalten ab und stürzte auf die Erde. Dort, wo der kosmische Körper einschlug, entstand ein Krater.

Auf der Erde gibt es eine ganze Reihe von Lokalitäten, wo Tektite auftreten. Nach dem Fundort erhalten sie auch ihre nähere Bezeichnung, zum Beispiel Moldavite, Indochinite, Philippinite, Australite, Ivorite, Bediasite u.a. Bei einigen Tektiten sind auch die zugehörigen Einschlagkrater bekannt. Für die Moldavite ist es zum Beispiel der Krater Ries in Deutschland.

Tektite können kugelig, oval, tropfen-, birnen- oder hantelförmig sein oder vollkommen unregelmäßig splitterig, was davon abhängt, ob es sich um eine Primär- oder Sekundärform handelt. Eine große Rolle spielt bei den Tektiten auch die Skulptur (Grübchen, Rinnen, Einschnitte, Rillen), die von der inneren Struktur, dem Vorhandensein von Blasen, der mechanischen Abnutzung und der chemischen Korrosion abhängig ist. Tektite haben eine charakteristische Farbe. In der Regel überwiegt Schwarz über Braun und Grün.

Moldavite, 35 mm, Chlum nad Malší, Tschechien

# Register

*Die Namen der Varietäten sind zur schnelleren Auffindung im Text kursiv gedruckt.*


**A**

Ablagerungsgesteine 300 ff.
*Achat* 82, 269
*Achroit* 190, 260
Adamin 134
*Adular* 222, 271
Ägirin 198
*Ägirindiopsid* 194
*Agalmatolit* 212, 283
Akanthit 31
Akmit 198
Aktinolith 201
*Alabaster* 125, 284
Albit 224
*Albitjadeit* 197
Aleurite 302
*Alexandrit* 74, 252
Allemontit 20
Almandin 162, 258
*Alochroit* 165
*Alshedit* 174
*Alurgit* 214
*Alvit* 167
Amalgam 17
*Amazonit* 223, 272
Amblygonit 131
*Ambrit* 243
*Ambroid* 284
*Amethyst* 81, 262
*Ametrin* 262
*Amiant* 201
Amphibol 202
Amphibolite 311
Analcim 231
Anatas 88
Andalusit 169, 257
*Andenopal* 277
Andesite 298
Andradit 165, 259
Anglesit 116
Anhydrit 117
Annabergit 146
*Annivit* 35
Antimon 21
Antimonit 44
*Anyolith* 180
*Apachenträne* 285
Apatit 139, 280
Aplite 296
Apophyllit 211
*Aquamarin* 186, 254
*Araeoxen* 137
Aragonit 102, 283
Argentit 31
*Arkansit* 89
Arkose 301
Arsen 20
Arsenkies 52
Arsenopyrit 52
*Asparagolit* 139
Astrophyllit 210
*Augenachat* 269
Augit 196
Auripigment 62
Autunit 157
*Aventurin* 81
Axinit 185
Azurit 106, 282
*Azurmalachit* 106, 282

**B**

*Ballas* 23
Baryt 119
*Barytbiotit* 215
Basalte 298
Basanite 299
Benitoit 183
Bergkork 220
*Bergkristall* 81, 262
Bergleder 220
Bernstein 243, 284
Bertrandit 178
Beryll 186
Berzelianit 29
Bimsstein 299
*Binnit* 35
Biogene Sedimente 303
Biotit 215
*Birmit* 243
*Bixbit* 186, 255
*Blauquarz* 81
Bleiglanz 40
*Böhmischer Granat* 161, 258
Boracit 115
Borate 110 ff.
*Borickyit* 153
Bornit 30
*Bort* 23
*Botryolith* 175
Boulangerit 60
Bournonit 57
Brasilianit 138, 279
Brekzien 300
*Breunnerit* 96
Brookit 89
*Brunckit* 33
Bukovskyit 154
*Byssolith* 201

**C**

*Cabrerit* 146
*Calciobaryt* 119
Calcit 100
*Campylit* 141
*Carbonado* 23
Carbonate 96 ff.
*Carlosit* 208
Cavansit 221
*Cedarit* 243
Cerussit 105
*Ceylon-Peridot* 188
Chabasit 239
Chalcedon 82, 268
*Chalilit* 233
Chalkanthit 123
*Chalkolit* 156
Chalkopyrit 34
Chalkosin 28
*Chalkotrichit* 70
Chemische Sedimente 303
*Chiastolith* 169, 257
*Chileit* 137
Chlorapatit 139
*Chloromelanit* 197, 273
*Chloropal* 84
*Christophit* 33
*Chromdiopsid* 194, 274
*Chromspinell* 72
*Chromtitanit* 174
*Chrysanthemenstein* 118
Chrysoberyll 74, 252
Chrysokoll 219, 282
*Chrysolith* 160, 267
*Chrysopras* 82, 268
Cinnabarit 42
*Cinopl* 81
*Citrin* 81, 262
*Cleiophan* 33
*Clevelandit* 224
*Cobaltadamin* 134
*Cobaltodolomit* 101
*Codassit* 101
Coelestin 118
Colemanit 112
Cordierit 187, 257
Covellin 43
Creedit 65
Cuprit 70
*Cuproadamin* 134
Cyanit 170
*Cymophan* 74, 252
*Cyprin* 181
*Cyrtolit* 167

**D**

*Damourit* 214
*Danait* 52
Danburit 226, 267
*Darmstein* 117
Datolith 175
Dazite 297
Delvauxit 153
*Demantoid* 165, 259
*Demidovit* 219
*Dendritenachat* 269
*Dentritopal* 277
Descloizit 137
Desmin 237
*Devonit* 150
Diabas 298
Diamant 23, 250
Diaspor 92
Diopsid 194, 274
Dioptas 192
Diorite 294
Disthen 170
Dolerite 298
Dolomit 101
Dolomite 303
Domeykit 26
Dravit 188
Dumortierit 176
Dunite 295
Dunkles Rotgültigerz 56
*Duxit* 243
Dyskrasit 27

**E**
*Edelopal* 84, 277
Effusivgesteine 297
*Egeran* 181
Eisen 18
*Eisenblüte* 102
Eisengesteine 306
Eisenglanz 77
Eisenkies 47
*Eisenkiesel* 81
*Eisenquarz* 270
Eisenvitriol 124
Elbait 190, 260
Elemente 14 ff.
*Endlichit* 142
Epidot 179, 265
*Erbsenstein* 102
Ergussgesteine 297
Erstarrungsgesteine 290 ff.
Erythrin 145
Essexite 294
Euchroit 148
Eudialyt 184
Euklas 168
*Eukolith* 184
Evansit 155
Evaporite 307
Evenkit 242

**F**
*Falkenauge* 81, 264
*Fassait* 194
Fayalit 160
*Ferroaxinit* 185
*Ferrodolomit* 101
*Ferrosmithsonit* 97
*Ferrotennantit* 35
*Ferrotetraedrit* 35
*Feuerachat* 269
*Feueropal* 84, 277
*Feuerstein* 270
*Fleischopal* 84
*Flint* 82
Fluorapatit 139, 280
Fluorit 69, 281
Flussspat 69
Forsterit 160
*Fowlerit* 207
*Frigiedit* 35
*Fuchsit* 214

**G**
Gabbro 294
*Gahnospinell* 72
Galenit 40
Ganggesteine 296
Gersdorffit 49
Getchellit 63
Gips 125, 284
*Girasol* 277
*Glaukolith* 229
Goethit 93
Gold 16
*Goldberyll* 186, 255
*Goshenit* 186
Granitoide 291
Grauwacke 302
*Greenovit* 174
Greisen 313
Grossular 164, 258
*Grossularandradit* 259
*Grothit* 174
*Gumucionit* 33

**H**
*Hackmanit* 227
Hämatit 77, 275
Halit 67
Halogenide 64 ff.
Hambergit 113
Hanksit 122
*Hawaiit* 160
Hedenbergit 195
*Heliodor* 186, 255
*Heliotrop* 82, 270
*Herzynit* 72
Hessit 32
*Hessonit* 164
Heulandit 235
*Hiddenit* 199, 266
*Hokutolith* 119
*Holzopal* 84, 277
Hornblende 202
Hornblendite 295
*Hornstein* 270
Hübnerit 90
*Hyalit* 84, 277, 299
*Hyazinth* 167, 256
*Hydrogrossular* 259
*Hydromuskovit* 214
*Hydrophane* 84
*Hydroxyl-Biotit* 215
*Hyposklerit* 224

**I**
Idokras 181
*Iivaarit* 165
Ilmenit 78
Ilvait 177
*Imperialjadeit* 197
*Indigolith* 190, 260
*Iolith* 187, 257
*Irnimit* 270

**J**
Jadeit 197, 273
Jamesonit 58
*Jargon* 167, 256
*Jaroschit* 124
Jarosit 121
*Jaspis* 82, 270
*Jeffersonit* 194
*Jordisit* 53

**K**
*Kämmererit* 218
Kakoxen 149
*Kalifornit* 181
Kalkspat 100
Kalksteine 303
Kallait 151
*Kap-Rubin* 161, 258
Karbonatite 295
*Karneol* 82, 268
*Karneol-Onyx* 269
Karpholith 200
Kassiterit 86
*Katzenauge* 81, 278
*Katzengold* 215
Kaustobiolithe 307
*Keilhauit* 174
Kermesit 45
*Kertschenit* 144
Kieselgesteine 304
*Kirovit* 124
Klastische Gesteine 300
Klinochlor 218
Klinohumit 173
Klinoptilolith 236
*Kobaltblüte* 145
*Kolophonit* 165
Konglomerate 300
*Kopal* 243, 284
*Korallenachat* 269
Korund 76
*Kotschubeit* 218
Krokoit 128
Kryolith 64
*Kunzit* 199, 266
Kupfer 14
Kupferkies 34
Kupfervitriol 123
Kylindrit 41

**L**
Labradorit 225, 271
Lamprophyre 297
Langit 126
*Lapislazuli* 228, 279
*Larimar* 204
Lasurit 228, 279
Latite 298
Laumontit 234
Lazulith 135, 279
*Leberkies* 50
Lepidokrokit 95
Lepidolith 217
*Lepidomelan* 215
*Leuchtenbergit* 218
Leucit 230
*Leukogranat* 164
*Leukosaphir* 76
Libethenit 132
*Libysches Glas* 285
Lichtes Rotgültigerz 55
Liddicoatit 191, 261
*Liebespfeil* 265
Lievrit 177
Linarit 120
*Lintonit* 233
Löllingit 51
Lössgesteine 303
Loparit 79
*Luckyit* 124
Ludwigit 110
*Lusakit* 172, 267

**M**
Magmatische Gesteine 290 ff.
*Magnesioaxinit* 185
Magnesit 96
Magnetit 73
Magnetkies 37
*Mahagoniobsidian* 285
Malachit 107, 282
*Malakon* 167
*Manganaktinolith* 201
*Manganaxinit* 185
Mangangesteine 306
Manganit 94
*Manganocalcit* 100
*Manganodolomit* 101
*Manganopektolith* 204
*Manganophyllit* 215
*Margarodit* 214
*Marialith* 229
*Marienglas* 125
*Mariposit* 214
Markasit 50, 275
*Marmatit* 33
Marmore 309
*Matura-Diamant* 256
*Mawsitsit* 197, 273
*Maxix* 254

*Mejonit* 229
*Melanit* 165, 259
Melanterit 124
Melaphyr 299
Mellit 241
*Melnikovit* 47
Mesolith 232
Metamorphe Gesteine 308 ff.
Metasomatite 313
Meteorite 314
Migmatite 313
Mikroklin 223
*Milchopal* 84
*Milchquarz* 81, 262
Millerit 39
Mimetesit 141
*Mohrenköpfchen* 190, 260
Moldavit 285, 315
Molybdänit 53
*Mondstein* 222, 224
*Monhemit* 98
Monzonite 293
*Moosachat* 82, 269
*Moosopal* 84
*Morganit* 186, 255
*Morion* 81, 263
*Moroxit* 139
Muskovit 214

**N**
*Naegenit* 167
*Nephrit* 201, 273
Neptunit 208
*Nickelblüte* 146
Nickelin 38
*Nickelskutterudit* 54
*Nigrin* 85
*Nordmarkit* 172
*Nuristanit* 266

**O**
Obsidian 285, 299
Okenit 206
*Oligonit* 98
Olivenit 133
Olivin 160, 267
*Onyx* 82, 100, 269
*Onyxmarmor* 102
Opal 84, 277
Organische Verbindungen 240 ff.
Orthogneise 310
Orthoklas 222, 272
*Osmelith* 204
Oxide 70 ff.
*Oymalit* 167

**P**
Palygorskit 220
Paragneise 308
Pechblende 91
Pegmatite 296
Pektolith 204
Pelite 302
*Pelosiderite* 98
Peridot 160
Peridotite 295
*Periklin* 224
Perlite 299
Phenakit 158, 256
*Phengit* 214
Phillipsit 238
Phlogopit 215
Phonolithe 298
Phosgenit 108
Phosphate 130 ff.
Phosphatgesteine 306
*Picotit* 72
*Piemontit* 179
Pietersit 265
Pikrite 295
*Pilarit* 219
*Pisanit* 124
Pistazit 179
Plagioklas 224
*Plasma* 82, 268
Platin 19
*Pleonast* 72
*Pleonektit* 141
*Plumbocalcit* 100
Plutonite 291 ff.
*Polianit* 87
*Polyadelfit* 165
*Polygonalachat* 269
Porphyre 296
Porphyrite 296
*Prasem* 82
*Prasopal* 84
Prehnit 209, 278
*Příbramit* 33
*Protolithionit* 215
Proustit 55
Psammite 301
Psephite 300
Pseudomalachit 136
Purpurit 130
*Puschkinit* 179
*Pyknit* 171
Pyrargyrit 56
Pyrit 47, 275
Pyrochlor 80
Pyroklastika 299
Pyrolusit 87
Pyromorphit 140
Pyrop 161, 258
Pyrophyllit 212
Pyroxenite 295
Pyrrhotin 37

**Q**
Quarz 81, 262, 270
*Quarzauge* 264
Quarzdiorite 292
Quarzite 301
Quarzolith 291
Quarzreiche Granitoide 291
Quecksilber 17

**R**
*Rabenglimmer* 216
*Rauchquarz* 81, 263
Realgar 61
*Regenbogenobsidian* 285
Rhodisit 114
Rhodochrosit 99, 281
*Rhodolith* 161, 258
Rhodonit 207, 276
Rhyolithe 297
*Romanzovit* 164
*Rosenquarz* 81, 263
*Rosolit* 164
Roteisenerz 77
Rotgültigerz 55, 56
*Rothoffit* 165
*Rubellan* 215
*Rubellit* 190, 260
*Rubin* 76, 251
*Ruinenachat* 269
*Rumenit* 243
Rutil 85, 265

**S**
*Sagenit* 85, 265
*Salit* 194
Salmiak 68
Salzgesteine 307
Sandsteine 301
*Saphir* 76, 251
*Sarder* 82
*Sard-Onyx* 82, 269
*Schafferit* 194
Scheelit 127
Schiefer 308, 311
*Schneeflockenobsidian* 285
*Schorlomit* 165
*Schriftgranit* 222, 286
*Schwazit* 35
Schwefel 24
Schwerspat 119
Sedimentgesteine 300 ff.
Selen 25
*Selenit* 125, 284
Semseyit 59
*Serizit* 214
*Sibirit* 260
Siderit 98
*Sideroplesit* 98
*Siderotil* 123
Silber 15
Silicite 304
*Silifiziertes Holz* 270
Silikate 158 ff.
Skapolith 229, 278
Skarne 313
Skoryl 189, 261
Skutterudit 54
*Smaltin* 54
*Smaragd* 186, 254
*Smaragdit* 201
Smithsonit 97, 281
Soda-Feldspat 224
Sodalith 227, 278
*Sommairit* 124
*Sonnenstein* 222, 224, 272
Speckstein 213
*Specularit* 77
*Spektrolith* 225, 271
Sperrylith 48
Spessartin 163, 259
*Sphärocobaltit* 100
*Sphärosiderite* 98
Sphalerit 33, 281
Sphen 174
Spinell 72, 252
Spodumen 199
*Sprudelstein* 102, 283
*Starlit* 167, 256
*Staßfurtit* 115
Staurolith 172, 267
Steatit 213
Steinsalz 67
*Sternachat* 269
Stichtit 109
*Stierauge* 264
Stilbit 237
*Striegisan* 150
*Stroganovit* 229
Strontianit 103
*Strontiobaryt* 119
*Strontiocalcit* 100
Sugilith 193, 276
Sulfate 116 ff.
Sulfide 26 ff.
Syenite 292
Symplesit 147

**T**
Taktite 313
Talk 213
*Tansanit* 180, 274
*Tawmawit* 179
Tektite 315
Tennantit 35
Tephrite 299
Tetradymit 46
Tetraedrit 35
Thomsonit 233
*Thulit* 180, 274
Tiefengesteine 291 ff.
*Tigerauge* 81, 264
*Tigereisen* 264
*Tinserit* 185
Tirolit 152
*Titanaugit* 196
Titanit 174
*Titanomagnetit* 73
Tongesteine 302
Topas 171, 253
*Topasolith* 165, 259
Torbernit 156
Trachyte 298
*Trapp-Rubin* 251
*Trapp-Smaragd* 254
Tridymit 83
Trilithionit 217
*Triphan* 266
*Troostit* 159
Trümmergesteine 300
*Tsavorit* 164, 258
Tscharoit 205, 276
Türkis 151, 280
Tuffite 299
*Tulliumit* 139
*Turitella-Achat* 270
*TV Stone* 283

**U**
Ulexit 111, 283
Umwandlungsgesteine 308 ff.
Uraninit 91
Uvit 188
Uwarowit 166

**V**
*Valchovit* 243
Valentinit 75
Vanadinit 142
Variscit 143
*Venushaar* 253, 265
*Verdelith* 190, 261
Vesuvian 181
Villiaumit 66
*Violan* 194, 274
*Viridin* 169, 257
Vivianit 144
Vulkanische Gläser 299
Vulkanite 297
*Vulpinit* 117

**W**
*Walkerit* 204
*Wassersaphir* 257
*Watermelon-Turmalin* 260
Wavellit 150
Whewellit 240
Willemit 159
Wiluit 182
Wismut 22
*Wismut-Jamesonit* 58
Witherit 104
*Wodanit* 215
Wollastonit 203
*Wolnyn* 119
*Worobjewit* 186, 255
*Wüstenrose* 119, 125
Wulfenit 129
Wurtzit 36

**X**
*Xantit* 181
*Xylotil* 220

**Y**
*Yttrotitanit* 174

**Z**
*Zeiringit* 102
*Ziegelerz* 70
Zinkit 71
*Zinkstaurolith* 172
Zinnober 42
Zinnstein 86
Zinnwaldit 216
Zirkon 167, 256
Zoisit 180